高等学校规划教材

系统安全工程

黄智勇　金国锋　高敏娜　主编

西北工业大学出版社

西　安

【内容简介】 本书突出系统安全工程的理论与工程应用,以解决复杂安全工程问题的能力培养为目标,围绕系统的危险源辨识、危险分析、危险控制等内容进行编写。本书划分为系统安全工程基础、系统安全分析、系统安全评价和系统安全预测与决策 4 篇共计 15 章内容,具体包括安全科学基础知识、系统安全工程基础知识等基础内容,系统安全分析基础、事故致因理论、安全检查表、预先危险性分析、故障类型及影响分析、事故树分析、危险与可操作性分析等系统安全分析内容,系统安全评价基础、道化学公司火灾爆炸危险指数评价法、蒙德火灾爆炸毒性危险指数评价法、系统安全综合评价等系统安全评价内容,德尔菲预测法、时间序列预测法、回归分析法和灰色系统预测法等典型系统安全预测方法,以及安全决策方法等相关内容。

本书适合高等学校非安全工程专业以及其他相关专业的本科生、研究生使用,推荐工科类专业教学使用,也可供从事安全工程的科研、设计、管理、评价及工程技术人员使用。

图书在版编目(CIP)数据

系统安全工程 /黄智勇,金国锋,高敏娜主编. ——
西安 : 西北工业大学出版社,2023.3
ISBN 978 - 7 - 5612 - 8744 - 6

Ⅰ.①系⋯ Ⅱ.①黄⋯ ②金⋯ ③高⋯ Ⅲ.①系统工程-安全工程 Ⅳ.①X913.4

中国国家版本馆 CIP 数据核字(2023)第 093589 号

XITONG ANQUAN GONGCHENG

系 统 安 全 工 程

黄智勇 金国锋 高敏娜 主编

责任编辑:朱辰浩		策划编辑:杨 军		
责任校对:季苏平		装帧设计:李 飞		

出版发行:西北工业大学出版社
通信地址:西安市友谊西路 127 号　　　　邮编:710072
电　话:(029)88491757,88493844
网　址:www.nwpup.com
印刷者:兴平市博闻印务有限公司
开　本:787 mm×1 092 mm　　1/16
印　张:25.5
字　数:669 千字
版　次:2023 年 3 月第 1 版　　2023 年 3 月第 1 次印刷
书　号:ISBN 978 - 7 - 5612 - 8744 - 6
定　价:79.00 元

前　言

　　安全关乎人们的生命财产安全和社会稳定大局,并随着人类社会的发展逐渐深化。系统安全工程是人们在认识自然和社会过程中形成和发展起来的一种综合性的技术方法,以系统为研究对象,以消除和控制系统中的危险因素为目的,已逐渐成为一门崭新并且完善的学科。

　　本书以经常接触危险化学品,尤其是从事航空航天领域、化学能源领域相关工作的技术人员为主要读者对象,遵循"基本知识积累—相关概念溯源—安全思想引领"的总纲设计、"工程应用方法介绍—应用方法、程序讲解—工程应用训练与实践"的实践应用模块设计、"基础知识—系统安全分析—系统安全评价—安全预测与决策"层层递进的整体框架设计,贯穿系统安全工程的理论与工程应用,突出解决复杂安全工程问题的能力培养。

　　本书包括 4 篇共计 15 章内容,划分为 1 个总纲和 3 个模块。其中第一章、第二章为第一篇,主要介绍安全科学的相关知识,以及系统安全工程相关的基本概念、基本思想、研究内容与方法,是本书的总纲;这一部分是对国内外相关教材的归纳整理,以层层递进的逻辑结构编辑章节内容,为非安全专业的学生描绘安全科学的大厦,构筑系统安全工程的基础。第三章至第九章为第二篇,是系统安全分析模块,主要介绍系统安全分析需要架构的基本知识基础,包括事故致因理论、事故及事故预防、危险源及危险危害因素,以及常用、典型的系统安全分析方法(包括安全检查表法、预先危险性分析、故障类型及影响分析法、事故树分析法、危险与可操作性分析方法);这一部分按照先导知识逻辑贯穿、必要知识补充融合的方式进行编辑整理,体系化地介绍系统安全分析的内容。第十章至第十三章为第三篇,是系统安全评价模块,主要围绕危险化学品的安全评价,介绍常用的、典型的系统安全评价方法(包括危险度分析评价、道化学法、蒙德法和综合评价等)。第十四章和第十五章为第四篇,是系统安全预测与决策模块,主要介绍系统安全预测的作用以及德尔菲法、时间序列法、回归分析法和灰色系统法等典型系统安全预测方法,简要介绍安全决策的概念和典型安全决策方法,帮助读者树立安全决策的意识。

　　本书由黄智勇负责总体设计、内容筛选、审定和统稿,金国锋参与第三章、第六～八章、第十三章的编写,高敏娜参与第十四章的编写。

　　在本书的编写过程中,参考了国内外的有关文献和资料,在此,向所有原作者表示感谢。

　　由于水平有限,书中存在的疏漏和不妥之处在所难免,敬请读者批评指正。

编　者

2022 年 12 月

目　录

第三篇　系统安全评价

第四篇　系统安全预测与决策

参考文献

第一篇　系统安全工程基础

第一章　安全科学基础知识

第一节　安全的概念与特征

一、安全问题的产生及其认识过程

(一)安全问题的产生

任何事物的发展,都有两个流向:一个是自然流向,另一个是人为流向。从事物本身的动力作用来说,它总要按自然状态发展,但也受随机因素的控制与调节,这种自然发展不会完全符合人们的需要。当生产力水平较低时,人们只能适应自然。随着科学技术和生产力水平的发展,人类开始不满于现状,设法遏制事物发展的自然流向,改变事物的发展过程,使其向有利于人类的方向流动,这就构成事物发展的人为流向。但是,人类往往不能完全扭转事物发展的自然流向,于是就出现了保持协调、相互适应的问题。人类处于不同的社会发展阶段,对自然界或生产、生活系统的改变是不同的,也就出现了以下不同的安全问题。

(1)在远古的石器时代,生产力极为低下,人类祖先挖穴而居,栖树而息,完全是大自然的一部分,是一种纯粹的"自然存在物",完全依附于自然。当时的人类,在自然界面前是弱小被动的,不仅受到雷电、风暴、地震和火灾等自然灾害的困扰,甚至野兽的侵袭也能造成局部氏族的消亡,这一时期的安全问题主要来源于自然。

(2)在农业经济时代,人类开始逐渐摆脱大自然的桎梏,但在人类改造自然、创造人类文明的过程中,人为灾害也越来越多。在这一时期,由于人类对客观世界的认识还十分肤浅,与大自然抗争的手段也十分简单,同时,可利用的自然资源也极为有限,所以安全问题大多数仍来源于自然,只有少数来源于人为灾害(如人为引起的火灾、耕作中受到的伤害等)。

(3)到了工业时代,人类的科技水平和生产力水平飞速发展,人类利用技术开发资源、制造机器、生产物质财富,可以说技术无处不在。然而技术给人类带来文明和财富的同时,也随之带来了新的灾难。现代高科技的发展更是功过参半:人类在20世纪所创造的成就多于此前人类所创造的全部成就,但是20世纪人类所经受的灾害事故也比历史上任何一个时期都更为惨重,从根本上更加危及人类的生存。

科学技术的进步在很大程度上改变了灾害的原有属性,使得许多自然灾害成为人为灾害,使许多原本危害程度较轻的灾害上升为人类无法控制、造成巨大损失的灾难。

(二)人类对安全的认识过程

安全是人类生存和发展的基本要求,是生命与健康的基本保障。自从人类诞生以来,就离不开安全这个基本要求。安全与人类所从事的各种活动是密不可分的,纵观人类社会的进步与发展,安全思想贯穿始终。人类对安全认识的历程大致可以分为以下 5 个阶段。

(1)无知安全认识阶段。在远古时代,人类完全依附于自然,生产力极为低下,人类几乎没有任何主动的安全意识,对自然灾害毫无反抗和预防能力,只有动物性的躲避灾害行为。

(2)初级安全认识阶段。进入农业社会后,人类的生产力和科技水平有了较大的提高,对灾害也有了防御的意识。但是,由于生产力和仅有的自然科学都处于自然和分散发展的状态,所以人类对安全的认识还停留在表面,是自发的、模糊的,从未探究过安全的内在规律,而采取的安全技术措施也是简单的、被动的。

(3)局部安全认识阶段。大型动力机械和能源在生产中的使用,导致生产力和危害因素的同步增长,迫使人们对这些局部人为危害问题不得不进行深入认识并采取专门的安全技术措施。在这一时期,各个行业经过无数次血的教训,逐渐形成了各自较为深入的安全理论与技术。但是,这些安全理论与技术都是局部的、分散的,以至于人们对安全规律的认识还停留在相互隔离、重复、分散和彼此缺乏内在联系的状态。

(4)系统安全认识阶段。由于军事工业、航空工业,特别是原子能和航空技术等复杂的大型生产系统和机器系统的形成,局部的安全认识和单一的安全技术措施已经无法解决这类生产制造和设备运行系统的安全问题,所以必须通过深入揭示安全的本质规律并将其系统化、理论化,使之成为指导解决各种具体安全问题的科学依据,并发展与生产力相适应的生产系统和制定相应的安全技术措施。至此,对安全的认识进入了系统的安全认识阶段。

(5)动态安全认识阶段。当今的生产和科学技术发展,特别是高科技的发展,虽然极大地促进了生产力的发展,但由于系统的高度集成,一旦发生事故,带给人类的灾害也是相当严重的,加之系统是不断发展和变化的,静态的系统安全技术措施已不能满足人们对安全的需求。因此,人们要求对系统的运行进行动态的掌握,以达到安全生产的目的,随之带动人们对安全的认识进入一个新阶段。

(三)现代社会的安全问题

现代社会高科技的发展,改变了人类生存的环境,在给人们带来更多便利的同时,也带来了巨大的灾难。在环境安全方面、核安全方面,这些灾难性的后果十分严重。另外,航空航天事故、交通运输事故、矿山和工业灾害在人们的日常生活中非常多见,给生产生活带来的影响较大,已经引起了人们对安全的深刻反思与重视。

二、安全的概念与属性

(一)安全的定义

安全,泛指没有危险、不出事故的状态。"安"字是指不受威胁、没有危险,即所谓无危则安;"全"字是指完满、完整、齐备或指没有伤害、无残缺、无损坏、无损失等,可谓无损则全。因此,安全通常是指免受人员伤害、疾病或死亡,以及设备、财产破坏或损失的状态。安全的英文为 Safety,指健康与平安之意;《韦氏大词典》对安全的定义为"没有伤害、损伤或危险,不遭受危害或损害的威胁,或免除了危害、伤害或损失的威胁"。

在《职业健康安全管理体系 要求》(GB/T 28001—2011)中对安全的定义是:免除了不可接受的损害风险的状态。

从以上的安全定义中可以看出，安全表述的是一个复杂物质系统的动态过程或状态，过程或状态的目标是使人和物不会受到伤害或损失。安全还可表述的是人们的一种理念，即人和物将不会受到伤害和损失的理想状态。安全也可表述的是一种特定的技术状态，即满足一定安全技术指标要求的物态。

（二）安全的属性

从人的生存和生活方式来看，人的本性表现为自然属性和社会属性，而作为人的最基本的需要——安全，也就相应地具有自然属性和社会属性。因此，"安全"一词所涉及的纷繁复杂的因素与它的自然属性和社会属性有着密切的关系。

安全的自然属性可以从两个方面来讨论：①安全是人的生理与心理需要，或者说由生命及生的欲望决定了自我保护意识，这是天生的，是安全存在的主动因素；②人类对天灾的无奈以及新陈代谢、生老病死等规律的不可抗拒，使人们不得不把生命安全经常提到议事日程，这虽然是被动因素，但它与前一个主动因素相结合，就决定了安全是自古以来人类生活、生存、进步的永恒主题。

安全的社会属性也可以从两个方面来阐述。自从人类有组织活动以来，社会安定且有序进步始终是各社会阶段追求的目标，而这一目标实现的重要标志之一就是安全，这是社会促进安全的主动因素。但是，人类的社会活动如政治、军事、文化、社交等，有的对安全直接起破坏作用，有的间接影响着安全；人类的经济活动导致的安全问题如生产事故（职业病）、高技术灾害（化学品致灾、核事故隐患、电磁环境公害、航天事故、航空事故）及交通灾害等则是自人类开展经济活动以来就存在的突出的安全问题。如今更加突出的一个安全问题是环境问题，环境恶化（包括自然环境和人为环境）是人类生活、生存安全的重要威胁。总之，人类的社会活动、经济活动一方面本身在不断制造事故，另一方面也通过技术和管理措施不断消除隐患，减少事故。但是，由于受政治利益和经济利益的驱使，安全技术管理措施多数是被动的。严格来讲，安全的社会属性是指安全要素中那些同人与人的社会结合关系及其运动规律相联系的演化规律和过程。

实际上，安全的自然属性与社会属性是不可分割的。在安全要素中，不可能单独来研究某个要素，或者是它们之间的隔离的、静态的关系，只能用系统的观点来研究安全要素之间的动态的、有机的联系，正确地把握安全的发展动态及其规律。因此，从这个意义上来说，安全的系统属性正是安全的自然属性和社会属性的耦合点。随着生产力水平的不断提高和科学技术的不断进步，人们解决安全的能力也在不断提高，安全的自然属性和社会属性在耦合的过程中，同安全系统的特点一样，也是在追求其在一定时期、一定条件下的可为人们所接受的耦合条件。

三、安全的基本特性

（一）安全的必要性和普遍性

安全是人类生存的必要前提。人类生存的必要条件首先是安全，如果生命安全都不能保障，生存就不能维持，繁衍也无法延续。而人和物遭遇到人为的或天然的危害或损坏极为常见，不安全因素是客观存在的。因此，实现人的安全又是普遍需要的。在人类活动的一切领域，人们必须尽力减少失误、降低风险，尽量使物趋向本质安全化，使人能控制和减少灾害，维护人与物、人与人、物与物相互间的协调运转,为生产活动提供必要的基础条件,发挥人和物的生产力作用。

(二)安全的随机性

"安全"一词描述的是一种状态,但这种状态也绝非是一种确定的、静止不变的状态。平安也好,安全也好,其本身就带有很大的模糊性、不确定性,因此安全状态具有动态特征,也就是说,安全所描述的状态具有动态特征,它是随时间而变化的。安全取决于人、机、环境的关系协调,如果失调就会出现危害或损坏。安全状态的存在和维持时间、地点及其动态平衡的方式都带有随机性。如果安全条件变化,人、机、环境之间的关系失调,事故就会随时发生。

(三)安全的相对性

长期以来,人们一直把安全和危险看作截然不同的、相互对立的概念,这是绝对的安全观。从科学的角度讲,"绝对安全"的状态在客观上是不存在的,世界上没有绝对安全的事物,任何事物中都包含不安全的因素,具有一定的危险性。安全只是一个相对的概念,它是一种模糊数学的概念:危险性是对安全性的隶属度;当危险性低于某种程度时,人们就认为是安全的。安全性 (S) 与危险性 (D) 互为补数,即 $S=1-D$。从安全技术的角度讲,绝对的安全,即 100% 的安全性是安全性的最大值(理想值),这很难,甚至不可能达到,但却是社会和人们努力追求的目标。在实践中,人们或社会客观上自觉或不自觉地认可或接受某一安全性(水平)。当实际状况达到这一水平时,人们就认为是安全的;低于这一水平,则认为是危险的。安全的程度和标准取决于人们的生理和心理所能承受的程度、科技发展的水平和政治经济状况、社会的伦理道德和安全法学观念、人民的物质和精神文明程度等现实条件。产品的安全性能及其安全技术标准要求是随着社会的物质文明和精神文明程度的提高而不断发展完善和提高的。

(四)安全的局部稳定性

无条件地追求系统的绝对安全是不可能的,但有条件地实现局部安全是可以达到的。只要利用系统工程原理调节和控制安全的三个要素,就能实现局部稳定的安全。安全协调运转正如可靠性及工作寿命一样,有一个可度量的范围,其范围由安全的局部稳定性所决定。

(五)安全的经济性

安全是可以产生效益的。从安全的功能看,可以直接减轻(或免除)事故(或危害事件)对人、社会和自然造成的损伤,实现保护人类财富、减少无益损耗和损失的功能,同时还可以保障劳动条件和维护经济增值过程,实现其间接为社会增值的功能。

(六)安全的复杂性

安全与否取决于人、机、环境及其相互关系的协调与否,实际上形成了人-机-环境系统。这是一个自然与社会结合的开放性系统。在安全系统中,人是安全的主体,由于人的主导作用和本质属性——生物性和社会性——包括人的思维、行为、心理和生理等因素以及人与社会的关系,安全问题具有极大的复杂性。

(七)安全的社会性

安全与社会的稳定直接相关,无论是人为的灾害还是自然的灾害,如生产中出现的伤亡事故,交通运输中的车祸、空难,家庭中的伤害及火灾,产品对消费者的危害,药物与化学产品对人健康的影响,甚至旅行娱乐中的意外伤害等,都将给个人、家庭、企事业单位或社会群体带来心灵和物质上的危害,成为影响社会安定的重要因素。安全的社会性还体现在对各级行政部门以及对国家领导人或政府高层决策者的影响,如"安全第一,预防为主"的基本国策,反映在国家的法令、各部门的法规及职业安全与卫生的规范标准中,从而使社会和公众在安全方面受益。

第二节　安全科学的产生和发展

一、安全科学的产生

科学是人类认识事物本质和规律的知识体系。由于人类在不同历史时期对事物认识的局限性以及所处时代背景不同,需要解决的矛盾各异,所以历史上形成了自然科学和社会科学两大科学体系。随着科技进步和社会发展,各门类科学在纵向高度分化的同时,又形成了横向高度综合的趋势,自然科学和社会科学日趋交叉和融合。当代社会的纵横发展,拓展了人类对客观事物从宏观到微观的认识领域,提高了对事物本质的洞察力。与此同时,出现了学科间相互交叉、综合、渗透、重构的趋势,在各学科间的交叉地带孕育着新兴学科群。交叉科学的出现是历史的必然,这为安全科学的诞生创造了良好的条件。

随着科技进步和社会的飞速发展,要减少意外事故,保障安全、健康的生产条件和作业环境,急需把有关安全的科学技术从众多学科中分化出来,形成与各工程学科不同的独立分支,如通风安全、电气安全、机械安全、防火防爆、锅炉与压力容器安全、工业防尘、工业防毒、噪声与振动控制以及矿业、交通、建筑、化工、航空、航天、农业、林业、能源、纺织、食品等产业安全技术。半个多世纪来,各国为尽可能减少或消除事故和灾害对生产和人身安全的危害,科学地估量风险与评价灾害,进行了大量的防灾减灾、风险控制以及安全设计、施工、验收等工作。历史的教训和成功经验表明,要处理好生产和生活领域的重大安全问题,绝非某单一学科的理论或技术所能解决的。

为了适应现代工业发展的进程和国民经济发展的需要,减少灾害给人类带来的伤害和风险,世界各国均对原有学科体系进行了调整,促使原来分散并寓于各学科的安全科学技术,在分化、独立的基础上,以人的安全为出发点,或者说以人的身心安全与健康为研究对象,重新进行了高度综合与系统化,尤其是在联合国提出将20世纪90年代确定为"国际减灾十年"并提出总体规划要求后,世界各国加快了大安全学科的建设,力图以大安全观为主旨,反映安全的本质和运动规律,运用减灾的一切手段和方法,融合、协同构建综合的安全减灾交叉科学,这就是安全科学技术这一新兴学科产生的时代背景。

二、国外安全科学的发展与现状

(一)国外安全科学的形成与初步发展

16世纪,西方开始进入资本主义社会。到了18世纪中叶,蒸汽机的发明给人类发展提供了新的动力,使人类从繁重的手工劳动中解脱出来,劳动生产率空前提高。但是,劳动者在自己创造的机器面前致死、致伤、致残的事故与手工业时期相比也显著增多。起初,资本所有者为获得最高利润率,把保障工人安全、舒适和健康的一切措施视为不必要的浪费,甚至还把损害工人的生命和健康以及压低工人的生存条件本身看作不变资本使用上的节约,以此作为提高利润的手段。后来工伤事故的频繁发生以及劳动者的斗争和大生产的实际需要,促使人们不得不重视安全工作。这也迫使西方各国先后颁布劳动安全方面的法律和改善劳动条件的有关规定,使得资本所有者不得不拿出一定资金改善工人的劳动条件。与此同时,一些工程技术人员、专家和学者开始研究生产过程中出现的不安全和不卫生的问题。许多国家先后出现了防止生产事故和职业病的保险基金会等组织,并赞助建立了一部分无利润的科研机构。如德国于1863年建立了威斯特伐利亚采矿联合保险基金会,1887年建立了公用工程事故共同保险基金会和事故共同保险基金会等,1871年建立了研究噪声与振动、防火与防爆、职业危害防护理论与组织等内容的科研机构;1890年荷兰国防部支持建立了以研究爆炸预防技术与测量仪器以及进行爆炸性鉴定的实验室等。到20世纪初,许多西方国家建立了与安全科学有关的组织和科研机构。

(二)20世纪国外安全科学的发展历程

20世纪是国外安全科学的迅猛发展时期,大致可分为以下三个阶段。

1.第一阶段(20世纪初至20世纪50年代)

在这一阶段,英国、美国、日本等工业发达国家成立了安全专业机构,形成了安全科学研究群体,研究工业生产中的事故预防技术和方法。海因里希、格林伍德等学者研究了事故致因理论。

1906年,美国联合钢铁公司提出了"安全第一"的口号,首次指出了安全与生产的关系,通过开展群众性的安全活动,该公司1912年的伤亡事故率下降了43.1%。

1911年,美国成立了安全工程师学会;1913年,美国成立了国家安全委员会;1916年,英国成立了伦敦安全第一协会;1917年,加拿大成立了工业事故预防协会;同年,日本成立了安全第一协会并发行了《安全第一》杂志。

1919年,格林伍德和伍兹研究了"事故倾向"问题,1926年纽伯尔德、1939年法默等人提出了事故倾向性理论。

1931年,海因里希在纽约出版了《工业事故预防》,他根据大量的工业事故统计资料,提出用概率来表述事故造成的人身伤害程度,并提出事故原因学说,认为事故是由于人的不安全行为和物的不安全状态造成的。海因里希根据统计提出的比例是,当发生总计为330次树桩引起的跌倒事故时,其中300次为无伤,29次为轻伤,1次为骨折性重伤,这就是著名的海因里希法则,又称1:29:300法则。法则数字表明:事故伤害大小为偶然性支配,且具有一定的概率(若把跌倒事故换成触电或坠落,发生重伤或死亡的比例则应更高)。

海因里希还阐明:对于企业而言,职业伤害的费用远远高于保险机构提供的赔偿部分。职业事故经济损失的间接费用与直接费用的关系为4:1。

海因里希法则和事故原因学说,确定了伤害的概率和事故规律的概念,认为事故的发生是可以预测和预防的。海因里希首次用科学方法从事故统计中揭示了事故规律,被认为是20世纪安全科学研究的先驱。

1938年,纽约大学成立了安全教育中心,率先开创了大学的安全教育培训工作。

1943年,美国的布莱克和罗兰德出版了《工业安全》专著。1949年,葛登提出了事故的流行病学理论,认为工伤事故和流行病一样,与人员、设施和环境条件相关,有一定的规律,往往集中在一定时间和地点发生。

2.第二阶段(20世纪50年代至70年代中期)

第二次世界大战之后,随着新型武器装备、航空航天技术和核能技术的发展,工业生产的大型化和现代化,以及重工业事故的不断发生,各领域中的安全技术受到广泛重视,同时,系统论、控制论、信息论的发展和应用促进了安全系统分析和安全技术的发展。这一时期发展出了系统安全分析方法和安全评价方法[如事故树分析(Fault Tree Analysis,FTA)、事件树分析(Event Tree Analysis,ETA)、故障类型及影响分析(Failure Mode and Effects Analysis,FMEA)、危险可操作性研究(Hazard Operability Study,HOS)、火灾爆炸指数评价方法、概率风险评价方法(Probability Risk Assessment,PRA)等],提出了事故的心理动力理论,以及社会-环境模型、多米诺骨牌模型、人-机系统模型等事故致因理论。安全工程学受到广泛重视,在各生产领域中逐渐得到应用和发展。

1961年,美国贝尔电话公司实验室承担了美国空军的研究任务,确定了民兵式导弹在未经批准即发射后可能引起的各种事故及其后果。贝尔电话公司在长期使用布尔逻辑方法的基础上,创建了事故树分析方法。事故树分析方法采用由原因到结果的逆过程进行分析,即先确定事故的后果(称为顶上事件或目标事件),然后依次找出它的下一层原因,一层一层地分析下去,直到找出最基本的原因为止。每层之间用逻辑符号连接以说明它们之间的关系。使用该方法可以预测系统事故发生概率,鉴别出最重要的影响因素。在进行工程或设备的设计、事故调查以及编制新的操作方法时都可以使用。事故树分析是安全科学研究的重要分析方法之一,它体现了用系统思想研究安全问题的特点,即能做到系统性、准确性和预测性。

1962年,美国成立了系统安全学会。

1964年,美国道化学公司提出了"火灾、爆炸危险指数评价法"(第1版)。火灾爆炸危险指数评价法最初的目的是作为选择火灾预防方法的指南,该方法能够真实地量化潜在火灾、爆炸和反应性事故的预期损失,确定可能引起事故发生或使事故扩大的装置。分析中定量的依据是以往的事故统计资料、物质的潜在能量和现行安全措施的状况,火灾爆炸危险指数被公认为重要的危险指数,得到了广泛应用。

1967年,日本国立横滨大学设立了安全工程系并开设了反应安全工程学、燃烧安全工程学、材料安全工程学及环境安全工程学讲座。

1969年,美国国防部正式颁布了标准《系统、相关子系统和设备的系统安全程序要求》(Mil-STD-882),1977年修改后又颁布了《系统安全程序要求》(Mil-STD-882A),该标准第一次提出了系统安全的概念和系统安全工程有关名词的定义,规定了编制、实施系统安全分析的步骤和内容,提出了安全定性、定量分析的方法。《系统安全程序要求》标准最先用于导弹和飞机的安全设计与分析,取得了良好的效果。随后,日本、欧洲等纷纷引进,在化工、石化、电子、冶金、核能等领域得到广泛应用。随着计算机的发展及其在各领域中的应用,1970年,波皮发表了《计算机在安全管理中的应用》一文。

1974年,美国原子能委员会发表了关于核电站的危险性评价报告(Reactor Safety Study,RSS,WASH-1400)。该报告对核电站反应堆事故发生的概率和严重程度进行了评价,并采用事故树和事件树分析方法,把各种事故率数据作为输入,定量评价其危险性。该报告发表之后,引起了世界各国的关注,推动了概率风险评价方法的研究和应用。

3.第三阶段(20世纪70年代中期以后)

随着系统安全分析方法和安全工程学的广泛应用和发展,人们逐渐认识到局部安全缺陷,从多学科分散研究各领域的安全技术问题发展到系统地综合研究安全基本原理和方法,从一般安全工程技术应用研究提高到安全科学理论研究,逐步建立了安全科学的学科体系,发展出了本质安全、过程控制、人的行为控制等事故控制理论和方法。

1975年,美国出版了《安全科学文摘》,这是安全科学发展过程中第一次以独立学科形式问世的刊物。同年,日本欧姆出版社出版了青岛贤司所著的《安全工程学》《安全教育学》和《安全管理学》。

1981年,德国库尔曼教授出版了《安全科学导论》。在这本著作中,作者运用系统论、控制论和信息论的理论和方法,论述了安全科学的定义、研究对象、任务和方法。1982年,日本出版了桥本邦卫教授的《安全人机工程学》。1983年,日本井上威恭教授出版了《新的安全科学》,福山郁生教授等人出版了《安全工程学实验方法》。1986年,意大利安德烈奥尼出版了《职业事故与疾病的经济损失》。

1990年,在德国科隆召开了第一次世界安全科学大会,来自40多个国家的1 400多名代表参加了此次学术研讨会,标志着安全科学的诞生。此次会议讨论了安全科学的定义、结构、目标和方法,安全科学在生产、交通运输、能源等领域的任务和作用,以及安全科学与自然科学和技术、人文科学、医学、经济学、法学等学科的交叉关系。

1991年5月,由11个国家17名编委共同编辑并已出版了14年之久的国际性刊物《职业事故》,在荷兰宣布更名为《安全科学》。

三、国内安全科学的发展与现状

(一)我国安全科学的发展历程

我国的安全科学技术,主要是在中华人民共和国成立以后逐步发展起来的,大致可以划分为以下3个阶段。

1.初步建立阶段

20世纪50年代初期至70年代末期,国家把劳动保护作为一项基本政策实施,安全技术作为劳动保护的一部分而得到发展。在这一时期,为满足我国工业生产发展的需要,国家成立了劳动部劳动保护研究所(后改为北京市劳动保护科学研究所)、卫生部劳动卫生研究所、冶金部安全技术研究所、煤炭部抚顺煤炭科学研究所、煤炭部重庆煤炭科学研究所等安全技术专业研究机构,发展了防暑降温技术、工业防尘技术、毒物危害控制技术、噪声控制技术、矿山安全技术、机电安全技术、个体防护用品及安全检测技术等。

2.迅猛发展阶段

随着改革开放和现代化建设的需要,我国的安全技术相继得到了快速发展,主要体现在以下几个方面。

(1)我国建立了从事安全科学技术研究的科研院所、中心等研究机构,建成了安全科学技术研究院、所、中心50余个,拥有专业科技人员6 000余名。尤其是1983年9月,中国劳动保护科学技术学会正式成立,加强了安全科学技术学科体系和专业教育体系的建设工作。

(2)我国设立了安全科学技术及工程多层次专业教育体系。1984年,教育部将安全工程专业列入《高等学校工科专业目录》。我国学者刘潜等人提出了建立安全科学学科体系和安全科学技术体系结构的设想。1986年,部分高校设置了安全技术及工程专业学科硕士、博士学位,使得我国在安全学科领域形成了完整的学位教育体系。据不完全统计,到 20 世纪 80 年代末期,全国已有 42 所大专院校设置了安全工程、卫生工程专业本科或专科,经国务院学位委员会批准的安全技术及工程学科(专业)硕士学位授予单位有 5 个,博士学位授予单位有 2 个,我国安全科学技术教育体系初步形成。全国各地大型劳动保护教育中心有 70 多个,企业劳动保护宣传教育室有 2 000 多个。在企业,数以万计的科技人员活跃在安全生产第一线,从事安全科技与管理工作。中国科学技术大学、北京理工大学相继建立了火灾科学国家重点实验室、爆炸灾害预防和控制国家重点实验室。可以说,我国已初步形成了具有一定规模和水平的安全科技队伍和科研体系。

(3)国家对劳动保护、安全生产的宏观管理开始走上科学化的轨道。1988 年,劳动部组织全国 10 多个研究所和大专院校的近 200 名专家、学者完成了"中国 2000 年劳动保护科技发展预测和对策"的研究。这项工作使人们对当时我国安全科技的状况有了比较清晰的认识,看到了我国安全科技水平与先进国家的差距,为进一步制定安全科学技术发展规划提供了依据。1989 年,国家中长期科技发展纲要中列入了"安全生产"专题。国家把安全科学技术发展的重点放在产业安全上。核安全、矿山安全、航空航天安全、冶金安全等产业安全的重点科技攻关项目列入了国家计划。特别是我国实行对外开放政策以来,随着成套设备和技术的引进,同时引进了国外先进的安全技术并加以消化。如冶金行业对宝钢安全技术的消化,核能行业对大亚湾核电站安全技术的引进与消化等取得了显著成绩。

(4)综合性的安全科学技术研究形成了初步基础。一方面为劳动保护服务的职业安全健康工程技术继续发展;另一方面开展了安全科学技术理论研究,在系统安全工程、安全人机工程、安全软科学研究方面进行了开拓性的研究工作。20 世纪 80 年代初期,安全系统工程引入我国,受到有关研究机构以及许多大中型企业和行业管理部门的高度重视。通过消化、吸收国外安全分析方法,我国的机械、化工、航空、航天等部门研究开发了适合本行业特点的安全评价方法或标准。现代管理科学的预测、决策科学和行为科学,以及系统原理、人本原理、动力原理等理论逐步应用于企业安全管理实践中。在人机环境系统工程思想指导下,我国开展了安全人机工程学研究,在研究提高设备、设施"本质化"安全性能,改善作业条件的同时,研究了预防事故的工程技术措施和防止人为失误的管理和教育措施。

3.新的发展阶段

20 世纪 90 年代以来,我国安全科学技术进入了新的发展时期,主要表现在以下几个方面。

(1)国家标准《学科分类与代码》(GB/T 13745—1992)中将安全科学技术列入一级学科。

(2)国家"八五""九五"科技攻关计划中列入了安全科学技术攻关项目,国家基础性研究重大项目(攀登计划)中列入了"重大土木与水利工程安全性与耐久性的基础研究"项目。

(3)安全工程系列专业技术人员职称评审单列。1997 年,人事部、劳动部发布了《安全工程专业中、高级技术资格评审条件(试行)》。

(4)劳动部颁布了《安全科学技术发展"九五"计划和 2010 年远景目标纲要》。

(5)对职业健康安全管理体系(OHSMS)等国际先进的现代安全管理方法展开研究和应用。

(6)进入 21 世纪以来,安全科学技术研究和专业教育的发展更趋迅猛。中国安全生产科学研究院的挂牌是其重要标志,各个行业、各个领域及各地方都相应地成立了安全科学研究院所(技术中心)。中国矿业大学和西安科技大学的安全技术及工程学科于 2002 年初被批准为国家重点学科。2007 年,国务院学术委员会对国家重点学科进行了考核评估和申报,又新增北京科技大学和中南大学的安全技术及工程学科为国家重点学科。截至目前,全国高等院校、大型科研机构设立安全技术及工程学科(专业)硕士点 60 个、博士点 17 个,高校设立安全工程本科专业已达 160 个。这些充分表明,我国的安全科技队伍和科研教育体系趋于完善。

(7)安全科学技术国际交流合作更为广泛。

(二)我国安全科学发展展望

国家自然科学基金委员会工程与材料科学部启动了安全科学与工程学科发展战略研究,为安全科学与工程学科的基础研究建立了长期的战略规划,到 2030 年总体目标如下。

(1)建成成熟的安全科学与工程学科体系,服务社会经济发展。经过 15 年的发展,建立成熟的安全科学与工程学科知识体系、知识结构,反馈修缮本科、硕士和博士培养方案,服务于我国经济社会的全面发展,进一步完善安全法律、安全法规及标准建设,形成安全技术及管理的标准化体系,开展安全科普教育,使全民安全意识得到明显提高。

(2)形成一系列重大科研成果,达到国际领先水平。通过共性关键性重大安全科学与工程学科理论方法和原理的研究,进一步完善我国主要灾害的防治基础理论,在重大灾害事故形成机理及诱发和传导机制、安全监测技术基础、安全预测机理和方法、安全应急决策和事故救援技术基础、典型行业安全技术理论等方面取得重大突破,总体水平达到国际领先水平。

(3)建设全方位灾害防控体系,引领全球灾害防控。建成全国范围的灾害立体监测网,实现对灾害事故实施高效的综合立体性连续监测,实现由减灾灾害向灾害风险管理转变,由单一减灾向综合防灾减灾转变,由区域减灾向全球联合减灾转变。

(4)建设一流的科研基地,形成国际安全科学与工程研究中心。坚持发挥国家重点实验室、高校和研究院所在基础研究方面的优势,加强研究平台建设,到 2030 年,形成 3~4 个安全科学与工程国际研究中心。

(5)培养一批科学家和研究群体,引领学科发展。到 2030 年,造就一批引领国际的优秀科学家和创新群体,培养 20~40 名国际优秀科学家和 3~5 个创新研究群体。

第三节　安全科学与学科体系

一、安全科学的定义

安全科学本身是一个动态的、发展变化的科学体系。因此,发展中的各个阶段对安全科学的定义也不尽相同。

(1)德国学者 A.库尔曼对安全科学作了这样的阐述:安全科学的主要目的是保持所使用的技术危害作用绝对地最小化,或至少使这种危害作用限制在允许的范围内。为实现这个目标,安全科学的特定功能是获取及总结有关知识,并将有关发现和获取的知识引入安全工程中来。这些知识包括应用技术系统的安全状况和安全设计,以及预防技术系统内固有危险的各种可能性。简言之,安全科学是研究安全问题的,是关于安全的学说。

(2)比利时学者 J.格森对安全科学的定义是:安全科学研究人、机和环境之间的关系,以建立这三者的平衡共生态为目标。

（3）1985 年，中国学者刘潜在《中国安全科学学报》中将安全科学定义为：安全科学是一门专门研究人们在生产及其他活动中的身心安全（包括安全、健康、舒适、愉快乃至享受），以达到保护活动者及其活动能力，保障其活动效率的跨门类、综合性的横断科学。

二、安全科学的研究内容与对象

（一）安全科学的研究内容

安全科学主要是研究安全与否矛盾运动规律的科学，是以研究安全与危险的发生发展过程，揭示其原因及其防治技术为目标的。具体地说，安全科学研究的内容主要有以下几个方面。

（1）安全科学的哲学基础。马克思主义哲学是人类认识和解决问题的世界观和方法论，确立安全科学的哲学观是研究安全的基础，只有确立了正确的安全观和方法论，才能正确地分析安全问题、解决安全问题，建立起安全科学的本质规律，为人类社会所面临的安全问题提供科学的指导方法。

（2）安全科学的基础理论。人类面临的安全问题是各种各样的，各自都有自己的特殊规律，但在安全的本质问题上有其共性的规律。安全科学的基本理论就是在马克思主义哲学的指导下，应用现阶段各基础学科的成就，建立事物共有的安全本质规律。

（3）安全科学的应用理论与技术。研究安全科学的应用理论与技术问题，包括研究安全系统工程、安全控制工程、安全管理工程、安全信息工程、安全人机工程和各专业领域的安全理论与技术问题。

（4）安全科学的经济规律。研究安全经济的基本理论、职业伤害事故经济损失规律、安全效益评价理论、安全技术经济管理与决策理论等。

（二）安全科学的研究对象

从根源上看，事故灾害是人、技术、环境综合或部分欠缺的产物。从另一角度来看，人类安全活动所追求的是保护系统中的人、技术、设备及环境。从实现安全的手段上看，除了技术措施，还需要人的合作、环境的协同，因此，可以把安全系统看作一复杂系统，即 MET 系统。MET 系统概括出了安全科学的研究对象，如图 1-1 所示。

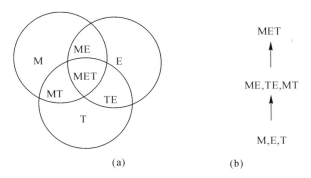

图 1-1　安全科学的研究对象

MET 系统概括出了安全科学的研究对象，即安全系统包括 7 个基本子系统，每一基本子系统提出的安全命题如下：

（1）M：安全心理、安全生理、安全教育、安全行为。

（2）E：物化环境（劳动卫生环境、防尘、防毒、噪声与振动控制、辐射防护、"三废"治理）、理化环境（社会环境、社会伦理、社会经济、体制与管理）。

（3）T：可靠性理论（本质安全化）、安全技术（防火、防爆、机电安全、运输安全等）。

（4）MT：人-机关系、人-机设计。

（5）ME：人与环境的关系、职业病理、环境标准（作业环境标准）。

（6）TE：环境检测、自动报警与监控、技术风险。

（7）MET：安全系统工程、安全管理工程、安全法学、安全经济学。

三、安全科学的学科体系及与其他学科的关系

（一）构成安全整体的组成部分

（1）人，安全人体，是安全的主题和核心，是研究一切安全问题的出发点和归宿。人既是保护对象，又可能是保障条件或者危害因素，没有人的存在就不存在安全问题。

（2）物，安全物质，可能是安全的保障条件，也可能是危害的根源。能够保障或危害人的物质存在的领域很广泛，形式也很复杂。

（3）人与物的关系，包括人与人以及人与物，安全人与物的关系。广义上讲是人安全与否的纽带，既包括人与物的存在空间和时间，又包括能量与信息的相互联系。因此，把"安全人与物"的时间、空间与能量的联系称为"安全社会"，把"安全人与物"的信息与能量的联系称为"安全系统"。

"安全三要素"即是指安全人体、安全物质、安全人与物，又可将安全人与物分为安全社会和安全系统（后称"安全四因素"）。

（二）安全科学学科体系的层次

根据"安全三要素"的不同属性、作用机制可进行纵、横向分类。以不同门类学科为基础，基于人才教育需要，安全科学学科形成了自身的科学体系，安全科学学科体系模型见表1-1。

表1-1　安全科学学科体系模型

哲　学	基础学科		工程理论		工程技术	
哲学	安全观	安全学	安全物质学（物质科学类）	安全设备工程学	安全设备机械工程学	安全工程学	安全设备工程	安全设备机械工程
					安全设备卫生工程学			安全设备卫生工程
			安全社会学（社会科学类）	安全社会工程学	安全管理工程学		安全社会工程	安全管理工程
					安全经济工程学			安全经济工程
					安全教育工程学			安全教育工程
					安全法学			安全法规
					⋮			⋮

续表

哲　　学	基础学科		工程理论		工程技术	
哲学	安全观 安全学	安全系统学（系统科学类）	安全工程学	安全系统工程学	安全运筹技术学	安全系统工程	安全运筹技术
					安全信息技术论		安全信息技术
					安全控制技术论		安全控制技术
		安全人体学（人体科学类）		安全人体工程学	安全生理学	安全人体工程	安全生理工程
					安全心理学		安全心理工程
					安全人-机工程学		安全人-机工程

1. 按纵向学科分类

安全科学学科体系的纵向分类是以安全工作的专业技术类别为依据进行划分的,分为安全物质学、安全社会学、安全系统学、安全人体学四个学科、专业分支方向。

(1)安全物质学:自然科学性的安全物质因素。

(2)安全社会学:社会科学性的安全因素。

(3)安全系统学:系统科学性的安全信息与能量的整体联系因素。

(4)安全人体学:人体科学性的安全生理及心理等因素。

2. 按横向学科分类

这是另一种分类方法,根据理论与实践的双向作用原理,完成从工程技术—工程理论—基础科学—哲学的理论升华,可分为 4 个层次。

(1)工程技术层次——安全工程。安全工程技术是解决安全保障条件,把握人的安全状态,直接为实现安全服务。按服务对象不同,安全工程又可分为以下 3 种:

1)安全设备机械工程和安全设备卫生工程;

2)专业安全工程技术;

3)行业综合应用安全工程技术。

(2)工程理论层次——安全工程学。安全工程学作为获取和掌握安全工程技术的理论依据,由安全设备工程学、安全社会工程学、安全系统工程学、安全人体工程学 4 类分支学科构成。根据组成安全因素的不同属性和作用机制,安全工程学又分为以下 4 组:

1)按照设备因素对人的身心危害作用的方式不同,可分为安全设备工程学组(安全设备机械工程学、安全设备卫生工程学);

2)按照调节安全人与人、人与物及物与物联系的不同原理,可分为安全社会工程学组(安全管理工程学、安全教育学、安全法学、安全经济学等);

3)按照安全系统内各因素作用或功能的不同,可分为安全系统工程学组(安全信息技术论、安全运筹技术学、安全控制技术论);

4)按照外界危害因素对人的身心内在作用机制影响的不同,人机联系方式的不同,可分为安全人体工程学组(安全生理学、安全心理学、安全人机工程学)。

(3)基础科学层次——安全学。安全学作为获取和掌握安全工程学的基础理论,根据"安全四因素"可构成以下 4 个理论层次：

1）安全物质学（安全灾变物理和灾变化学）；

2）安全社会学；

3）安全系统学（安全灾变理论和连接作用学）；

4）安全人体学（安全毒理学）。

（4）哲学层次——安全观。安全观是把握安全的本质及其科学的思想方法，是安全的最高理论概括，也是安全思想的方法论和认识论。

（三）安全科学的学科分类

基于科学研究及学科建设的需要，国家 1992 年发布了国家标准《学科分类与代码》（GB/T 13745—1992），其中"安全科学技术"被列为 58 个一级学科之一，下设安全科学技术基础学科、安全学、安全工程、职业卫生工程、安全管理工程 5 个二级学科和 27 个三级学科。在 2009 年更新的新版本的国标《学科分类与代码》（GB/T 13745—2009）中，"安全科学技术"在所有 66 个一级学科中排名第 33 位。"安全科学技术"涉及自然科学和社会科学领域的 11 个二级学科和 50 多个三级学科，如图 1 - 2 所示。

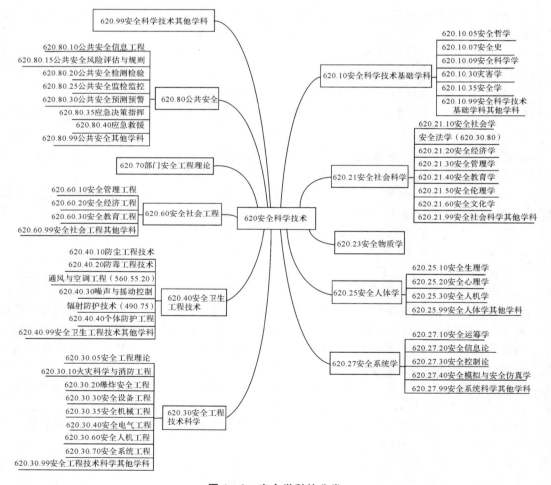

图 1 - 2　安全学科的分类

（四）安全学科的综合特性

在安全学科研究中,首先要认识安全学科的属性。安全学科是新兴的综合科学学科,它在国家标准《学科分类与代码》中的一级学科名称是"安全科学技术"(代码620),其应用涉及社会文化、公共管理、行政管理、建筑、土木、矿业、交通、运输、机电、林业、食品、生物、农业、医药、能源、航空等种种事业乃至人类生产、生活和生存的各个领域(见图1-3)。早在1994年,中国科学技术协会组织召开的全国"学科发展与科技进步研讨会"上,朱光亚院士的书面发言就指出:"长期以来,我国在安全科学技术学科中的学科、专业名称提法没有统一。"中国劳动保护科学技术学会从筹备成立开始,并在1983年9月正式成立以后,始终围绕学科、专业框架体系的建立,倡导百家争鸣,发扬学术民主,打破行政部门容易产生的分割束缚,使学科理论不断发展,终于在1993年7月1日开始实施的国家标准《学科分类与代码》中,实现以"安全科学技术"为名列为该标准的一级学科(代码620),为在学科分类中打破自然科学与社会科学界线,设置"环境、安全、管理"综合学科,从而在世界科学学科分类史上取得突破,做出了贡献。"安全科学"是以特定的角度和着眼点来改造客观世界的学科,是在改造客观世界的过程中对客观世界及其规律性的揭示和再认识的知识总结。就科学的学科性质而言,安全学科既不能归属于自然科学学科,也不能归属于社会科学学科;既不属于纵向科学学科,又不属于横向科学学科,而是属于综合科学学科。在安全的应用科学学科范畴中,安全学科与其存在领域的学科交叉,产生了交叉科学学科,即安全应用学科。安全学科因无本身的专属领域,必须从学科的本质属性(即基本特征)上证明其不可替代性。

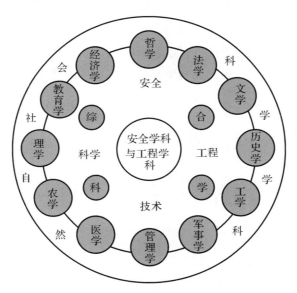

图1-3　安全学科的综合特性

（五）安全学科与其他学科的关系

安全学科为综合性学科,并不是说安全学科包括了其他所有学科。安全学科与其他学科的关系可用图1-4表示。

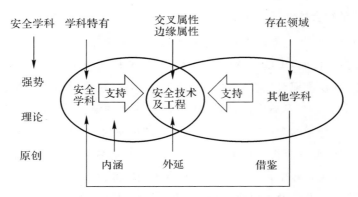

图 1-4　安全学科与其他学科的关系

在图 1-4 中,安全学科的领域用左边的椭圆表示,其他某一学科的领域用右边的椭圆表示,两个椭圆之间存在着交叉区域,这形象地表征了安全学科与其他学科的交叉特性,而且安全学科的外延——安全技术及工程(安全应用学科)——与其他学科没有明确的界线,这也说明安全学科的外延具有模糊性。安全科学是安全学科独有的部分,是安全学科的根基,具有原创性和理论性,没有安全科学,就没有安全学科存在的必要;安全学科为安全技术及工程提供理论支持,具有科学价值。安全技术及工程是安全学科的应用和实践部分,在解决实际安全问题、预防事故发生、减少事故损失等方面发挥直接的作用,具有直接的经济效益,是安全学科实际作用的重要体现。同时,在实践中也为安全科学提出新的命题和课题。但是,安全技术及工程的领域也同时属于其他学科的领域。目前,其他学科也有大量的科研人员(甚至比安全学科更多的人员)在该交叉领域从业,由于其他学科的从业人员在某一专业上比安全技术及工程的从业人员更有优势,所以在激烈的竞争中他们往往占了上风。但是,他们在安全科学研究方面却不可避免地处于劣势。安全学科与其他学科的关系在正常情况下应该形成互相促进、共同发展的关系。

思　考　题

1.安全的定义是什么?结合现代社会经济发展,谈谈对安全重要性的理解。

2.安全的属性有哪些?这些属性之间的关系如何?

3.安全的基本特征有哪些?

4.如何理解安全的相对性?

5.简述安全科学的研究内容和研究对象。

6.何谓"安全三要素"?何谓"安全四因素"?

本章课程思政要点

1.从我国近几年来安全科学迅猛发展,安全学科体系不断完善与健全,谈习近平新时代中国特色社会主义思想"关于坚持以人民为中心发展理念",把人民对美好生活的向往、对安全工作生活环境的期盼作为评判各级政府执政水平的标准。

2.爱国主义精神培养。我国虽然工业化起步较晚,但是改革开放40多年的发展成就,把一个全球最大的发展中国家,建设成为世界第二大经济体。在经济飞速发展的过程中,我们从来没有忽视对产业安全的投入,据资料显示,按GDP测算,我国工业伤亡率远低于欧美等发达国家同期水平。这充分体现了习近平新时代中国特色社会主义思想以人民为中心的治国理政理念,让我们为生长在这样一个伟大的国度倍感自豪。其实,老师也可以在此处,以近两年在全球蔓延的新冠疫情防控,来向学生展现"人民就是江山、江山就是人民"这一中国共产党治国理政理念,坚定"四个自信"。

3.从人类当前面临的5大安全问题入手,分析在推进剂管理行业中开展安全研究的重要意义,从推进剂危险化学品管控、推进剂及其燃烧产物对官兵及群众身体健康的威胁等方面入手,激励学生的学习积极性,激发学生投身推进剂行业安全管理工作中的自觉性和主动性,进而消除恐惧心理,培养勇敢担当精神。

第二章　系统安全工程基础知识

第一节　系统安全工程基本概念

一、系统

(一)系统的定义

系统是由相互作用、相互依赖的若干元素结合而成的具有特定功能的有机整体。任何一个系统都应该符合以下条件：

(1)元素——系统必须由 2 个以上的元素所组成；

(2)元素间的联系——系统的各元素间互有联系和作用；

(3)边界条件——系统元素受外界环境和条件的影响；

(4)输入、输出的动态平衡——系统元素有着共同的目的和特定的功能，为完成这些功能，系统必须保持输入、输出的动态平衡。

(二)系统的特点

系统具有目的性、整体性、集合性、相关性、环境适应性和动态性等特点。

(1)目的性。所有系统都为了实现某一特定的目标，没有目标就不能称之为系统。不仅如此，设计、制造和使用系统，最后总是希望完成特定的功能，而且要效果最好，这就是所谓最优计划、最优设计、最优控制以及最优管理和使用等。

(2)整体性。系统的定义就充分表达了系统具有整体性的含义。一个系统的完善与否主要取决于系统中各要素能否良好地组合，即是否能构成一个良好的实现某种功能的整体。换言之，即使每个要素并不都很完善，但它们可以综合、统一成为一个具有良好功能的系统，这就是一个较为完善的系统；反之，即使每个要素是良好的，但构成整体后却不具备某种良好的功能，这就不能称之为完善的系统。

(3)相关性。要素之间具有相互依赖的特定关系，是互为相关的。如计算机系统是由运算、储存、控制、输入、输出等硬件装置和操作系统软件(要素或子系统)通过特定的关系，有机地结合在一起而构成的。计算机系统的各要素都有相关关系，否则就无法实现某一特定功能。

(4)环境适应性。任何一个系统都处于一定的物质环境之中.系统必须适应外部环境条件的变化，而且在研究和使用系统时，必须重视环境对系统的作用。

(三)系统的功能结构

为了实现系统自身的正常运行和功能,系统需要以一定的方式构成,应具有保持和传递能量、物质和信息的特征。系统种类繁多,根据控制论观点,系统由三个部分组成,即输入、处理和输出,如图2-1所示。任何系统都具有输出某种产物的功能。如化工企业,它输入原材料、能源、信息,经过加工或作业(化学操作或物理操作),最后输出所需的物质流的系统,称为生产系统。再如,若以信息流为主体的系统,一项计划可视为输入,计划经过执行,即处理阶段,最后得到的结果视为输出,这种系统称为管理系统。

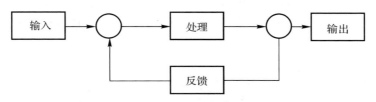

图2-1　系统的功能结构示意图

当处理后得到的结果与原定目标不一致时,需要修正,改善执行环节,以达到预期的目标。这个过程就是反馈。

系统的功能是接收信息、能量和物质,并根据时间序列产生信息、能量和物质。这就要求合理地管理和控制信息、能量和物质的流动,以保证系统的安全和在最优状态下工作。

二、系统工程

传统的"工程"概念指的是生产技术的实践,它往往以"硬件"作为其目标和对象,如化学工程、建筑工程、采矿工程、电气工程等,它所研究的对象主要是人力、材料、价格等。系统工程中的"工程",其目标和对象既包括"硬件",也包括"软件",如人机工程、生态工程等,它泛指一切由人参加的,以改变系统某一特征为目标的工作过程,其含义较之传统概念中的"工程"更为广泛。

系统工程是以系统为研究对象的。它是组织管理"系统"的研究、规划、设计、制造、试验和使用的科学方法,是对所有系统都具有普遍意义的科学方法。实质上,系统工程较明确地表述了它属于工程技术,主要是组织管理的技术。它是解决工程活动全过程的技术,它具有普遍的适用性。

系统工程不仅涉及具体的工程,如化学工程、机械制造工程、电气工程等科学技术领域,而且还涉及信息论、控制论、运筹学、概率论、数理统计、最优化方法、系统模拟以及社会学、经济学等多种学科。系统工程是从横向方面把纵向科学组织起来的一项科学技术。其目的是应用系统的理论和方法去分析、规划、设计新的系统或改造已有的系统,使之达到最优化的目标,并按此目标进行控制和运行。它的基本思想就是用搞工程的办法搞组织管理,以系统为对象,把要组织和管理的事物,应用数学和电子计算机等工具,进行分析处理,求得系统最佳化的结果。

随着科学的进步以及社会实践活动的规模日益扩大,事物间的联系日趋复杂,这就形成了形式多样的各种系统。为使人们所研究的系统在技术上最先进,经济上最合理,运行中最可靠,时间上最节省,须协调系统中各要素或系统间的关系,使之达到最佳的配合,运用系统工程便能起到这样的作用。

系统工程就是从系统的观点出发,跨学科地考虑问题,运用工程的方法去研究和解决各种系统问题。具体地说,就是运用系统分析理论,对系统的规划、研究、设计、制造、试验和使用等各个阶段进行有效的组织管理。它科学地规划和组织人力、物力、财力,通过最佳方案的选择,使系统在各种约束条件下达到最合理、最经济、最有效的预期目标。它着眼于整体的状态和过程,而不拘泥于局部的、个别的部分。

系统工程的开发和应用,并不是企图排斥或替代传统工程,而是以系统的观点和方法为基础,运用先进的科学技术和手段,从全面、整体、长远的观点出发去考察问题,拟定目标和功能,并在规划、开发、组织、协调等各关键时刻,进行分析、综合、评价,求得优化方案,然后用传统工程行之有效的方法去进行工程设计、生产、安装、建造新的系统或改造旧的系统。

三、系统安全

系统安全是指在系统生命周期内,应用系统安全工程和系统安全管理方法,辨识系统中的危险源,并采取有效的控制措施使其危险性最小,从而使系统在规定的性能、时间和成本范围内达到最佳的安全程度。系统安全理论是人们为解决复杂系统的安全性问题而开发、研究出来的安全理论、方法体系。

系统安全泛指系统中的安全性,它与系统中的可靠性等同为系统的特定性能指标(注意它和"安全系统"一词的不同)。系统安全是相对系统危险而言的。系统安全与系统危险的关系如图2-2所示。

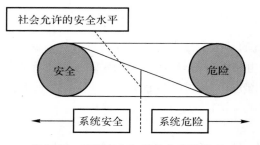

图 2-2　系统安全与系统危险的关系

系统安全的基本原则就是在一个新系统的构思阶段就必须考虑其安全性的问题,制定并执行安全工作规划(系统安全活动),并且把系统安全活动贯穿于整个系统生命周期,直到系统报废为止。

20世纪50年代以来,科学技术进步的一个显著特征是设备、工艺及产品越来越复杂。战略武器的研制、宇宙开发及核电站建设等使得作为现代科学技术标志的大规模复杂系统相继问世。这些复杂系统往往由数以千万的元素组成,元素之间以非常复杂的关系相连接。由于系统在研究制造或使用过程中往往涉及高能量,系统中的微小差错就会导致灾难性的事故,所以大规模复杂系统的安全性问题受到人们的广泛关注。

1947年9月,美国航空科学院报道了一篇题为《安全工程》的论文,文中写道:"正如飞机性能、稳定性和结构完整性一样,必须进行安全设计,并使之成为飞机不可分割的一部分。安全组也要像应力组、空气动力组和荷载组一样,必须成为制造厂的重要组织机构之一。"这是最早提出系统安全概念的一篇论文。

系统安全的基本思想是人们在研制、开发、使用、维护这些大规模复杂系统的过程中逐渐萌发的。在 20 世纪 50 年代至 60 年代美国研制洲际导弹的过程中,系统安全的理论逐渐形成。最早用于导弹的推进剂是一种将气体加压到 420 kg/cm²(1 kg/cm² = 0.098 MPa)、温度低达 −196℃的低温液体,它的化学性质非常活泼且毒性远远超过第一次世界大战中使用的毒气的毒性,爆炸性比烈性炸药更强烈,比工业中使用的腐蚀性化学物质更具有腐蚀性。当时负责该项目的美国空军的官员们并没有认识到他们建造的导弹系统潜伏着巨大的危险性,在洲际导弹试验开始的一年半里就发生了四次爆炸,损失惨重。事故调查结果表明,主要原因是产品安全性存在重大问题,于是报废了这个产品并重新进行设计。美国空军于 1962 年明确提出了以系统工程的方法研究导弹系统安全性。1963 年,美国空军制定了"系统和有关子系统以及设备的安全工程通用要求",作为系统和设备的设计指导。1966 年,美国国防部对空军的标准做了修改,发布了自己的标准。1969 年,美国国防部又再次修订了这个标准,发布了"系统、有关子系统与设备的系统安全大纲",在这个标准中首先建立了较为完善的系统安全的概念,以及安全分析、设计和评价等的基本原则。

四、系统安全工程

系统安全工程是运用系统论、风险管理理论、可靠性理论和工程技术手段辨识系统中的危险源,评价系统的危险性,并采取控制措施使其危险性最小,从而使系统在规定的性能、时间和成本范围内达到最佳的安全程度。系统安全工程的基本内容如图 2-3 所示,具体包括以下几部分。

(1)危险源辨识——运用系统安全分析方法发现、识别系统中危险源的工作。

(2)危险性评价——评价危险源导致事故、造成人员伤害或财产损失的危险程度的工作。危险源的危险性评价包括对危险源自身危险性的评价和对危险源控制措施效果的评价两个方面的问题。

(3)危险源控制——利用工程技术和管理手段消除、控制危险源,防止危险源导致事故、造成人员伤害和财物损失的工作。危险源控制技术包括防止事故发生的安全技术和避免或减少事故损失的安全技术。

图 2-3　系统安全工程的基本内容

系统安全工程强调危险源辨识、危险性评价、危险源控制活动,它既是一个有机的整体,也是一个循序渐进发展的过程,强调通过持续的努力,实现系统安全水平的不断提升。

第二节　系统安全工程的产生和发展

事故给人类带来无数灾难,严重地制约了经济发展和社会进步,甚至对人类生存构成巨大威胁。然而,事故的影响也并非都是消极的,它和其他事物一样,也有积极的一方面。

(1)事故具有鲜明的反面教育作用,它向人们展示了破坏的恶果,教会人们必须按照科学规律办事。

(2)事故是一种特殊的科学实验。一个系统发生事故,说明该系统存在不安全、不可靠的问题,从而以事故的形式弥补了设计时应做而没做或想做而没敢做(没钱做)的实验。人们通过对事故的调查、分析,找出事故原因,研究并采取了有效控制事故的措施,改变了系统的工艺、设备,从而提高了系统的性能,发展了专业技术。

(3)事故也是诞生新的科学技术的催化剂。事故的强大负面效应对人类产生巨大的冲击作用,从而激发人类以更大的决心和更大的力量研究事故。通过对事故的信息、资料的收集、整理、分析、研究,也就是充分开发利用事故资源,一个崭新的自然科学学科就在人们的这种不懈努力与艰苦卓绝的斗争中诞生了,这就是作用力与反作用力的作用机制。在科学技术发展的历史长河中,几乎每一个学科的诞生都离不开事故这种反作用力的作用。

系统安全工程也正是在这种事故的反作用力下应运而生的。系统安全工程产生于20世纪60年代初期的美、英等工业发达国家,首先使用于军事工业方面,随后在原子能工业上也相继提出了保证系统安全的问题,并于1974年由美国原子能委员会发表了 *WASH -1400* 报告,即《商用核电站风险评价报告》,这个报告发表后,引起了世界各国的普遍重视,推动了系统安全工程的进一步发展。

继美国之后,其他各国在安全系统工程方面也展开了研究并取得了很大的成果。如英国在20世纪60年代中期开始收集有关核电站故障的数据,对系统的安全性和可靠性问题采用了概率评价方法,进一步推动了定量评价工作,并设立了系统可靠性服务所和可靠性数据库。日本引进系统安全工程的方法虽然较晚,但发展很快,已在电子、宇航、航空、铁路、公路、原子能、汽车、化工、冶金等工业领域大力开展了研究与应用。

化工生产的危险性和化工事故的危害性是众所周知的。工业规模的扩大和事故破坏后果的日益严重化,迫使化工企业加倍努力严格控制事故,特别是化工厂的火灾爆炸事故。为此,美国道化学公司于1964年发表了化工厂"火灾爆炸指数评价法",俗称道氏法,该法经多年的应用、修改,已比较完善。之后,英国帝国化学公司在此基础上开发了蒙德评价法,日本提出了岗三法、正田法。20世纪70年代,日本劳动省发表的评价方法另辟蹊径,它是以分析与评价、定性评价与定量评价相结合为特点的"化工企业安全评价指南",亦称"化工企业六阶段安全评价法"。这些就是化工系统的系统安全工程。

民品工业也存在系统安全工程的诞生与发展问题。20世纪60年代正是美国市场竞争日趋激烈的年代,许多新产品在没有得到安全保障的情况下就投放市场,造成许多使用事故,用户纷纷要求厂方赔偿损失,甚至要求追究厂商刑事责任,迫使厂方在开发新产品的同时寻求提高产品安全性的新方法、新途径,期间在电子、航空、铁路、汽车、冶金等行业开发了许多系统安全分析方法和评价方法。这些也可以称为民品工业的系统安全工程。

在我国,系统安全工程的研究、开发是从20世纪70年代末开始的。天津东方化工厂应用系统安全工程成功地解决了高度危险企业的安全生产问题,为我国各个领域学习、应用系统安全工程起了带头作用。其后是各类企业借鉴引用国外的系统安全分析方法,对现有系统进行分析。到了80年代中后期,人们研究的注意力逐渐转移到系统安全评价的理论和方法上来,开发了多种系统安全评价方法,特别是企业安全评价方法,重点解决了对企业危险程度的评价和企业安全管理水平的评价。

目前,系统安全工程在全国各个行业得到了广泛的应用,特别是在高危行业。国家安全生产监督管理总局颁布了一系列的法规文件以进一步规范系统安全工程的应用,取得了良好的效果,如《安全评价通则》(AQ 8001—2019)《安全预评价导则》(AQ 8002—2017)《安全验收评价导则》(AQ 8003—2007)《安全现状评价导则》《危险化学品包装物、容器定点生产企业生产条件评价导则(试行)》《危险化学品生产企业安全评价导则(试行)》《危险化学品经营单位安全评价导则(试行)》《煤矿安全评价导则》《非煤矿山安全评价导则》《民用爆破器材安全评价导则》《烟花爆竹生产企业安全评价导则(试行)》等。

在专业人才教育方面,1997年11月19日,由原国家人事部、劳动部发布《安全工程专业中、高级技术资格评审条件(试行)》,此项资格考试一直延续至今。2008年2月29日,由劳动和社会保障部制定的《国家职业标准》中规定了安全评价师国家职业标准,并确定了三级考核制度。从2004年开始注册安全工程师职业资格考试,并于2014年8月31日在修订的《中华人民共和国安全生产法》中,首次确立了注册安全工程师的法律地位。2017年9月,人力资源社会保障部将注册安全工程师列入准入类国家职业资格目录。

各种评价导则和各项规定与资格考试的出台,共同促进了系统安全的理论和实践的进一步发展。

第三节　系统安全工程的研究内容及特点

系统安全工程是一种综合性的技术方法,在研究过程中不仅要应用系统论、风险管理理论、可靠性理论,而且还要熟悉所要研究的系统、生产过程及应采取的安全技术等。

一、系统安全工程的研究内容

系统安全工程的研究内容主要包括事故致因理论、系统安全分析、系统安全评价、系统安全预测与预防、系统安全决策等五个方面。

(一)事故致因理论

事故的发生有其自身的发展规律和特点。了解事故的发生、发展和形成过程,对于辨识、评价和控制危险源具有重要意义。

为防止事故的发生,人们在生产实践中不断总结经验和教训,研究探索事故的发生规律,以了解事故为什么会发生,事故怎样发生,以及如何采取措施予以防范,并以模式和理论的形式加以阐述。由于这些模式和理论着重解释事故发生的原因,以及针对事故成因如何采取措施防止,所以人们就把这些模式和理论称为事故成因理论或事故致因理论。事故致因理论就是从事故的角度研究事故的定义、性质、分类和事故的构成要素与原因体系,分析事故成因模型及其静态过程和动态发展规律,阐明事故的预防原则及其措施。事故致因理论是指导事故预防工作的基本理论。

事故致因理论中的事故模式(是人们对事故机理所作的逻辑抽象或数学抽象,用于描述事故成因、经过和后果,是研究人、物、环境、管理及事故处理这些因素如何作用而形成事故和造成损失的)对于事故的分析、预防、处理均具有重要的作用。事故模式有很多种,目前较为流行的事故致因理论有事故频发倾向理论、海因里希工业安全理论、能量意外释放理论、管理失误论、扰动起源理论、事故遭遇倾向理论、现代因果连锁理论、轨迹交叉理论和两类危险源理论等。

(二)系统安全分析

系统安全分析是实现系统安全的重要手段,是系统安全工程的核心内容,也是安全评价的基础。其目的是通过对系统进行深入、细致地分析,充分了解、查明系统存在的危险源,估计事故发生的概率和可能产生伤害及损失的严重程度,为确定哪种危险能够通过修改系统设计或改变控制系统运行程序来进行预防提供依据。因此,分析结果的正确与否,关系到整个安全工作的成败。

系统安全分析的方法有数十种:这些方法有定性的,也有定量的;有逻辑推理的,也有综合比较的。要完成一个准确的分析,就要事先了解各种分析方法的特点、适用场合,经过比较,再决定采用哪种分析方法。但不管采用哪种分析方法,都要事先建立一个系统模型。这种模型大多数采用图解方式,表示出系统各单元之间的关系,这样易于人们掌握系统各单元之间的关系和影响,便于查到事故的真正原因和危险性大小。

在进行系统安全分析时,可根据需要把分析进行到不同的深度,可以是初步的或详细的,也可以是定性的或定量的。每种深度都可以得出相应的答案,以满足不同项目和不同情况的要求。

(三)系统安全评价

安全评价是以系统安全分析为依据,只有通过分析,掌握了系统中存在的潜在危险和薄弱环节、发生事故的概率和可能的严重程度等,才能正确地进行安全评价。

安全评价分为定性评价和定量评价。定性分析的结果用于定性评价,而定量分析的结果用于定量评价。任何定量方法总是在定性的基础上开始的,但是定性评价只能够知道系统中的危险性的大致情况,如危险性因素的多少和严重程度等,要想深入了解系统的安全状态,还有待于定量评价。只有经过定量评价,才能充分发挥系统安全工程的作用,通过定量评价的结果,决策者才可以选择最佳方案,领导和监察机关才可以根据评价结果督促企业改进安全状况,保险公司就可以按企业的安全性要求规定不同的保险金额。

安全评价是预测预防事故的高级阶段。它是建立在系统安全分析的基础上,结合其他理论进行的。不同的评价方法有不同的安全评价结果。

安全评价是一种预测安全状况的手段,并非防止、控制事故发生的实际措施。安全评价是系统安全工程的重要组成部分与实用性较强的内容。正确的安全评价必须有科学的安全理论作指导,使之能真正揭示安全状况变化的规律并予以准确描述,以一种可辨识度量的信息显示出来。

安全评价方法可依据评价的目的或采用的基本理论进行分类。目前较常见的方法有定性和定量评价、预先评价、日常评价、事后评价、全面评价、局部评价等。现代安全评价是以系统科学原理、耗散结构理论、现代数学和控制理论等作为理论基础的。

（四）系统安全预测与预防

系统安全预测是基于可知的信息和情报,应用一定的预测技术和手段,对预测对象的安全状况和趋势进行预报和预测,从而达到系统安全的可预知,进而实现系统安全的可控制。

系统安全预测的精确性必须基于两个最基本的前提:一是可知的信息,目前世界各国政府和组织已经意识到建立灾害数据库的重要性,也正在积极地开展工作;二是正确的安全预测方法。目前可用于系统安全预测的方法有定性预测法、定量预测法,包括德尔菲预测法、回归分析预测法、时间序列预测法、马尔可夫预测法、灰色预测法、贝叶斯预测法和神经网络预测法等。

安全预防,也叫事故预防,就是根据安全预测结论和平时积累的安全管理经验,提出一系列安全预防措施,用于防止事故发生、降低事故伤亡率等目的。

安全预防措施是指根据安全评价的结果,针对存在的问题,对系统进行调整,对危险点或薄弱环节加以改进,以消除事故的发生或使发生的事故得到最大限度的控制。

安全预防措施主要有两个方面:一是预防事故发生的措施,即在事故发生之前采取适当的安全措施,排除危险因素,避免事故发生;二是控制事故损失扩大的措施,即在事故发生之后采取补救措施,避免事故继续扩大,使损失减到最小。

此外,安全措施还可分为宏观控制措施、微观控制措施和安全目标管理。

宏观控制措施是以整个系统作为控制对象,是根据系统的安全状况进行决策,选定控制措施。通常采用的控制措施主要有法制手段(政策、法令法规、规章制度)、经济手段(奖、惩)和教育手段。

微观控制措施是以具体的危险源作为控制对象,对系统中固有的危险源和人的不安全行为进行控制。对于固有的危险源,具体的控制措施可采用控制、保护、隔离、消除、保留和转移等方法。对人的不安全行为,主要依据行为的科学原理,采用人的安全化与操作安全化的方法进行控制。

安全目标管理就是把一定时期内所要完成的安全指标分解到各具体部门或个人。各接受安全指标的部门或个人,根据自身系统的安全状况,在管理人员的指导下,采取具体控制措施,对系统中的不安全因素进行控制,以达到预期的安全效果。安全目标的实施分为目标制定阶段、目标执行阶段和目标成果评价阶段。安全目标管理主要采用法律、行政、经济、教育及技术工程的手段。

（五）系统安全决策

系统安全决策是在对系统以往、正在发生的事故进行分析的基础上,运用预测技术的手段,对未来事故变化规律做出合理判断的过程。安全决策,就是决定安全对策。科学安全决策是指人们针对特定的安全问题,运用科学的理论和方法,拟订各种安全行动方案,并从中做出满意的选择,以更好地达到安全目标的活动过程。

安全决策包括战略性安全决策和策略性安全决策,程序化安全决策和非程序化安全决策,确定型安全决策和非确定型安全决策,风险型安全决策,静态安全决策和动态安全决策,以及高、中、低层次安全决策等。

安全决策具有程序性、创造性、择优性和风险性等特点。安全决策的前提和条件是科学的安全预测、健全的安全决策组织体系和素质优良的安全决策工作人员。开展安全决策应该秉持科学性、系统性、经济性、民主性和责任性原则，以确保安全决策的准确、可靠。一般来说，安全决策依据如下步骤：发现问题、确定目标、拟订方案、方案评估、方案优选等。目前，安全决策一般采用的方法有头脑风暴法、集体磋商法、加权评分法和电子会议法等。

二、系统安全工程的特点

系统安全工程是在传统安全的基础上发展起来，由多门现代学科综合形成的一门新技术，使用起来有许多特点，现简述如下。

(1)预测和预防事故的发生是现代安全管理的中心任务。运用系统安全分析方法，打破传统安全中单一的、凭经验的那种相互独立、自我封闭的界限，可以识别系统中存在的薄弱环节和可能导致事故发生的条件，而且通过定量分析，预测事故发生的可能性和事故后果的严重性，从而可以采取相应的措施，预防事故发生。

(2)现代工业的特点是大规模化、连续化和自动化，其生产关系日趋复杂，各个环节和工序之间相互联系、相互制约。系统安全工程是通过系统分析，全面地、系统地、彼此联系地以及预防性地处理生产系统中的安全性问题，而不是孤立地、就事论事地解决生产系统中的安全性问题。

(3)对安全采用定量分析、评价和优化技术，可以避免传统安全中对事故的"浅层"分析，从人机关系，人和环境、人和物的关系等诸种关系中寻找真正的事故原因和查出未想到的原因，为安全管理事故预测提供科学依据。根据分析可以选择出最佳方案，使各子系统之间达到最佳配合，用最少投资得到最佳的安全效果，从而可以大幅度地减少人身伤亡和设备损坏事故。

(4)安全系统工程要做出定性和定量的安全评价，就需要有各种标准和数据，如许可安全值、故障率、人机工程标准以及安全设计标准等。因此，系统安全工程可以促进各项标准的制定和有关可靠性数据的收集。

(5)安全系统工程的方法不仅适用于工程，而且适用于管理，并且能用来指导产品的设计、制造、使用维修和检验。目前已初步形成系统安全工程和系统安全管理两大分支。

(6)通过系统安全工程的开发和应用，可以迅速提高安全技术人员、操作人员和管理人员的业务水平和系统分析能力，同时为培养新人提供一套完整的参考资料。

综上所述，系统安全工程具有系统性、预测性、层次性、择优性和技术与管理的融合性等特点。

第四节　系统安全工程理论

一、系统安全理论的主要创新观点

系统安全理论包括很多区别于传统安全理论的创新概念，主要表现在以下几个方面。

(1)在事故致因理论方面，改变了人们只注重操作人员的不安全行为而忽略硬件的故障在事故致因中作用的传统观念，开始考虑如何通过改善物的系统的可靠性来提高复杂系统的安全性，从而避免事故。

(2)没有任何一种事物是绝对安全的，任何事物中都潜伏着危险因素，通常所说的安全或危险只不过是一种主观的判断。能够造成事故的潜在危险因素称作危险源，某种危险源造成人员伤害或物质损失的可能性叫作危险。危险源是一些可能出问题的事物或环境因素等,而危险表征潜在的危险源造成伤害或损失的机会,可以用概率来衡量。

(3)不可能根除一切危险源和危险,可以减少来自现有危险源的危险性。在生产过程中要注意减少系统总的危险性,而不是只去消除几种特定的危险。

(4)由于人的认识能力有限和事物不断发展的客观性,所以有时不能完全认识系统中的危险源和危险,即使认识了现有的危险源,随着生产技术的发展以及新技术、新工艺、新材料和新能源的出现,又会产生新的危险源。由于受技术、资金、环境、劳动力等因素的限制,所以对于认识了的危险源也不可能完全根除。由于不能全部根除危险源,所以只能通过相关的方法、措施把危险降低到可接受的程度,即可接受的危险。安全工作的目标就是控制危险源,努力把事故发生概率降到最低,即使发生事故,也可把伤害和损失控制在较轻的程度上。

二、系统安全的思想

系统安全理论是为解决复杂系统的安全问题而开发、研究出来的安全理论、方法体系。系统安全的思想,就是应用系统安全工程解决安全问题的思想。系统安全的思想是安全生产的灵魂,是安全工程专业同学必须具备的最基本素质。系统安全的思想反映在三个方面。

(一)安全是相对的思想

美国安全工程师学会(ASSE)编写的《安全专业术语辞典》以及《英汉安全专业术语辞典》中,将安全定义为:安全意味着可以容忍的风险程度。

长期以来,人们一直把安全和危险看作截然不同的、相互对立的。而系统安全的思想认为,世界上没有绝对安全的事物,任何事物中都包含不安全的因素,具有一定的危险性。

安全是通过对系统的危险性和允许接受的限度相比较而确定,安全是主观认识对客观存在的反映,这一过程可用图 2-4 加以说明。

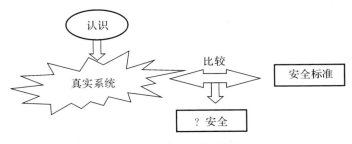

图 2-4 安全的认识过程

因此,安全工作的首要任务就是在主观认识能够真实地反映客观存在的前提下,在允许的安全限度内,判断系统危险性的程度。在这一过程中要注意认识的客观、真实性和安全标准的科学、合理性。安全伴随着人们的活动过程,它是一种状态,与时间、空间相联系。

(二)安全伴随着系统生命周期的思想

系统的生命周期从系统的构思开始,经过可行性论证、设计、建造、试运转、运转、维修直至系统报废(完成一个生命周期),其各个环节都存在不同的安全的问题。系统生命周期中的安全问题可用图 2-5 表示。

下面以化工企业为例对图 2-5 加以说明。AB 阶段表示某工艺单元刚刚建立运行时,设备刚刚投入使用,处于浴盆曲线中的早期失效期,可靠性较低,极易发生故障;人员由于刚刚开始生产,对工艺流程和设备的操作较为生疏,极易操作失误,且对设备故障的处理不够熟练;安全措施和管理不够完善,对于设备的维护和人员操作培训的管理不够。此时,系统风险呈现减速增长的趋势。由于系统的风险一直存在,因此在初始点,即 $t=0$ 时,系统风险值(H)并不为零。

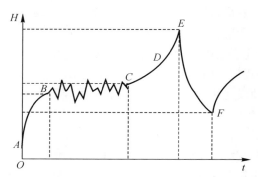

图 2-5　系统生命周期中的"R-M"(Rheology-Mutation)曲线

BC 阶段表示工程单元进入稳定的运行阶段。设备度过早期失效期,运行较为稳定,故障的发生率降低;人员对于设备的操作开始熟练,出错较少,即使设备有意外情况发生,操作人员也可以根据经验采取及时有效的处理;安全措施逐渐到位,管理条款也愈加严密,防范措施成熟,此时系统风险以极低的速度增长。BC 阶段中的波动,描述的是危险的发生与抑制的过程,该阶段会出现一些故障或误操作,可以通过正确的方法加以消除。虽然灾场风险存在波动,但是灾害没有发生,从本质上来讲,还是比较安全的。当然,如果 BC 阶段中任意一次波动处理不当,都会导致 BC 阶段结束,提前进入 CD 阶段。因此,加强设备维护,提高员工安全操作水平,建立危机防范制度,有助于 BC 阶段的延长。

随着工作时间的推移,工艺单元中的设备出现磨损,发生事故的概率增加;人员由于长期从事相同的工作,对工艺过于熟悉,容易产生麻痹大意的心理,导致操作失误增加,危机处理也不能完全按照规定准确有效地控制灾害的发生。此时,系统风险进入 CD 阶段,呈现加速增长的趋势。

系统在这样的危险状态下维持一段时间,潜在的能量不断集聚,最终突破系统的约束向外释放引发事故,人员和财产就会有伤亡和损失,即 DE 阶段。

此后,工艺瘫痪,设备无法运行,需经过 EF 阶段对整体的工艺加以恢复和调整。在 F 点时,新的工艺单元建立,新的系统形成新的风险,即存在新的初始风险值,成为另一次"流变—突变"过程的起点。

要充分认识系统生命周期中安全的两个方面。

(1)本质化安全。本质化安全是系统安全的根本保证,从系统的构思、设计开始就融入系统,对系统有两个基本的要求:一是系统正常运行条件下本身是安全的,也就是系统在其生命周期中不依赖保护与修正,安全设备也能安全运行;二是系统的故障安全,也就是系统在失去电或公用工程时,系统也能保持稳定状态。本质化安全是系统的理想状态,是安全工作追求的目标。

(2)工程化安全。工程化安全思想是对本质化安全的补充,其主导思想就是应用工程安全保护设备,进一步加强系统在其生命周期中的安全性,但是必须确保工程安全设备在系统出现问题时不产生故障。

本质化安全和工程化安全构成了系统生命周期安全的思想。

(三)系统中的危险源是事故根源的思想

危险源是可能导致事故的潜在的不安全因素。任何系统都不可避免地存在某些危险源,而这些危险源只有在触发事件的触发下才会产生事故。因此,安全工作的一个重要指导思想就是辨识系统中的危险源和消除触发事件的思想。

三、系统安全工程的方法论

(一)研究方法上的整体化

系统安全工程的研究方法是从整体观念出发的。它不仅把研究对象视为一个整体,还可以把系统分解为若干个子系统,对每个子系统的安全性要求要与实现整个系统的安全性指标相符合。对于评价过程中子系统之间或者系统与系统之间的矛盾,都要根据总体协调的需求来选择解决方案。因此,系统安全要贯穿于规划、设计、制造、使用、维护等各个阶段。在系统概念上,系统除了材料、能量、信息三大要素以外,在系统的各要素中,应格外重视人的要素。我国和日本的有关事故统计资料表明,包含人的不安全行为造成灾害的比例,一般在 90% 以上。因此在研究、分析评价系统安全时,不能忽视人在系统中所起的作用,而是必须从整体出发,全面考虑系统中的各种因素。

(二)技术应用上的综合化

系统安全工程综合应用多种学科技术,使之相互配合,使系统实现安全化,即系统工程最优化。人们在"安全问题"上所研究、遇到的"系统"往往是复杂的。对系统各要素间的关系揭示得越清晰、深刻、精确,就越能获得最佳应用多种技术的成就。因此,在研究综合运用各学科和各项技术的过程中,人们从全面的系统观点出发,采用逻辑、概率论、数理统计、模型和模拟技术、最优化技术等数学方法,并用计算机进行处理和分析计算,把系统内部要素间的关系和不安全状态,用简明的语言、数据、曲线、图表清楚地描述出来或把所研究的问题在定性的基础上以数量化表示,显示出那些不易直观觉察的各种要素间的相互关系,使人们能深刻、全面地了解和掌握所研究的对象,做出最优决策,以保证整个系统能按预定计划达到安全目标。

(三)安全管理科学化

安全工作中的规划、组织、控制和决策等统称为安全管理。安全管理工作对实现系统安全、经济效益等具有重要意义,因此,科学化的管理对实现系统安全至关重要。系统安全工程有以下 6 个主要任务:①寻找、发现系统事故隐患;②预测由故障引起的危险;③选择、制定和调整安全措施方案和安全决策;④组织安全措施和对策的实施;⑤对措施的效果进行全面的评价;⑥持续改进,以求得最佳效果,体现出了安全管理科学化的主要特征。

思　考　题

1.安全科学和其他科学有何关系?

2.简述危害、风险的定义。

3.系统安全工程的安全工作方法和传统的安全工作方法有何不同？

4.什么是系统安全工程？

5.系统安全工程的主要研究内容是什么？

6.系统安全工程有哪些应用特点？

本章课程思政要点

1.从系统工程的视角出发，分析全面看待问题的方法，形成普遍联系的马克思主义方法论，培养科学思维。

2.从系统安全工程5大组成部分（事故致因理论、系统安全分析、系统安全评价、系统安全预测及系统安全决策）出发，学习建立科学的思维体系，从原因分析、危险源普查与评价到安全预测与行动决策，建立科学的思维模式，进而培养逆向思维方法，开展事故预防，把课本知识活用到平时的工作生活中。

3.通过借鉴别人的事故，学习处理应对风险事故的方法，未雨绸缪，防患于未然。欧美、日本等工业化发展较早的国家和地区，最先建立安全科学研究，总结了大量的事故案例，也总结形成了杜绝、避免事故的方法。我们要学会借用别人的案例培养我们的能力，从理论和实践两方面提高安全系统工作管理水平。

4.从系统结构组成，谈培养学员团队合作精神。团队精神是大局意识、协作精神和服务精神的体现，核心是协同合作，反映的是个体利益和整体利益的统一。讲述系统的特点时，可以我国航天发展为例，"神舟五号"载人飞船研制运用了系统工程的原理与方法，是大型系统工程组织管理的一次成功应用，整个系统分解成八大子系统，各子系统相互联系、相互依赖、相互作用，各子系统有机联系在一起以实现整体最优的目标。在整个工程中，设立中国载人航天工程办公室，负责组织、指导、协调各任务单位开展研制建设和试验任务，各任务单位内部、各任务单位之间要团结协作、服从大局。让学员深切意识到要完成一项任务，特别是复杂任务时，要具有团队精神。

第二篇　系统安全分析

第三章　系统安全分析基础

系统安全分析是实现系统安全的重要手段,是系统安全工程的核心内容,也是系统安全评价的基础。本章将对系统安全分析的相关基础知识做简要介绍。

第一节　系统安全分析概述

系统安全分析的目的是查明系统中的危险因素,以便采取相应措施消除系统故障或事故,保证系统安全运行。

一、系统安全分析的作用、内容及程序

(一)系统安全分析的作用

安全技术的基本含义包括两个方面,即预知生产过程中的各种危险和消除这些危险所采取的各种手段、方法和行动。

在生产过程中导致事故发生的原因是很多的,预防事故需要预先发现、鉴别和判明可能导致发生灾害事故的各种危险因素,尤其是那些潜在的因素,以便于消除或控制这些危险,防止和避免发生灾害事故。因此,必须从系统的观点出发,对生产过程运用系统分析的方法进行分析、评价。

系统安全分析就是把生产过程或作业环节作为一个完整的系统,对构成系统的各个要素进行全面的分析,判明各种状况的危险特点及导致灾害性事故的因果关系,从而对系统的安全性做出预测和评价,为采取各种有效的手段、方法和行动消除危险因素创造条件。

系统安全分析方法,也就是对生产系统(包括生产装置、工艺过程、作业环境以及人员)的安全性进行检查诊断及危险预测的方法。对危险进行分析和预测的目的是对各种方案进行评价,确定所提出的方案是否能满足系统安全性的要求,找出系统的薄弱环节,以便加以改进,作为制定消除危险、防止灾害对策的依据。

防止事故的发生就是要辨识危险源、分析危险源和控制危险源。不同类别的危险源所产生的危险与危害也不相同,在进行安全分析与危险性控制时要有明确的指导思想。液体推进剂储存与作业过程中的安全分析与控制过程可用图 3-1 表示。

系统安全分析的功用可概括为以下几点:

(1)能将导致灾害事故的各种因素,通过逻辑图做出全面、科学和直观的描述;

(2)可以发现和查明系统内固有的或潜在的危险因素,为安全设计、制定安全技术措施及防止发生灾害事故提供依据;

(3)使操作人员全面了解和掌握各项防灾控制要点；

(4)可对已发生的事故进行原因分析；

(5)便于进行概率运算和定量评价。

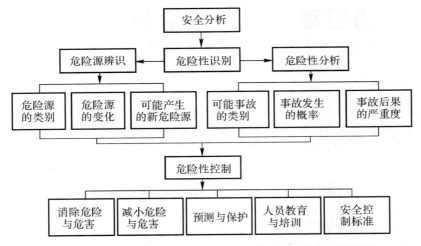

图 3-1　液体推进剂储存与作业过程中的安全分析与控制过程

(二)系统安全分析的内容

系统安全分析是从安全角度对系统中的危险因素进行分析，主要分析导致系统故障或事故的各种因素及其相关关系，通常包括如下主要内容：

(1)对可能出现的、初始的、诱发的及直接引起事故的各种危险因素及其相互关系进行调查和分析；

(2)对与系统有关的环境条件、设备、人员及其他有关因素进行调查和分析；

(3)对能够利用适当的设备、规程、工艺、材料控制或根除某种特殊危险因素的措施进行分析；

(4)对可能出现的危险因素的控制措施及实施这些措施的方法进行调查和分析；

(5)对不能根除的危险因素失去或减少控制可能出现的后果进行调查和分析；

(6)对危险因素一旦失去控制，为防止伤害和损害的安全防护措施进行调查和分析。

对于流程工业(如化学工业)，其安全分析的一个重点就是各种流程。流程的安全分析综合起来主要包括下面的内容：

(1)流程的危险；

(2)以前的事故和最近的事故损失；

(3)工程和行政管理；

(4)工程和行政管理故障后果及影响；

(5)定性评估这些后果对职员、公众和环境的影响；

(6)装置和工厂现场；

(7)人的可靠性。

在进行流程安全分析时，工程师、操作人员、维护人员和安全人员应参与流程的安全分析工作。做好流程安全分析应从如下 3 个主要步骤进行。

（1）准备。在进行任何流程安全分析之前，成立流程安全分析小组，安全分析组长（领导）和秘书（记录员）应收集系统数据，将整个系统分成相应要分析的单元，建立工作单和检查清单，这对于有效地进行安全分析是十分必要的。例如设备故障类型清单、流程偏差、初始的"如果—什么"问题等。

（2）流程安全分析会议。流程安全分析小组应举行相应的安全分析会议，安全分析组长和秘书应引导分析小组按照所选用的安全分析方法对全部系统进行审查，安全分析秘书应记录安全分析小组所讨论的内容。安全分析小组应根据事件的频率和后果来评价整个流程中主要的潜在危险。这种评估有助于决定哪些事件是重要的，何种降低风险的选择是最重要的。在大多数情况下，可以借助流程安全分析软件来帮助安全分析小组进行有关的分析，并将有关的安全分析结果形成文件。

（3）将安全分析结果形成文件。安全分析小组组长和秘书应将安全分析小组讨论及分析的结果形成高质量的报告。根据不同工艺流程的要求，流程安全分析报告可以包括系统说明、分析原理及方法、安全分析小组的推荐和详细的会议总结表等。

风险和可靠性的管理有助于建立一个有效的管理、执行与跟踪安全分析研究的系统。

对于安全，最重要的原则是确保过程是本质安全的。在液体推进剂安全措施实施的过程中，不能遗漏任何危及安全的因素，大多数复杂的安全设备应采用最好的安全分析技术分析其有效性。如果在流程工业中存在有害的物质，那么不论采用什么安全措施，风险都不会降低为零，因此用有益的物质代替有害物质，可以大幅度降低风险。

对有人参与的活动，从根本上消除风险是不可能的，安全工程师能做到的是努力控制风险，确保风险与收益相当。

通过对各种安全分析方法的讨论，要回答下面的问题：

（1）发生的事故有哪些类型？

（2）可能发生事故的频率有多大？

（3）事故后果是什么？

（4）事故产生的风险是否可以接受？

回答问题（4）的责任不完全取决于工程师，但是所有工程师必须清楚，石油化工的安全问题，不只是风险分析的数学问题，而且包括伦理道德的因素，这个观念对于安全分析具有很重要的影响。

（三）系统安全分析的程序

系统安全分析是以预测和防止事故为前提，对系统的功能、操作、环境、可靠性等经济技术指标以及系统的潜在危险性进行分析和测定。系统安全分析的程序一般如下。

（1）把所研究的生产过程或作业环节作为一个整体，确定安全设想和要达到的目标。

（2）把工艺过程或作业环节分成几个部分，绘制流程图。

（3）应用图表形式以及有关符号，将系统的结构和功能加以抽象化，并将其因果关系、层次及逻辑结构用逻辑图形表示出来。

（4）分析系统的现状及其组成部分，测定与判断可能发生的故障、危险及其灾害性后果，分析并确定导致危险的各个事件的发生条件及其相互关系。

（5）对已建立的系统，综合采用概率论、数理统计、网络技术、模型和模拟技术、最优化技术等数学方法，对各种因素进行数量描述，分析它们之间的数量关系，并进一步探求极不容易直接观察到的各种因素的数量变化及其规律。

二、系统的偏差及其常见原因

系统偏差的概念对系统安全分析是非常重要的。在液体推进剂生产、储运和作业系统中，偏差主要包括量的偏差、化学性能的偏差及物理性能的偏差。

(一)量的偏差及其常见原因

(1)无流量、断流。其常见原因有管道堵塞、输送路线错误、出口超压、泵故障、泵发生气缚(气塞、气封)、控制器故障、阀被卡住或关闭、止回阀装反、盲板未拆除、吸入容器抽空、管道断裂、供电或供气故障等。

(2)倒流。其常见原因有自流情况下的出口超压、发生倒虹吸、泵故障、止回阀装反、溢流、泄压阀故障、隔离设施故障等。

(3)流量过多。其常见原因有管道出口压力降低、吸入端加压、喘振、控制器故障、阀故障、内部泄漏、容器或管道破裂、泄压阀打开、爆破片破裂、物料黏度下降、填充床或沸腾床中的沟流、增加物料的时间不当等。

(4)流量过少。其常见原因有泵故障、气蚀、喘振、管道泄漏、管道部分堵塞、排出端结垢或部分堵塞、吸入压头降低、阀卡住、控制器动作相反、控制信号减弱、物料黏度增大、没有在恰当的时间增加流量、过滤器堵塞等。

(5)液位偏差。其常见原因有冷凝、撤出热量过多或过少、存在额外的物相、存在额外的物料、控制阀故障、供料过多或过少、振动、虹吸、膨胀、收缩、局部积聚等。

(二)化学性能的偏差及其常见原因

(1)污染或存在杂质。其常见原因有杂物(如空气、二氧化碳、水、润滑脂)、蒸气进入系统、催化剂损裂、腐蚀产物、内部泄漏、失去真空、隔离措施故障、不合格产品再循环、物料在炉管内或再沸器内发生热裂解、送错物料、原料中的杂质变化等。

(2)浓度偏差。其原因有排出物变化、混合物比例变化、在反应器内或其他地点发生额外的反应、进料变化、间歇生产中改变加料次序及数量、填充床或沸腾床中的沟流、催化剂活性变化、搅拌器故障、分离出非预期的物相、反应速度变化、与构造材料反应(腐蚀)溶解等。

(三)物理性能的偏差及其常见原因

(1)压力偏差。其常见的原因有沸腾、冷凝、反应、分解、闪蒸、起沫、爆炸、爆聚、进料和出料不平衡、堵塞、物料充满容器或管道无膨胀空间、控制阀故障、排液管故障、真空系统故障、日晒、外部火灾等。

(2)温度偏差。其常见的原因有冷凝、蒸发、环境条件、热损失、黏度或密度的增大或减小、外部或内部的火灾或泄漏、放热或吸热反应、催化剂活性变化、过热、热点燃、火焰点燃、烧积炭、表面结垢、日晒、换热器一侧堵塞、热冲击、雨淋、结冰、火焰熄灭、润滑故障、振动等。

(3)外形、尺寸偏差。其常见的原因有破碎、研磨、搅拌不好、滞止、黏着、沉降、膨胀、收缩等。

三、生产工艺过程的安全分析

生产工艺过程的安全分析一般是针对生产工艺和储运设备，通过安全分析来判明存在的危险是什么,什么事情可能出错误,是怎样出错误的,出错误带来的后果是什么,可以采取什么防范措施,在安全分析的基础上确定工艺生产过程的危险性或危险程度,从而决定应采取的安全措施。

(一)新工艺生产过程的危险性识别

新工艺生产过程应该进行危险性的识别,即进行危险物料识别、化学反应过程危险性识别和危险的单元操作识别。

危险物料识别,应以具有爆炸危险的物料,有引起爆炸和火灾的活性物料(不稳定物料),可燃气体及易燃物料,能通过呼吸系统、吞食或皮肤吸收引起中毒的高毒和剧毒物料为主要重点。

危险的化学反应过程识别,应以有活性物料参与或产生的化学反应能释放大量反应热,又在高温、高压和气液两相平衡状态下进行的化学反应为主要重点,分析研究反应失控的条件、反应失控的后果及防止反应失控的措施。

危险的单元操作识别,应以处理大量危险物料和处理含有活性物质的物料的单元操作过程为分析研究的重点。

(二)生产装置危险度的定量评价

采用新工艺的生产装置,应对生产装置危险度进行定量评价,并总体上对工艺过程和生产装置的危险程度进行评定,但不具体分析会出现什么样的危险以及危险的发生过程。

设计工作中对生产装置危险度的定量评价,是为了确定装置的危险程度以及需要采取的措施。

生产装置危险度的定量评价方法,宜采用日本劳动省化工厂安全评价六阶段法的定量评价方法或采用美国道化学公司的火灾爆炸危险指数评价法等。

(三)生产流程的系统危险性分析

采用新生产流程的工艺过程或对现有生产流程进行局部改进的工艺过程,应对工艺设计流程进行全流程的或局部流程的系统危险性分析。

系统危险性分析,就是对生产系统的安全性进行检查诊断及预测危险的方法,对各种设计方案进行评价,确定所提出的设计方案是否能满足系统安全性的要求;找出系统的薄弱环节,以便加以改进,作为制定消除危险、防止灾害措施的依据。

系统危险性分析,宜采取危险和可操作性研究方法(HAZOP),对比较复杂的环节宜进一步采取事故树分析(FTA)。

(四)生产工艺过程安全分析的组织和监督

新工艺生产过程的危险性识别由工艺专业负责人负责组织。生产装置的危险度定量评价由工艺专业负责人或工艺系统专业负责人负责组织。

新生产流程的系统危险性分析一般由项目设计经理负责组织,必要时项目设计经理可以委托工艺系统专业负责人负责组织。

项目安全控制工程师应参加所有的安全分析活动,并负责记录安全分析结论,此外,对生产工艺过程的安全分析工作负责督促检查。

四、系统安全分析方法的选择

(一)常用系统安全分析方法

系统安全分析方法有许多种,可适用于不同的系统安全分析过程。这些方法可以按分析过程的相对时间进行分类,也可按分析的对象内容进行分类。按数理方法,可分为定性分析和定量分析;按逻辑方法,可分为归纳分析和演绎分析。

简单地讲,归纳分析是从原因推论结果的方法。演绎分析是从结果推论原因的方法。这两种方法在系统安全分析中都有应用。从危险源辨识的角度,演绎分析是从事故或系统故障出发查找与该事故或系统故障有关的危险因素。与归纳分析相比较,演绎分析可以把注意力集中在有限的范围内,以提高工作效率。归纳分析是从故障或失误出发探讨可能导致的事故或系统故障,再来确定危险源。与演绎方法相比较,归纳分析可以无遗漏地考察、辨识系统中的所有危险源。

实际工作中可以把这两类方法结合起来,以充分发挥各类方法的优点。

在危险因素辨识中广泛应用的系统安全分析方法主要有以下几种:

(1)安全检查表法(Safety Check List,SCL);

(2)预先危险性分析(Preliminary Hazard Analysis,PHA);

(3)故障类型和影响分析(Failure Model and Effects Analysis,FMEA);

(4)事故树分析(Fault Tree Analysis,FTA);

(5)事件树分析(Event Tree Analysis,ETA);

(6)危险与可操作性分析(Hazard and Operability Analysis,HAZOP)等。

此外,尚有 What If(如果出现异常将会怎样分析)、MORT(管理疏忽和风险树分析)等方法,可用于特定目的的危险因素辨识。

(二)系统安全分析方法的选择

在系统寿命不同阶段的危险因素辨识中,应该选择相应的系统安全分析方法。例如,在系统的开发、设计初期,可以应用预先危险性分析方法。在系统运行阶段,可以应用危险与可操作性研究、故障类型和影响分析等方法进行详细分析,或者应用事件树分析、事故树分析或因果分析等方法对特定的事故或系统故障进行详细分析。系统寿命期间内各阶段适用的系统安全分析方法见表3-1。

表 3 - 1   系统安全分析方法适用情况

分析方法	开发研制	方案设计	样机	详细设计	建造投产	日常运行	改建扩建	事故调查	拆除
安全检查表		√	√		√	√	√		√
预先危险性分析	√	√	√				√		
故障类型和影响分析			√	√		√	√		
事故树分析		√	√	√		√	√		
事件树分析			√			√	√		
危险与可操作性分析			√			√	√		

在进行系统安全分析方法选择时应根据实际情况,并考虑如下几个问题。

（1）分析的目的。系统安全分析方法的选择应该能够满足对分析的要求。系统安全分析的最终目的是辨识危险源,而在实际工作中要达到如下一些具体目的:

1)对系统中所有危险源,查明并列出清单;

2)掌握危险源可能导致的事故,列出潜在事故隐患清单;

3)列出降低危险性的措施和需要深入研究部位的清单;

4)将所有危险源按危险大小排序;

5)为定量的危险性评价提供数据。

（2）资料的影响。关于资料收集的多少、详细的程度、内容的新旧等,都会对选择系统安全分析方法有着至关重要的影响。一般来说,资料的获取与被分析的系统所处的阶段有直接关系。例如,在方案设计阶段,采用危险与可操作性分析或故障类型和影响分析的方法就难以获取详细的资料,随着系统的发展,可获得的资料越来越多、越来越详细。为了能够正确分析,应该收集最新的、高质量的资料。

（3）系统的特点。针对被分析系统的复杂程度和规模、工艺类型、工艺过程中的操作类型等影响来选择系统安全分析方法。对于复杂和规模大的系统,由于需要的工作量和时间较多,所以应先用较简捷的方法进行筛选,然后根据分析的详细程度选择相应的分析方法。

对于某些工艺过程或系统,应选择恰当的系统安全分析方法。例如,对于分析化工工艺过程可采用危险与可操作性分析;对于分析机械、电气系统可采用故障类型和影响分析。因此,应该根据分析对象的类型,选择相应的分析方法。

对于不同类型的操作过程,若事故的发生是由单一故障(或失误)引起的,则可以选择危险与可操作性分析。若事故的发生是由许多危险因素共同引起的,则可以选择事件树分析、事故树分析等方法。

（4）系统的危险性。当系统的危险性较高时,通常采用系统、严格、预测性的方法,如危险与可操作性分析、故障类型和影响分析、事件树分析、事故树分析等方法;当危险性较低时,一般采用经验的、不太详细的分析方法,如安全检查表法等。

对危险性的认识与系统无事故运行时间和严重事故发生次数,以及系统变化情况等有关。此外,还与分析者所掌握的知识和经验、完成期限、经费状况以及分析者和管理者的喜好等有关。

第二节　危险、有害因素的分类

危险因素是指能使人造成伤亡、对物造成突发性损坏或影响人的身体健康导致疾病、对物造成慢性损坏的因素。危害是指可能造成人员伤害、职业病、财产损失、作业环境破坏的根源或状态,对于可能导致危害的因素,一般称为有害因素。

通常为了区别客体对人体不利作用的特点和效果,分为危险因素(强调突发性和瞬间作用)和有害因素(强调在一定时间范围内的积累作用)。有时对两者不加区分,统称危险因素。

对危险、有害因素进行分类,是为了便于进行危险、有害因素的辨识和分析。危险、有害因素的分类方法有许多种,根据《生产过程危险和有害因素分类与代码》(GB/T13861—2022)的规定,将劳动者在生产领域从事生产活动全过程中可能造成伤亡、影响人的身体健康甚至导致疾病的危险、有害因素分为四类,包括人的因素、物的因素、环境因素、管理因素。这种分类方法所列危险、有害因素具体、详细、科学合理,适用于各企业在规划、设计和组织生产时,对危险、有害因素的辨识和分析。

一、人的因素

人的因素是指在生产活动中,来自人员自身或人为性质的危险和有害因素。

(1)心理、生理性危险和有害因素。

1)负荷超限。体力负荷超限(指引起疲劳、劳损、伤害等的负荷超限)、听力负荷超限、视力负荷超限、其他负荷超限。

2)健康状况异常。

3)从事禁忌作业。

4)心理异常。情绪异常、冒险心理、过度紧张、其他心理异常。

5)辨识功能异常。感知延迟、辨识错误、其他辨识功能缺陷。

6)其他心理、生理性危险和有害因素。

(2)行为性危险和有害因素。

1)指挥错误。指挥失误、违章指挥、其他指挥错误。

2)操作错误。误操作、违章作业、其他操作错误。

3)监护失误。

4)其他行为性危险和有害因素。

二、物的因素

物的因素是指机械、设备、设施、材料等方面存在的危险和有害因素。

(1)物理性危险和有害因素。

1)设备、设施、工具、附件缺陷。强度不够,刚度不够,稳定性差,抗倾覆、抗位移能力不够(包括重心过高、底座不稳定、支承不正确等),密封不良(指密封件、密封介质、设备辅件、加工精度、装配工艺等缺陷以及磨损、变形、气蚀等造成的密封不良),耐腐蚀性差,应力集中,外形缺陷(指设备、设施表面的尖角利棱和不应有的凹凸部分等),外露运动件(指人员易触及的运动件),操纵器缺陷(指结构、尺寸、形状、位置、操纵力不合理及操纵器失灵、损坏等),制动器缺陷,控制器缺陷,设备、设施、工具、附件的其他缺陷。

2)防护缺陷。无防护,防护装置、设施缺陷(指防护装置、设施本身安全性、可靠性差,包括防护装置、设施、防护用品损坏、失效、失灵等),防护不当(指防护装置、设施和防护用品不符合要求、使用不当,不包括防护距离不够),支撑不当(包括矿井、建筑施工支护不符合要求),防护距离不够(指设备布置、机械、电气、防火、防爆等安全距离不够和卫生防护距离不够等),其他防护缺陷。

3)电伤害。带电部位裸露(指人员易触及的裸露带电部位)、漏电、静电和杂散电流、电火花、其他电伤害。

4)噪声。机械性噪声、电磁性噪声、流体动力性噪声、其他噪声。

5)振动危害。机械性振动、电磁性振动、流体动力性振动、其他振动危害。

6)电离辐射(包括 X 射线、γ 射线、α 粒子、β 粒子、中子、质子、高能电子束等)。

7)非电离辐射。紫外辐射、激光辐射、微波辐射、超高频辐射、高频电磁场、工频电场。

8)运动物伤害。抛射物,飞溅物,坠落物,反弹物,土、岩滑动,料堆(垛)滑动,气流卷动,其他运动物伤害。

9)明火。

10)高温物质。高温气体、高温液体、高温固体、其他高温物质。

11)低温物质。低温气体、低温液体、低温固体、其他低温物质。

12)信号缺陷。无信号设施(指应设信号设施处无信号,如无紧急撤离信号等),信号选用不当,信号位置不当,信号不清(指信号量不足,如响度、亮度、对比度、信号维持时间不够等),信号显示不准(包括信号显示错误、显示滞后或超前等),其他信号缺陷。

13)标志缺陷。无标志,标志不清晰,标志不规范,标志选用不当,标志位置缺陷,其他标志缺陷。

14)有害光照(包括直射光、反射光、眩光、频闪效应等)。

15)其他物理性危险和有害因素。

(2)化学性危险和有害因素。

1)爆炸品。

2)压缩气体和液化气体。

3)易燃液体。

4)易燃固体、自燃物品和遇湿易燃物品。

5)氧化剂和有机过氧化物。

6)有毒品。

7)放射性物品。

8)腐蚀品。

9)粉尘与气溶胶。

10)其他化学性危险和有害因素。

(3)生物性危险和有害因素。

1)致病微生物(包括细菌、病毒、真菌、其他致病微生物)。

2)传染病媒介物。

3)致害动物。

4)致害植物。

5)其他生物性危险和有害因素。

三、环境因素

环境因素是指生产作业环境中的危险和有害因素。生产作业环境包括室内、室外、地上、地下(如隧道、矿井)、水上、水下等作业(施工)环境等。

(1)室内作业场所环境不良。

1)室内地面滑(指室内地面、通道、楼梯被任何液体、熔融物质润湿,结冰或有其他易滑物等)。

2)室内作业场所狭窄。

3)室内作业场所杂乱。

4)室内地面不平。

5)室内梯架缺陷(包括楼梯、阶梯、电动梯和活动梯架,以及这些设施的扶手、扶栏和护栏、护网等)。

6)地面、墙和天花板上的开口缺陷(包括电梯井、修车坑、门窗开口、检修孔、孔洞、排水沟等)。

7)房屋基础下沉。

8)室内安全通道缺陷(包括无安全通道,安全通道狭窄、不畅等)。

9)房屋安全出口缺陷(包括无安全出口、设置不合理等)。

10)采光照明不良(指照度不足或过强、烟尘弥漫影响照明等)。

11)作业场所空气不良(指自然通风差、无强制通风、风量不足或气流过大、缺氧、有害气体超限等)。

12)室内温度、湿度、气压不适。

13)室内给、排水不良。

14)室内涌水。

15)其他室内作业场所环境不良。

(2)室外作业场地环境不良。

1)恶劣气候与环境(包括风、极端的温度、雷电、大雾、冰雹、暴雨雪、洪水、浪涌、泥石流、地震、海啸等)。

2)作业场地和交通设施湿滑(包括铺设好的地面区域、阶梯、通道、道路、小路等被任何液体、熔融物质润湿,冰雪覆盖或有其他易滑物等)。

3)作业场地狭窄。

4)作业场地杂乱。

5)作业场地不平(包括不平坦的地面和路面,有铺设的、未铺设的、草地、小鹅卵石或碎石地面和路面)。

6)航道狭窄,有暗礁或险滩。

7)脚手架、阶梯和活动梯架缺陷(包括这些设施的扶手、扶栏和护栏、护网等)。

8)地面开口缺陷(包括升降梯井、修车坑、水沟、水渠等)。

9)建筑物和其他结构缺陷(包括建筑中或拆毁中的墙壁、桥梁、建筑物;筒仓、固定式粮仓、固定的槽罐和容器;屋顶、塔楼等)。

10)门和围栏缺陷(包括大门、栅栏、畜栏和铁丝网等)。

11)作业场地基础下沉。

12)作业场地安全通道缺陷(包括无安全通道,安全通道狭窄、不畅等)。

13)作业场地安全出口缺陷(包括无安全出口、设置不合理等)。

14)作业场地光照不良(指光照不足或过强、烟尘弥漫影响光照等)。

15)作业场地空气不良(指自然通风差或气流过大、作业场地缺氧、有害气体超限等)。

16)作业场地温度、湿度、气压不适。

17)作业场地涌水。

18)其他室外作业场地环境不良。

(3)地下(含水下)作业环境不良。

不包括以上室内、室外作业环境已列出的有害因素。

1)隧道/矿井顶面缺陷。

2)隧道/矿井正面或侧壁缺陷。

3)隧道/矿井地面缺陷。

4)地下作业面空气不良(包括通风差或气流过大、缺氧、有害气体超限等)。

5)地下火。

6)冲击地压[指井巷(采场)周围的岩体(如煤体)等物质在外载作用下产生的变形能,当力学平衡状态受到破坏时,瞬间释放,将岩体、气体、液体急剧、猛烈抛(喷)出造成严重破坏的一种井下动力现象]。

7) 地下水。

8) 水下作业供氧不当。

9) 其他地下作业环境不良。

(4) 其他作业环境不良。

1) 强迫体位(指生产设备、设施的设计或作业位置不符合人类工效学要求而易引起作业人员疲劳、劳损或事故的一种作业姿势)。

2) 综合性作业环境不良(显示有两种以上作业环境致害因素且不能分清主次的情况)。

3) 以上未包括的其他作业环境不良。

四、管理因素

管理因素是指管理和管理责任缺失所导致的危险和有害因素。

(1) 职业安全卫生组织机构不健全(包括组织机构的设置和人员的配置)。

(2) 职业安全卫生责任制未落实。

(3) 职业安全卫生管理规章制度不完善。

1) 建设项目"三同时"制度未落实。建设项目"三同时"制度是指一切新建、改建和扩建的基本建设项目、技术改造项目、自然开发项目,以及可能对环境造成损害的工程建设,其中需要配套建设的防治污染和其他公害的环境保护设施,必须与主体工程同时设计、同时施工、同时投产使用。

2) 操作规程不规范。

3) 事故应急预案及响应缺陷。

4) 培训制度不完善。

5) 其他职业安全卫生管理规章制度不健全(包括隐患管理、事故调查处理等制度不健全)。

(4) 职业安全卫生投入不足。

(5) 职业健康管理不完善(包括职业健康体检及其档案管理等不完善)。

(6) 其他管理因素缺陷。

第三节　危险源辨识

危险源是事故发生的前提,是事故发生过程中能量与物质释放的主体,有效地管理和控制危险源,特别是重大危险源,对于确保安全生产与职业健康、保证生产经营单位的生产顺利进行具有十分重要的意义。

一、危险源的概念

(一)危险源

国家标准《职业健康安全管理体系规范》(GB/T 28001—2011)中将危险源定义为:可能导致伤害或疾病、财产损失、工作环境破坏或这些情况组合的根源或状态。

在最新修订的《职业健康安全管理体系要求及使用指南》(GB/T 45001—2020)中将危险源定义为:可能导致伤害和健康损害的来源,并注明危险源可包括可能导致伤害或危险状态的来源,或可能因暴露而导致伤害和健康损害的环境。

在国家标准《危险化学品重大危险源辨识》(GB 18218—2009)中,定义了危险化学品重大危险源,是指长期地或临时地生产、加工、使用或储存危险化学品,且危险化学品的数量等于或超过临界量的单元。此处的危险化学品是指具有易燃、易爆、有毒、有害等特性,会对人员、设施、环境造成伤害或损害的化学品。单元是指一个(套)生产装置、设施或场所。临界量是指国家法律法规标准规定的一种或一类特定危险化学品的数量。

(二)危险源的构成要素

(1)潜在危险性。危险源的潜在危险性是指一旦触发事故,可能带来的危害程度或损失大小,或者说危险源可能释放的能量强度或危险物质量的大小。

(2)存在条件。危险源的存在条件是指危险源所处的物理、化学状态和约束条件状态。例如物质的压力、温度、化学稳定性,盛装压力容器的坚固性,周围环境障碍物等情况。

(3)触发因素。触发因素虽然不属于危险源的固有属性,但它是危险源转化为事故的外因,而且每一类型的危险源都有相应的敏感触发因素。如易燃、易爆物质,热能是其敏感的触发因素;又如压力容器,压力升高是其敏感触发因素。

(三)危险源的分类

在系统安全研究中,认为危险源的存在是事故发生的根本原因,防止事故就是消除、控制系统中的危险源。根据危险源在事故发生、发展中的作用,把危险源划分为两大类,即第一类危险源和第二类危险源。

1.第一类危险源

根据能量意外释放论,事故是能量或危险物质的意外释放,作用于人体的过量的能量或干扰人体与外界能量交换的危险物质是造成人员伤害的直接原因,于是把系统中存在的、可能发生意外释放的能量或危险物质称为第一类危险源。

2.第二类危险源

在生产和生活中,为了利用能量,让能量按照人们的意图在系统中流动、转换和做功,必须采取措施约束、限制能量,即必须控制危险源。约束、限制能量的屏蔽应该可靠地控制能量,防止能量意外地释放。实际上,绝对可靠的控制措施并不存在。在许多因素的复杂作用下,约束、限制能量的控制措施可能失效,能量屏蔽可能被破坏而发生事故。导致约束、限制能量措施失效或破坏的各种不安全因素称为第二类危险源。

第一类危险源是事故发生的前提,它在发生事故时释放出的能量或危险物质是导致人员伤害或财物损失的能量主体,并决定事故后果的严重程度。第二类危险源是第一类危险源导致事故的必要条件,并决定事故发生可能性的大小。两类危险源的危险性决定了危险源的危险性。第一类危险源的危险性是固有的。两类危险源的危险性随着技术水平、管理水平及人员素质的不同而不同,是可变的。

二、危险源辨识

(一)危险源辨识的概念

危险源在没有触发之前是潜在的,长期不被人们所认识和重视,因此需要通过一定的方法进行辨识。

危险源辨识是发现、识别系统中危险源的工作,目的是通过对系统的分析界定出系统中的哪些部分、区域是危险源,以及其危险的性质、危害程度、存在状况、危险源能量和物质转化为事故的转化过程规律、转化的条件、触发因素等,以便有效地控制能量和物质的转化,使危险源不至于转化为事故。危险源辨识是危险源控制的基础,只有辨识了危险源之后才能有的放矢地考虑如何采取措施控制危险源。

(二)危险源辨识的基本原则

危险源辨识、危险性评价和危险源控制构成系统安全的基本内容。危险源辨识是危险性评价和危险源控制的基础,是指发现、识别系统中危险源的工作。对危险源的辨识、确认是实行监控、管理的基础。对危险源辨识的基本原则主要是以下几方面:

(1)本质属性有潜在危险性;

(2)隐患容易产生又不易被发觉且难以控制;

(3)有统计分析依据,即危险性导致事故发生概率的大小。

危险源的实质是具有潜在危险的源点或部位,是爆发事故的源头,是能量、危险物质集中的核心,是能量从那里传出来或爆发的地方。危险源存在于确定的系统中,不同的系统范围,危险源的区域也不同。例如,从全国范围来说,对于危险行业(如石油、化工等),具体的一个企业(如炼油厂)就是一个危险源;而从一个企业系统来说,可能某个车间、仓库就是危险源;一个车间系统,可能某台设备是危险源。因此,分析危险源应按系统的不同层次来进行。

(三)危险源辨识的主要内容

(1)厂址。从厂址的工程地质、地形地貌、水文、气象条件、周围环境、交通运输条件、自然灾害、消防设施等方面进行分析、识别。

(2)总平面图布置。从功能分区、防火间距和安全间距、风向、建筑物朝向、危险有害物质设施、动力设施、道路、储运设施等方面进行分析、识别。

(3)道路及运输。从运输、装卸、消防、疏散、人流、物流、平面交叉运输和竖向交叉运输等几方面进行分析、识别。

(4)建筑物。从厂房的生产火灾危险性分类、耐火等级、结构、层数、占地面积、防火间距、安全疏散等方面进行分析、识别。从库房储存物品的生产火灾危险性分类、耐火等级、结构、层数、占地面积、防火间距、安全疏散等方面进行分析、识别。

(5)工艺过程。①对新建、改建、扩建项目设计阶段进行危险源辨识;②对安全现状综合评价时,可针对行业和专业制定的安全标准、规程进行分析、识别;③根据典型的单元操作过程进行危险、有害因素识别。

(6)物料。①用到或遇到的物质及其物理形态(烟气、蒸汽、液体、粉末、固体)和化学物质;②可能要搬运的物料的尺寸、形状、质量、表面特征;③物料要用手移动的距离和高度。

(7)生产设备和装置:①对于工艺设备,可从高温、低温、高压、腐蚀、振动、关键部位的备用设备、控制、操作、检修和故障、失误时的紧急异常情况等方面进行识别;②对于机械设备,可从运动零部件和工件、操作条件、检修作业、误运转和误操作等方面进行识别;③对于电气设备,可从触电、断电、火灾、爆炸、误运转、误操作、静电、雷电等方面进行识别;④注意识别高处作业设备、特殊单体设备(如锅炉、乙炔站、氧气站)等的危险、有害因素。

(8)作业环境。注意识别存在毒物、噪声、振动、高温、低温、辐射、粉尘及其他有害因素的作业部位。

(9)安全管理措施。从安全生产管理组织机构、安全生产管理制度、事故应急救援预案、特种作业人员培训、日常安全管理等方面进行识别。

三、危险化学品重大危险源辨识

对于危险化学品的重大危险源辨识,可依据《危险化学品重大危险源辨识》(GB 18218—

2009)进行辨识。

GB 18218—2009 对危险化学品重大危险源的辨识分为几种情形:对于单一的化学品,其基本原则是按照物质的固有危险性确定,在辨识是否重大危险源时,按临界量确认即可;若一种化学品具有多种危险性,按其中最低的临界量确定;对于多种(n 种)物质同时存放或使用的场所,则根据下式确定:

$$\alpha = \frac{q_1}{Q_1} + \frac{q_2}{Q_2} + \cdots + \frac{q_n}{Q_n} \geqslant 1 \tag{3-1}$$

式中:$q_1, q_2, \cdots, q_n$ 是每种物质的实际储存量;$Q_1, Q_2, \cdots, Q_n$ 是各危险物质对应的生产场所或储存区的临界量。

第四节　工艺生产装置危险源的识别原则

工艺生产装置中危险源的识别应从以下三个方面进行考虑:

(1)可能使用、加工、生产的危险物品;

(2)可能采用具有危险性的工艺过程;

(3)可能采用危险的单元操作。

工艺生产所采用的工艺过程和单元操作也不是都有危险性的,具有危险性的工艺过程和单元操作的危险程度也是不同的,因此需要进行危险性工艺过程和单元操作的识别。

危险源识别不仅应鉴别出什么是危险的,而且要了解存在的危险源在什么条件下可以引发事故。在危险源识别的基础上,才可针对具体情况采取有效的防范措施。

一、危险物品的识别

工艺生产过程中所接触的物品包括原料、中间产品、成品、催化剂、其他化学品和排出物等,它们有些是危险物品,有些不一定都具有危险性,因此需要进行危险物料的识别。

根据《危险货物分类和品名编号》(GB 6944—2012)和《常用危险化学品的分类及标志》(GB 13690—2009),凡具有爆炸、易燃、毒害、腐蚀、放射性等性质,在运输、装卸和储存保管过程中,容易造成人身伤亡和财产损毁而需要特别防护的货物,均属危险货物。

《常用危险化学品的分类及标志》(GB 13690—2009)将危险物品分为八大类,而《危险货物分类和品名编号》(GB 6944—2012)将危险物品分为九大类(多了第九类杂类),而每大类又分为若干项。

(一)危险货物分类

1. 第一类——爆炸品

爆炸品是指在外界作用下(如受热、撞击等),能发生剧烈的化学反应,瞬时产生大量的气体和热量,使周围压力急剧上升而发生爆炸,对周围环境造成破坏的物品;也包括无整体爆炸危险,但具有燃烧、抛射及较小爆炸危险,或仅产生热、光、音响或烟雾等一种或几种作用的烟火物品。

爆炸品按危险性又分为 5 类:具有整体爆炸危险的物质和物品;具有抛射危险,但无整体爆炸危险的物质和物品;具有燃烧危险和较小爆炸危险或较小抛射危险,或两者危险兼有,但无整体爆炸危险的物质和物品;无重大危险的爆炸物质和物品;非常不敏感的爆炸物质等。

2. 第二类——压缩气体和液化气体

压缩气体和液化气体是指压缩和液化或加压溶解的气体,并符合下述两种情况之一者。

(1)临界温度低于 50℃ 或在 50℃ 时,其蒸气压力大于 294 kPa 的压缩或液化气体。

(2)温度在 21.1℃ 时气体的绝对压力大于 275 kPa,或在 54.4℃ 时气体的绝对压力大于 715 kPa 的压缩气体;或在 37.8℃ 时,雷德蒸气压大于 275 kPa 的液化气体或加压溶解的气体。

压缩气体和液化气体可分为易燃气体、不燃气体、有毒气体三类。

3. 第三类——易燃液体

易燃液体是指易燃的液体、液体混合物或含有固体物质的液体,但不包括由于其危险特性列入其他类别的液体。其闭杯试验闪点等于或低于 61℃,但不同运输方式可确定本运输方式适用的闪点,而不低于 45℃。易燃液体按闪点分为以下三项:

(1)低闪点液体:指闭杯试验闪点低于 18℃ 的液体;

(2)中闪点液体:指闭杯试验闪点在 18~23℃ 的液体;

(3)高闪点液体:指闭杯试验闪点在 23~61℃ 的液体。

在《爆炸和火灾危险环境电力装置设计规范》(GB 50058—2014)、《建筑设计防火规范》(GB 50016—2014)、《石油化工企业设计防火规范》(GB 50160—2018)中对易燃液体的定义和火灾危险分类有所不同。

4. 第四类——易燃固体、自燃物品和遇湿易燃物品

(1)易燃固体:指燃点低,对热、撞击、摩擦敏感,易被外部火源点燃,燃烧迅速,并可能散发出有毒烟雾或有毒气体的固体,但不包括已列入爆炸品的物质。

(2)自燃物品:指自燃点低,在空气中易于发生氧化反应,放出热量,而自行燃烧的物品。

(3)遇湿易燃物品:指遇水或受潮时,发生剧烈化学反应,放出大量的易燃气体和热量的物品。有些不需明火,即能燃烧或爆炸。

5. 第五类——氧化剂和有机过氧化物

(1)氧化剂:指处于高氧化态,具有强氧化性,易分解并放出氧和热量的物质,包括含有过氧基的有机物,其本身不一定可燃,但能导致可燃物的燃烧,与松软的粉末状可燃物能组成爆炸性混合物,对热、震动或摩擦较敏感。

(2)有机过氧化物:本项货物系指分子组成中含有过氧基的有机物,其本身易燃易爆,极易分解,对热、震动或摩擦极为敏感。

6. 第六类——毒害品和感染性物品

(1)毒害品:指进入肌体后,累积达一定的量,能与体液和组织发生生物化学作用或生物物理学变化,扰乱或破坏肌体的正常生理功能,引起暂时性或持久性的病理状态,甚至危及生命的物品。

经口摄取半数致死量:

固体 $LD_{50} \leqslant 500$ mg/kg;

液体 $LD_{50} \leqslant 2\,000$ mg/kg。

经皮肤接触 24 h,半数致死量:

$LD_{50} \leqslant 1\,000$ mg/kg。

粉尘、烟雾及蒸气吸入半数致死浓度:

$LC_{50} \leq 10$ mg/L 的固体或液体,以及列入危险货物品名表的农药。

(2)感染性物品:指含有致病的微生物,能引起病态甚至死亡的物质。

7. 第七类——放射性物品

放射性物品是指放射性比活度大于 7.4×10^4 Bq/kg 的物品[1 Ci(居里)$= 3.7 \times 10^{10}$ Bq(贝可勒尔)]。

8. 第八类——腐蚀品

腐蚀品是指能灼伤人体组织并对金属等物品造成损坏的固体或液体。与皮肤接触在 4 h 内出现可见坏死现象,或温度在 55℃时,对 20 号钢的表面均匀年腐蚀率超过 6.25 mm/a 的固体或液体。

腐蚀品按化学性质分为以下三项:

(1)酸性腐蚀品;

(2)碱性腐蚀品;

(3)其他腐蚀品。

9. 第九类——杂类

杂类是指在运输过程中呈现的危险性质不包括在上述八类危险性中的物品。杂类又分为以下两项。

(1)磁性物品。航空运输时,其包件表面任何一点距 2.1 m 处的磁场强度 $H \geq 0.159$ A/m。

(2)另行规定的具有麻醉、毒害或其他类似性质,能造成飞行机组人员情绪烦躁或不适,以致影响飞行任务的正确执行并危及飞行安全的物品。

(二)危险特性

根据每种危险化学品易发生的危险情况,综合归纳为 145 种基本危险特性。对每种危险化学品应选用适当的基本危险特性来表示它们易发生的危险。这里列举几种加以说明,其他参见《常用危险化学品的分类及标志》(GB 13690—2009)。

(1)与空气混合能形成爆炸性混合物。

(2)与氧化剂混合能形成爆炸性混合物。

(3)与铜、汞、银能形成爆炸性混合物。

(4)与还原剂及硫、磷混合能形成爆炸性混合物。

(5)与乙炔、氢、甲烷等易燃气体能形成有爆炸性的混合物。

(6)本品蒸气与空气易形成爆炸性混合物。

(7)遇强氧化剂会引起燃烧爆炸。

(8)与氧化剂发生反应,有燃烧危险。

(9)与氧化剂会发生强烈反应,遇明火、高热会引起燃烧爆炸。

(10)与氧化剂会发生反应,遇明火、高热易引起燃烧。

(三)几类危险化学物质的辨识分析

1. 活性化学品

活性化学品是化学反应能力很强,反应中能释放出大量的能量(反应热、分解热、燃烧热等)的化合物。这种物质可以通过分解或燃烧反应释放能量,其主要危险是分解反应,若释放出超过一定量的热量,而且是快速释放时,能引起爆炸和火灾。爆炸性物质所特有的原子团见表 3-2。

表 3 - 2　爆炸性物质所特有的原子团

原子团	化合物名称	原子团	化合物名称	原子团	化合物名称
—C≡C—	乙炔化合物、炔烃	—O—N—C	雷酸盐	—O—O—	过氧化物
—N=N=N 或 —N—N≡N	叠氮化合物	—O—O—H	氧过氧化物	—C—O—C— 与 O—O	臭氧化物
		—O—X	次卤酸化合物		
—ClO₃	氯酸盐	—O—NO₂	硝酸酯、硝酸盐	—ClO₄	高氯酸盐
CN₂	重氮化合物	—NO₂	硝基化合物	=N—Cl	N-氯胺
—N=N—	偶氮化合物	-NO	亚硝基化合物	C—C（环氧结构）	环氧烃
—C—O—O—H	过氧酸	—O—NO	亚硝酸酯、亚硝酸盐		

活性化学品的火灾和爆炸危险性来源于该化学品本身所具有的能量,其能进行激烈的自身反应或分解反应,迅速释放出热能,因而称它具有能量危险。具有能量危险的物质大多具有不稳定的结构,在不太高的温度下,就能开始发热分解,故也称这些物质为不稳定物质。不稳定物质有单质化合物,也有把两种以上的物质混合而具有更大能量危险的配伍,把这些物质的配伍称为不相容配伍。混合时立刻发火的现象称为混触发火。作为混合危险的配伍,最典型的例子就是氧化剂和可燃物的配伍,但混合时有立刻发火和不立刻发火之分,不稳定物质与氧化剂、酸、碱等活性强的化学品发生作用时能引起混触发火。

活性化学品或不稳定物质包括爆炸品、氧化剂和有机过氧化物,危险物料的识别绝对不能忽略不稳定物质的识别。在识别中应掌握如下几点。

(1)能引起爆炸或火灾的不稳定物质。该类物质一般具有可以放出较大能量的原子团,且大多具有较弱的化学键,因此在较低的温度下就开始反应,放出大量的热而使温度上升,导致着火和爆炸。另外,可以利用物质的化学结构和化学键的知识,推测化合物的爆炸性和不安定性,当在某些化合物中存在爆炸性物质所特有的原子团时,对这样的化合物就应引起注意。

(2)活性化学品在分解反应中放出大量的能量(反应热、分解热、燃烧热),可以根据反应热、氧平衡值(OB)的大小,在一定程度上预测该物质的爆炸或发火的危险性。

第一个判别标准:最大分解热,即假定化合物发生分解时,可以生成 CO_2、H_2O、N_2、CH_4、C、H_2、O_2,然后利用线性规划法计算这些生成物的组合中的最大分解热$(-\Delta H_{max})$。根据$(-\Delta H_{max})$的大小判断物质的危险性。

当$-\Delta H_{max} < 1.3$ kJ/g 时,危险性小;

当 1.3 kJ/g $< -\Delta H_{max} < 2.9$ kJ/g 时,危险性居中;

当$-\Delta H_{max} > 2.9$ kJ/g 时,危险性大。

第二个判别标准:燃烧热,即假如化合物在氧气中完全燃烧,则可计算生成 CO_2、H_2O 和 N_2 产物时的燃烧热$(-\Delta H_c)$。计算燃烧热和最大分解热的差$(-\Delta H_c)-(-\Delta H_{max})$,根据其差值的大小判断物质的危险性。

当$(-\Delta H_c)-(-\Delta H_{max})<12.54$ kJ/g 时,危险性大;

当 12.54 kJ/g $<(-\Delta H_c)-(-\Delta H_{max})< 20.9$ kJ/g 时,危险性居中;

当$(-\Delta H_c)-(-\Delta H_{max})>20.9$ kJ/g 时,危险性小。

第三个判别标准：氧平衡值，即表示当 100 g 物质爆炸得到完全反应的生成物时，剩余或不足的氧的克数。由 $C_xH_yN_uO_z$ 所组成的化合物，其氧平衡值可由下式计算：

$$OB = 1\ 600 \times (2x + 0.5y - z)/\text{分子量}$$

当 $-80 < OB < 120$ 时，危险性大；当 $120 < OB < 240$ 或 $-160 < OB < -80$ 时，危险性居中；当 $OB > 240$ 或 $OB < -160$ 时，危险性较小。

(3)具有爆炸性物质所特有的原子团的聚合物。这类具有爆炸性的聚合物有聚丁二烯过氧化物、聚异戊二烯过氧化物、聚二甲基丁二烯过氧化物、异丁烯酸酯及苯乙烯过氧化物的聚合物、不对称过氧化物的聚合物。

(4)分解爆炸性的气体。例如，一氧化二氮、氧化氮、二氧化氮、乙炔、乙烯、过氧化氢、环氧乙烷、丁炔、甲基乙炔、丙二烯等。当气体压力处于分解临界压力以上时，可以发生分解爆炸。

某些分解爆炸性的气体的分解临界压力如下：乙炔 108 kPa，甲基乙炔 430 kPa，一氧化二氮 245 kPa，一氧化氮 14.7 MPa，环氧乙烷 40 kPa。

当气体的压力低于分解临界压力时，不会发生分解爆炸。

2. 有机过氧化物

有些物质放置在空气中能与空气中的氧发生反应，形成不稳定的或爆炸性的有机过氧化物。根据经验，一些容易形成有机过氧化物的结构见表 3-3。其结构特点主要是具有弱 C—H 键及易引起附加聚合的双键，如异丙基醚、丁二烯等。

表 3-3　空气中易形成过氧化物的结构

分子结构中的原子团	化合物种类	分子结构中的原子团	化合物种类
>C—O— , H（弱C—H键）	缩醛类、酯类、环氧类	>C=C< , H	乙烯化合物（单体、酯、醚类）
—CH₂—CH< —CH₂ , H	异丙基化合物	>C=C—C=C< , H , H	二烯类
>C=C—C< , H	烯丙基化合物	>C=C—C≡C— , H	乙烯乙炔类
>C=C< , X , H	卤代链烯类	—C—C—Ar , H	异丙基苯类、四氢萘类、苯乙烷类
		—C=O , H	醛类

3. 混合危险物质

当某种物质与另一种物质接触时反应激烈，甚至发火或产生危险性气体，这些物质称为混合危险物质，其配伍称为危险配伍，或不相容配伍。表 3-4 为混合危险配伍；表 3-5 为可发生激烈反应的不相容配伍;表 3－6 为混合时产生有毒物的不相容配伍。

表 3－4　混合危险配伍

物质 A	物质 B	可能发生的某些现象	物质 A	物质 B	可能发生的某些现象
氧化剂	可燃物	生成爆炸性混合物	过氧化氢溶液	胺类	爆炸
氯酸盐	酸	混触发火	醚	空气	生成爆炸性的有机过氧化物
亚氯酸盐	酸	混触发火	烯烃	空气	生成爆炸性的有机过氧化物
次氯酸盐	酸	混触发火	亚硝胺	酸	混触发火
氯酸盐	铁盐	生成爆炸性的铵盐	碱金属	水	混触发火
三氧化铬	可燃物	混触发火	亚硝酸盐	铵盐	生成不稳定的铵盐
高锰酸钾	可燃物	混触发火	氯酸钾	红磷	生成对冲击、摩擦敏感的爆炸物
高锰酸钾	浓硫酸	爆炸	乙炔	铜	生成对冲击、摩擦敏感的铜盐
四氯化铁	碱金属	爆炸	苦味酸	铅	生成对冲击、摩擦敏感的铅盐
硝基化合物	碱	生成高感度物质	浓硝酸	胺类	混触发火
亚硝基化合物	碱	生成高感度物质	过氧化钠	可燃物	混触发火

表 3－5　可发生激烈反应的不相容配伍

物质 A	物质 B	物质 A	物质 B
醋酸	铬酸、硝酸、含氢氧基的化合物、乙二醇、过氯酸、过氧化物、高锰酸盐	硝酸铵	酸、金属粉、易燃液体、氯酸盐、亚硝酸盐、硫、有机物或可燃物的粉屑
碱金属和碱土金属,如钠、钾、锂、镁、钙、铝粉	二氧化碳、四氯化碳及其他烃类氯化物(火场中有物质 A 时禁用水、泡沫及干粉,可用干砂灭火)	过氧化钠	任何可氧化的物质,如乙醇、甲醇、冰醋酸、醋酐、苯甲醛、二硫化碳、甘油、乙二醇、醋酸乙酯、醋酸甲酯及糠醛
乙炔	氯、溴、铜、银、氟及汞	硫化氢	发烟硝酸、氧化性气体
丙酮	浓硝酸和浓硫酸混合物	碘	乙炔、氨(无水的或水溶液)
无水的氨	汞、氯、次氯酸钙、碘、溴和氟化氢	氢氟酸及氟化氢	氨或氨的水溶液
烃(苯、丁烷、丙烷、汽油、松节油等)	氟、氯、溴、铬酸、过氧化物	浓硝酸	醋酸、丙酮、醇、苯胺、铬酸、氢氰酸、硫化氢,易燃液体、易燃气体和可硝化物质、纸、硬纸板、破布
苯胺	硝酸、过氧化氢	硝基烷烃	无机碱、胺
氧化钙	水	草酸	银、汞
汞	乙炔、雷酸、氨	氧	油、脂、氢,易燃的液体、固体和气体
活性炭	次氯酸钙	氢氰酸	硝酸、碱

物质 A	物质 B	物质 A	物质 B
氯酸盐	铵盐、酸、金属粉、硫、有机物或可燃物的粉屑	有机过氧化物	酸(有机或无机),避免摩擦,冷藏
铬酸和三氧化铬	醋酸、萘、樟脑、甘油、松节油、醇及其他易燃液体	银	乙炔、草酸、酒石酸、雷酸、铵化合物
氯	氨、乙炔、丁二烯、丁烷和其他石油气、氢、钠的碳化物、松节油、苯和金属粉屑	溴	氨、乙炔、丁二烯、丁烷和其他石油气、钠的碳化物、松节油、苯及金属粉屑
二氧化氯	氨、甲烷、磷化氢、硫化氢	过氯酸钾	酸(同过氯酸)
铜	乙炔、过氧化氢	高锰酸钾	甘油、乙二醇、苯甲醛、硫酸
氟	与每种物品隔离	黄磷	空气、氧
肼(联胺)	过氧化氢、硝酸、其他氧化剂	钠	(同碱金属)
氯酸钾	酸(同氯酸盐)	硝酸钠	硝酸铵及其他铵盐
过氯酸	醋酐、铋及其合金、醇、纸、木、脂、油	过氧化氢	铜、铬、铁、大多数金属或它们的盐、任何易燃液体、可燃物、苯胺、硝基甲烷

表 3－6　混合时产生有毒物的不相容配伍

物质 A	物质 B	产生的有毒物	物质 A	物质 B	产生的有毒物
含砷化合物	还原剂	砷化三氢	亚硝酸盐	酸	二氧化氮
叠氮化物	酸	叠氮化氢	磷	苛性碱或还原剂	磷化氢
氰化物	酸	氰化氢	硒化物	还原剂	硒化氢
硝酸盐	硫酸	二氧化氮	硫化物	酸	硫化氢
次氯酸盐	酸	氯或次氯酸	碲化物	还原剂	碲化氢
硝酸	铜、黄铜、重金属	二氧化氮			

4.可自燃的化学物品

与空气接触或空气中的水分接触即能进行放热的氧化或水解反应,其反应速度可导致发火燃烧的活泼物质为可自燃的化学物品。例如:

(1)可自燃的烷基化金属及其衍生物,如烷基铝、丁基锂、二乙基镁等;

(2)可自燃的非金属烷基化物;

(3)可自燃的烷基化物非金属卤化物;

(4)可自燃的烷基化物非金属氢化物;

(5)可自燃的羰基金属,如十二羰基三铁、六羰基铬、六羰基钼、六羰基钨、九羰基二铁、五羰基铁、四羰基镍等;

（6）可自燃的金属，如钙、铬、铁、铅、锂、锰、镍、钛等；

（7）可自燃的金属硫化物，如二硫化铁、硫化铁、硫化锰、硫化汞、硫化铝等。

容纳含硫烃的碳钢设备内壁能生成可自燃的硫化铁垢，当有空气进入与此垢发生氧化反应时，激烈放热使温度高到可以成为局部着火源。

（四）有毒有害物质的辨识分析

2007年6月13日，卫生部根据《中华人民共和国职业病防治法》制定颁布了19项国家职业标准，并于2007年11月30日起实施。这19项国家职业标准中，3项强制性标准规定了职业性急性三烷基锡中毒、职业性噪声聋和职业性汞中毒的诊断标准，16项推荐性标准规定了工作场所空气中烷烃类化合物、烯烃类化合物、卤代烷烃类化合物等有毒物质的测定方法。

这些标准的实施对规范职业病诊断、规范劳动场所有毒有害物质的检测，以及进一步保护劳动者的健康权益发挥了重要作用。

1. 毒性评价指标

某种物质的毒性是指该物质发生于机体组织或代谢系统的化学反应而损及生命或其他有害影响的程度。常用的毒性评价指标有以下几种：

（1）绝对致死剂量（LD_{100}）或绝对致死浓度（LC_{100}），系指全组染毒试验动物全部死亡的最小剂量或浓度；

（2）半数致死剂量（LD_{50}）或半数致死浓度（LC_{50}），系指染毒试验动物半数死亡的剂量或浓度，这是将动物实验所得数据经统计处理而得的；

（3）最小致死剂量（MLD）或最小致死浓度（MLC），系指全组染毒试验动物中有个别动物死亡的剂量或浓度；

（4）最大的耐受量（LDO）或最大耐受浓度（LCO），系指全组染毒试验动物全部存活的最大剂量或浓度。

剂量常用每千克动物体重所承受毒物毫克数（mg/kg）表示；浓度常用每立方米空气中所含毒物的毫克或克数（mg/m^3 或 g/m^3）表示。对气态毒物还常用一百万份空气容积中所含毒物占容积的份数（mg/m^3）表示，此容积份数是在气温为25℃、大气压力为0.1 MPa标准下计算的。

除用实验动物死亡表示毒性外，还可以用机体的其他反应表示，如引起某种病理变化、上呼吸道刺激、出现麻醉和某些体液的生物化学变化等。

引起机体发生某种有害作用的最小剂量或最小浓度称为阈剂量或阈浓度，不同的反应指标有不同的阈剂量或阈浓度，如麻醉阈剂量、上呼吸道刺激阈浓度、嗅觉阈浓度等。最小致死剂量（浓度）也是阈剂量（浓度）的一种。

一次染毒所得的阈剂量或阈浓度称为急性阈剂量或急性阈浓度；长期多次染毒所得的阈剂量或阈浓度称为慢性阈剂量或慢性阈浓度。致死浓度与急性浓度，以及急性阈浓度与慢性阈浓度之间的浓度差距，分别对了解发生急性与慢性中毒的危险性有很大意义。前者的差距愈大，其急性中毒的危险性愈小；后者的差距愈大，则慢性中毒的危险性愈大。

2. 毒性分级

习惯上使用 LD_{50}（mg/kg）或 LC_{50}（mg/m^3）作为衡量各种毒物急性毒性大小的指标，但是分级的标准有多种。一般按 LD_{50} 或 LC_{50} 的大小分成剧毒、高毒、中等毒、低毒与微毒五级,化学物质的急性毒性分级见表3-7。

表3-7　化学物质的急性毒性分级

毒性分级	小鼠一次经口 $LD_{50}/(mg \cdot kg^{-1})$	小鼠吸入染毒2 h的 $LC_{50}/(mg \cdot m^{-3})$	兔经皮的 $LD_{50}/(mg \cdot kg^{-1})$
剧毒	$\leqslant 10$	$\leqslant 50$	$\leqslant 10$
高毒	$11 \sim 100$	$51 \sim 500$	$11 \sim 50$
中等毒	$101 \sim 1\,000$	$501 \sim 5\,000$	$51 \sim 500$
低毒	$1\,001 \sim 10\,000$	$5\,001 \sim 50\,000$	$501 \sim 5\,000$
微毒	$> 10\,000$	$> 50\,000$	$> 5\,000$

刺激性气体的刺激作用随其浓度的增加而增强,可以根据人体和动物对刺激作用的阈值划分刺激作用等级,刺激性气体刺激作用分级见表3-8。

表3-8　刺激性气体刺激作用分级　　　　单位:mg/m³

刺激作用分级	人类有主观感觉	大鼠呼吸系统变化	兔呼吸系统变化	猫唾液分泌增加
极端刺激	$\leqslant 20$	$\leqslant 50$	$\leqslant 500$	$\leqslant 900$
高度刺激	$21 \sim 200$	$51 \sim 500$	$501 \sim 5\,000$	$901 \sim 9\,000$
中等刺激	$201 \sim 2\,000$	$501 \sim 5\,000$	$5\,001 \sim 50\,000$	$9\,000 \sim 90\,000$
轻度刺激	$> 2\,000$	$> 5\,000$	$> 50\,000$	$> 90\,000$

各国对化学物质的毒性分级是不同的。

在有毒有害物品的识别中,要特别注意通过呼吸系统吸入中毒和通过皮肤吸收中毒的毒害品,尤其不应忽略通过皮肤吸收中毒的毒害品。

3.职业接触限值

在《工作场所有害因素职业接触限值》(GBZ 2.1—2007)中,职业接触限值是职业性有害因素的接触限制量值,指劳动者在职业活动过程中长期反复接触对机体不引起急性或慢性有害健康影响的容许接触水平。化学因素的职业接触限值可分为时间加权平均容许浓度、最高容许浓度和短时间接触容许浓度三类。

(1)时间加权平均容许浓度(PC-TWA)指以时间为权数,规定的8 h工作日的平均容许接触水平;

(2)最高容许浓度(MAC)指在工作地点,在一个工作日内的任何时间均不应超过的有毒化学物质的浓度;

(3)短时间接触容许浓度(PC-STEL)指一个工作日内,任何一次接触不得超过15 min加权平均的容许接触水平。

工作场所指劳动者进行职业活动的全部地点。

工作地点指劳动者从事职业活动或进行生产管理过程而经常或定时停留的地点。

4.职业性接触毒物危害程度分级

《职业性接触毒物危害程度分级》(GBZ 230—2010)中将职业性接触毒物定义为：工人在生产中接触以原料、成品、半成品、中间体、反应副产物和杂质等形式存在，并在操作时可经呼吸道、皮肤或经口进入人体而对健康产生危害的物质。

职业性接触毒物危害程度分级，是以急性毒性、急性中毒发病状况、慢性中毒患病状况、慢性中毒后果、致癌性和最高容许浓度等六项指标为基础的定级标准。

分级原则依据六项分级指标综合分析，全面权衡，以多数指标的归属定出危害程度的级别，但对某些特殊毒物，可按其急性、慢性或致癌性等突出危害程度定出级别。职业性接触毒物危害程度分级依据见表3-9。

表3-9 职业性接触毒物危害程度分级依据

指 标		分 级			
		Ⅰ（极度危害）	Ⅱ（高度危害）	Ⅲ（中度危害）	Ⅳ（轻度危害）
急性毒性	$\dfrac{吸入\,LC_{50}}{mg \cdot m^{-3}}$	≤200	201～2 000	2 001～20 000	＞20 000
	$\dfrac{经皮\,LD_{50}}{mg \cdot kg^{-1}}$	≤100	101～500	501～2 500	＞2 500
	$\dfrac{经口\,LD_{50}}{mg \cdot kg^{-1}}$	≤25	26～500	501～5 000	＞5 000
急性中毒发病状况		生产中易发生中毒，后果严重	生产中可发生中毒，预后良好	偶可发生中毒	迄今未见急性中毒，但有急性影响
慢性中毒患病状况		患病率高（≤5%）	患病率较高（＜5%）或症状发生率高（≤20%）	偶有中毒病例发生或症状发生率较高（≤10%）	无慢性中毒，而有慢性影响
慢性中毒后果		脱离接触后，继续进展或不能治愈	脱离接触后，可基本治愈	脱离接触后，可恢复，不会导致严重后果	脱离接触后，自行恢复，无不良后果
致癌性		—	可疑人体致癌物	实验动物致癌物	无致癌性
$\dfrac{最高容许浓度}{mg \cdot m^{-3}}$		≤0.1	0.2～1.0	1.1～10	＞10

依据分级标准，对我国接触56种常见毒物的危害程度进行了分级，具体参见《职业性接触毒物危害程度分级》(GBZ 230—2010)。

当进行危险物料识别时，应正确区分职业性接触毒物的危害程度分级和化学物质的急性毒性分级,不可把两者等同起来。

5.有毒物品的毒害性

有毒物品的主要危险性是毒害性,毒害性则主要表现为对人体及其他动物的伤害。伤害是有一定途径的,引起人体及其他动物中毒的主要途径是呼吸道、消化道和皮肤三个方面。

(1)呼吸中毒。在有毒物品中,挥发性液体的蒸气和固体的粉尘最容易通过呼吸器官进入人体,如氢氰酸、溴甲烷、苯胺、西力生、赛力散、三氧化二砷等的蒸气和粉尘,都能经过人的呼吸道进入肺部,被肺泡表面所吸收,随着血液循环引起中毒。此外,呼吸道的鼻、喉、气管黏膜等,也具有相当强的吸收能力,极易吸收有毒物品而引起中毒。呼吸中毒比较快,而且严重。

(2)消化中毒指有毒物品侵入人体消化器官引起的中毒。此种中毒通常是在进行有毒物品操作后,未经漱口、洗手就饮食、吸烟,或在操作中误将有毒物品服入消化器官,从而使其进入胃肠引起中毒。由于人的肝脏对某些毒物具有解毒功能,所以消化中毒较呼吸中毒缓慢。有些毒物如砷和它的化合物,在水中不溶或溶解度很低,但通过胃液后会变为可溶物被人体吸收而引起人体中毒。

(3)皮肤中毒。一些能溶于水或脂肪的毒物接触皮肤后,都易侵入皮肤引起中毒,如芳香族的衍生物,硝基苯、苯胺、联苯胺,农药中的有机磷、西力生、赛力散等毒物,能通过皮肤破裂的地方侵入人体,并随着血液循环而迅速扩散。特别是氰化物的血液中毒,能极其迅速地导致死亡。此外,氯苯乙酮等毒物对眼角膜等人体的黏膜有较大的危害。

6.毒害性的影响因素

有毒物品毒害性的大小是由多种因素决定的,通过分析比较,影响因素主要有以下几点。

(1)化学组成和化学结构。这是决定物品毒害性的根本因素,其影响因素有以下几种。

1)有机化合物的饱和程度,如乙炔的毒性比乙烯大,乙烯的毒性比乙烷大等。

2)烃基的碳原子数,如甲基内吸磷比乙基内吸磷的毒性小 50%。

3)硝基化合物中硝基的多少,硝基增加而毒性增强;若将卤原子引入硝基化合物中,毒性随着卤原子的增加而增强。

4)硝基在苯环上的位置,如当同一硝基在苯环上位置改变时,其毒性相差数倍。

(2)溶解性。有毒与有害物品在水中的溶解度越大,越容易引起呼吸中毒。因为人体内含有大量的水分,易溶于水的有毒与有害物品易被人体组织吸收,而且人体内的血液、胃液、淋巴液、细胞液中除含有大量水分外,还含有酸脂肪等,一些毒物在这些体液中比在水中的溶解度还要大,因此更容易引起人体中毒。

(3)挥发性。毒害品的挥发速度越快,越容易引起呼吸中毒。这是由于毒物挥发所产生的有毒蒸气容易通过人的呼吸器官进入体内,形成呼吸中毒。如溴甲烷、氯化酮、汞、氯化苦等有毒与有害物品的挥发性很强,其挥发的蒸气在空气中的浓度越大,越容易使人中毒。

(4)颗粒细度。固体有毒与有害物品的颗粒越细,越容易使人中毒。因为细小粉末容易穿透包装随空气的流动而扩散。例如,铅块进入人体后并不会引起中毒,而铅的粉末进入人体后,则易引起中毒。

(5)气温。气温越高则挥发性毒物蒸发越快,可使空气中的浓度增大。同时,高温使人的皮肤、毛孔扩张,排汗多,血液循环加快,也容易使人中毒。

7.有毒物品的火灾危险性

从列入有毒物品管理的物品分析可以看到,约 90％的有毒物品都具有火灾危险性。其具体特性表现如下。

(1)遇湿易燃性。无机毒害品中金属的氰化物和硒化物大多本身不燃,但都有遇湿易燃性。如钾、钠、钙、锌、银、汞、钡、铜、镉、铈、铅、镍等金属的氰化物(如氰化钠、氰化钾),遇水或受潮都能释放出极毒且易燃的氰化氢气体。

硒化镉、硒化铁、硒化锌、硒化铅、硒粉等硒的化合物类,遇酸、高热、酸雾或水解能释放出易燃且有毒的硒化氢气体;硒酸、氧氯化硒还能与磷、钾猛烈反应,也能释放出易燃且有毒的气体。

(2)氧化性。在无机有毒与有害物品中,锑、汞和铅等金属的氧化物大都本身不燃,但都具有氧化性,如五氧化二锑(锑酐)本身不燃,但氧化性很强,380℃时即分解;四氧化铅(红丹)、红降汞(红色氧化汞)、黄降汞(黄色氧化汞)、硝酸铁、硝酸汞、钒酸钾、钒酸铵、五氧化二钒等,它们本身都不燃,但都是弱氧化剂,能在 500℃时分解,当分解物与可燃物接触后,易引起着火或爆炸,并产生毒性极强的气体。

(3)易燃性。在《危险货物品名表》所列的有毒与有害物品中,有很多是透明或油状的易燃液体,有的是低闪点或中闪点液体。如溴乙烷闪点小于－20℃,三氟内酮闪点小于－1℃,三氟醋酸乙酯闪点为－1℃,异丁基腈闪点为 3℃,四碳基镍闪点小于 4℃,卤代醇、卤代酮、卤代醛、卤代酯等有机的卤代物,以及有机磷硫、氯、砷、硅、腈、胺等,都是甲、乙类或丙类液体及可燃粉剂。这些毒品既有相当的毒害性,又有一定的易燃性。硝基苯、菲醌等芳香环、稠环及杂环化合物类毒害品,以及阿片生漆、尼古丁等天然有机有毒与有害物品,遇明火都能够燃烧,遇高热分解出有毒气体。

(4)易爆性。有毒与有害物品当中的叠氮化钠,芳香族含 2、4 位两个硝基的氯化物,酚、酚钠等化合物,遇高热、撞击等都可引起爆炸,并分解出有毒气体。如 2,4－二硝基氯化苯,毒性很高,遇明火或受热至 150℃以上存在爆炸或着火的危险。砷酸钠、氟化砷、三碘化砷等砷及砷的化合物,本身都不燃,但遇明火或高热时,易升华放出极毒的气体。三碘化砷遇金属钾、钠时,还能形成对撞击敏感的爆炸物。

二、危险工艺过程的识别分析

(一)危险工艺过程的分类

危险的工艺过程一般可以分成如下几种:

(1)有不稳定物质存在的工艺过程,这些不稳定物质可能是原料、中间产物、成品、副产品、添加物或杂质;

(2)放热的化学反应过程;

(3)含有易燃物料且在高温、高压下运行的工艺过程;

(4)含有易燃物料且在冷冻状况下运行的工艺过程;

(5)在爆炸极限内或接近爆炸极限反应的工艺过程;

(6)有可能形成尘雾爆炸性混合物的工艺过程;

(7)有高毒物料存在的工艺过程;

(8)储有压力能量较大的工艺过程;

(9)其他危险性较大的工艺过程。

(二)危险的化工单元过程分类概述

在危险化学品生产过程中,比较危险的化工单元过程主要有以下几种:燃烧、氧化、加氢、还原、聚合、卤化、硝化、烷基化、胺化、芳化、缩合、重氮化、电解、催化、裂化、氯化、磺化、酯化、中和闭环、酰化、酸化、盐析、脱溶、水解、偶合等。

对这些危险的化工单元过程,按其放热反应的危险程度增加的次序可分为四类。

(1)第一类化工单元过程包括:

1)加氢——将氢原子加到双键或三键的两侧;

2)水解——化合物和水反应,如从硫或磷的氧化物生产硫酸或磷酸;

3)异构化——在一个有机物分子中原子的重新排列,如直链分子变为支链分子;

4)磺化——通过与硫酸反应,将 SO_3H 根导入有机物分子;

5)中和——酸与碱反应生成盐和水。

(2)第二类化工单元过程包括:

1)烷基化(烃化)——将一个烷基原子团加到一个化合物上形成种种有机化合物;

2)酯化——酸与醇或不饱和烃反应,当酸是强活性物料时,危险性增加;

3)氧化——某些物质与氧化合,反应控制在不生成 CO_2 及 H_2O 的阶段,采用强氧化剂,如氯酸盐、硝酸、次氯酸及其盐时,危险性较大;

4)聚合——分子连接在一起形成链或其他连接方式;

5)缩聚——连接两种或更多的有机物分子,析出水、HCl 或其他化合物。

(3)第三类化工单元过程是卤化等,将卤族原子氟、氯、溴或碘引入有机分子。

(4)第四类化工单元过程是硝化等,用硝基取代有机化合物中的氢原子。

危险反应过程的识别,不仅应考虑主反应,还须考虑可能发生的副反应、杂质或杂质积累引起的反应,以及对构造材料腐蚀产生的腐蚀产物引起的反应等。

三、危险单元操作过程分类概述

单元操作的危险性是由所处理物料的危险性所决定的,主要是处理易燃物料或含有不稳定物料的单元操作。在进行危险单元操作过程中要注意以下情况的产生。

(1)**防止易燃气体物料形成爆炸性混合体系。**处理易燃气体物料时要防止其与空气或其他氧化剂形成爆炸性混合体系。特别是负压状态下的操作,要防止空气进入系统而形成系统内爆炸性混合体系。同时也要注意在正压状态下操作易燃气体时物料的泄漏,其会与环境空气混合,形成系统外爆炸性混合体系。

(2)**防止易燃固体或可燃固体物料形成爆炸性粉尘混合体系。**在处理易燃固体或可燃固体物料时,要防止形成爆炸性粉尘混合体系。

(3)**防止不稳定物质的积聚或浓缩。**当处理含有不稳定物质的物料时,要防止不稳定物质的积聚或浓缩。在蒸馏、过滤、蒸发、过筛、萃取、结晶、再循环、旋转、回流、凝结、搅拌、升温等单元操作过程中,有可能使不稳定物质发生积聚或浓缩,进而产生危险。

根据以上注意的情况,现举例说明如下。

(1)不稳定物质减压蒸馏时,若温度超过某一极限值,有可能发生分解爆炸。

(2)粉末过筛时容易产生静电,而干燥的不稳定物质过筛时,微细粉末飞扬,可能在某些地区积聚而发生危险。

(3)反应物料循环使用时,可能造成不稳定物质的积聚而使危险性增大。

(4)反应液静置中,以不稳定物质为主的相,可能分离而形成分层积聚。不分层时,所含不稳定的物质也有可能在局部地点相对集中。在搅拌含有有机过氧化物等不稳定物质的反应混合物时,如果搅拌停止而处于静置状态,那么,所含不稳定物质的溶液就附在壁上。若溶剂蒸发了,不稳定物质被浓缩,往往成为自燃的火源。

(5)在大型设备里进行反应,如果含回流操作,那么危险物在回流操作中有可能被浓缩。

(6)在不稳定物质的合成反应中,搅拌是个重要因素。在采用间歇式的反应操作过程中,化学反应速度很快。在大多数情况下,加料速度与设备的冷却能力是相适应的,这时反应是扩散控制,应使加入的物料马上反应掉;如果搅拌能力差,反应速度慢,加进的原料过剩,未反应的部分积蓄在反应系统中,若再强力搅拌,所积存的物料一齐反应,使体系的温度上升,往往造成反应无法控制。一般的原则是在搅拌停止时应停止加料。

(7)在对含不稳定物质的物料升温时,控制不当有可能引起突发性反应或热爆炸。如果在低温下将两种能发生放热反应的液体混合,然后再升温引起反应将是特别危险的。在生产过程中,一般将一种液体保持在能起反应的温度下,边搅拌边加入另一种物料,边反应。

工艺单元危险源识别的原则,应用来指导生产装置危险度的定量评价及生产流程的系统危险分析,是工艺生产装置安全分析的基础和安全设计的依据之一。危险源识别的原则,如需要生产操作人员和维修人员注意,并作为安全操作、维修的依据时,应简要地在相关的设计文件中加以说明。

思 考 题

1.试阐述系统安全分析的意义和作用。

2.试阐述化工安全生产的安全分析与控制过程。

3.在安全管理中如何合理地应用风险管理?

4.试阐述风险的成本效益分析。

5.试阐述系统偏差对安全生产的影响与对策。

6.对危险的流程工业生产装置中危险源的识别应从哪三个方面考虑?

本章课程思政要点

1.从"风险管理"知识体系出发,谈加强社会主义核心价值观建设。

"风险管理"知识体系内容不仅包括安全风险,广义上讲还包含个人与家庭、企业与社会面临的各种纯粹风险管理和投机风险管理,还包含了金融风险管理。通过合理的风险管理计划,一方面可以降低风险,避免金融危机的再次发生,另一方面可以创造财富,回馈社会,实现国家富强。这是风险管理的根本目标,也是富强的集中体现,应贯穿授课全过程。

"风险管理"知识体系研究的目的是通过优化组合风险管理技术,将风险损失降低到最低,使得全民和谐,安居乐业。"风险管理"强调服务大局、勇担责任、团结协作、为民分忧的精神,对学生社会责任感、大局观和互助精神的培养具有重要作用。

诚信是建立社会主义和谐社会的内在要求,"风险管理"要求企业或个人在风险管理过程中必须保持最大限度的诚意,双方都应恪守信用,互不欺骗和隐瞒。这对学生社会文明意识和公民责任意识的培育都起着潜移默化的作用,教育学生诚信立身、诚信做人、诚信创业,提高学生的思想道德修养。本部分内容主要在风险管理技术这一章中体现。

"风险管理"内容包括个人风险管理,可以针对空巢老人、留守妇女儿童、困难职工、残疾人等群体,设置各类形式的风险管理活动,形成我为人人、人人为我的社会风气,体现了平等和友善的良好风貌。

法治对企业发展起着引领、规范和推动作用,"风险管理"要求企业或个人在风险管理过程中必须遵守国家的法律法规,本课程介绍了该学科相关的最新理论和法规。这有利于在潜移默化中深化学生对于依法治国理念的理解,提高学生的法治道德修养。

2.从危险化学品安全管理规范等文件的发展演进出发,谈党和国家对人民生命健康的重视程度。

通过研究同一个有毒危险化学品安全管理规范在不同时期的版本,可以发现,对于同类化学有害毒品,国家行政管理部分将其危险等级普遍做了提升处理。比如,20世纪80年代,偏二甲肼、无水肼、单推三等肼类燃料的毒性被确定为三级中等毒性,而在新时代,同样的肼类有毒化学物质,它们的毒性被确定为剧毒物质。从这里可以明显地看出国家对于危险化学品从业者身体健康的充分重视。毒性等级的提高,相应地用于防护人员中毒的防护设备等级就必须随之提高,意味着要花更多的资金提高配置;特殊行业人员的危险物质补助金也要相应提高。凡此种种,都体现了我党以人为本的治国理政理念。

第四章　事故致因理论

第一节　事故概述

一、事故的定义

事故是发生在人们的生产、生活活动中的意外事件。人们对事故下了种种定义,其中伯克霍夫的定义较为著名。

按伯克霍夫的定义,事故是人(个人或集体)在为实现某种意图而进行的活动过程中,突然发生的、违反人的意志的、迫使活动暂时或永久停止的事件。该定义对事故做了全面的描述。

(1)事故背景:"为实现某种意图而进行的活动过程中"。事故是一种发生在人类生产、生活活动中的特殊事件,人类的任何生产、生活活动过程中都可能发生事故。因此,人们若想把活动按自己的意图进行下去,就必须采取措施防止事故。

(2)事故发生:"突然发生的、违反人的意志的"。事故是一种突然发生的、出乎人们意料的意外事件。这是由于导致事故发生的原因非常复杂,往往是由许多偶然因素引起的,因而事故的发生具有随机性质。在一起事故发生之前,人们无法准确地预测什么时候、什么地方、发生什么样的事故。事故发生的随机性质,使得认识事故、弄清事故发生的规律以及防止事故发生成为非常困难的事情。

(3)事故后果:"迫使活动暂时或永久停止"。事故是一种迫使进行着的生产、生活活动暂时或永久停止的事件。事故中断、终止活动的进行,必然给人们的生产、生活带来某种形式的影响。因此,事故是一种违背人们意志的事件,是人们不希望发生的事件。事故这种意外事件除了影响人们的生产、生活活动顺利进行之外,往往还可能造成人员伤害、财物损坏等其他形式的后果。因此,在安全科学中,对事故的定义是:造成死亡、疾病、伤害、损坏或其他损失的意外事件。生产安全事故是指生产经营单位在生产经营活动中突然发生的,伤害人身安全和健康、损坏设备或者造成经济损失的,导致原生产经营活动暂时终止或永远终止的意外事件。根据事故发生后造成后果的情况,可把事故划分为伤亡事故、设备事故和未遂事故,即把造成人员伤害的事故叫作伤害事故或伤亡事故;把造成设备、财物破坏的事故叫作设备事故;把既没有造成人员伤亡也没有造成财物损失的事故叫作未遂事故或险肇事故。

二、事故的主要影响因素

从宏观上看,事故的发生可分为由于自然界的因素(如地震、山崩、海啸、台风等)影响以及非自然界的因素影响两类,后者也被称为人为的事故,前者往往非人力所能左右。这里着重研究后者,即着重研究非自然界的因素影响所造成的工伤事故。目前认为,工伤事故是由于不安全状态或不安全行为所引起的,它是物质、环境、行为等诸因素影响的多元函数。具体地说,影响事故是否发生的因素有五项:人、物、管理、环境和事故处置。

(一)人的原因

所谓人,包括操作工人、管理干部、事故现场的在场人员和有关人员等,他们的不安全行为是事故的重要致因。主要包括:

(1)未经许可进行操作,忽视安全,忽视警告。

(2)危险作业或高速操作。

(3)人为地使安全装置失效。

(4)使用不安全设备,用手代替工具进行操作或违章作业。

(5)不安全地装载、堆放、组合物体。

(6)采取不安全的作业姿势或方位。

(7)在有危险运转的设备装置上或移动着的设备上进行工作;不停机、边工作边检修。

(8)注意力分散,嬉闹、恐吓等。

(二)物的原因

所谓物,包括原料、燃料、动力、设备、工具、成品、半成品等。物的不安全状态是构成事故的物质基础,没有物的不安全状态,就不可能发生事故。物的不安全状态构成生产中的隐患和危险源,当它满足一定条件时就会转化为事故。主要包括:

(1)设备和装置结构不良,材料强度不够,零部件磨损和老化。

(2)存在危险物和有害物。

(3)工作场所的面积狭小或有其他缺陷。

(4)安全防护装置失灵。

(5)缺乏防护用具和服装或有缺陷。

(6)物质的堆放、整理有缺陷。

(7)工艺过程不合理,作业方法不安全。

(三)管理的原因

管理的原因即管理的缺陷。管理上的缺陷是事故的间接原因,是事故的直接原因得以存在的条件。主要包括:

(1)技术缺陷。工业建筑物及机械设备、仪器仪表等的设计、选材、安装布置、维护维修有缺陷,或工艺流程、操作方法存在问题。

(2)劳动组织不合理。

(3)对现场工作缺乏检查指导,或检查指导错误。

(4)没有安全操作规程或不健全,挪用安全措施费用,不认真实施事故防范措施,对安全隐患整改不力。

(5)教育培训不够,工作人员不懂操作技术或经验不足,缺乏安全知识。

(6)人员选择和使用不当,生理或身体有缺陷,如有疾病,听力、视力不良等。

(四)环境的原因

不安全的环境是引起事故的物质基础。它是事故的直接原因。主要包括:

(1)自然环境的异常,即岩石、地质、水文、气象等的恶劣变异。

（2）生产环境不良，即照明、温度、湿度、通风、采光、噪声、振动、空气质量、颜色等方面的缺陷。

以上物的不安全状态、人的不安全行为以及环境的恶劣状态都是导致事故发生的直接原因。

（五）事故处置情况

事故处置情况系指：

（1）对事故前的异常征兆是否能做出正确的判断和反应。

（2）一旦发生事故，是否能迅速地采取有效措施，防止事态恶化。

（3）抢救措施和对负伤人员的急救措施是否妥善。

显然，这些因素对事故的发生和发展起着制约作用，是在事故发生过程中出现的。

三、事故的特征

（一）事故的因果性

所谓因果就是两种现象之关联性。事故的起因乃是它和其他事物相联系的一种形式，事故是相互联系的诸原因的结果。事故这一现象都和其他现象有着直接的或间接的联系，在这一关系上看是"因"的现象，在另一关系上却会以"果"出现，反之亦然。因果关系有继承性，即第一阶段的结果往往是第二阶段的原因。给人造成直接伤害的原因（或物体）是比较容易掌握的，这是由于它所产生的某种后果显而易见，然而，要寻找出究竟为何种原因又是经过何种过程而造成这样的结果，却非易事，因为会有种种因素同时存在，并且它们之间存在某种相互关系。因此，在制定预防措施时，应尽最大努力掌握造成事故的直接和间接原因，深入剖析其根源，防止同类事故重演。

（二）事故的偶然性、必然性和规律性

从本质上讲，伤亡事故属于在一定条件下可能发生，也可能不发生的随机事件。

事故是由于客观存在不安全因素，随着时间的推移，出现某些意外情况而发生的，这些意外情况往往是难以预知的。因此，事故的偶然性是客观存在的，与是否掌握事故的原因全不相干，换言之，即使完全掌握了事故原因，也不能保证绝对不发生事故。

事故的偶然性决定了要完全杜绝事故发生是困难的，甚至是不可能的，事故的因果性又决定了事故的必然性。

事故是一系列因素互为因果、连续发生的结果。事故因素及其因果关系的存在决定事故或迟或早必然发生，其随机性仅表现在何时、何地、因什么意外事件触发产生而已。

掌握事故的因果关系，砍断事故因素的因果连锁，就消除了事故发生的必然性，就可能防止事故发生。事故的必然性中包含着规律性。既为必然，就有规律可循，必然性来自因果性，深入探查、了解事故因素关系，就可以发现事故发生的客观规律，从而为防止事故发生提供依据。由于事故含有偶然的本质，所以不易完全掌握它所有的规律，但在一定范畴内，用一定的科学仪器或手段，就可以找出近似的规律，从外部和表面上的联系，找到内部的决定性的主要关系。如应用偶然性定律，采用概率论的分析方法，收集尽可能多的事例进行统计处理，并应用伯努利大数定律，找出最根本性的问题。

从偶然性中找出必然性，认识事故发生的规律性，变不安全条件为安全条件，把事故消除在萌芽状态，这也就是防患于未然、预防为主的科学根据。

(三)事故的潜在性、再现性、预测性

事故往往是突然发生的,然而导致事故发生的因素,即"隐患或潜在危险"是早就存在的,只是未被发现或未受到重视而已。随着时间的推移,一旦条件成熟,就会显现而酿成事故,这就是事故的潜在性。

事故一经发生,就成为过去,时间一去不复返,完全相同的事故不会再次显现。然而,如果没有真正地了解事故发生的原因,并采取有效措施去消除这些原因,就会再次出现类似的事故。因此,致力于消除这种事故的再现性,这是能够做到的。

人们根据对过去事故所积累的经验和知识,以及对事故规律的认识,并使用科学的方法和手段,可以对未来可能发生的事故进行预测。事故预测就是在认识事故发生规律的基础上,充分了解、掌握各种可能导致事故发生的危险因素以及它们的因果关系,推断它们发展演变的状况和可能产生的后果。事故预测的目的在于识别和控制危险,预先采取对策以最大限度地减少事故发生的可能性。

(四)事故的可预防性

事故的可预防性体现在以下三个方面。

(1)现代工业生产系统是人造系统,这就表示工业事故都是非自然因素造成的,这种客观实际给预防事故提供了基本的前提。

(2)事故的致因都是可以识别的,系统中的因素(人、机、环境)由于自身特点和相互间的作用,会产生失误或故障,从而导致人的不安全行为和物的不安全状态,人的不安全行为和物的不安全状态的相互组合,会引发人机匹配失衡,从而导致事故的发生。

产生事故的原因是多层次的。总的来说,人的不安全行为和物的不安全状态是造成事故的直接原因,而人、机、环境又是受管理因素支配的,因此管理不当和领导失误是导致事故的本质因素。尽管事故的致因具有随机性和潜伏性,但这些致因会在事故的成长阶段显现出来,运用系统安全分析的方法,可以识别出系统内部存在的危险因素;通过对大量的事故案例的分析,也可以发现事故的诱因。

(3)事故的致因都是可以消除的,通过下述措施,可有效地阻断系统中人和物的不安全运动的轨迹,使得事故发生的可能性降到最低限度。

1)排除系统内部各种物质中存在的危险因素,消除物的不安全状态。

2)加强对人的安全教育和技能培训,从生理、心理和操作上控制住人的不安全行为的产生。

3)建立、健全法律法规和规章制度,规范决策程序,强化安全管理,从组织、制度和程序上最大限度地避免管理失误的发生。因此说,任何事故从理论和客观上讲,都是可预防的,认识这一特性,对坚定信念、防止事故发生有促进作用。因此,人类应该通过各种合理的对策和努力,从根本上消除事故的隐患,把工业事故的发生降到最低限度。

四、事故的分类

(一)按致伤原理分类

为了研究事故发生原因及规律,便于对伤亡事故统计分析,国标《企业职工伤亡事故分类》

（GB 6441—1986）根据致伤原理把伤亡事故划分为 20 类,见表 4 - 1。

表 4 - 1　事故类别

序　号	事故类别名称	序　号	事故类别名称	序　号	事故类别名称
01	物体打击	08	火灾	15	瓦斯爆炸
02	车辆伤害	09	高空坠落	16	锅炉爆炸
03	机械伤害	10	坍塌	17	受压容器爆炸
04	起重伤害	11	冒顶片帮	18	其他爆炸
05	触电伤害	12	透水	19	中毒和窒息
06	淹溺	13	放炮	20	其他伤害
07	灼烫	14	火药爆炸		

下面分别说明这 20 种事故类别。

(1)物体打击:失控物体的惯性力造成的人身伤害事故。适用于落下物、飞来物、滚石、崩块所造成的伤害,但不包括因爆炸引起的物体打击。

(2)车辆伤害:机动车辆引起的机械伤害事故。适用于机动车辆在行驶中的挤、压、撞车或倾覆等事故,以及在行驶中上下车、搭乘矿车或放飞车、车辆运输挂钩事故、跑车事故。这里的机动车辆是指汽车、电瓶车、拖拉机、有轨道车以及挖掘机、推土机、电铲等。

(3)机械伤害:机械设备与工具引起的绞、辗、碰、割、戳、切等伤害。如工件或刀具飞出伤人,切屑伤人,手或身体被卷入,手或其他部位被刀具碰伤,被转动的机构缠绕、压住等,属于车辆、起重设备的情况除外。

(4)起重伤害:从事起重作业时引起的机械伤害事故。适用于各种起重作业。这类事故主要包括桥式类型起重机、臂架式类型起重机、升降机、轻小型起重设备等作业。起重伤害的主要伤害类型有起重作业时脱钩砸人,钢丝绳断裂抽人,移动吊物撞人,绞入钢丝绳或滑车等伤害,同时包括起重设备在使用、安装过程中的倾翻事故及提升设备过卷、蹲罐等事故,不适用于下列伤害:触电、检修时制动失灵引起的伤害、上下驾驶室时引起的坠落或跌倒。

(5)触电伤害:电流流经人体,造成生理伤害的事故。触电事故分电击和电伤两大类。这类伤害事故主要包括触电、雷击伤害:如人体接触带电的设备金属外壳、裸露的临时电线,接触漏电的手持电动工具;起重设备操作错误接触到高压线或感应带电;雷击伤害;触电坠落等事故。

(6)淹溺:因大量水经口、鼻进入肺内,造成呼吸道阻塞,发生急性缺氧而窒息死亡的事故。这类伤害事故适用于船舶、排筏等设施在航行、停泊、作业时发生的落水事故。

(7)灼烫:强酸、强碱等物质溅到身体上引起的化学灼伤;因火焰引起烧伤;高温物体引起的烫伤;放射线引起的皮肤损伤等事故。灼烫主要包括烧伤、烫伤、化学灼伤、放射性皮肤损伤等,但不包括电烧伤以及火灾事故引起的烧伤。

(8)火灾:造成人身伤亡的企业火灾事故。这类事故不适用于非企业原因造成的火灾,比如,居民火灾蔓延到企业,此类事故属于消防部门统计的事故。

(9)高空坠落:由危险重力势能差引起的伤害事故。习惯上把作业场所高出地面 2 m 以上称为高处作业,高空作业一般指 10 m 以上的高度。这类事故适用于脚手架、平台、陡壁施工等高于地面的坠落,也适用于由地面踏空失足坠入洞、坑、沟、升降口、漏斗等情况。但是,必须排除因其他类别为诱发条件的坠落,如高处作业时,因触电失足坠落应定为触电事故,不能按高空坠落划分。

(10)坍塌:建筑物、构筑物、堆置物等倒塌以及土石塌方引起的事故。这类事故适用于因设计或施工不合理而造成的倒塌,以及土方、岩石发生的塌陷事故,如建筑物倒塌、脚手架倒塌,以及挖掘沟、坑、洞时导致土石的塌方等情况。由于矿山冒顶片帮事故或因爆炸、爆破引起的坍塌事故不适用这类事故。

(11)冒顶片帮:矿井工作面、巷道侧壁由于支护不当、压力过大造成的坍塌,称为片帮,顶板垮落为冒顶,两者常同时发生,简称为冒顶片帮。这类事故适用于矿山、地下开采、掘进及其他坑道作业发生的坍塌事故。

(12)透水:矿山、地下开采或其他坑道作业时,意外水源带来的伤亡事故。这类事故适用于井巷与含水岩层、地下含水带、溶洞或与被淹巷道、地面水域相通时,涌水成灾的事故。不适用于地面水害事故。

(13)放炮:施工时由于放炮作业造成的伤亡事故。这类事故适用于各种爆破作业,如采石、采矿、采煤、开山、修路、拆除建筑物等工程进行的放炮作业引起的伤亡事故。

(14)火药爆炸:火药与炸药在生产、运输、储藏的过程中发生的爆炸事故,这类事故适用于火药与炸药生产在配料、运输、储藏、加工过程中,由于震动、明火、摩擦、静电作用,或因炸药的热分解作用,储藏时间过长,或因存储量过大发生的化学性爆炸事故,以及熔炼金属时,废料处理不净,残存火药或炸药引起的爆炸事故。

(15)瓦斯爆炸:可燃性气体瓦斯、煤尘与空气混合形成了浓度达到燃烧极限的混合物,接触点火源而引起的化学性爆炸事故。这类事故适用于煤矿,同时也适用于空气不流通,瓦斯、煤尘积聚的场合。

(16)锅炉爆炸:利用各种燃料、电或者其他能源,将所盛装的液体加热到一定的参数,并承载一定压力的密闭设备,其范围规定为容积大于或者等于 30 L 的承压蒸气锅炉、出口水压大于或者等于 0.1 MPa(表压)且额定功率大于或者等于 0.1 MW 的承压热水锅炉、有机热载体锅炉发生的物理性爆炸事故,但不适用于铁路机车、船舶上的锅炉以及列车电站和船舶电站的锅炉。

(17)受压容器爆炸:受压容器是指盛装气体或者液体,承载一定压力的密闭设备,其范围规定为最高工作压力大于或者等于 0.1 MPa(表压)且压力与容积的乘积大于或者等于 2.5 MPa·L 的气体、液化气体和最高工作温度高于或者等于标准沸点的液体的固定式容器和移动式容器,盛装公称工作压力大于或者等于 0.2 MPa(表压)且压力与容积的乘积大于或者等于 1.0 MPa·L 的气体、液化气体和标准沸点等于或者低于 60℃ 液体的气瓶、氧舱等。

(18)其他爆炸:不属于瓦斯爆炸、锅炉爆炸和受压容器爆炸的爆炸。主要包括可燃气体与空气混合形成的爆炸性气体引起的爆炸,可燃蒸气与空气混合产生的爆炸性气体引起的爆炸,以及可燃性粉尘与空气混合后引发的爆炸。

(19)中毒和窒息:中毒是指人接触有毒物质,如误食有毒食物、呼吸有毒气体引起的人体在 8 h 内出现的各种生理现象的总称,也称为急性中毒。窒息是指在废弃的坑道、竖井、涵洞、地下管道等不能通风的地方工作,因为氧气缺乏,有时会发生突然晕倒,甚至死亡的事故。两种现象合为一体,称为中毒和窒息事故。这类事故不适用于病理变化导致的中毒和窒息的事故,也不适用于慢性中毒的职业病导致的死亡。

(20)其他伤害:凡不属于上述伤害的事故均称为其他伤害,如扭伤、跌伤、冻伤、动物咬伤、钉子扎伤等。

(二)按伤害程度分类

《企业职工伤亡事故分类》中根据事故对受伤者造成的损伤导致劳动能力丧失的程度进行分类,伤亡事故的伤害分为轻伤、重伤和死亡。

(1)轻伤指损失工作日为 1 个工作日以上,105 个工作日以下的失能伤害。

(2)重伤指损失工作日相当于《企业职工伤亡事故分类》附录 B 确定的损失工作日等于或超过 105 个工作日的失能伤害,重伤的损失工作日最多不超过 6 000 个工作日。

在日常的伤亡事故管理过程中对于重伤的判定有一定的规则,凡具有下列情形之一的,均作为重伤事故处理:①经医师诊断已成为残疾或可能成为残疾的;②伤势严重,需要进行较大手术才能挽回的;③人体重要部位严重灼烫、烫伤;④严重骨折(胸骨、肋骨、脊椎骨、锁骨、肩胛骨、腕骨、腿骨和脚骨)、严重脑震荡;⑤眼部受伤较剧,有失明可能的;⑥手部伤害(其中大拇指轧断 1 节或食指、中指、无名指、小指任何一只轧断 2 节或任何两只各轧断 1 节,局部肌腱有残疾可能);⑦脚部伤害;⑧内部伤害(内脏损坏、内出血或伤及腹膜);⑨其他伤害。

(3)死亡指损失工作日为 6 000 日。这是根据我国职工平均退休年龄和平均死亡年龄计算出来的。

这里对于事故的分类是按照伤亡事故所造成的损失工作日进行计算的,也就是指受伤者丧失劳动能力(简称失能)的工作日。根据《企业职工伤亡事故分类》的规定,可以将丧失劳动能力划分为以下三种情况:

(1)永久性全部丧失劳动能力:指没有死亡,但使受伤害者永不可能再从事可以获取报酬的职业;或在一起事故中导致下列三种情况中任何一种残缺:两眼,一只眼和一手,不在同一侧的手、臂、脚、腿肢体中的任何两个。

(2)永久性部分丧失劳动能力:指身体的某肢体或肢体的某一部分残缺或失去作用,或者全身或部分功能遭到永久性损坏,不管该肢体或身体功能在受伤前的情况如何。

(3)暂时性丧失劳动能力:指没有导致死亡或永久性损伤,但导致一天或更多天不能上班工作。暂时性丧失劳动能力可分为暂时性部分丧失劳动能力和暂时性全部丧失劳动能力两种。暂时失能损失的工作日,按照实际歇工天数计算,受伤害当天不计,但包括这之后到他重新上班前的所有日历天数(包括星期六、星期天以及节假日等)。

(三)按事故严重程度(等级)分类

在实际应用过程中,如果仅用轻伤、重伤、死亡来衡量伤害后果的严重程度,那么就过于笼统而含糊,难以明确而清楚地反映出各种伤害事故,尤其是死亡事故的划分过于简单。因此,按照企业职工受到伤害的严重程度以及受伤人数将事故分为如下的类型。

(1)轻伤事故:一次事故只有轻伤的事故。它是指导致受伤害者损失一个或一个以上工作日而未达到重伤程度的事故。

(2)重伤事故:一次事故只有重伤没有死亡的事故。它是导致操作者的脑、眼、四肢、躯干等部位受到严重伤害而导致劳动能力丧失的事故。

(3)死亡事故:一次事故死亡 1~2 人的事故。

(4)重大死亡事故:一次事故死亡 3~9 人的事故。

(5)特大死亡事故:一次事故死亡 10～29 人(含 10 人)的事故。

(6)特别重大死亡事故:一次事故死亡 30 人以上(含 30 人)的事故。

这种分类方法将单纯的死亡事故划分为死亡事故、重大死亡事故、特大死亡事故和特别重大死亡事故,对于伤亡事故的管理来说有积极的意义。根据死亡事故的不同严重程度确定不同层次职能部门进行处理,明确了死亡事故的处理主体,分清了责任,强化了责任,对于调查了解死亡事故的发生原因、提出解决方案、安抚死者家属具有重要的作用。

以上分类方法根据伤亡的严重程度对以人员伤亡为主的事故进行的分类,没有考虑事故造成的经济损失。为了综合考虑事故造成的损失(包括人员伤亡与经济损失),加强事故管理,根据《生产安全事故报告和调查处理条例》第三条的有关规定,生产安全事故一般分为以下四个等级:

(1)特别重大事故:是指一次造成 30 人以上死亡;或者 100 人以上重伤(包括急性工业中毒,下同);或者 1 亿元以上直接经济损失的事故。

(2)重大事故:是指一次造成 10 人以上 30 人以下死亡;或者 50 人以上 100 人以下重伤;或者 5 000 万元以上 1 亿元以下直接经济损失的事故。

(3)较大事故:是指一次造成 3 人以上 10 人以下死亡;或者 10 人以上 50 人以下重伤;或者 1 000 万元以上 5 000 万元以下直接经济损失的事故。

(4)一般事故:是指一次造成 3 人以下死亡;或者 10 人以下重伤;或者 1 000 万元以下直接经济损失的事故。

上述条款中"以上"包括本数,"以下"不包括本数。

(四)事故的其他分类

(1)依照造成事故的责任不同,分为责任事故和非责任事故两大类。责任事故,是指由于人们违背自然或客观规律,违反法律、法规、规章和标准等行为造成的事故。非责任事故,是指遭遇不可抗拒的自然因素或目前科学无法预测的原因造成的事故。

(2)依照事故造成的后果不同,分为伤亡事故和非伤亡事故。造成人身伤害的事故称为伤亡事故。只造成生产中断、设备损坏或财产损失的事故称为非伤亡事故。

(3)依事故监督管理的行业不同,分为企业职工伤亡事故(工矿商贸企业伤亡事故)、火灾事故、道路交通事故、水上交通事故、铁路交通事故、民航飞行事故、农业机械事故、渔业船舶事故和其他事故。

(4)此外,还可以按照受伤部位、伤害性质、致害因素等对事故进行分类。

五、事故预防对策

事故预防对策是采取的消除、预防事故和控制、减弱事故损失的技术措施和管理措施,实质上是保障整个生产、劳动过程的安全与健康的对策。对于事故的预防和控制,应从安全技术、安全教育、安全管理三个方面入手,采取相应措施。因技术(Engineering)、教育(Education)、管理(Enforcement)三个单词英文的第一个字母均为 E,故也将其简称为"三 E 对策"。

安全技术对策着重解决物的不安全状态方面的问题;安全教育对策则主要着眼于人的不安全行为,通过安全教育使人知道应该怎么做;而安全管理对策则是依靠法律法规、制度、标准等要求人必须怎么做。安全技术和安全管理水平是实现系统本质安全化的条件,但因为生产过程、生产技术是在不断变化发展的,所以要保证系统的安全,安全教育是不可忽视的环节。

（一）安全技术对策

技术对策是保证安全的重要对策,它以设备等的本质安全化为目标,通过应用新的技术工艺和设备,推行先进的安全设施和装置,强化安全检验、检测、警报、监控、应急救援系统等工程技术手段,来提高系统的安全可靠性。

由于生产现状、技术水平及资金的影响,工程技术措施的应用和水平受到限制;又由于不同的生产过程具有不同的原理和工艺,所以无法采用统一的技术措施。在采用具体的技术措施时依据的技术原则主要有以下几个方面。

(1)消除原则:采取有效措施消除一切危险、有害因素,实现本质安全,是预防事故的最优选择,如以无毒材料代替有毒材料,以不可燃材料代替可燃材料,以机械化作业代替手工操作。

(2)减弱原则:对无法消除和预防的危险应采取措施使之降低到人们可接受的水平,减弱其危害,如以低电压代替高电压,以低毒材料代替高毒材料,有毒有害环境下的通风设备,个人防护用品等。

(3)隔离原则:对无法消除也得不到良好预防的情况,应采取隔离措施,把人员与有害因素隔开,如设置护栏、屏障、屏蔽、安全罩等。

(4)连锁原则:通过设置机器连锁或电气互锁,使某些元件相互制约,当出现危险时,机器设备可立即停止运行或不能启动,如起重机的行程开关、防风装置、超载限制器。

(5)薄弱原则:在系统中设置薄弱环节,当出现危险时,薄弱环节首先被破坏,从而保证系统整体安全,如保险丝、安全销、安全联轴器。

(6)加强原则:通过加大系统整体强度保证安全,如加大安全系数的取值或采取冗余设计等。

(7)时间、距离原则:在有毒有害环境下作业时,缩短人与有毒有害物的接触时间或增加两者间的距离,以减轻或消除有毒有害物对人的危害,如对辐射、噪声的距离防护和采取"缩短工作日制"。

（二）安全教育对策

安全教育是企业为提高职工安全技术水平和防范事故能力而进行的教育培训工作。它是企业安全管理的重要内容。

安全教育承担着传递安全生产经验的任务,内容主要包括安全思想教育、安全技术教育和安全知识教育三个方面。

(1)安全思想教育:安全思想教育包括安全生产意义、安全意识和劳动纪律教育三个方面。

(2)安全技术教育:这是一种对作业者个人进行的技能教育和训练。其主要内容是操作技术和安全操作规程。在教育中要说明应该怎么做,为什么这么做,如果不这么做将会导致怎样的后果。

(3)安全知识教育:安全知识教育的内容主要是企业的有关安全规程、规定、安全常识以及事故案例等。

（三）安全管理对策

安全管理对策主要是通过对安全工作的计划、组织、控制和实施实现安全目标,它是实现安全生产重要的、日常的、基本的措施。安全管理主要包含以下几个方面:

(1)建立安全管理机构和职业安全健康管理体系;

(2)建立、健全各级人员及各职能部门的安全生产职责；

(3)制定各项安全计划、规章制度；

(4)开展经常性的安全活动；

(5)进行事故处理。

(四)安全法制对策

"3E"对策中的管理对策的英文单词"Enforcement"的原意是"严厉、强制、执行"，在这里将其广义地翻译为"管理"，实际上，它还应包含"法制"的含义，即利用法律法规、标准条例等约束人的行为，指导企业的安全管理工作。

安全法制对策就是利用法律的强制性，通过建立、健全劳动安全健康法律、法规，约束人们的行为，通过劳动安全卫生监督、监察，保证法律、法规的有效实施，从而达到预防事故发生的目的。

安全法制对策主要通过以下方面实现。

(1)建立、健全劳动安全健康法律、法规：国家要以"安全第一、预防为主"的方针为指导，建立起完善的劳动安全健康法律体系、技术标准；企业要建立起完善的劳动安全健康规章制度、安全操作规程、安全生产责任制，这是预防事故的保证。

(2)实行安全生产监察和监督：劳动安全卫生行政部门以国家的名义，运用国家的权力，以法律、法规为依据对企事业单位实施劳动安全健康监察，以保证法律实施的有效性；工会代表职工的利益监督企事业单位对国家劳动安全健康法律、法规的实施情况，并参与劳动安全卫生法律、法规的制定。

第二节　事故致因理论的产生与发展

导致伤亡事故原因的理论研究已有 100 多年的历史。随着生产力的发展、生产方式的变化，以及生产关系所反映的安全观念的差异，产生了各种事故致因理论。

20 世纪初，资本主义世界工业化大生产飞速发展，美国福特公司的大规模流水线生产方式得到广泛应用。这种生产方式充分利用了机械的自动化，但是这些机械在设计时很少甚至根本不考虑操作的安全和方便，几乎没有什么安全防护装置。工人没有受过培训，操作很不熟练，加上每天长达 11～13 h 的工作时间，导致伤亡事故频繁发生。根据美国一份被称为《匹兹伯格调查》的报告，1909 年美国全国的工业死亡事故高达 3 万起，一些工厂的百万工时死亡率达到 150～200 人。根据美国宾夕法尼亚钢铁公司的资料，在 20 世纪初的 4 年间，该公司的 2 200 名职工中，竟有 1 600 人在事故中受到了伤害。

面对广大工人群众的生命健康受到工业事故严重威胁的严峻情况，企业主的态度是消极的。他们说："为了安全这类装门面的事，我没有钱""我手里的余钱也是做生意用的"。他们认为，"有些人就是容易出事，不管做什么，他们总是自己害自己"。

当时，世界各地的诉讼程序大同小异，只要能证明事故原因中有受伤工人的过失，法庭总是袒护企业主。法庭判决的原则是，工人理应承受所从事的工作通常可能发生的一切危险。

1919 年，英国的格林伍德和伍兹对许多工厂里的伤亡事故数据中的事故发生次数，按不同的统计分布进行了统计检验。结果发现，工人中的某些人较其他人更容易发生事故。从这种现象出发,后来法默等人提出了事故频发倾向的概念。所谓事故频发倾向,是指个别人容易发生事故的、稳定的、个人的内在倾向。根据这种理论,工厂中少数工人具有事故频发倾向,是事故频发倾向者,他们的存在是工业事故发生的主要原因。如果企业里减少了事故频发倾向者,就可以减少工业事故。因此,防止企业中出现事故频发倾向者是预防事故的基本措施:一方面,通过严格的生理、心理检验,从众多的求职人员中选择身体、智力、性格特征及动作特征等方面表现优秀的人才就业;另一方面,一旦发现事故频发倾向者,即将其解雇。这种理论把事故致因归咎于人的天性,至今仍有某些人赞成这一理论,但是后来的许多研究结果并没有证实该理论的正确性。

这一时期最著名的事故致因理论,是 1936 年由美国人海因里希所提出的事故因果连锁理论。海因里希认为,伤害事故的发生是一连串的事件按一定因果关系依次发生的结果。他用五块多米诺骨牌来形象地说明这种因果关系,即第一块倒下后,会引起后面的牌因连锁反应而倒下,最后一块即为伤害事故。因此,该理论称为"多米诺骨牌"理论。多米诺骨牌理论建立了事故致因的事件链这一重要概念,并为后来者研究事故机理提供了一种有价值的方法。

海因里希曾经调查了 75 000 起工伤事故,发现其中有 98% 是可以预防的。在可预防的工伤事故中,以人的不安全行为为主要原因的事故占 89.8%,而以设备的、物质的不安全状态为主要原因的只占 10.2%。按照这种统计结果,绝大部分工伤事故都是由于工人的不安全行为引起的。海因里希还认为,即使有些事故是由于物的不安全状态引起的,其不安全状态的产生也是由于工人的错误所致。因此,这一理论与事故倾向性格论一样,将事件链中的原因大部分归于工人的错误,表现出时代的局限性。从这一认识出发,海因里希进一步追究事故发生的根本原因,认为人的缺点来源于遗传因素和人员成长的社会环境。

到第二次世界大战时期,已经出现了高速飞机、雷达和各种自动化机械等。为防止和减少飞机飞行事故而兴起的事故判定技术及人机工程学等,对后来的工业事故预防产生了深刻的影响。

事故判定技术最初被用于确定军用飞机飞行事故源的研究。研究人员用这种技术调查了飞行员在飞行操作中的心理学和人机工程方面的问题,然后针对这些问题采取改进措施防止发生操作失误。第二次世界大战后,这项技术被广泛应用于国外的工业事故预防工作中,作为一种调查研究不安全行为和不安全状态的方法,使得不安全行为和不安全状态在引起事故之前被识别和被改正。

第二次世界大战期间使用的军用飞机速度快、战斗力强,但是它们的操纵装置和仪表非常复杂。飞机操纵装置和仪表的设计往往超出人的能力范围,或者容易引起驾驶员误操作而导致严重事故。为了防止飞行事故,飞行员要求改变那些看不清楚的仪表的位置,改变与人的能力不适合的操纵装置和操纵方法,这些要求推动了人机工程学的研究。

人机工程学是研究如何使机械设备、工作环境适应人的生理、心理特征,使人员操作简便、准确、失误少、工作效率高的学问。人机工程学的兴起标志着工业生产中人与机械关系的重大变化:以前是按机械的特性训练工人,让工人满足机械的要求,工人是机械的奴隶和附庸;现在是在设计机械时要考虑人的特性,使机械适合人的操作。从事故致因的角度,机械设备、工作环境不符合人机工程学要求可能是引起人失误,导致事故的原因。

随着第二次世界大战后工业迅速发展带来的广泛就业,企业不能像战前那样进行"拔尖"

的人员选择。除了极少数身心有问题的人之外,广大群众都有机会进入工业部门,工人运动蓬勃发展,企业主不能随意地开除工人,这就使职工队伍素质发生了重大变化。

第二次世界大战后,人们对所谓的事故频发倾向的概念提出了新的见解。一些研究表明,认为大多数工业事故是由事故频发倾向者引起的观念是错误的,有些人较另一些人容易发生事故,是与他们从事的作业有较高的危险性有关。越来越多的人认为,不能把事故的责任简单地说成是工人的不注意,应该注重机械的、物质的危险性质在事故致因中的重要地位。于是,在事故预防工作中比较强调实现生产条件、机械设备的安全。先进的科学技术和经济条件为此提供了技术手段和物质基础。

1949年,葛登利用流行病传染机理来论述事故的发生机理,提出了"用于事故的流行病学方法"理论。葛登认为,流行病病因与事故致因之间具有相似性,可以参照分析流行病的方法分析事故。

能量意外释放论的出现是人们对伤亡事故发生的物理实质认识方面的一大飞跃。1961年和1966年,吉布森和哈登提出了一种新概念:事故是一种不正常的,或不希望的能量释放,各种形式的能量是构成伤害的直接原因。于是,应该通过控制能量,或控制作为能量达及人体媒介的能量载体来预防伤害事故。根据能量意外释放论,可以利用各种屏蔽来防止能量的意外释放。

与早期的事故频发倾向理论、海因里希因果连锁论等强调人的性格特征、遗传特征等不同,第二次世界大战后人们逐渐地认识到管理因素作为背后原因在事故致因中的重要作用。人的不安全行为或物的不安全状态是工业事故的直接原因,必须加以追究。但是,它们只不过是其背后的深层原因的征兆、管理上缺陷的反映,只有找出深层的、背后的原因,改进企业管理,才能有效地防止事故。博德、亚当斯、北川彻三等人都对海因里希的事故因果连锁理论进行了改进研究,提出了新的模型。

20世纪50年代以后,科学技术进步的一个显著特征是设备、工艺和产品越来越复杂。战略武器的研制、宇宙开发和核电站建设等使得作为现代先进科学技术标志的复杂巨系统相继问世。这些复杂巨系统往往由数以千、万计的元件、部件组成,元件、部件之间以非常复杂的关系相连接,而在它们被研制和被利用的过程中常常涉及高能量。系统中微小的差错就可能引起大量的能量意外释放,导致灾难性的事故。这些复杂巨系统的安全性问题受到了人们的关注。人们在开发研制、使用和维护这些复杂巨系统的过程中,逐渐萌发了系统安全的基本思想。作为现代事故预防理论和方法体系的系统安全产生于美国研制民兵式洲际导弹的过程中。系统安全在许多方面发展了事故致因理论。

系统安全认为,系统中存在的危险源是事故发生的原因。所谓危险源,是可能导致事故,造成人员伤害、财物损坏或环境污染的潜在的不安全因素。系统中不可避免地会存在或出现某些种类的危险源,不可能彻底消除系统中所有的危险源。系统安全认为可能意外释放的能量是事故发生的根本原因,而对能量控制的失效是事故发生的直接原因。

由瑟利于1969年提出,在20世纪70年代初得到发展的瑟利模型,是以人对信息的处理过程为基础,描述事故发生因果关系的一种事故模型。这种理论认为,人在信息处理过程中出现失误从而导致人的行为失误,进而引发事故。与此类似的理论还有1970年的海尔模型,1972年威格尔斯沃思的"人失误的一般模型",1974年劳伦斯由威格尔斯沃思的理论发展为能适用于自然条件复杂的、连续作业情况下的"矿山以人失误为主因的事故模型",以及 1978 年安德森对瑟利模型的修正得出的新模型。1983 年,瑞典工作环境基金会(WEF)对瑟利提出的人的信息处理过程及事故发生序列的安全信息模型进行了修改。1998 年,安德森综合了三个事故序列信息模型,制成了新的安德森模型,把安全信息方面的事故致因理论向前推进了一大步。

这些理论把人、机、环境作为一个整体(系统)看待,研究人、机、环境之间的相互作用、反馈和调整,从中发现事故的致因,揭示预防事故的途径,因此,也将它们统称为系统理论。

系统安全注重整个系统寿命期间的事故预防,尤其强调在新系统的开发、设计阶段采取措施消除、控制危险源。对于正在运行的系统,如工业生产系统,管理方面的疏忽和失误是事故的主要原因。1975 年,约翰逊研究了管理失误和危险树(Management Over-sight and Risk Tree,MORT),创立了系统安全管理的理论和方法体系。这是一种系统安全逻辑树的新方法,也是全面理解事故现象的一种图表模型。约翰逊把能量意外释放论、变化的观点、人失误理论等引入其中,又包括了工业事故预防中许多行之有效的管理方法,如事故判定技术、标准化作业、职业安全分析等。他的基本思想和方法对现代工业安全管理产生了深刻的影响。

动态和变化的观点是现代事故致因理论的又一基础。1972 年,本奈提出了起因于"扰动"而促成事故的理论,即 P 理论,进而提出了"多重线性事件过程图解法"。1980 年,塔兰兹在《安全测定》一书中介绍了变化论模型。1981 年佐藤吉信根据 MORT 又引申出从变化的观点说明"作用-变化与作用连锁"的模型。

近十几年来,比较流行的事故致因理论是轨迹交叉论。该理论认为,事故的发生不外乎是人的不安全行为(或失误)和物的不安全状态(或故障)两大因素综合作用的结果,即人、物两大系列时空运动轨迹的交叉点就是事故发生的所在。预防事故的发生,就是设法从时空上避免人、物运动轨迹的交叉。

与轨迹交叉论类似的理论是危险场理论。危险场是指危险源能够对人体造成危害的时间和空间范围。这种理论多用于研究存在诸如辐射、冲击波、毒物、粉尘、声波等危害的事故模式。

到目前为止,事故致因理论的发展还很不完善,还没有给出对于事故调查分析和预测预报方面普遍有效的方法。然而,通过对事故致因理论的深入研究,必将在安全生产工作中产生深远的影响。图 4-1 为事故致因理论及其模型在安全生产中的作用示意图,事故致因理论及其模型化在安全生产中具有以下重要作用:

(1)从本质上阐明事故发生的机理,奠定安全生产的理论基础,为安全生产指明正确的方向;

(2)有助于指导事故的调查分析,帮助查明事故原因,预防同类事故再次发生;

(3)为系统安全分析、危险性评价和安全决策提供充分的信息和依据,增强针对性,减少盲目性;

(4)有利于从定性的物理模型向定量的数学模型发展,为事故的定量分析和预测奠定基础,真正实现安全管理的科学化;

(5)增加安全生产的理论知识,丰富安全教育的内容,提高安全教育的水平。

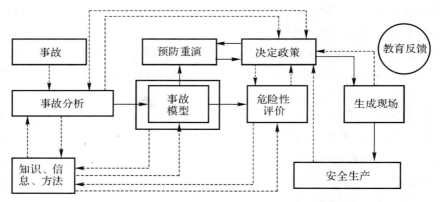

图 4-1 事故模型在安全生产中的作用示意图

第三节 事故频发倾向论

一、事故频发倾向

事故频发倾向是指个别人容易发生事故的、稳定的、个人的内在倾向。

1919年,格林伍德和伍兹对许多工厂里伤害事故发生次数资料按如下三种统计分布进行了统计检验。

(1)泊松分布:当发生事故的概率不存在个体差异时,即不存在事故频发倾向者时,一定时间内事故发生次数服从泊松分布。在这种情况下,事故的发生是由于工厂里的生产条件、机械设备方面的问题,以及一些其他偶然因素引起的。

(2)偏倚分布:一些工人由于存在着精神或心理方面的毛病,如果在生产操作过程中发生过一次事故,就会造成胆怯或神经过敏;当再继续操作时,就有重复发生第二次、第三次事故的倾向。造成这种统计分布的人是少数有精神或心理缺陷的人。

(3)非均等分布:当工厂中存在许多特别容易发生事故的人时,发生不同次数事故的人数服从非均等分布,即每个人发生事故的概率不相同。在这种情况下,事故的发生主要是由于人的因素引起的。

为了检验事故频发倾向的稳定性,他们还计算了被调查工厂中同一个人在前三个月里和后三个月里发生事故次数的相关系数。结果发现,工厂中存在着事故频发倾向者,并且前、后三个月事故次数的相关系数变化在$(0.37\pm0.12)\sim(0.72\pm0.07)$之间,皆为正相关。

1926年,纽伯尔德研究了大量工厂中事故发生次数分布,证明事故发生次数服从发生概率极小,且各个人发生事故概率不等的统计分布。他计算了一些工厂中前五个月和后五个月里事故次数的相关系数,其结果为$(0.04\pm0.09)\sim(0.71\pm0.06)$。之后,马勃跟踪调查了一个有3 000人的工厂,结果发现:第一年里没有发生事故的工人在以后几年里平均发生$0.30\sim0.60$次事故;第一年里发生过一次事故的工人在以后平均发生$0.86\sim1.17$次事故;第一年里出过两次事故的工人在以后平均发生$1.04\sim1.42$次事故。这些都充分证明了存在着事故频发倾向。

1939 年,法默和查姆勃明确提出了事故频发倾向的概念。该理论认为事故频发倾向者的存在是工业事故发生的主要原因。

判断某人是否为事故频发倾向者,要通过一系列的心理学测试。例如,在日本曾采用 YG 测验(Yatabe-Guilford test)来测试工人的性格。另外,也可以通过对日常工人行为的观察来发现事故频发倾向者。一般来说,具有事故频发倾向的人在进行生产操作时往往精神动摇,注意力不能经常集中在操作上,因而不能适应迅速变化的外界条件。

二、事故遭遇倾向

第二次世界大战后,人们对所谓的事故频发倾向的概念提出了新的见解。一些研究表明,认为大多数工业事故是由事故频发倾向者引起的观念是错误的,有些人较另一些人容易发生事故,是与他们从事的作业有较高的危险性有关。越来越多的人认为,不能把事故的责任简单地说成是工人的疏忽,应该注重机械的、物质的危险性质在事故致因中的重要地位,于是出现了事故遭遇倾向论。事故遭遇倾向是指某些人员在某些生产作业条件下容易发生事故的倾向。

许多研究结果表明,前、后不同时期里事故发生次数的相关系数与作业条件有关。例如,罗奇发现,工厂规模不同,生产作业条件也不同。大工厂的场合相关系数在 0.6 左右,小工厂则或高或低,表现出劳动条件的影响。高勃考察了 6 年和 12 年间两个时期事故频发倾向稳定性,结果发现前、后两段时间内事故发生次数的相关系数与职业有关,变化在 0.08~0.72 的范围内。当从事规则的、重复性作业时,事故频发倾向较为明显。

明兹和布卢姆建议用事故遭遇倾向取代事故频发倾向的概念,认为事故的发生不仅与个人因素有关,而且与生产条件有关。根据这一见解,克尔调查了 53 个电子工厂中 40 项个人因素及生产作业条件因素与事故发生频度和伤害严重度之间的关系,发现影响事故发生频度的主要因素有搬运距离短、噪声严重、临时工多、工人自觉性差等;与事故后果严重度有关的主要因素是工人的"男子汉"作风,其次是缺乏自觉性、缺乏指导、老年职工多、不连续出勤等,证明事故发生情况与生产作业条件有着密切关系。

三、关于事故频发倾向理论

自格林伍德的研究起,迄今有无数的研究者对事故频发倾向理论的科学性问题进行了专门的研究探讨,关于事故频发倾向者存在与否的问题一直有争议。实际上,事故遭遇倾向就是事故频发倾向理论的修正。

许多研究结果证明,事故频发倾向者并不存在。

(1)当每个人发生事故的概率相等且概率极小时,一定时期内发生事故次数服从泊松分布。根据泊松分布,大部分工人不发生事故,少数工人只发生一次事故,只有极少数工人发生两次以上事故。大量的事故统计资料是服从泊松分布的。例如,莫尔等人研究了海上石油钻井工人连续两年时间内伤害事故情况,得到了受伤次数多的工人数没有超出泊松分布范围的结论。

(2)许多研究结果表明,某一段时间里发生事故次数多的人,在以后的时间里往往发生事故次数不再多了,并非永远是事故频发倾向者。通过数十年的实验及研究,很难找出事故频发者稳定的个人特征。换言之,许多人发生事故是由于他们行为的某种瞬时特征引起的。

（3）根据事故频发倾向理论，防止事故的重要措施是人员选择。但是许多研究表明，把事故发生次数多的工人调离后，企业的事故发生率并没有降低。例如，韦勒对司机的调查、伯纳基对铁路调车员的调查，都证实调离或解雇发生事故多的工人，并没有减少伤亡事故发生率。

多年的研究与实践证明，"事故频发倾向论"是错误的，实际上并不存在所谓的事故频发倾向者。因此，这一理论基本被排除在事故致因理论当代研究范围之外。

其实，工业生产中的许多操作对操作者的素质都有一定的要求，或者说，人员须具有一定的职业适合性。当人员的素质不符合生产操作要求时，人在生产操作中就会发生失误或不安全行为，从而导致事故发生。例如特种作业的场合，操作者要经过专门的培训、严格的考核，获得特种作业资格后才能从事该种操作。因此，尽管事故频发倾向论把工业事故的原因归因于少数事故频发倾向者的观点是错误的，然而从职业适合性的角度来看，关于事故频发倾向的认识也有一定的可取之处。

第四节　事故因果连锁理论

一、事故因果关系

（一）因果继承关系

事故现象的发生与其原因存在着必然的因果关系。"因"与"果"有继承性，前段的结果往往是下一段的原因。事故现象是"后果"，与其"前因"有必然的关系。因果是多层次相继发生的，一次原因是二次原因的结果，二次原因又是三次原因的结果，以此类推。事故发生的层次顺序如图 4-2 所示。

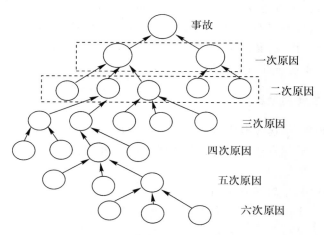

图 4-2　事故发生的层次顺序

一般而言，事故原因通常分为直接原因和间接原因。直接原因又称一次原因，是在时间上最接近事故发生的原因。直接原因通常又进一步分为两类：物的原因和人的原因。物的原因是设备、物料、环境（又称环境物）等的不安全状态；人的原因是指人的不安全行为。

间接原因是二次、三次以至多层次继发自事故本源的基础原因。

间接原因大致分为以下 6 类。

(1)技术的原因：主要机械设备的设计、安装、保养等技术方面不完善，工艺过程和防护设备存在技术缺陷。

(2)教育的原因：对职工的安全知识教育不足，培训不够，职工缺乏安全意识等。

(3)身体的原因：指操作者身体有缺陷，如视力或听力有障碍，以及睡眠不足等。

(4)精神的原因：指焦躁、紧张、恐惧、心不在焉等精神状态以及心理障碍或智力缺陷等。

(5)管理的原因：企业领导安全责任心不强，规程标准及检查制度不完善，决策失误等。

(6)社会及历史原因：涉及体制、政策、条块关系，地方保护主义，机构、体制和产业发展历史过程等。

在(1)～(6)项的间接原因中，(1)～(4)项为二次原因，(5)～(6)项为基础原因。

可将因果继承原则看成如下一个连锁"事件链"：损失←事故←一次原因(直接原因)←二次原因(间接原因)←基础原因。追查事故原因时，从一次原因逆行查起。因果有继承性，是多层次的连锁关系。一次原因是二次原因的结果，二次原因是三次原因的结果，一直追溯到最基础原因。

如果采用适当的对策，去掉其中的任何一个原因，就切断了这条"事件链"，就能防止事故的发生。但是，即使去掉直接原因，只要间接原因还存在，也无法防止再产生新的直接原因。因此，作为最根本的对策，应当追溯到二次原因以至基础原因，并深入研究，加以解决。

(二)事故因果类型

发生事故的原因与结果之间，关系错综复杂，因与果的关系类型分为集中型、连锁型、复合型。

几个原因各自独立共同导致某一事故发生，即多种原因在同一时序共同造成一个事故后果的，称为集中型，如图4-3所示。

某一原因要素促成下一个要素发生，下一要素再形成更下一要素发生，因果相继连锁发生的事故，称为连锁型，如图4-4所示。

某些因果连锁，又有一系列原因集中、复合组成伤亡事故后果，称为复合型，如图4-5所示。单纯集中型或连锁型均较少，事故的因果关系多为复合型。

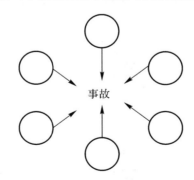

图4-3　多因致果集中型

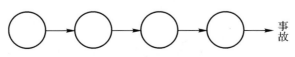

图4-4　因果连锁型

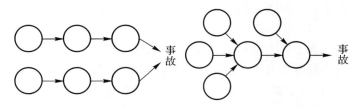

图 4 - 5　集中连锁复合型

(三)起因物和施害物

所谓起因物,是指造成事故现象起源的机械、装置、天然或人工物件、环境物等;施害物是指直接造成事故而加害于人的物质。不安全状态导致起因物的作用,施害物又是由起因物促成其造成事故后果的。

就物的系列而言,从远因到近因,由最早的起因物(物 0)到施害物(物 1),物 1 又会派生出新的施害物(物 2),连续产生直至与人接触而发生人员伤亡的事故现象,如图 4 - 6 所示。

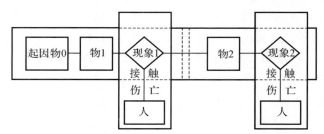

图 4 - 6　事故发生的物的系列

【案例 4 - 1】在焊接作业中有火花飞溅,引燃了泄漏在地面没有清理干净的聚氨酯橡胶,燃烧产物使人一氧化碳中毒;火花飞溅到清漆汽油上又引起火灾,烧伤了工人;同时火灾又引起汽油桶爆炸,又造成了桶片飞出而砸伤人员。

引发这一事故的起因物是电焊装置,施害物 1 是火花,施害物 2 是聚氨酯橡胶和汽油,施害物 3 是 CO、高温可燃物、汽油桶碎片。这一案例的物系列因果关系如图 4 - 7 所示。

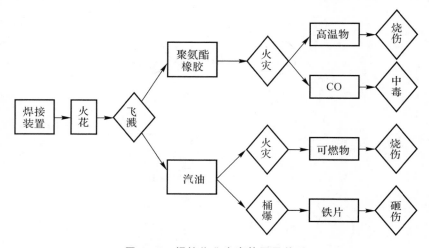

图 4 - 7　焊接作业中事故因果关系

【案例 4-2】2002 年 3 月,某金矿 2 号井-270 m 9303 采场 CO 中毒死亡 6 人事故的因果关系及因果顺序如图 4-8 及图 4-9 所示。

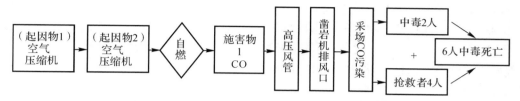

图 4-8　某金矿空压机自燃导致 CO 中毒事故的因果关系

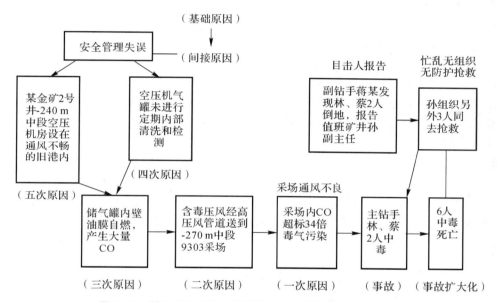

图 4-9　某金矿空压机自燃导致 CO 中毒事故的因果顺序

二、海因里希事故因果连锁理论

海因里希首先提出了事故因果连锁论,用以阐明导致事故的各种原因因素之间及与事故、伤害之间的关系。该理论认为,伤害事故的发生不是一个孤立的事件,尽管伤害可能只发生在某个瞬间,却是一系列互为因果的原因事件相继发生的结果。

海因里希把工业伤害事故的发生、发展过程描述为具有一定因果关系的事件的连锁,即:

(1)人员伤亡的发生是事故的结果;

(2)事故的发生是由于人的不安全行为和物的不安全状态;

(3)人的不安全行为或物的不安全状态是由于人的缺点造成的;

(4)人的缺点是由于不良环境诱发的,或者是由先天的遗传因素造成的。

海因里希最初提出的事故因果连锁过程包括如下五个因素。

(1)遗传及社会环境:遗传因素及社会环境是造成人的性格存在缺陷的原因。遗传因素可能造成鲁莽、固执等不良性格;社会环境可能妨碍教育,助长性格上的缺点发展。

(2)人的缺点:人的缺点是使人产生不安全行为或造成机械、物质不安全状态的原因,它包括鲁莽、固执、过激、神经质、轻率等性格上的先天的缺点,以及缺乏安全生产知识和技能等后天的缺点。

(3)人的不安全行为或物的不安全状态:所谓人的不安全行为或物的不安全状态是指那些曾经引起过事故,或可能引起事故的人的行为,或机械、物质的状态,它们是造成事故的直接原因。例如,在起重机的吊荷下停留,不发信号就启动机器,工作时间打闹,或拆除安全防护装置等,都属于人的不安全行为;没有防护的传动齿轮,裸露的带电体,照明不良等,属于物的不安全状态。

(4)事故:事故是由于物体、物质、人或放射线的作用或反作用,使人员受到伤害或可能受到伤害的、出乎意料的、失去控制的事件。坠落、物体打击等能使人员受到伤害的事件是典型的事故。

(5)伤害:直接由于事故产生的人身伤害。

人们用多米诺骨牌来形象地描述这种事故因果连锁关系,得到如图 4 - 10 所示的多米诺骨牌系列。在多米诺骨牌系列中,一颗骨牌被碰倒了,则将发生连锁反应,其余的几颗骨牌相继被碰倒。如果移去连锁中的一颗骨牌,则连锁被破坏,事故过程被中止。海因里希认为,企业事故预防工作的中心就是防止人的不安全行为,消除机械的或物的不安全状态,中断事故连锁的进程而避免事故的发生。

海因里希的因果连锁理论认为事故发生的直接原因是人的不安全行为和物的不安全状态,而这又是一系列间接原因和基础原因连续作用的后果,用变化的观点认识了事故演化的过程,强调了事故的因果关系,很好地揭示了事故的本质特征。但是,他将事故的基础原因归结为"遗传和环境因素",强调先天性格缺陷等人的缺点作为事故基点,具有时代的局限性,是不可取的。

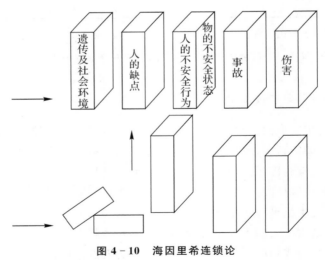

图 4 - 10 海因里希连锁论

三、博德事故因果连锁理论

在海因里希的事故因果连锁中,把遗传和社会环境看作事故的根本原因,表现出了它的时代局限性。尽管遗传因素和人员成长的社会环境对人员的行为有一定的影响,却不是影响人员行为的主要因素。在企业中，如果管理者能够充分发挥管理机能中的控制机能，就可以有效地控制人的不安全行为、物的不安全状态。

博德在海因里希事故因果连锁的基础上，提出了反映现代安全观点的事故因果连锁，如图4-11所示。博德的事故因果连锁过程同样为五个因素，但每个因素的含义都与海因里希的有所不同。

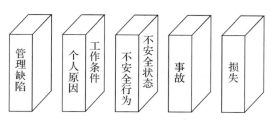

图 4-11　博德的事故因果连锁

（1）本质原因——管理缺陷。事故因果连锁中一个最重要的因素是安全管理。安全管理人员应该充分理解，他们的工作要以得到广泛承认的企业管理原则为基础，即安全管理者应该懂得管理的基本理论和原则。控制是管理机能（计划、组织、指导、协调及控制）中的一种机能。安全管理中的控制是指损失控制，包括对人的不安全行为、物的不安全状态的控制。它是安全管理工作的核心。

大多数正在生产的工业企业中，出于各种原因，完全依靠工程技术上的改进来预防事故既不经济也不现实。只能通过专门的安全管理工作，经过较长时间的努力，才能防止事故的发生。管理者必须认识到，只要生产没有实现本质安全化，就有发生事故及伤害的可能性，因而他们的安全活动中必须包含针对事故连锁中所有要因的控制对策。

管理系统是随着生产的发展而不断变化、完善的，十全十美的管理系统并不存在。管理上的缺欠，使得能够导致事故的基本原因出现。

（2）基本原因——个人及工作条件原因。为了从根本上预防事故，必须查明事故的基本原因，并针对查明的基本原因采取对策。基本原因包括个人原因及与工作条件有关的原因，这方面的原因是管理缺陷造成的。个人原因包括缺乏知识或技能，动机不正确，身体上或精神上的问题。工作条件方面的原因包括操作规程不合适，设备、材料不合格，通常的磨损及异常的使用方法等，以及温度、压力、湿度、粉尘、有毒有害气体、蒸气、通风、噪声、照明、周围的状况（容易滑倒的地面、障碍物、不可靠的支持物、有危险的物体）等环境因素。只有找出这些基本原因，才能有效地防止后续原因的发生，从而控制事故的发生。

（3）直接原因——不安全行为和不安全状态。人的不安全行为或物的不安全状态是事故的直接原因。这一直是最重要的、必须加以追究的原因。但是，直接原因不过是像基本原因那样的深层原因的征兆，一种表面的现象。在实际工作中，如果只抓住了作为表面现象的直接原因而不追究其背后隐藏的深层原因，就永远不能从根本上杜绝事故的发生。另外，安全管理应该能够预测及发现这些作为管理缺欠的征兆的直接原因，采取恰当的改善措施；同时，为了在经济上可能及实际可能的情况下采取长期的控制对策，必须努力找出其基本原因。

（4）事故。从实用的目的出发，往往把事故定义为最终导致人员身体损伤、死亡，财物损失的，不希望的事件。但是，越来越多的安全专业人员从能量的观点把事故看作人的身体或构筑物、设备与超过其阈值的能量的接触，或人体与妨碍正常生理活动的物质的接触。于是，防止事故就是防止接触。为了防止接触,可以通过改进装置、材料及设施防止能量释放,通过训练提高工人识别危险的能力,佩戴个人保护用品等来实现。

(5)损失。人员伤害及财物损坏统称为损失。博德模型中的人员伤害,包括了工伤、职业病,以及对人员精神方面、神经方面或全身性的不利影响。在许多情况下,可以采取恰当的措施使事故造成的损失最大限度地减少。例如,对受伤人员的迅速抢救,对设备进行抢修以及平日对人员进行应急训练等。

四、亚当斯事故因果连锁理论

亚当斯提出了与博德的事故因果连锁论类似的事故因果连锁模型,该模型以表格形式给出,见表 4-2。

在该因果连锁理论中,第四、五个因素(事故和损失)基本上与博德的理论相似。这里把事故的直接原因——人的不安全行为及物的不安全状态称为现场失误。本来,不安全行为和不安全状态是操作者在生产过程中的错误行为及生产条件方面的问题,采用现场失误这一术语,其主要目的在于提醒人们注意不安全行为及不安全状态的性质。

表 4-2 亚当斯连锁论

管理体制	管理失误		现场失误	事　故	伤害或损坏
目　的 组　织 机能运转	领导者在下述方面 决策出现问题 政策 目标 权威 责任 职责 考核 权限授予	安全技术人员在下述 方面存在失误 行为 责任 权威 规则 指导 主动性 积极性 业务活动	不安全行为 不安全状态	伤亡事故 损坏事故 无伤害事故	伤　害 损　坏

该理论的核心在于对现场失误的背后原因进行了深入的研究。操作者的不安全行为及生产作业中的不安全状态等现场失误,是由于企业领导者及事故预防工作人员的管理失误造成的。管理人员在管理工作中的差错或疏忽,企业领导人决策错误或没有做出决策等失误,对企业经营管理及事故预防工作具有决定性的影响。管理失误反映出企业管理系统中存在的问题,它涉及管理体制,即如何有组织地进行管理工作,确定怎样的管理目标,如何计划、实现确定的目标等方面的问题。管理体制反映出作为决策中心的领导人的信念、目标及规范,它决定各级管理人员安排工作的轻重缓急、工作基准及指导方针等重大问题。

亚当斯后来著文对他修改过的博德模型又指出:有多种具有争论性的学说涉及事故原因,博德(1974)最早提出的模型具有特殊价值,提出了一个适用于许多管理实践的模拟理论。他把导致损伤或破坏的过程比作站在边缘的一排多米诺骨牌(见图 4-12),当任何一张牌倒下时,就牵动了其他的牌,造成一系列的倒塌,直至最后一张,这就相当于损伤的发生。

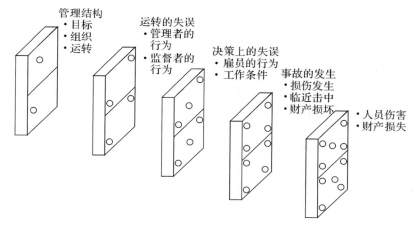

图 4 - 12 经亚当斯修改过的博德的多米诺理论

按照这个模拟理论,如果骨牌系列中任何一张牌被排除,或者被加固到足以承受前面的冲击,那么事件链便被阻断,就不会再发生损伤和破坏。尽管目前有很多新模型出现,但此方法仍然有价值,因为它清楚地验证了在事故过程中实施干预的概念,以及推广了安全方案在阻断损伤过程与预防损伤中的有效作用。

五、北川彻三事故因果连锁理论

前面几种事故因果连锁理论把考察范围局限在企业内部。实际上,工业伤害事故发生的原因是很复杂的,一个国家或地区的政治、经济、文化、教育、科技水平等诸多社会因素对伤害事故的发生和预防都有着重要的影响。

日本的北川彻三正是基于这种考虑,对海因里希的理论进行了一定的修正,提出了另一种事故因果连锁理论,见表 4 - 3。

表 4 - 3 北川彻三事故因果连锁理论

基本原因	间接原因	直接原因		
管理原因 学校教育原因 社会历史原因	技术原因	不安全行为	事 故	伤 害
	教育原因			
	身体原因	不安全状态		
	精神原因			

日本广泛采用北川彻三的事故因果连锁理论作为指导事故预防工作的基本理论。北川彻三从以下四个方面探讨了事故发生的间接原因。

(1)技术原因。机械、装置、建筑物等的设计、建造、维护等技术方面的缺陷。

(2)教育原因。缺乏安全知识及操作经验,不知道、轻视操作过程中的危险性和安全操作方法,或操作不熟练、习惯操作等。

(3)身体原因。身体状态不佳,如头痛、昏迷、癫痫等疾病,或近视、耳聋等生理缺陷,或疲劳、睡眠不足等。

(4)精神原因。消极、抵触、不满等不良态度,焦躁、紧张、恐怖、偏激等精神不安定,狭隘、顽固等不良性格,智障等智力缺陷。

在工业伤害事故的上述四个方面的原因中,前两种原因经常出现,后两种原因相对较少出现。

北川彻三认为,事故的基本原因包括下述三个方面的原因。

(1)管理原因。企业领导者不够重视安全,作业标准不明确,维修保养制度方面有缺陷,人员安排不当,职工积极性不高等管理上的缺陷。

(2)学校教育原因。小学、中学、大学等教育机构的安全教育不充分。

(3)社会或历史原因。社会安全观念落后,工业发展的一定历史阶段,安全法规或安全管理、监督机构不完备等。

在上述原因中,管理原因可以由企业内部解决,而后两种原因需要全社会的努力才能解决。

在北川彻三的因果连锁理论中,基本原因中的各个因素,已经超出了企业安全工作的范围。但是,充分认识这些基本原因因素,对综合利用可能的科学技术、管理手段来改善间接原因因素,达到预防伤害事故发生的目的,是十分重要的。

第五节 事故的流行病学方法理论

1949 年,葛登论述了流行病病因与事故致因之间的相似性,提出了"用于事故的流行病学方法"理论。葛登认为,工伤事故的发生和易感性可以用结核病、小儿麻痹症等的发生和感染同样的方式去理解,可以参照分析流行病的方法分析事故。流行病因有三种:

(1)当事人(病人)的特征,如年龄、性别、心理状况、免疫能力等;

(2)环境特征,如温度、湿度、季节、社区卫生状况、防疫措施等;

(3)致病媒介特征,如病毒、细菌、支原体等。

这三种因素的相互作用,可以导致疾病的发生。与此相类似,对于事故,一要考虑人的因素,二要考虑作业环境因素,三要考虑引起事故的媒介。

这种流行病学方法考虑当事人(事故受害者)的年龄、性别、生理、心理状况以及环境的特性,例如工作和生活区域、社会状况、季节等,还有媒介的特性,诸如流行病学中的病毒、细菌,但在工伤事故中就不再是范围确定的生物学问题,而应把"媒介"理解为促成事故的能量,即构成伤害的来源,如机械能、位能、电能、热能和辐射能等。能量和病毒一样都是事故或疾病现象的瞬时原因。但是,疾病的媒介总是绝对有害的,只是有害程度轻重不同而已。而能量在大多数时间里是有利的动力,是服务于生产的一种功能,只有在能量逆流于人体的偶然情况下,才是事故发生的原点和媒介。

流行病学方法比只考虑人失误的早期事故理论有了较大的进步,它明确地提出了原因因素间的关系特性。该理论认识到,事故是三组变量(当事人的特性、环境特性和作为媒介的能量特性)中某些因素相互作用的结果。该理论的不足之处是三组变量包含大量需要研究的内容,众多的因素必须有大量的标本去统计、评价,但缺乏明确的指导。

第六节 能量意外释放理论

一、能量意外释放论

近代工业的发展起源于将燃料的化学能转变为热能,并以水为介质转变为蒸汽,然后将蒸汽的热能转变为机械能输送到生产现场。这就是蒸汽机动力系统的能量转换情况。电气时代是将水的势能或蒸汽的动能转换为电能,在生产现场再将电能转变为机械能进行产品的制造加工。核电站则是用原子能转变为电能的。总之,能量是具有做功本领的物理元,是由物质和场构成系统的最基本的物理量。

输送到生产现场的能量,依生产的目的和手段不同,可以相互转变为各种形式。按照能量的形势,分为势能、动能、热能、化学能、电能、原子能、辐射能、声能、生物能等。

1961 年古布森、1966 年哈登等人提出了解释事故发生物理本质的能量意外释放论。他们认为,事故是一种不正常的或不希望的能量释放并转移于人体。

人类在利用能量的时候必须采取措施控制能量,使能量按照人们的意图产生、转换和做功。从能量在系统中流动的角度来看,应该控制能量使其按照人们规定的能量流通渠道流动。如果出于某种原因失去了对能量的控制,就会发生能量违背人的意愿的意外释放或逸出,使进行中的活动中止而发生事故。如果意外释放的能量作用于人体,并且能量的作用超过人体的承受能力,就将造成人员伤害;如果意外释放的能量作用于设备、建筑物、物体等,并且能量的作用超过它们的抵抗能力,就将造成设备、建筑物、物体的损坏。

生产、生活活动中经常遇到各种形式的能量,如机械能、电能、热能、化学能、电离及非电离辐射、声能、生物能等,它们的意外释放都可能造成伤害或损坏。

(1)机械能:意外释放的机械能是导致事故时人员伤害或财物损坏的主要能量类型。机械能包括势能和动能。位于高处的人体、物体、岩体或结构的一部分,相对于低处的基准面有较高的势能。当人体具有的势能意外释放时,发生坠落或跌落事故;当物体具有的势能意外释放时,物体自高处落下可能发生物体打击事故;当岩体或结构的一部分具有的势能意外释放时,发生冒顶、片帮、坍塌等事故。运动着的物体都具有动能,如各种运动中的车辆、设备或机械的运动部件、被抛掷的物料等。它们具有的动能意外释放并作用于人体,则可能发生车辆伤害、机械伤害、物体打击等事故。

(2)电能:意外释放的电能会造成各种电气事故。意外释放的电能可能使电气设备的金属外壳等导体带电而发生所谓的"漏电"现象。当人体与带电体接触时,会遭受电击;电火花会引燃易燃易爆物质而发生火灾、爆炸事故;强烈的电弧可能灼伤人体;等等。

(3)热能:人类利用热能的历史可以追溯到远古时代,现今的生产、生活中到处利用热能。失去控制的热能可能灼烫人体、损坏财物、引起火灾。火灾是热能意外释放造成的最典型的事故。应该注意,在利用机械能、电能、化学能等其他形式的能量时,也可能产生热能。

(4)化学能:有毒有害的化学物质使人员中毒,是化学能引起的典型伤害事故。在众多的化学物质中,相当多的物质具有的化学能会导致人员急性、慢性中毒,致病,致畸,致癌。火灾中化学能转变为热能,爆炸中化学能转变为机械能和热能。

(5)电离及非电离辐射:电离辐射主要指 α 射线、β 射线和中子射线等,它们会造成人体急性、慢性损伤。非电离辐射主要为 X 射线、γ 射线、紫外线、红外线和宇宙射线等射线辐射。工业生产中常见的电焊、熔炉等高温热源放出的紫外线、红外线等有害辐射,会伤害人的视觉器官。

麦克法兰特在解释事故造成的人身伤害或财物损坏的机理时说:"所有的伤害事故(或损坏事故)都是因为:①接触了超过机体组织(或结构)抵抗力的某种形式的过量的能量;②有机体与周围环境的正常能量交换受到了干扰(如窒息、淹溺等)。因此,各种形式的能量是构成伤害的直接原因。"

人体自身也是个能量系统。人的新陈代谢过程是个吸收、转换、消耗能量,与外界进行能量交换的过程;人进行生产、生活活动时消耗能量,当人体与外界的能量交换受到干扰(即人体不能进行正常的新陈代谢)时,人员将受到伤害,甚至死亡。

1966 年,美国运输部国家安全局局长哈登引申了吉布森于 1961 年提出的下述观点:"生物体受伤害的原因只能是某种能量的转换",并提出了"根据有关能量对伤亡事故加以分类的方法"。他将能量分为两类伤害:表 4-4 为人体受到超过其承受能力的各种形式能量作用时受伤害的情况,表 4-5 为人体与外界的能量交换受到干扰而发生伤害的情况。

表 4-4　能量类型与伤害

施加的能量类型	产生的原发性损伤	举例与注释
机械能	移位、撕裂、破裂和压挤,主要伤及组织	由于运动的物体(如子弹、皮下针、刀具和下落物体)冲撞造成的损伤,以及由于运动的身体冲撞相对静止的设备造成的损伤,如在跌倒时、飞行时和汽车事故中。具体的伤害结果取决于合力施加的部位和方式。大部分的伤害属于本类型
热能	炎症、凝固、烧焦和焚化,伤及身体任何层次	第一度、第二度和第三度烧伤,具体的伤害结果取决于热能作用的部位和方式
电能	干扰神经-肌肉功能以及凝固、烧焦和焚化,伤及身体任何层次	触电死亡、烧伤、干扰神经功能,如在电休克疗法中。具体的伤害结果取决于电能作用的部位和方式
电离辐射	细胞和亚细胞成分与功能的破坏	反应堆事故,治疗性与诊断性照射,滥用同位素、放射性元素的作用。具体的伤害结果取决于辐射能作用部位和方式
化学能	伤害一般要根据每一种或每一组织的具体物质而定	包括由于动物性和植物性毒素引起的损伤,化学烧伤如氢氧化钾、溴、氟和硫酸,以及大多数元素和化合物在足够剂量时产生的不太严重而类型很多的损伤

表 4-5　干扰能量交换与伤害

影响能量交换的类型	产生的损伤或障碍的种类	举例或注释
氧的利用	生理损害、组织或全身死亡	由物理因素或化学因素引起的中毒或窒息(如溺水、一氧化碳中毒和氰化氢中毒)
热能	生理损害、组织或全身死亡	由于体温调节障碍产生的损伤、冻伤、冻死

研究表明,人体对各种形式的能量的作用都有一定的承受能力,或者说有一定的伤害阈值。例如,球形弹丸以 4.9 N 的冲击力打击人体时,只能轻微地擦伤皮肤;重物以 68.6 N 的冲击力打击人的头部时,会造成颅骨骨折。

事故发生时,在意外释放的能量作用下,人体(或结构)能否受到伤害(或损坏),以及伤害(或损坏)的严重程度如何,取决于作用于人体(或结构)的能量的大小、能量的集中程度、人体(或结构)接触能量的部位、能量作用的时间和频率等。显然,作用于人体的能量越大、越集中,造成的伤害越严重;人的头部或心脏受到过量的能量作用时,会有生命危险;能量作用的时间越长,造成的伤害越严重。

该理论阐明了伤害事故发生的物理本质,指明了防止伤害事故就是防止能量意外释放,防止人体接触能量。根据这种理论,人们要经常注意生产过程中能量的流动、转换,以及不同形式能量的相互作用,防止发生能量的意外释放或逸出。

二、防止能量意外释放的原则与措施

从能量意外释放论出发,预防伤害事故就是防止能量或危险物质的意外释放,防止人体与过量的能量或危险物质接触。

哈登认为,预防能量转移于人体的安全措施可用屏蔽防护系统。他把约束、限制能量,防止人体与能量接触的措施叫作屏蔽。这是一种广义的屏蔽。在一定条件下某种形式的能量能否产生伤害、造成人员伤亡事故,应取决于:①人接触能量的大小;②接触时间和频率;③力的集中程度;④屏障设置得早晚,屏障设置得越早,效果越好。按能量大小,可研究建立单一屏蔽还是多重屏蔽(冗余屏蔽)。

防护能量逆流于人体的典型系统可大致分为以下 12 个类型。

(1)限制能量:即限制能量的大小和速度,规定安全极限量,在生产工艺中尽量采用低能量的工艺或装备。如限制行车速度,规定矿井照明用低压电等。

(2)用较安全的能源取代危险性大的能源:有时被利用的能源的危险性较高,这时可考虑用较安全的能源代替。如用水力采煤取代爆破,应用二氧化碳灭火剂代替四氯化碳等。

(3)防止能量蓄积:如控制爆炸性气体的浓度,溜井放矿尽量不要放空(减少和释放位能)等。

(4)控制能量释放:建立防护装置,控制能量意外释放。如采用保护性容器(如耐压氧气罐、盛装辐射性同位素的专用容器)以及生活区远离污染源等。

(5)延缓能量释放:缓慢地释放能量可以降低单位时间内释放的能量,减轻能量对人体或设施的作用。如采用安全阀、逸出阀、吸收振动装置等。

(6)开辟释放能量的渠道:通过新的能量释放渠道将能量安全地释放出来。如接地电线,通过局部通风装置抽排炮烟,抽放煤体中的瓦斯等。

(7)设置屏蔽设施:屏蔽设施是一些防止人员与能量接触的物理实体,即狭义的屏蔽。屏蔽设施可以设置在能源上,如防冲击波的消波室、防噪声的消声器以及原子防护屏等;也可以设置在人员身上,如安全帽、安全鞋、手套、口罩等个体防护品。

(8)在人、物与能源之间设屏障:在时间和空间上把能量与人、物隔离。如防护罩、防火门、密闭门、防水闸墙等。

(9)提高防护标准:如采用双重绝缘工具、连续监测和远距离遥控等。

(10)改变工艺流程:变不安全流程为安全流程。如用无毒、少毒的物质代替剧毒物质等。

(11)修复或急救:治疗、矫正以及减轻伤害程度或恢复原有功能;限制灾害范围,防止损失扩大;搞好急救,进行自救教育等。

(12)信息形式的屏蔽:各种警告措施等信息形式的屏蔽,可以阻止人员的不安全行为或避免发生人员失误,防止人员接触能量。

一定量的能量集中于一点要比它铺开所造成的伤害程度更大。因此,可以通过延长能量释放时间或使能量在大面积内消散的方法来降低其危害的程度;对于需要保护的人和物应远离释放能量的地点,以此来控制由于能量转移而造成的事故。最理想的是,在能量控制系统中优先采用自动化装置,而不需要操作者再考虑采取什么措施。

安全工程技术人员在系统设计时应充分利用能量转移理论对能量加以控制,使其保持在允许范围内。

能量转移致使伤亡事故发生的理论还须结合因果论、事件树和轨迹交叉等致因伤害论点,加以综合研究。这些研究有赖于对伤亡事故建立模型,以便进一步分析各类型事故的发生规律和机理。

总之,把能量管理好,就可以把安全生产管理好。例如,管好电能可以防止触电事故;防止坠井就是把势能管好不使之转变为动能;防止炮烟中毒就要管好化学能;冒顶、落石、物体打击也是势能的转换等。

三、能量观点的事故因果连锁模型

调查伤亡事故原因发现,大多数伤亡事故都是因为过量的能量,或干扰人体与外界正常能量交换的危险物质的意外释放引起的,并且几乎毫无例外地,这种过量能量或危险物质的释放都是由于人的不安全行为或物的不安全状态造成的,即人的不安全行为或物的不安全状态使得能量或危险物质失去了控制,是能量或危险物质释放的导火线。

美国矿山局的札别塔基斯依据能量意外释放理论,建立了新的事故因果连锁模型,如图4-13所示。

(1)事故:事故是能量或危险物质的意外释放,是伤害的直接原因。为防止事故发生,可以通过技术改进来防止能量意外释放,通过教育训练提高职工识别危险的能力,佩戴个体防护用品来避免伤害。

(2)不安全行为和不安全状态:人的不安全行为和物的不安全状态是导致能量意外释放的直接原因,它们是管理缺欠、控制不力、缺乏知识、对存在的危险估计错误或其他个人因素等基本原因的征兆。

(3)基本原因:基本原因包括以下三个方面的问题。

1)企业领导者的安全政策及决策。它涉及生产及安全目标,职员的配置,信息利用,责任及职权范围,职工的选择、教育训练、安排、指导和监督,信息传递,设备、装置及器材的采购、维修,正常时和异常时的操作规程,设备的维修保养等。

2)个人因素。能力、知识、训练,动机、行为,身体及精神状态,反应时间等。

3）环境因素。自然条件、自然环境等因素。

为了从根本上预防事故，必须查明事故的基本原因，并针对查明的基本原因采取对策。

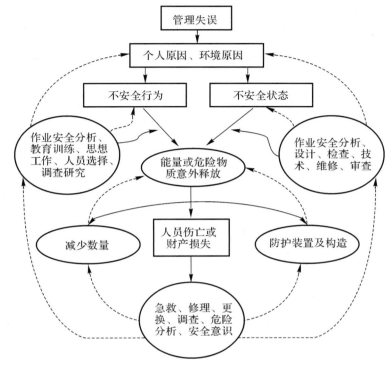

图 4 - 13 能量观点的事故因果连锁

四、能量观点的两类危险源

(一)第一类危险源

一般地，能量被解释为物体做功的本领。做功的本领是无形的，只有在做功时才显现出来。因此，实际工作中往往把产生能量的能量源或拥有能量的能量载体作为第一类危险源来处理，如带电的导体、奔驰的车辆等。

常见的第一类危险源有以下几种：

(1)产生、供给能量的装置、设备；

(2)使人体或物体具有较高势能的装置、设备、场所；

(3)能量载体；

(4)一旦失控可能产生巨大能量的装置、设备、场所，如强烈放热反应的化工装置等；

(5)一旦失控可能发生能量蓄积或突然释放的装置、设备、场所，如各种压力容器等；

(6)危险物质，如各种有毒、有害、可燃烧爆炸的物质等；

(7)生产、加工、储存危险物质的装置、设备、场所；

(8)人体一旦与之接触将导致人体能量意外释放的物体。

表 4 - 6 列出了导致各种伤害事故的典型的第一类危险源。

表 4 - 6　伤害事故类型与第一类危险源

事故类型	能源类型	能量载体或危险物质
物体打击	产生物体落下、抛出、破裂、飞散的设备、场所、操作	落下、抛出、破裂、飞散的物体
车辆伤害	车辆,使车辆移动的牵引设备、坡道	运动的车辆
机械伤害	机械的驱动装置	机械运动部分、人体
起重伤害	起重、提升机械	被吊起的重物
触电	电源装置	带电体、高跨步电压区域
灼烫	热源设备、加热设备、炉、灶、发热体	高温体、高温物质
火灾	可燃物	火焰、烟气
高处坠落	高差大的场所,人员借以升降的设备、装置	人体
坍塌	土石方工程的边坡、料堆、料仓、建筑物、构筑物	边坡土体、物体、建筑物、构筑物、载荷
冒顶、片帮	矿山采掘空间的围岩体	顶板、两帮围岩
放炮、火药爆炸	炸药	炸药
瓦斯爆炸	可燃性气体、可燃性粉尘	可燃性气体、可燃性粉尘
锅炉爆炸	锅炉	蒸汽
压力容器爆炸	压力容器	内容物
淹溺	江、河、湖、海、池塘、洪水、储水容器	水
中毒窒息	产生、储存、聚集有毒有害物质的装置、容器、场所	有毒有害物质

第一类危险源的危险性与能量的高低、数量的多少有密切关系。第一类危险源具有的能量越多,一旦发生事故其后果越严重;相反,第一类危险源处于低能量状态时比较安全。同样,第一类危险源包含的危险物质的量越多,干扰人的新陈代谢越严重,其危险性越大。

(二)第二类危险源

如前所述,人的不安全行为和物的不安全状态是造成能量或危险物质意外释放的直接原因。从系统安全的观点来考察,使能量或危险物质的约束、限制措施失效、破坏的原因,即第二类危险源,包括人、物、环境三个方面的问题。

(1)人失误。人失误是指人的行为的结果偏离了预定的标准,人的不安全行为可被看作人失误的特例。人失误可能直接破坏对第一类危险源的控制,造成能量或危险物质的意外释放。例如,合错了开关使检修中的线路带电,误开阀门使有害气体泄放等。人失误也可能造成物的故障,物的故障进而导致事故。例如,超载起吊重物造成钢丝绳断裂,发生重物坠落事故。

(2)物的障碍。物的故障是指由于性能低下不能实现预定功能的现象,物的不安全状态也可以看作一种故障状态。物的故障可能直接使约束、限制能量或危险物质的措施失效而发生事故。例如,电线绝缘损坏发生漏电,管路破裂使其中的有毒有害介质泄漏等。有时一种物的故障可能导致另一种物的故障,最终造成能量或危险物质的意外释放。例如,压力容器的泄压装置故障,使容器内部介质压力上升,最终导致容器破裂。人失误会造成物的故障,物的故障有时也会诱发人失误。

(3)环境因素。环境因素主要指系统运行的环境,包括温度、湿度、照明、粉尘、通风换气、噪声和振动等物理环境,以及企业和社会的软环境。不良的物理环境会引起物的故障或人失误。例如,潮湿的环境会加速金属腐蚀而降低结构或容器的强度,工作场所强烈的噪声会影响人的情绪并分散人的注意力而发生人失误。企业的管理制度、人际关系或社会环境会影响人的心理,可能引起人失误。

第二类危险源往往是一些围绕第一类危险源随机发生的现象,它们出现的情况决定事故发生的可能性。第二类危险源出现得越频繁,发生事故的可能性越大。

五、两类危险源事故致因理论

一起事故的发生是两类危险源共同起作用的结果。一方面,第一类危险源的存在是事故发生的前提,没有第一类危险源就谈不上能量或危险物质的意外释放,也就无所谓事故。另一方面,如果没有第二类危险源破坏对第一类危险源的控制,也不会发生能量或危险物质的意外释放。第二类危险源的出现是第一类危险源导致事故的必要条件。

在事故的发生、发展过程中,两类危险源相互依存、相辅相成:第一类危险源在事故发生时释放出的能量是导致人员伤害或财物损坏的能量主体,决定事故后果的严重程度;第二类危险源出现的难易决定事故发生的可能性的大小。两类危险源共同决定危险源的危险性,如图 4 - 14 所示。

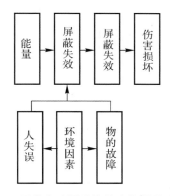

图 4 - 14　两类危险源理论的事故因果连锁模型

在企业的实际安全工作中,第一类危险源客观上已经存在并且在设计、建造时已经采取了必要的控制措施,因此安全工作的重点仍是第二类危险源的控制问题。

埃姆伯利提出了如图 4 - 15 所示的分层网络事故致因模型(Model of Accident Causation using Hierarchical Influence Network Elicitation,MACHINE),认为事故的直接原因包括人失误、物的故障和外部事件。

他把人失误分为显现的、潜在的和校正失误三类,它们的产生取决于人员训练、操作程序、监督、责任规定、能力与要求的符合程度、生产与安全的协调等因素,而这些因素又取决于操作反馈、人员管理、安全管理、设计和信息通信系统等深层次的因素。

物的故障分为物自身的随机故障和人员造成的故障两类。人员造成的故障又分成设计失误造成的故障和安装、试验、维修过程中人员行为失误造成的故障两类。

外部事件主要是系统运行环境方面的问题。

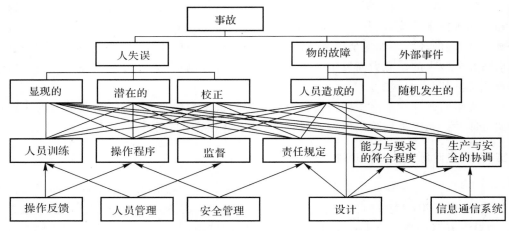

图 4-15　分层网络事故致因模型

第七节　系统观点的人失误主因论

系统观点的人失误主因论都有一个基本观点,即人失误会导致事故,而人失误的发生是由于人对外界刺激(信息)的反应失误造成的。系统模型是说明人-机关系中的心理逻辑过程的,特别要辨识事故将要发生时的状态特性,最重要的是与感觉、记忆、理解、决策有关的心理逻辑过程。

一、威格尔斯沃思模型

事故原因有多种类型,威格尔斯沃思在 1972 年提出,有一个事故原因构成了所有类型伤害的基础,这个原因就是"人失误"。他把"人失误"定义为"人错误地或不适当地响应一个外界刺激",如图 4-16 所示。

在工人生产操作过程中,各种"刺激"不断出现,若工人的响应正确或恰当,事故就不会发生;反之,若出现了人失误的事件,就有发生事故的可能。如果没有危险,就不会发生伴随着伤害出现的事故;而客观上存在着危险或不安全因素的事故是否能造成伤害,取决于各种随机因素,既可能造成伤亡,也可能是没有伤亡的事故。

尽管这个模型在描述事故现象时突出了人的不安全行为,但却不能解释人为什么会发生失误。它也不适用于不以人为

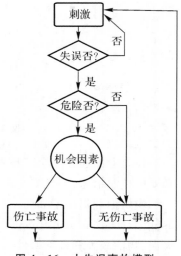

图 4-16　人失误事故模型

失误为主的事故。

二、瑟利模型

1969 年,瑟利提出了一个事故模型,他把事故的发生过程分为是否产生迫近的危险(危险出现)和是否造成伤害或损坏(危险释放)两个阶段,每个阶段都各包含一组类似的心理、生理成分,即对事件信息的感觉、认识以及行为响应的过程。

在危险出现阶段,如果人的信息处理的每个环节都正确,危险就能被消除或得到控制;反之,只要任何环节出现问题,就会使操作者直接面临危险。

在危险释放阶段,如果人的信息处理过程的各个环节都是正确的,虽然面临着已经出现的危险,但仍然可以避免危险释放出来,就不会发生伤害或损坏;反之,只要任何一个环节出错,危险就会转化成伤害或损害。

瑟利模型如图 4 – 17 所示。

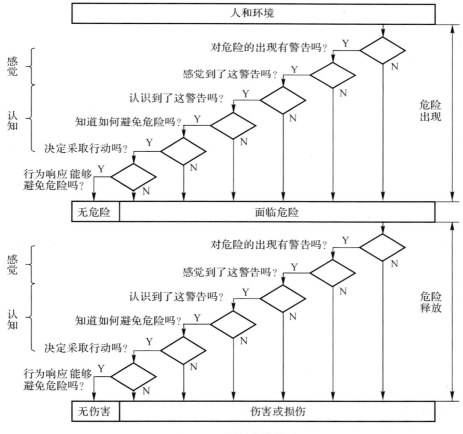

图 4 – 17 瑟利事故模型

由图 4 – 17 可以看出,两个阶段具有类似的信息处理过程,每个过程均可分解为 6 个方面的问题。下面以危险出现为例,分别介绍这 6 个方面问题的含义。

(1)对危险的出现有警告吗? 这里警告的意思是指工作环境中是否存在与安全运行状态之间可被感觉到的差异。如果危险没有带来可被感知的差异,就会使人直接面临该危险。在生产实际中,危险即使存在,也并不一定直接显现出来。这一问题给我们的启示就是要让不明显的危险状态充分显示出来,这往往要采取一定的技术手段和方法来实现。

(2)感觉到了这警告吗?这个问题有两个方面的含义:一是人的感觉能力如何,如果人的感觉能力差,或者注意力在别处,那么即使有足够明显的警告信号,也可能未被察觉;二是环境对警告信号的"干扰"如何,如果干扰严重,就可能妨碍对危险信息的察觉和接收。根据这个问题得到的启示是:感觉能力存在个体差异,提高感觉能力要依靠经验和训练,同时训练也可以提高操作者抗干扰的能力。在干扰严重的场合,要采用能避开干扰的警告方式(如在噪声大的场所使用光信号或与噪声频率差别较大的声信号)或加大警告信号的强度。

(3)认识到了这警告吗?这个问题问的是操作者在感觉到警告之后,是否理解了警告所包含的意义,即操作者将警告信息与自己头脑中已有的知识进行对比,从而识别危险的存在。

(4)知道如何避免危险吗?问的是操作者是否具备避免危险的行为响应的知识与技能。为了使这种知识和技能变得完善和系统,从而更有利于采取正确的行动,操作者应该接受相应的训练。

(5)决定采取行动吗?表面上看,这个问题毋庸置疑,既然有危险,当然要采取行动。但是,在实际情况下,人们的行动是受各种动机中的主导动机驱使的,采取行动回避风险的"避险"动机往往与"趋利"动机(如省时、省力、多挣钱、享乐等)交织在一起。当趋利动机成为主导动机时,尽管认识到危险的存在,并且也知道如何避免危险,但操作者仍然会心存侥幸而不采取避险行动。

(6)能够避免危险吗?问的是操作者在做出采取行动的决定后,能否迅速、敏捷、正确地做出行动上的反应。

上述 6 个问题中,前 2 个问题都是与人对信息的感觉有关的,第 3~5 个问题是与人的认识有关的,最后 1 个问题是与人的行为响应有关的。这 6 个问题涵盖了人的信息处理全过程,并且反映了在此过程中有很多发生失误进而导致事故的机会。

由以上对瑟利模型的分析可以看出,该模型从人、机、环境的结合上对危险从潜在到显现从而导致事故和伤害进行了深入细致地分析。这给人以多方面的启示,比如为了防止事故,关键在于发现和识别危险。这涉及操作者的感觉能力、环境的干扰、危险的知识和技能等。改善安全管理就应该致力于这些方面问题的解决,如人员的选拔、培训,作业环境的改善,监控报警装置的设置等。

【案例 4-3】1998 年 10 月,某单位污水处理站在对清水池进行清理时发生硫化氢中毒,死亡 3 人。事故的发生经过如下:10 月 1 日下午 1 时左右,污水处理站站长宋某与员工周某以及一名外来临时杂工徐某开始清理清水池。徐某头戴防毒面具(滤毒罐)下池清理,约在 1 时 45 分,周某发现徐某没有上来,预感情况不好,当即喊"救命"。这时 2 名租用该单位厂房的个体业主施某、邵某闻声赶到现场,周某即下池营救,施某与邵某在洞口接应。在此同时,污水处理站站长宋某赶到,听说周某下池后也没有上来,随即也下池营救,并嘱咐施某与邵某在洞口接应。宋某下洞后,邵某随即下洞,站在下洞的梯子上,上身在洞外,下身在洞口内。当宋某挟起周某约离池底 50 cm 高处,叫上面的人接时,因洞口直径小(0.6 m×0.6 m),邵某身体较胖,一时下不去,接不到,随即宋某也倒下,邵某闻到一股臭鸡蛋味,意识到可能有毒气。在洞口的施某拉邵某一把说:"宋某刚下去,又倒下,不好!快起来!"邵某当即起来,随后报警。4~5 min 后,消防人员赶到,救出 3 名中毒人员,急送某医院抢救,结果抢救无效,3 人全部死亡。

应用瑟利模型分析事故的危险出现阶段如图 4-18 所示。

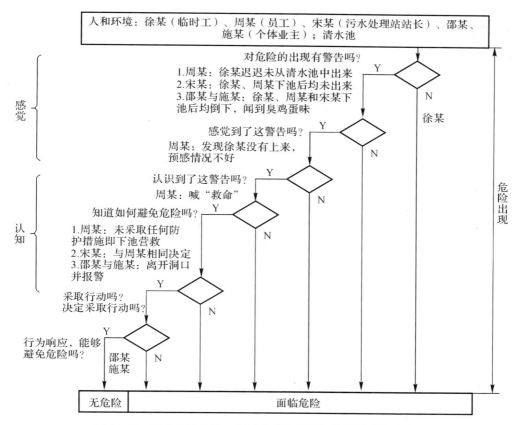

图 4-18 某单位硫化氢中毒事故危险出现阶段的瑟利模型分析

三、劳伦斯模型

劳伦斯在威格尔斯沃思和瑟利等人的人失误模型的基础上,通过对南非金矿中发生的事故进行研究,于 1974 年提出了针对金矿企业以人失误为主因的事故模型,如图 4-19 所示。该模型对一般矿山企业和其他企业中比较复杂的事故具有良好的实用价值。

在采矿工业中,包括人的因素在内的连续生产活动,可能引起两种结果:发生伤害和不发生伤害,因此"事故"的定义是:使正常生产活动中断的不测事件。在矿山安全工作中使用"事故"一词,常常作为伤害的同义语。然而,事故是否发生伤害却取决于危险的情况(人体受伤害的概率)和机会因素。

表 4-7 列出了事故、危险和伤害在理论上的 8 种组合。因为不存在危险或没有事故,也就不可能发生伤害,所以只有 5 种事故后果类型。

表 4-7 所列可能存在的 5 种组合类型中,1 型是无事故、无危险、无伤害,最为理想;4 型是既有危险又伴随伤害的事故,是我们最不希望发生的结果。1 型~5 型的 5 类组合绘于图 4-19 上方。

矿工操作期间,顶板地压活动,突水征兆,有毒气体涌出,视觉与听觉感受到的声、光信号,或者来自与安全生产、环境条件相适应的有关指令、规程、标准、采掘工艺流程等书面信息的各种"刺激"不断出现。若工人响应正确或恰当,则没有危险,不会发生伴随着伤害出现的事故;反之,若工人响应刺激不当,则会出现人失误的事件,人失误的同时又遇有客观存在的危险,再加上各种机会因素,则可能发生伤亡事故或无伤亡的险肇事故。

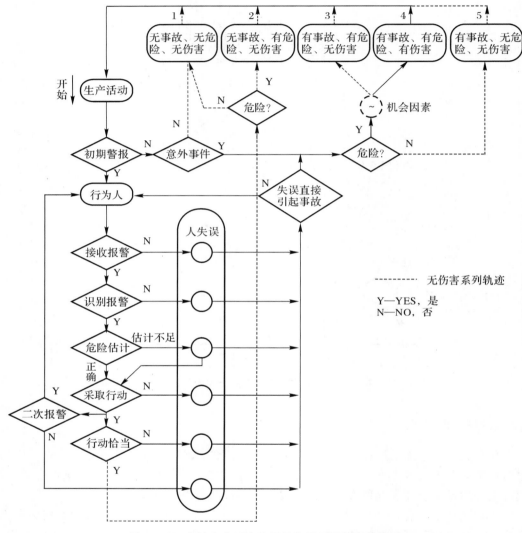

图 4-19　金矿山中以人失误为主要原因的事故模型

表 4-7　事故、危险和伤害的组合

出现的类型	事　故	危　险	伤　害
1	NO	NO	NO
2	NO	YES	NO
3	YES	YES	NO
4	YES	YES	YES
5	YES	NO	NO

续表

出现的类型	事　故	危　险	伤　害
不可能出现	YES	NO	YES
不可能出现	NO	YES	YES
不可能出现	NO	NO	YES

在采矿生产中所见到听到的信息、征兆,会警告工人在他所处的生产环境中有可能发生事故。在图4-19的模型中称此为初期警报。

(1)在正常生产条件下,没有任何危险征兆和不安全信息,即没有初期警报。没有意外事件也就没有生产的中断,结果是"无事故、无危险、无伤害",属于1型。

(2)如图4-19中"初期警报"横线向右,在没有初期警报情况下却发生了意外事件,这将根据危险是否出现于有关伤害的机会因素分别产生3、4、5型的结果。如有危险,则产生3、4型结果;如无危险,则产生5型结果。

(3)如果没有事前征兆,甚至连一般的安全标准或指示等原则性警告都没有,一旦根据危险的存在和机会因素的巧合发生了4型的伤亡事故,就不能单纯归咎于矿工的失误,而应当定为管理上的领导失误,属于管理层"不恰当地回答先前的警告""错误地响应刺激信息"。分析这种责任事故时,应当追究深远的、间接的但却是主要的原因,是管理失误。

(4)如果发现了事故征兆,即有了初期警报,矿工对这警报接收与否,识别是否正确,是否充分而正确地估计了危险,回答警报情况,是否直接采取应急措施(行为、行动),总之,如何处置和对待这一警报,将决定着是否可能发生伤害事故。在回答警报和采取控制措施的同时,还要给其他工人发出第二次警报(如会同班组成员,共同撤出危险地带)。

在这条竖直的回答链中(图4-19中左侧"行为人"栏下竖行各项),任何阶段的故障(或称NO)都会构成"人失误"(图4-19中央的椭圆),其结果或因失误直接引起事故和自身伤害,或把伤害转嫁给其他工人。

(5)关于对危险的估计,模型中"行为人"下方第三个菱形符号表明,如果工人对危险估计正确,就会发出二次警报和采取直接行动;反之,如果对危险估计不足(习惯称为麻痹大意),构成了"人失误",能直接引起事故。管理人员低估危险,即所谓违章指挥,会有更严重的危险后果。

这个以人失误为主因的矿山事故模型,把辨识事故征兆、估计危险、采取直接控制措施和交流信息、矿工自救、矿山安全管理等有机地结合起来,阐述了不同的事故后果。

劳伦斯模型适用于类似矿山生产的多人作业生产方式。在这种生产方式下,危险主要来自于自然环境,而人的控制能力相对有限,在许多情况下,人们唯一的对策是迅速撤离危险区域。因此,为了避免发生伤害事故,人们必须及时发现、正确评估危险,并采取适当的行动。

【案例4-4】199×年×月×日14时,某煤矿井下共有91人作业。掘进一队15人到达掘进头后,瓦检员冯某测得瓦斯超限,队长发现风筒不正,班长王某把风筒摆正,通风一段时间后测量瓦斯已下降,就开始作业。风筒再次脱位,在打了8个眼后,瓦斯又超限,把风筒摆正后,吹了10 min,放了第1茬炮。六七分钟后打第2茬炮眼,打了2个,再打第3个时,发现煤电钻发火。孙某把电钻放到底板上,去找电工修理,临走时对大家说:"你们千万别动,免得出大乱子。"孙某离开30 min左右,发生了瓦斯爆炸事故。爆炸产生了大量浓烟,波及下山绞车房、大巷,冲击波将许多风门冲坏,绞车上的金属片鼓形控制器被吹出 30 m 处,事故死亡 45 人,伤 11 人。应用劳伦斯模型分析如图 4-20 所示。

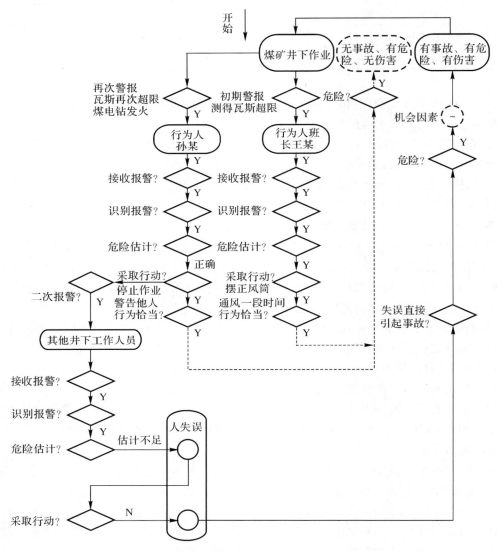

图 4-20 某煤矿瓦斯爆炸事故的劳伦斯模型分析

四、安德森模型

瑟利模型实际上研究的是在客观已经存在潜在危险(存在于机械的运行和环境中)的情况下,人与危险之间的相互关系、反馈和调整控制的问题。然而,瑟利模型没有探究何以会产生潜在危险,没有涉及机械及其周围环境的运行过程。1978 年,安德森等人曾在分析 60 件工业事故中应用瑟利模型,发现了上述问题,从而对它进行了扩展,形成了安德森模型。该模型是在瑟利模型之上增加了一组问题,所涉及的是危险线索的来源及可察觉性,运行系统内的波动(机械运行过程及环境状况的不稳定性),以及控制或减少这些波动使之与人(操作者)的行为的波动相一致。这一工作过程的增加使瑟利模型更为有用,如图 4－21 所示。

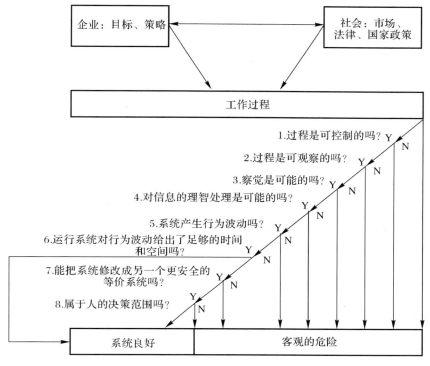

图 4－21 安德森模型

安德森对瑟利模型的增补,始于控制系统(一个不可控系统,例如闪电,不能为模型的开始组所阐明)。问及系统是否能观察到(通过仪表或人的感官),阻止察觉是否可能主要指有无噪声、照明不良或因栅栏而阻碍了对工作过程的察觉。

安德森模型对工作过程提出的八个问题分别如下。

(1)过程是可控制的吗? 即不可控制的过程(如闪电)所带来的危险无法避免,此模型所讨论的是可以控制的工作过程。

(2)过程是可观察的吗? 指的是依靠人的感官或借助于仪表设备能否观察了解工作过程。

(3)察觉是可能的吗? 指的是工作环境中的噪声、照明不良、栅栏等是否会妨碍对工作过程的观察了解。

(4)对信息的理智处理是可能的吗? 此问题有两个方面的含义:一是问操作者是否知道系统是怎样工作的,如果系统工作不正常,他是否能感觉、认识到这种情况;二是问系统运行给操作者带来的疲劳、精神压力(如长期处于高度精神紧张状态)以及注意力减弱是否会妨碍其对系统工作状况的准确观察和了解。

上述问题的含义与瑟利模型第一阶段问题的含义有类似的地方,所不同的是,安德森模型是针对整个系统,而瑟利模型仅仅是针对具体的危险线索。

(5)系统产生行为波动吗? 问的是操作者的行为响应的不稳定性如何,有无不稳定性? 有多大?

(6)运行系统对行为波动给出了足够的时间和空间吗? 问的是运行系统(机械、环境)是否有足够的时间和空间以适应操作者行为的不稳定性。如果是,就可以认为运行系统是安全的(图 4－21 中跨过问题 7、8,直接指向系统良好),否则就转入下一个问题。

(7)能把系统修改成另一个更安全的等价系统吗？指的是能否对系统进行修改（机器或程序），以适应操作者行为在预期范围内的不稳定性。

(8)属于人的决策范围吗？指修改系统是否可以由操作和管理人员做出决定。尽管系统可以被改为安全的，但如果操作和管理人员无权改动，或者涉及政策法律，不属于人的决策范围，那么修改系统也不可能。

对模型的每个问题，如果回答肯定，就能保证系统安全可靠（图 4-21 中沿斜线前进）；如果对问题 1～4、7～8 做出否定回答，就会导致系统产生潜在的危险，从而转入瑟利模型。对问题 5 如果回答否定，就跨过问题 6、7 而直接回答问题 8。对问题 6 如果回答否定，就要进一步回答问题 7，才能继续系统的发展。

五、海尔模型

1970 年，海尔认为，当人们对事件的真实情况不能做出适当响应时，事故就会发生，但并不一定造成伤害后果。海尔模型集中于操作者与运行系统的相互作用。他的模型是一个闭环反馈系统，把下列四个方面的相互关系清楚地显示了出来：①察觉情况，接收信息；②处理信息；③用行动改变形势；④新的察觉、处理、响应。如图 4-22 所示。

信息包括操作者在运行系统中收到的信息，这种信息可能由于机械的故障而不正确，或因视力、听力不佳而察觉不到，即不完整的信息。这两种情况都可能导致行动失误。预期信息指经常指导对信息收集和选择的预测。就预测指导感觉而言，可能发生两种类型的失误：一是操作者感觉上的失误；二是对危险征兆没有察觉。只有当信息显示不安全时，预测可以举一反三，触类旁通。当负担过重，有压力、疲劳或药物作用时，操作者会削弱对收集信息的注意力，以致不能保持对危险的警惕。

行为的决策：根据察觉到的信息，经过处理，能否采取正确的行动，这取决于指导、培训以及固有的能力。决策要考虑经济效益、社会效益，这包括生产班组群体的利益，也有原有的经验及由此而产生的对危险的主观评估。认识、理解、决策均属于中枢处理，接着便是行动输出。

响应行动之后，运行系统会发生变化。检察和监测功能是反馈环中的主要功能。

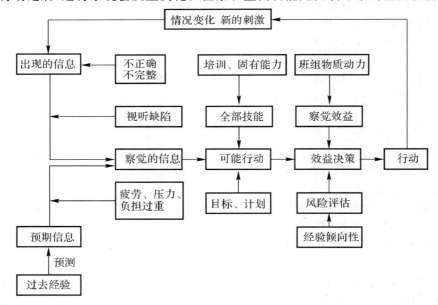

图 4-22　海尔模型

第八节　扰动起源论

一、扰动起源事故模型

1972 年,本奈提出了解释事故致因的综合概念和术语,同时把分支事件链和事故过程链结合起来,并用逻辑图加以显示。他指出,从调查事故起因的目的出发,把一个事件看成某种发生过的事物,是一次瞬时的重大情况变化,是导致下一事件发生的偶然事件。一个事件的发生势必由有关人或物所造成。将有关人或物统称为"行为者",其举止活动则称为"行为"。这样,一个事件可用术语"行为者"和"行为"来描述。"行为者"可以是任何有生命的机体,如车工、司机、厂长;或者任何非生命的物质,如机械、车轮、设计图。"行为"可以是发生的任何事,如运动、故障、观察或决策。事件必须按单独的行为者和行为来描述,以便把事故过程分解为若干部分加以分析综合。

1974 年,劳伦斯利用上述理论提出了扰动起源论。该理论认为"事件"是构成事故的因素。任何事故当它处于萌芽状态时就有某种非正常的"扰动",此扰动为起源事件。事故形成过程是一组自觉或不自觉的,指向某种预期的或不测结果的相继出现的事件链。这种事故进程包括了外界条件及其变化的影响。相继事件过程是在一种自动调节的动态平衡中进行的。如果行为者行为得当或受力适中,即可维持能流稳定而不偏离,从而达到安全生产;如果行为者行为不当或发生故障,则对上述平衡产生扰动,就会破坏和结束自动动态平衡而开始事故进程,一事件继发另一事件,最终导致"终了事件"——事故和伤害。这种事故和伤害或损坏又会依次引起能量释放或其他变化。

扰动起源论把事故看成从相继事件过程中的扰动开始,最后以伤害或损坏而告终。这可称为"P 理论"。

依上述对事故起源、发生及发展的解释,可按时间关系描绘出事故现象的一般模型,如图4 - 23 所示。

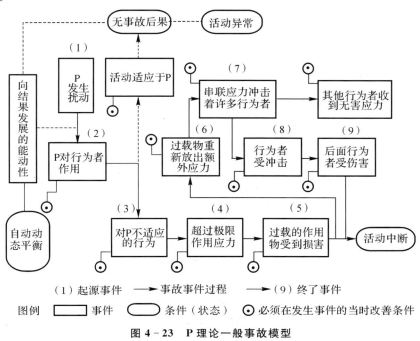

（1）起源事件　——►事故事件过程　——►（9）终了事件

图例　▭ 事件　⬭ 条件（状态）　⊙ 必须在发生事件的当时改善条件

图 4 - 23　P 理论一般事故模型

图 4-23 由(1)发生扰动到(9)伤害组成事件链。(1)扰动称为起源事件,(9)伤害称为终了事件。

图 4-23 外围是自动平衡,无事故后果,只使生产活动异常。图 4-23 还表明,在发生事件的当时,如果改善条件,亦可使事件链中断,制止事故进程发展下去而转化为安全。事件用语都是高度抽象的"应力"术语,以适应各种状态。

二、事故事件过程的多重线性及应用

多重线性事件过程的图解可根据事件的次序要求与事故的有关因素和同其他事件的相互关系进行分析。当与 P 理论提供的上述模型相结合时,对调查和分析事故是更加有效的工具。

与大多数系统安全分析一样,这里也使用长方形框表示事件,而用椭圆形表示条件。图 4-24 为构成一种活动的事件和对一个行为者进行这种活动的结果。当两个或更多行为者产生结果时,如图 4-25 所示。

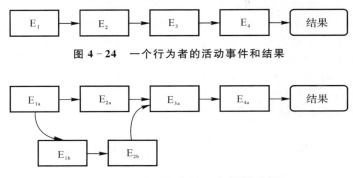

图 4-24　一个行为者的活动事件和结果

图 4-25　两个行为者的活动事件和结果

图中每个事件的间隔可以用于表示该事件相对于其他事件的时序。箭头表示事件的流动关系或事件发生前后的逻辑关系,也可类似地表示条件,如图 4-26 所示。

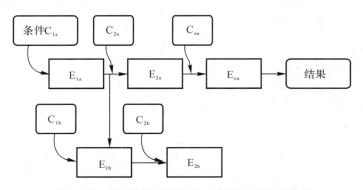

图 4-26　包括条件的两个行为者活动事件和结果

这种方法指出了事故进程中出现事件的时间顺序和逻辑顺序,如图 4-27 所示。

这种方法允许分析者探求一个或几个需要改善的条件,而把条件改变过程从被调查的事件中分立出来。一个行为者的条件与事件分立程序如图 4 - 28 所示。

图 4 - 27　简单方法的描述　　图 4 - 28　一个行为者的条件与事件分立程序示意

　　综上所述,事故现象的一般模型能满足调查研究伤亡事故的基本要求。多重线性事件过程图表方法提供了事故调查中交流知识和观点的方式,在解释事故致因上可有共同的认识。如将 MORT 与发展了的 P 理论相结合,可望创造出一种适用于一切类型事故的有理论基础的研究方法。采用 P 理论和图表以后可加强对事故现象的解释,有助于克服其他事故模型存在的弱点。

第九节　动态变化理论

　　状态和要素发生变化对于大多数系统来说会产生本质性的影响。研究某个部分发生变化及其对安全的影响,对于高级子系统及对整个系统又能导致何种结果,是系统安全分析最基本任务之一。研究和分析事故时,对系统内的"变化"及因变化而引起的"失误",必须作为一种基本要素来考虑。

　　当某一生产过程或操作失去控制之时,显然会发生变化。变化包括:①预期的、有计划的变化;②意外的变化。大多数事故原因都涉及变化。因此说,变化会导致事故发生。同时,变化也可用来创造一些安全条件。变化,还可用来作为一种判断事件因果的方法。因此,应该把变化当作评价事故发生可能性的依据来加以研究。

　　企业在生产过程中设备不断更新,流程和工艺不停地变化着。针对客观实际的变化,事故预防工作也要随之改进,以适应变化了的情况。若管理者不能或没有及时地适应变化,则将发生管理失误;操作者不能或没有及时地适应变化,则将发生操作失误;外界条件的变化也会导致机械、设备等发生故障,进而导致事故。

　　约翰逊很早就注意到了变化在事故发生、发展中的作用。他把事故定义为一起不希望的或意外的能量释放,其发生是由于管理者的计划错误或操作者的行为失误,没有适应生产过程中物的因素或人的因素的变化,从而导致不安全行为或不安全状态,破坏了对能量的屏蔽或控制,在生产过程中造成人员伤亡或财产损失。图 4 - 29 为约翰逊的变化-失误理论。

　　在系统安全研究中,人们注重作为事故致因的人失误和物的故障。按照变化的观点,人失误和物的故障的发生都与变化有关。例如,新设备经过长时间的运转,即时间的变化,逐渐磨损、老化而发生故障,正常运转的设备由于运转条件突然变化而发生故障等。

　　在安全生产工作中,变化被看作一种潜在的事故致因,应该被尽早地发现并采取相应的措施。作为安全管理人员,应该注意下述的一些变化。

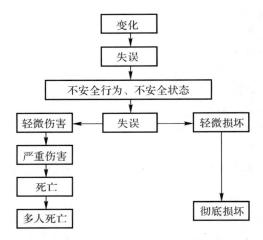

图 4－29　约翰逊的变化-失误理论

（1）企业外的变化及企业内的变化。企业外的社会环境,特别是国家政治、经济方针、政策的变化,对企业内部的经营管理及人员思想有巨大影响。例如,纵观中华人民共和国成立以后工业伤害发生状况可以发现,在"大跃进"和"文化大革命"两次大的社会变化时期,企业内部秩序被打乱了,伤害事故大幅度上升。针对企业外部的变化,企业必须采取恰当的措施适应这些变化。

（2）宏观的变化和微观的变化。宏观的变化是指企业总体上的变化,如领导人的更换、新职工录用、人员调整、生产状况的变化等。微观的变化是指一些具体事物的变化。通过微观的变化,安全管理人员应发现其背后隐藏的问题,及时采取恰当的对策。

（3）计划内与计划外的变化。对于有计划进行的变化,应事先进行危害分析并采取安全措施;对于没有计划到的变化,首先是发现变化,然后根据发现的变化采取改善措施。

（4）实际的变化和潜在的或可能的变化。通过观测和检查可以发现实际存在的变化;发现潜在的或可能出现的变化则要经过分析研究。

（5）时间的变化。随时间的流逝,性能低下或劣化,并与其他方面的变化相互作用。

（6）技术上的变化。采用新工艺、新技术或开始新的工程项目,人们不熟悉。

（7）人员的变化。人员的各方面变化影响人的工作能力,引起操作失误及不安全行为。

（8）劳动组织的变化。劳动组织方面的变化,交接班不好造成工作的不衔接,进而导致人失误和不安全行为。

（9）操作规程的变化。应该注意,并非所有的变化都是有害的,关键在于人们是否能够适应客观情况的变化。另外,在事故预防工作中也经常利用变化来防止发生人失误。例如,按规定用不同颜色的管路输送不同的气体;把操作手柄、按钮作成不同形状防止混淆等。

当应用变化的观点进行事故分析时,可由下列因素的现在状态、以前状态的差异来发现变化:①对象物、防护装置、能量等;②人员;③任务、目标、程序等;④工作条件、环境、时间安排等;⑤管理工作、监督检查等。

约翰逊认为,事故的发生往往是多重原因造成的,包含着一系列的变化-失误连锁。例如,企业领导者的失误、计划人员失误、监督者的失误及操作者的失误等,如图 4－30 所示。

图 4-31 为煤气管路破裂而失火,造成事故的变化-失误分析。由图 4-31 可以看出,从焊接缺陷开始,一系列变化和失误相继发生的结果,导致了煤气管路失火事故。

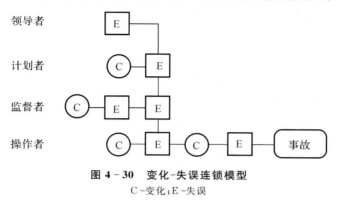

图 4-30　变化-失误连锁模型
C-变化;E-失误

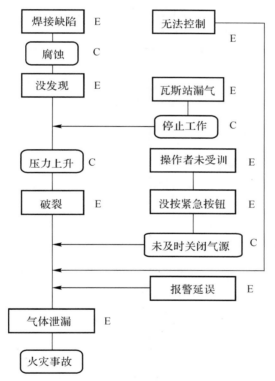

图 4-31　煤气管路破裂而失火的变化-失误分析
C-变化;E-失误

第十节　轨迹交叉论

一、人与物在事故致因中的地位

人的不安全行为和物的不安全状态是引起工业伤害事故的直接原因。关于人的不安全行为和物的不安全状态在事故致因中地位的认识,是事故致因理论中的一个重要问题。

　　海因里希曾经调查了美国的 75 000 起工业伤害事故,发现占总数 98％的事故是可以预防的,只有 2％的事故超出人的能力所能达到的范围,是不可预防的。在可预防的工业事故中,以人的不安全行为为主要原因的事故占 88％,以物的不安全状态为主要原因的事故占 10％。根据海因里希的研究,事故的主要原因或者是由于人的不安全行为,或者是由于物的不安全状态,没有一起事故是由于人的不安全行为及物的不安全状态共同引起的(见图 4 - 32)。于是,他得出的结论是,几乎所有的工业伤害事故都是由于人的不安全行为造成的。

　　后来,这种观点受到了许多研究者的批判。根据日本的统计资料,1969 年机械制造业的休工 8 天以上的伤害事故中,96％的事故与人的不安全行为有关,91％的事故与物的不安全状态有关;1977 年机械制造业的休工 4 天以上的 104 638 起伤害事故中,与人的不安全行为无关的只占 5.50％,与物的不安全状态无关的只占 16.50％。这些统计数字表明,大多数工业伤害事故的发生,既由于人的不安全行为,也由于物的不安全状态。

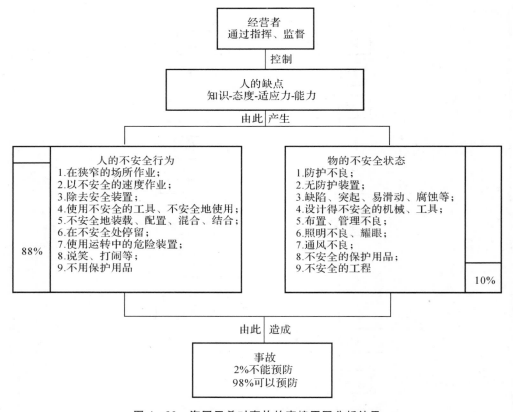

图 4 - 32　海因里希对事故的直接原因分析结果

　　对人和物两种因素在事故致因中地位认识的变化,一方面是由于生产技术进步的同时,生产装置、生产条件不安全的问题越发引起了人们的重视;另一方面是人们对人的因素研究的深入,能够正确地区分人的不安全行为和物的不安全状态。正如约翰逊所指出的,判断到底是不安全行为还是不安全状态,受到研究者主观因素的影响,取决于他对问题认识的深刻程度。许多人由于缺乏有关人失误方面的知识,把由于人失误造成的不安全状态看作不安全行为。

　　现在,越来越多的人认识到,一起工业事故之所以能够发生,除了人的不安全行为之外,一定存在着某种不安全条件。R.斯奇巴指出,生产操作人员与机械设备两种因素都对事故的发生有影响,并且机械设备的危险状态对事故的发生作用更大些。他认为,只有当两种因素同时出现时,才能发生事故。实践证明,消除生产作业中物的不安全状态,可以大幅度地减少伤害事故的发生。例如,美国铁路车辆安装自动连接器之前,每年都有数百名铁路工人死于车辆连接作业事故中。铁路部门的负责人把事故的责任归因于工人的错误或不注意。后来,根据政府法令的要求,把所有铁路车辆都装上了自动连接器,结果车辆连接作业中的死亡事故大大地减少了。

二、轨迹交叉论事故致因模型

轨迹交叉论认为,在事故发展进程中,人的因素和物的因素在事故归因中占有同样重要的地位。伤害事故是许多相互联系的事件顺序发展的结果,事故的发生发展过程为:基本原因→间接原因→直接原因→导致事故→发生伤害。在事故发展进程中,人的因素的运动轨迹和物的因素的运动轨迹的交点,就是事故发生的时间和空间,即人的不安全行为和物的不安全状态发生于同一时间、同一空间,或者说人的不安全行为与物的不安全状态相遇,能量转移于人体,则将在此时间、空间发生事故。轨迹交叉论事故模型如图4-33所示。

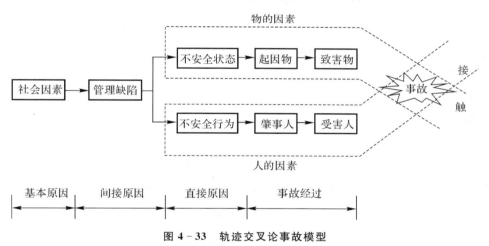

图4-33　轨迹交叉论事故模型

图4-33中,起因物与致害物可能是不同的物体,也可能是同一物体;同样,肇事者和受害者可能是不同的人,也可能是同一个人。具体地说,人和物的两事件链的因素如下。

(1)人的事件链。人的不安全行为基于生理、心理、环境、行为几个方面而产生:

1)生理遗传,先天身心缺陷。

2)社会环境、企业管理上的缺陷。

3)后天的心理缺陷。

4)视觉、听觉、嗅觉、味觉、触觉等感官差异。

5)行为失误。人的行动自由度很大,生产劳动中受环境条件影响,加上自身生理、心理缺陷都易于发生失误动作或行为失误。

人的事件链随时间进程的运动轨迹按1)→2)→3)→4)→5)的方向线顺序进行。

(2)物的事件链。在机械、物质系列中,从设计开始,经过现场的种种程序,在整个生产过程中各阶段都可能产生不安全状态。

A. 设计、制造上的缺陷,如用材不当、强度计算错误、结构完整性差、错误的加工方法或加工精度低等。

B. 工艺流程上的缺陷,如采矿方法不适应矿床围岩性质等。

C. 维修保养上的缺陷,降低了可靠性,如设备磨损、老化、超负荷运转、维修保养不良等。

D. 使用运转上的缺陷。

E. 作业场所环境上的缺陷。

物质或机械的事件链随时间进程的运动轨迹按 A→B→C→D→E 的方向线进行。人的因素链的运动轨迹与物的因素链的运动轨迹的交叉点,即人的不安全行为与物的不安全状态同时同地出现,则将发生事故和伤害。人、物两事件链相交的时间与地点(时空),就是发生伤亡事故的"时空",如图 4-34 所示。

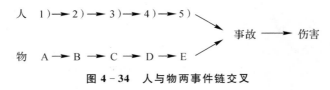

图 4-34 人与物两事件链交叉

在多数情况下,由于企业管理不善,工人缺乏教育和训练或者机械设备缺乏维护、检修以及安全装置不完备,导致了人的不安全行为或物的不安全状态。若设法排除机械设备或处理危险物质过程中的隐患,或者消除人为失误、不安全行为,使两事件链连锁中断,则两系列运动轨迹不能相交,危险就不会出现,可达到安全生产。

三、轨迹交叉论在事故预防中的应用

根据轨迹交叉论的观点,消除人的不安全行为可以避免事故。强调工种考核,加强安全教育和技术培训,进行科学的安全管理,从生理、心理和操作管理上控制人的不安全行为的产生,就等于砍断了事故产生的人的因素轨迹。但是应该注意到,人与机械设备不同,机器在人们规定的约束条件下运转,自由度较少;而人的行为受各自思想的支配,有较大的行为自由性。这种行为自由性一方面使人具有搞好安全生产的能动性,另一方面也可能使人的行为偏离预定的目标,发生不安全行为。由于人的行为受到许多因素的影响,所以控制人的行为是件十分困难的工作。

消除物的不安全状态也可以避免事故。通过改进生产工艺,设置有效安全防护装置,根除生产过程中的危险条件,使得即使人员产生了不安全行为也不致酿成事故。在安全工程中,把机械设备、物理环境等生产条件的安全称作本质安全。在所有的安全措施中,首先应该考虑的就是实现生产过程、生产条件的本质安全。实践证明,消除生产作业中物的不安全状态,可以大幅度地减少伤亡事故的发生。

轨迹交叉理论的侧重点是说明人失误难以控制,但可控制设备、物流不发生故障。某些管理人员,甚至某些领导干部,总是错误地把一切伤亡事故归咎于操作人员"违章作业",实质上,人的不安全行为也是由于教育培训不足等管理欠缺造成的。管理的重点应放在控制物的不安全状态上,即消除"起因物",当然就不会出现"施害物","砍断"物流连锁事件链,使人流与物流的轨迹不相交叉,事故即可避免。

　　例如,对人的系列而言,强化工种考核,加强安全教育和技术培训,进行科学的安全管理,从生理、心理和操作管理上控制人的不安全行为的产生,就等于砍断了人的事件链。但是,如前所述,对自由度很大且身心、性格、气质差异均很大的人难于控制,偶然失误很难避免。轨迹交叉论强调的是砍断物的事件链,提倡采用可靠性高、结构完整性强的系统和设备,大力推广保险系统、防护系统和信号系统及自动化遥控装置,这样,即使人为失误,构成人的事件链1)→5)系列,也会因为安全闭锁等可靠性高的安全系统的作用,控制住物的事件链 A→E 系列的发展,可完全避免伤亡事故。

　　但是,受实际的技术、经济条件等客观条件的限制,完全地根除生产过程中的危险因素几乎是不可能的,只能努力减少、控制不安全因素,使事故不容易发生。

　　需要注意的是,在人的因素和物的因素两个运动轨迹中,二者往往是相互关联、互为因果、相互转换的。有时物的不安全状态诱发了人的不安全行为;反之,人的不安全行为又促进了物的不安全状态发展,或导致新的不安全状态出现。因此,人流和物流两条轨迹交叉呈现非常复杂的因果关系。

　　在安全工程中,首先应考虑的就是实现生产过程、生产条件(即机械设备、物质和环境)的本质安全。设置有效的安全防护装置,即使人员工作和操作失误,也不致酿成事故。

　　但是,即使在采取了安全技术措施,增设了安全防护装置,减少、控制了物流的不安全状态的情况下,仍然要强化安全教育、加强安全培训、开展工人和干部的安全心理学的咨询,严格执行安全规程和操作标准化等来规范人的行为,防止人为失误。

　　总之,根据轨迹交叉论的观点,为了有效地防止事故发生,必须同时采取措施消除人的不安全行为和物的不安全状态。

第十一节　综　合　论

　　从上述各种事故致因理论的分析中可以看出,人的不安全行为和物的不安全状态是造成事故的表面的直接的原因,如果对它们进行更进一步的考虑,就可挖掘出二者背后深层次的原因。

　　如今国内外的安全专家普遍认为,事故的发生不是单一因素造成的,也并非个人偶然失误或单纯设备故障所形成的,而是各种因素综合作用的结果。

　　综合论认为,事故的发生是社会因素、管理因素、生产中各种危险源被偶然事件触发所造成的结果。综合论事故模型如图 4-35 所示。

　　综合论认为,事故的适时经过是由起因物和肇事人偶然触发了加害物和受害人而形成的灾害现象。

　　偶然事件之所以触发,是由于生产中环境条件存在着危险源的各种隐患(物的不安全状态)和人的某种失误(人的不安全行为),共同构成事故的直接原因。

　　这些物质的、环境的以及人的原因,是由管理上的失误、管理上的缺陷和管理责任所导致。这是形成直接原因的间接原因,也是重要的基本原因。形成间接原因的因素,包括社会的经济、文化、教育、习惯、历史、法律等基础原因,统称为社会因素。

　　显然,这个理论综合地考虑了各种事故现象和因素,因而比较正确,有利于各种事故的分析、预防和处理,是当今世界上最为流行的理论。美国、日本和我国都主张按这种模式分析事故。

事故的发生过程可以表述为由基础原因的"社会因素"产生"管理因素",进一步产生"生产中的危险因素",通过人与物的偶然因素触发而发生伤亡和损失。

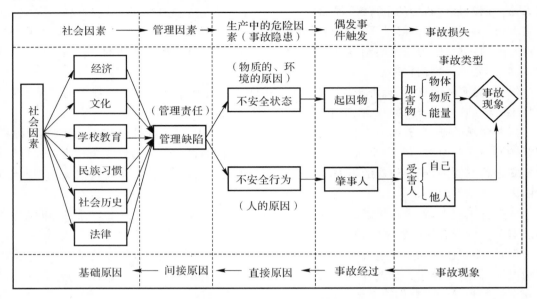

图 4-35　综合论事故模型

调查分析事故的过程则与上述经历方向相反。如逆向追踪:通过事故现象,查询事故经过,进而了解物的环境原因和人的原因等直接造成事故的原因;依次追查管理责任(间接原因)和社会因素(基础原因)。

思　考　题

1. 正确认识事故致因理论,重点掌握轨迹交叉理论与能量意外释放理论,能够运用自己的思考加以论述。

2. 海因里希事故法则对安全生产的指导意义是什么?

3. 什么是事故致因理论? 事故致因理论的发展经历了哪几个阶段?

4. 试分析事故致因理论在安全生产中的作用。

5. 海因里希因果链锁论的主要观点是什么? 根据该理论如何预防事故特点?

6. 试分析博德、亚当斯、北川彻三事故因果连锁理论的异同及各自的特点。

7. 流行病学方法对事故致因的分析有何启发作用?

8. 能量意外释放理论的核心观点是什么? 根据能量意外释放理论,人们应如何预防事故?

9. 什么是第一类危险源、第二类危险源? 试阐述在事故的发生、发展中两类危险源的关系。

10. 试举例说明瑟利模型在事故分析中的应用。

11. 试举例说明劳伦斯模型在事故分析中的应用。

12.试举例说明综合论在事故分析中的应用。

13.试举例说明扰动论在事故分析中的应用。

14.动态变化理论的核心观点是什么？

本章课程思政要点

1.从事故影响因素人、物、管理、环境和事故处置方式，谈人才成长及培养过程中的影响因素。①青年学员在成长过程中，自身主观努力是根本；②与其成长相关的物质支持是必须；③家庭、老师和领导对学员的管理是保障；④学习、工作及生活的环境为学员成长提供如水和空气一样重要的生存支持；⑤纠错、改正机制为学员提供"故障"历练的机会。与事故分析一样，这诸多因素对于学员的健康成长一样也不能少。学员和相关管理人员应当充分重视各种因素的行为特点，充分利用好相关资源，为学员营造"绿色"成长空间。

2.从事故的因果性，谈成功与失败。从普遍意义来讲，成功和失败都是一种结果的表现，即是"果"，与此"果"相联系的一定有多种"因"存在。青年学员要想实现自己的人生理想，成为一个不辜负时代、不辜负家国、不辜负自己的人，就要用因果性、因果关系的思想观点规划自己的人生，严格要求自己，科学规划自己，踏踏实实、认认真真过好每一天，把所有精力都用到工作、学习中去，用于提升自我，通过日积月累，打好"因"这个基础，成功这个"果"一定会在某个地方恭候你。切不可好高骛远，纸上谈兵，空谈水中月、镜中花，到头来一事无成，浪费了大好时光，真正是"少壮不努力，老大徒伤悲"。

3.从事故的偶然性、必然性和规律性，谈提高自我修养在个人成长中的重要意义。在一个人的成长过程中，不可避免地会犯这样那样的错误，及时复盘归零是避免错误再次发生、提升能力水平的重要一步。平时我们的错误也和事故一样，具有偶然性，在何时何地犯错误，不确定；具有必然性，如果思想不进步，没有好的养成与习惯，一定会犯错误；具有规律性，在一定时期，一个人在自身条件没有发生明显变化、自我克制能力不高的情况下，隔一段时间就会犯错误，因为人也是一个完整的系统，统计性地符合系统的基本规律。要想减少犯错误的次数，降低错误的严重程度，人唯有不断提高自我修养，就像一个庞大的系统，需要不断优化、更新、升级一样。青年学生们，在繁重的学习过程中，我们一定要注重思想修养的提升，以习近平总书记"立德树人"为引领，强化德育修养，做到德智体美劳全面发展。

4.从事故的潜在性、再现性、预测性，看改掉不良的行为习惯对于个人成长进步的重要性。

事故往往是突然发生的，然而导致事故发生的因素，即"隐患或潜在危险"是早就存在的，只是未被发现或未受到重视而已。随着时间的推移，一旦条件成熟，就会显现而酿成事故，这就是事故的潜在性。

事故一经发生，就成为过去，时间一去不复返，完全相同的事故不会再次显现。然而，如果没有真正地了解事故发生的原因，并采取有效措施去消除这些原因，就会再次出现类似的事故。因此，致力于消除这种事故的再现性，这是能够做到的。

人们根据对过去事故所积累的经验和知识，以及对事故规律的认识，并使用科学的方法和手段，可以对未来可能发生的事故进行预测。事故预测就是在认识事故发生规律的基础上，充分了解、掌握各种可能导致事故发生的危险因素以及它们的因果关系，推断它们发展演变的状况和可能产生的后果。事故预测的目的在于识别和控制危险,预先采取对策最大限度地减少事故发生的可能性。

这个原理告诉我们,唯有彻底剔除导致错误发生的"隐患或潜在危险",人才能真正从错误中吸取教训,避免以后犯同样的错误。反之,如果导致错误发生的原因因素没有得到彻底的改正,可以预见这名同志一定会在未来某个时间段发生同样的错误。

5.从事故频发倾向理论出发,强化我国社会主义制度自信。

1919 年,英国的格林伍德和伍兹对许多工厂里的伤亡事故数据中的事故发生次数,按不同的统计分布进行了统计检验。结果发现,工人中的某些人较其他人更容易发生事故。从这种现象出发,后来法默等人提出了事故频发倾向的概念。所谓事故频发倾向,是指个别人容易发生事故的、稳定的、个人的内在倾向。

根据这种理论,工厂中少数工人具有事故频发倾向,是事故频发倾向者,他们的存在是工业事故发生的主要原因。如果企业里减少了事故频发倾向者,就可以减少工业事故。因此,防止企业中出现事故频发倾向者是预防事故的基本措施:一方面,通过严格的生理、心理检验,从众多的求职人员中选择身体、智力、性格特征及动作特征等方面表现优秀的人才就业;另一方面,一旦发现事故频发倾向者,即将其解雇。这种理论把事故致因归咎于人的天性。

客观地说,个体之间确实存在着差异,这种差异可能会来自原生家庭、接受不同的教育、上岗前的不同培训经历等,但是如果企业在工人操作技能培养、企业安全管理制度培训、日常监管等方面都有严格的规章制度并认真落实执行的话,个人在身体、心理和性格等方面的不足完全可以得到弥补。我国的《中华人民共和国劳动法》对这个问题有明确的规范要求,强制要求企业主必须履行相关的培养、培训和监管义务,有效地降低了工伤事故。

第五章 安全检查表

安全检查表(Safety Check List, SCL)是系统安全分析中最基本的、简便而行之有效的一种方法。它不仅是安全检查和诊断的一种工具,也是发现潜在危险因素的一个有效手段和分析事故的一种方法。

第一节 安全检查表综述

一、安全检查表的基本概念

安全检查表实际上是一份进行安全检查和诊断的清单。一些有经验的且对工艺过程、被检查设备和作业情况熟悉的人员,事先对检查对象共同加以剖析、分解、详细分析、充分讨论、查明问题所在,并根据理论知识、实践经验、有关标准规范和事故情报等进行周密细致地思考,确定检查的项目和要点,以提问方式将检查项目和要点按系统编制成表,以备在设计或检查时按规定的项目进行检查和诊断,这种表就叫安全检查表。

为防止遗漏,在制定安全检查表时,通常要把检查对象分割为若干子系统(单元),集中讨论这些单元中可能存在什么样的危险性、会造成什么样的后果、如何避免或消除它等,按子系统的特征逐个编制安全检查表。在系统安全设计或安全检查时,按照安全检查表确定的项目和要求,逐项落实安全措施,保证系统安全。同时安全检查表经过长时期的实践与修订,可变得更加完善。

系统安全工程中的很多分析方法,如预先危险性分析、故障类型及影响分析、事故树分析、事件树分析等,都是在安全检查表的基础上发展起来的。

二、安全检查表的优点

归纳起来,安全检查表主要有以下优点。

(1)安全检查表可以事先编制,集思广益。安全检查人员能根据检查表预定的目的、要求和检查要点进行检查,做到突出重点,避免疏忽、遗漏和盲目性,及时发现和查明各种危险和隐患。

(2)针对不同的对象和要求编制相应的安全检查表,可实现安全检查的标准化、规范化。同时也可为设计新系统、新工艺、新装备提供安全设计的有用资料。

（3）依据安全检查表进行检查，是监督各项安全规章制度的实施和纠正违章指挥、违章作业的有效方式。它能克服因人而异的检查结果，提高检查水平，同时也是进行安全教育的一种有效手段。

（4）安全检查表整改责任明确，可作为安全检查人员或现场作业人员履行职责的凭据，有利于落实安全生产责任制。同时也可为新老安全员顺利交接安全检查工作打下良好的基础。

（5）安全检查表中的内容直观简单，容易掌握，易于实现群众管理。

（6）安全检查表检查方法具体实用，可以避免流于形式走过场，有利于提高安全检查效果。

（7）安全检查表采用提问的方式，可促进安全教育，提高安全技术人员的安全管理水平。

三、安全检查表的种类

安全检查表的应用范围十分广泛，如对工程项目的设计、机械设备的制造、生产作业环境、日常操作、人员的行为、各种机械设备及设施的运行与使用、组织管理等各个方面。加上安全检查的目的和对象不同，检查的着眼点也就不同，因而需要编制不同类型的检查表。安全检查表按其用途可分为以下几种。

（一）设计审查用安全检查表

分析事故情报资料表明，由于设计不良而存在不安全因素所造成的事故约占事故总数的1/4。如果在设计时能够设法将不安全因素除掉，就可取得事半功倍的效果；否则，设计付诸实施后，再进行安全方面的修改，不仅浪费资金，而且往往收不到满意的效果。因此，在设计之前，应为设计者提供相应的安全检查表。检查表中应提供有关规程、规范、标准，这样既可扩大设计人员知识面，又可使他们乐于采取这些标准中的数据与要求，避免与安全人员发生争议。

设计审查用的安全检查表的内容主要包括地址选择、平面布置、工艺流程的安全性、装备的配置、建筑物与构筑物、安全装置与设施操作的安全性、危险物品的储存与运输、消防设施等方面。

（二）厂级安全检查表

厂级安全检查表供全厂性安全检查用，也可供安技、防火部门进行日常检查时使用。其主要内容包括厂区内各个产品的工艺和装置的安全可靠性、要害部位、主要安全装置与设施、危险品的储存与使用、消防通道与设施、操作管理及遵章守纪情况等。检查要突出要害部位，注意力集中在宏观的全面检查上。

（三）车间用安全检查表

车间用安全检查表供车间进行定期安全检查或预防性检查时使用。该检查表主要集中在防止人身、设备、机械加工等事故方面，其内容主要包括工艺安全、设备布置、安全通道、在制品及物件存放、通风照明、噪声与振动、安全标志、人机工程、尘毒及有害气体浓度、消防设施及操作管理等。

（四）工段及岗位用安全检查表

工段及岗位用安全检查表用于日常安全检查，工人自查、互查或安全教育，主要集中在防止人身及误操作引起的事故方面。其内容应根据工序或岗位的主体设备、工艺过程、危险部位、防灾控制点(即整个系统的安全性)来制定,要求内容具体、简明易行。

(五)专业性安全检查表

专业性安全检查表由专业机构或职能部门编制和使用。该检查表主要用于专业检查或定期检查,如对电气设备,锅炉压力容器,防火防爆、特殊装置与设施等的专业检查。检查表的内容要符合有关的专业安全技术要求。

第二节　安全检查表的编制

一、安全检查表的编制依据

安全检查表应列举需查明的能导致工伤或事故的所有不安全状态和不安全行为。为了使检查表在内容上能结合实际、突出重点、简明易行、符合安全要求,一般应依据以下三个方面进行编制。

(一)有关法律法规、规范、标准、规程

安全检查表应以国家、部门、行业、企业所颁发的有关安全的法律法规、规范、标准、规程等为依据。如编制生产装置的检查表,要以该产品的设计规范为依据,对检查中涉及的控制指标应规定出安全的临界值,即设计指标的容许值,超过容许值应报告并作处理。对专用设备,如电气设备、锅炉压力容器、起重机具、机动车辆等,应按各相关的规程与标准进行编制,使检查表的内容在实施中均能做到科学、合理并符合法规的要求。

(二)国内外事故情报

编制安全检查表应认真收集国内外有关各类事故案例资料,结合编制对象,仔细分析有关的不安全状态,并详细列举出来,这是杜绝隐患首先必须做的工作。但要注意,历史资料仅表明以往的特定部位的事故,不能墨守成规。此外,还应参照危险性预先分析、事故树分析和可靠性研究等分析的结果,把有关的基本事件列入检查项目中。

(三)本单位的经验

要在总结本单位生产操作和安全管理资料的实践经验、分析各种潜在危险因素和外界环境条件基础上,编制出符合本单位实际的安全检查表,切忌生搬硬套。

二、安全检查表的编制程序

在编制安全检查表时应符合以下程序。

(1)确定人员。要编制一个符合客观实际、能全面识别系统危险性的安全检查表,首先要建立一个编制小组,其成员包括熟悉系统的各方面人员。

(2)熟悉系统,包括系统的结构、功能、工艺流程、操作条件、布置和已有的安全卫生设施。

(3)收集资料。收集有关安全法律、法规、规程、标准、制度及本系统过去发生的事故资料,作为编制安全检查表的依据。

(4)判别危险源。按功能或结构将系统划分为子系统或单元,逐个分析潜在的危险因素。

(5)列出安全检查表。针对危险因素有关规章制度、以往的事故教训以及本单位的经验,确定安全检查表的要点和内容,然后按照一定的要求列出表格。

安全检查表的编制程序如图 5-1 所示。

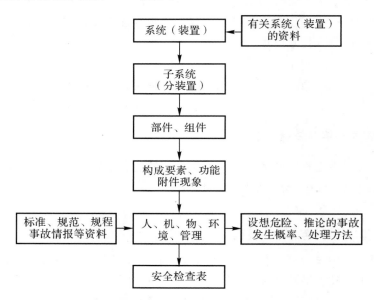

图 5-1　安全检查表的编制程序

在编制安全检查表时应注意如下问题。

(1)编制安全检查表的过程,实质是理论知识、实践经验系统化的过程。一个高水平的安全检查表需要专业技术的全面性、多学科的综合性和对实际经验的统一性。为此,应组织技术人员、管理人员、操作人员和安技人员深入现场共同编制。

(2)排查隐患,要求列出的检查项目应齐全、具体、明确,突出重点,抓住要害。为了避免重复,尽可能将同类性质的问题列在一起,系统地列出相关的安全问题或状态。另外应规定检查方法,并附有检查合格标准,防止检查表笼统化、行政化。

(3)各类安全检查表都有其适用对象,各有侧重,是不宜通用的。如专业检查表与日常检查表要加以区分,专业检查表应详细,而日常检查表则应简明扼要、突出重点。

(4)危险性部位应详细检查,确保一切隐患在可能发生事故之前就被发现。

(5)编制安全检查表应将系统安全工程中的事故树分析、事件树分析、预先危险性分析、危险与可操作性研究等方法结合进行,把一些基本事件列入检查项目中。

第三节　化工安全检查表的主要形式

化工安全检查表根据检查对象的不同可以有多种形式,但无论哪种检查表都应包括检查日期、检查人员、检查项目、检查内容和要求、检查结果、处理意见、整改措施等项目。现将石油化工常用的几种安全检查表示例如下。

一、化工安全管理检查表

化工安全管理检查表见表 5-1。

表 5-1　石油化工安全管理检查表

序　号	检查项目	填写内容		检查结果	备　注
		依　据	实际情况		
1	建立、健全了主要负责人、分管负责人、安全生产管理人员、职能部门、岗位安全生产责任制	《安全生产法》《危险化学品安全管理条例》《安全生产许可证条例》《危险化学品生产企业安全生产许可证实施办法》	制定了厂长（副厂长）、技术科长、车间主任、班组长、操作工五级安全生产责任制，均能较好地落实		有完备的安全生产责任制
2	制定了安全教育和培训、安全费用投入保障、安全设施和设备管理、安全检查和隐患整改、劳动防护用品（具）及保健品发放管理等各项必需的规章制度	《安全生产法》《危险化学品安全管理条例》《安全生产许可证条例》《危险化学品生产企业安全生产许可证实施办法》	经检查，几项制度均有，但不完善，应修订，执行情况较好，安全投入应制定相应的保障制度		需进一步完善
3	编制了各岗位的安全操作规程、技术规程等		有各车间的安全操作规程		需每年修订
4	依法参加工伤保险		参加了工伤保险		
5	安全投入符合要求		有安全费用投入，没有单独立账。应根据要求调整		需独立建账
6	设置了安全生产管理机构并配备专职安全生产管理人员		配有专职安全管理人员及完整的安全组织管理机构，无公司配发的文件		应补发配备文件
7	主要负责人经安监部门考核合格，并取得安全资格证书	《厂长、经理职业安全卫生管理资格认证规定》《危险化学品生产企业安全生产许可证实施办法》	总经理安全培训证书证号：××××		
8	安全生产管理人员经安监部门考核合格，并取得执业资格证书		安全员×××安全培训证书证号：××××		
9	特种作业人员经有关部门培训，考核合格，并取得特种作业操作证书	《危险化学品安全管理条例》《特种作业人员安全技术培训考核管理办法》	特种作业人员经有关部门培训，考核合格，并取得特种作业操作证书		

续表

序 号	检查项目	填写内容		检查结果	备 注
		依 据	实际情况		
10	其他从业人员培训	《安全生产法》《安全生产许可证条例》《危险化学品安全管理条例》	在培训台账中反映出仅部分从业人员参加了培训		需定期对从业人员开展培训
11	安全检查情况	《安全生产法》《危险化学品安全管理条例》	没有落实定期安全检查制度		应建立定期安全检查制度并落实
12	生产装置和构成重大危险源的储存设施与周边居民区、商业区等人员密集区和学校、医院、车站、码头等场所及国家规定的一些区域和场所的距离符合有关法律、法规、规章和标准的规定	《安全生产许可证条例》《企业职工劳动卫生教育管理规定》《危险化学品生产企业安全生产许可证实施办法》	企业周围无商业中心、公园、学校、医院、影剧院、水源保护区、车站、码头、自然保护区、军事管理区。生产车间与周围的居民、企业、农田安全距离符合要求		
13	危险化学品生产装置和储存设施的周边防护距离符合有关法律、法规、规章和标准的规定	《安全生产许可证条例》《企业职工劳动卫生教育管理规定》《危险化学品生产企业安全生产许可证实施办法》	生产过程中使用氯磺酸、氯苯危险化学品		应配灭火装置及相关警示牌,并将储量控制在10 t以下
14	生产、储存危险化学品的车间、仓库与员工宿舍不在同一座建筑物内,且与员工宿舍保持符合规定的安全距离		储存区和生产车间与员工宿舍不在同一区域内,与办公区、宿舍区、食堂等生活区符合规定的安全距离		
15	生产作业场所配备了符合国家规定的职业危害防护设施,定期进行职业卫生检测、检验,并为从业人员进行职业病检查	《安全生产法》《生产过程安全卫生要求总则》《生产设备安全卫生设计总则》《危险化学品生产企业安全生产许可证实施办法》	有车间空气检测数据		需进行多项职业卫生检测
16	为从业人员配备了符合有关国家标准和行业标准规定的劳动防护用品		现场配备了冲洗池,公司定期为职工发放防护手套,职工每年进行一次体检		

续表

序　号	检查项目	填写内容		检查结果	备　注
		依　据	实际情况		
17	按照要求编制危险化学品事故预案和其他生产安全事故应急救援预案	国家安监局《危险化学品事故应急救援预案编制导则(单位版)》《危险化学品生产企业安全生产许可证实施办法》	制定了××有限公司应急救援预案,定期进行演练,并有应急救援预案演练记录		修订并要演练
18	建立了企业的危险化学品事故应急救援组织或配备了专职(或兼职)的事故应急救援人员		建立了应急救援网络组织,总经理任总指挥、副总经理任副总指挥		应补发应急救援组织机构文件
19	配备了必要的应急救援器材、设备,并定期进行检测、检验和维护保养		无		应有简单的救护设备器材
20	未采用和使用国家明令淘汰、禁止使用的工艺、设备	国家经贸委令6号、16号、32号《淘汰落后生产能力、工艺和产品目录》	正在对生产、储存装置进行安全评价		
21	依法定期对生产、储存装置进行安全评价	《危险化学品安全管理条例》《危险化学品生产企业安全生产许可证实施办法》	制定了××有限公司应急救援预案,定期进行演练,并有应急救援预案演练记录		

二、危险化学品生产车间安全检查表

危险化学品生产车间安全检查表见表5-2。

表5-2　危险化学品生产车间安全检查表

序　号	检查项目	依　据	实际情况	检查结果	备　注
1	房屋结构(顶、梁、墙)	《建筑设计防火规范》《石油化工企业设计防火规范》《化工企业设备动力管理规定》《化工企业静电安全检查规程》等国家有关规定	砖混结构	符合	
2	门、窗		门敞开,无窗	基本符合	
3	楼梯、平台、护栏		较好		
4	应急疏散通道		无		
5	通风设施(风扇、通风管)等		有风扇,敞开门窗通风		

续表

序 号	检查项目	依 据	实际情况	检查结果	备 注
6	照明加热设备	《安全生产许可证条例》《化工企业安全管理制度》等有关文件,《建筑设计防火规范》《石油化工企业设计防火规范》《化工企业设备动力管理规定》《化工企业静电安全检查规程》等国家有关规定	普通照明	基本符合	
7	中间储槽		无		
8	压缩机或其他特种设备		有精馏塔		
9	控制室、配电室及其他设备		无		规范线路管理
10	岗位记录、报表	《建筑设计防火规范》《石油化工企业设计防火规范》	有		
11	交接班记录、巡回检查记录		无		
12	工艺指标合格率(压力、温度、流量、液位)		较高,无具体数据		
13	采用自动化控制、防爆泄压措施	《安全生产许可证条例》《化工企业安全管理制度》等有关文件	有自动控制设备,无防爆措施		
14	惰性气体保护、事故槽		无		
15	报警连锁装置(停电、停水、超温、超压、毒物浓度超标、可燃气体检测)		无		
16	设备完好程度(零部件、运转无异常、无跑冒滴漏、防腐、防冻、保温、地脚螺钉、基础、防护罩等)	《安全生产许可证条例》《化工企业设备动力管理规定》《化工企业静电安全检查规程》等国家有关规定	连接处有跑冒滴漏、腐蚀现象,其他均较好		
17	法兰、阀门、顶盖、视镜、液位计、压力表、温度计、流量计等		温度计、液位计较好		
18	安全阀、放空管、紧急停车装置		无紧急停车装置		
19	润滑情况		有对设备进行润滑,并进行年检		
20	泄漏情况		少数法兰、阀门、管道连接附近有跑漏现象,地面有泄漏液体		
21	电器、电机、电源线(防爆、绝缘)		电灯等没防爆装置,有电线接头处裸露		
22	防雷防静电装置		有防雷装置,静电接地		
23	工艺管线色标		被腐蚀已不明显		
24	压力容器		常压生产		

续表

序　号	检查项目	依　据	实际情况	检查结果	备　注
25	防护服、防护用品(作业人员)	《劳动卫生防护用品配备标准》等国家劳动卫生标准	有工作服,其他不足		
26	车间防护用品(防毒面具、安全帽、应急灯)		没有应急灯		
27	洗手池、洗眼器、人身冲洗设施		只有洗手池,其他不足		
28	消防栓配置	《消防法》《灭火器配备标准》等国家标准	厂区有消防栓,需共用		
29	灭火器配置		有4个,不足		
30	安全通道(应急出口)		无		
31	消防通道		不是环行,较宽		
32	车间易燃、易爆、有毒警示牌		车间不易燃爆;无有毒警示牌		

三、安全监控系统安全检查表

如何有效地防止分散控制系统(Distributed Control System,DCS)自身故障及其控制下的石化流程的各类事故是石化生产过程自动化中必须探讨和解决的一个重要课题。英国海湾大学的 P. W. H. 张等人通过对 DCS 事故的统计分析,将安全检查表成功地运用于 DCS 控制下的石化流程中。

(一)DCS 的安全检查框架

DCS 控制下石化流程的系统安全检查框架应分为三个层次。其中:第一层次考查系统的各功能部件的安全情况;第二层次考查每个部件生命周期的不同阶段的安全情况;第三层次考查不同阶段下关键状态的安全情况,如图 5 - 2 所示。

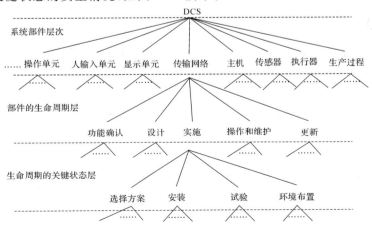

图 5 - 2　DCS 控制下化工生产过程的安全检查框架

（二）安全检查表的内容

根据上述安全检查框架，设计了石化流程 DCS 安全检查表，见表 5-3。

表 5-3　石化流程 DCS 安全检查表

第一层次	第二层次	第三层次	问　题
操作单元	特征	定义	生产过程的干预性操作是什么？
		目的	这些操作是否必要？
		程序	这些操作应采用编程方式还是硬件方式？
	设计	选择	所实施的操作是可能的最好方式吗？
		输入/输出	此项操作的输入方式是什么？
		时序/控制	何时需要进行干预性操作？
		操作模式	如何平稳地实现从人工到自动的操作模式转换？
	实施	选择	哪种人适合这种操作？
		安装	操作者需要训练吗？
		测试	如何评估操作者是否胜任？
	操作	环境	在恶劣的条件下，也能顺利完成操作吗？
		失效检查	无
		监督	如何防止操作者忽视警示信号？
		相关操作	与本操作同时的相关操作还有哪些？
		保障	如何防止操作者进行违规的软件或硬件调整？
	维修	故障识别	操作者是否清楚在紧急时刻的应急动作？
		检修	操作者需要训练吗？
		验证	无
人输入单元	特征	定义	人输入单元的功能是什么？
		目的	为何需要人输入？
		程序	这个输入应是编程方式还是硬件方式？
	设计	选择	哪种人适合担任这项工作？
		输入/输出	输入设备的取值范围是什么？
		时序/控制	是否要经常采用这种输入？何时需要？
		操作模式	无
	实施	选择	采取何种输入方式？
		安装	操作者清楚输入设备的性能吗？如果有其他设备与其相连，如何进行最好的逻辑布置？这个设备应如何安装？与系统的关系如何？这个设备应如何校核？
		测试	设备如何测试？测试的时间间隔如何确定？

第一层次	第二层次	第三层次	问　　题
人输入单元	操作	环境	此设备在操作环境中反复动作是否足够耐用？是否需要电磁保护元件？是否需要对噪声采取消音和隔离措施？哪些环境因素影响此设备的操作？系统如何及时发现与此项操作有关的硬件发生故障？
		失效预防	系统如何发现操作者发出了错误信号？
		自锁	如果此设备只在系统特定状态下使用,如何避免其余状态时被误用？
		操作跟踪	本项操作需要哪些跟踪监测？如何实施这些跟踪监测？
		保障	操作者需要如何进行资格确认？
		故障检测	如何对本设备进行故障检测？
	维修	维修	本设备应采取哪种维修制度？
		认证	如何确认安全措施？维修制度如何保证？
显示单元	特征	定义	要显示的信息是什么？
		对象	为什么要显示这些信息？
		程序	是否需要编程显示？
	设计	选择	哪种显示器最合适？吸引操作者的最好方式是什么？
		输入/输出	输入/输出的是状态信息还是控制信息？显示信息属于何种格式？如果显示的信息是反映多种作业情况,如何区别本次作业与其他作业的信息？
		时间/控制	显示信息的更新时间多长？
		操作模式	无
	实施	选择	应选用哪种类型的显示器？
		安装	显示器如何安装？与系统如何连接？如何校准？安置在哪里？
		测试	如何测试？
	操作	环境	显示器在操作环境中反复运行是否足够耐用？是否需要电磁保护仪器？哪些环境因素影响此显示器？此显示器安设在哪里对操作者最有利？
		故障消除	如何消除显示器的故障？
		安全连锁	无
		操作跟踪	无
		保障	无
		故障检测	无
	维修	维修	无
		确认	无

第一层次	第二层次	第三层次	问　题
传输网络	特征	定义	需要何种通信网络？
		对象	为何需要这种通信网络？
		程序	无
	设计	选择	需要何种类型的通信协议？
		输入/输出	两个通信设备之间最大距离是多少？在此通信网络上传输的信息格式是什么？
		时间/控制	需要同步协议还是非同步协议？为什么？如何控制通信网络？是双工通信吗？要求的数据传输速率多大？需要多大的回应时间？通信网络上连接哪些终端？
		操作模式	无
	实施	选择	应选用哪种通信协议？
		安装	需要哪些安装指导？与系统如何连接？如何校准？安置在哪里？
		测试	如何对通信网络进行测试？
	操作	环境	为避免环境干扰,需要专用电缆吗？
		失效预防	如何识别通信网络的失效？
		自锁	无
		程序	无
		保障	无
		故障检测	无
	维修	维修	无
		认证	无
主机	特征	定义	任务是什么？
		对象	为何需要这个任务？
		程序	这个任务是否应该依靠手动或硬件完成？
	设计	选择	完成这项任务的方法有哪些？
		输入/输出	这项任务的输入/输出是什么？需要哪些计算和模型,如何验证？这项任务涉及哪些变量？是否需要向文件传输数据？是否需要只读或读写方式传输数据？
		时间/控制	这项任务的初始状态如何？如何进行变量的初始化或重新初始化？表示这项任务结束的状态是什么？这项任务如何结束？这项任务结束后的状态是什么？
		操作模式	何种关系时表示这项任务必须开始？何种关系时这项任务必须正常停止？何种关系时这项任务必须紧急停止？何种关系时这项任务必须进入自动状态？何种关系时这项任务必须进入手动状态？

续表

第一层次	第二层次	第三层次	问　　题
主机	实施	选择	应选用哪一种操作台板？应选用何种硬件？需要哪种策略？
		安装	如何安装？如果需要在操作台板或其他位置安装报警装置,如何保证正确安装？
		测试	如何进行操作测试？如何认定这些装备的有效性？如何测试操作台板？如何对硬件进行整体检测？对于硬件的连接状态,如何进行逻辑测试？如何测试该系统的功能特性？哪些相关参数对于硬件系统是有用的？
	操作	环境	哪些特定的环境因素会影响此项操作？
		失效预防	哪些报警与此项操作有关？为何需要这些报警？报警的条件或设定值是什么？确定此项任务时,输入中可能有哪些错误的、无用的或干扰信息的？输出中可能有哪些错误的、无用的或干扰信息的？系统如何识别操作正确和操作错误？
		安全连锁	如何保证全部预备状态都被正确认定？是否在具备这些预备状态时,才可以执行该操作？如不是,如何防止误动作？此项操作是否具有支持状态？此项操作是否具有可用于识别该操作按时成功执行的紧后状态？
		操作跟踪	靠什么进行该操作跟踪？为什么要进行操作跟踪？相应的跟踪状态和特征值是什么？如何完成这些跟踪？哪些跟踪与该操作相关？
		保障	该操作中需要哪些保障措施？与该操作有关的结果可能改动吗？操作者可能改动哪些有关参数？为什么要改动这些参数？在执行该操作时硬件或硬件设置可能改动吗？为什么要改动？有关报警设备可能损坏吗？为什么会损坏？如何防止操作者越权进行软件和硬件的改动？
		故障检测	操作中有哪些故障识别方法？有哪些紧急排险方法？需要哪些故障排除机制？如在操作中必须对参数进行初始化,有哪些必要的后备措施？
	维修	维修	该操作需要什么维修策略？这些维修策略对正常操作有哪些影响？
		认证	如何确认故障检测机制？如何确认安全连锁机制？如何确认跟踪机制？如何确认保障措施？如何确认紧急故障检测方法？
传感器	特征	定义	要监控哪些系统状态？
		对象	为何要监控这些系统状态？
		程序	这些状态是否可以通过编程或硬件进行监控？
	设计	选择	可以采用哪些合适的方法？传感器是否需要冗余配置？
		输入/输出	输入值的理想范围是什么？
		时间/控制	何时需要测定系统的这些状态？如果传感器是冗余配置的,应采取哪种冗余策略？哪些变量决定传感器的安设位置？这些变量是否一直保持常数？反应的速度应多快？
		操作模式	无

续表

第一层次	第二层次	第三层次	问 题
传感器	实施	选择	应选用哪种传感器？
		安装	如何安装？如何与系统连接？如何校验？安设的位置能否反映系统的状态？
		测试	如何对这些传感器进行测试？
	操作	环境	这些传感器在操作环境中和反复操作情况下是否足够耐用？是否需要电磁保护元件？是否需要采取隔声或消声措施？哪些特定的环境因素会对传感器产生影响？
		故障探察	是否需要连续的自检测措施？系统如何识别与这些传感器有关的硬件故障？
		安全连锁	无
		操作跟踪	采取什么措施对传感器的运行进行跟踪？相应的跟踪状态和特征值是什么？
		保障	无
		故障检测	无
	维修	维修	无
		认证	无
执行器	特征	定义	需要何种执行器？
		对象	为何需要这种执行器？
		程序	这个任务可以依靠编程或硬件完成吗？
	设计	选择	何种传递信息方式是合适的？
		输入/输出	输出信号的取值范围是多少？
		时间/控制	要求的反应时间是多少？系统如何识别需要这种动作？如果要求设置冗余执行器，如何保证这些执行器协调动作？动作频率多大？何时要求这些动作？
		操作模式	无
	实施	选择	应选用哪种执行器？
		安装	如何安装？如何与系统连接？如何校验？
		测试	无
	操作	环境	这些传感器在操作环境中反复动作是否足够耐用？是否需要电磁保护元件？是否需要采取隔声或消声措施？哪些特定的环境因素会对执行器产生影响？
		故障探察	是否可以调整或更正偏差？系统如何识别与这些执行器有关的硬件故障？
		安全连锁	无
		操作跟踪	采取什么措施对执行器的状态进行跟踪？相应的跟踪状态特征值是什么？

续表

第一层次	第二层次	第三层次	问　题
执行器	操作	保障	无
		故障检测	无
	维修	维修	需要何种维修策略？
		认证	无
过程变量	特征	定义	过程变量是什么？
		对象	控制系统中为什么会涉及这些过程变量？
		程序	这些过程变量是采用手动控制还是自动控制？
	设计	选择	哪些相关的过程变量需要被监测或控制？
		输入/输出	什么是原因变量？什么是结果变量？
	实施	时间/控制	何时要求对这些过程变量进行控制？
		操作模式	无
		选择	应选用哪些过程变量？
		安装	这些过程变量容易监测吗？
		测试	无
	操作	环境	哪些特定的环境因素会对这些过程变量产生影响？
		故障探察	哪些报警与这些过程变量有关？
		安全连锁	无
		操作跟踪	如何对这些过程变量进行跟踪？
		保障	无
		故障检测	哪些故障识别程序与这些过程变量有关？
	维修	维修	无
		认证	无

思　考　题

1. 什么是安全检查表？
2. 安全检查表具有哪些特点？
3. 试论述安全检查表的优、缺点，使用范围和应用条件。
4. 在编制安全检查表时应注意哪些问题？
5. 如何编制安全检查表？
6. 试编制实验室安全检查表。

本章课程思政要点

1. 从制定、绘制安全检查表,谈科学正确的标准依据和详实的数据依据的在科学研究中的重要性。

安全检查表安全分析法是基于事先制定的表格,开展系统安全分析的一种方法。表格是在充分熟悉系统结构和运行模式的前提下,对大量系统以往数据开展分析,依据所有相关标准规范而制定的,其中科学正确的标准依据和详实的数据依据是重中之重,关系着分析工作的成败。同样的,在日常工作中,我们分析一般问题,也要按照标准方法,参照历史数据,分析当前具体情况。这种尊重历史、遵守规范的一般方法值得青年学生借鉴学习。

2. 从安全检查表具体细致的检查内容,谈养成认真细致工作作风的重要意义。

一个庞大的系统,要通过安全检查表完成其安全分析,非详实、非面面俱到,不可为之。这就要求我们要事无巨细地掌握系统的全部,特别是事关系统安全的重要部分。安全检查表工作的实践告诉我们,认真细致的工作作风,决定着这项工作的成败。因此,我们在平时的工作学习中,一定要注重自己严之又严、细之又细工作作风的培养,注重细节,做到既见森林、又见树木。

第六章 预先危险性分析

预先危险性分析(Preliminary Hazard Analysis,PHA)是一种定性的系统安全分析方法,主要用于还没有掌握系统详细资料的阶段,分析、辨识可能出现或已经存在的危险源,并尽可能在付诸实施之前找出预防、改正、补救措施,消除或控制危险源。

第一节 预先危险性分析综述

一、预先危险性分析的意义

预先危险性分析是在每项工程活动(如设计、施工、生产)之前,或技术改造(即制定操作规程和使用新工艺等情况)之后,对系统存在的危险性类型、来源、出现条件、导致事故的后果以及有关措施等进行概略的分析。预先危险性分析的目的是防止操作人员直接接触对人体有害的原材料、半成品、成品和生产废弃物,防止使用危险性工艺、装置、工具和采用不安全的技术路线。如果必须使用,也应从工艺上或设备上采取安全措施,以保证这些危险因素不致发展成为事故。总之,把安全分析工作做在行动之前,避免由于考虑不周而造成损失。

二、预先危险性分析的内容与主要优点

系统安全分析的目的不是分析系统本身,而是预防、控制或减少危险性,提高系统的安全性和可靠性。因此,必须从确保安全的观点出发,寻找危险源产生的原因和条件,评价事故发生的可能性及后果的严重程度,分析措施的可能性、有效性,采取切合实际的对策,把危害与事故降到最低程度。

(一)预先危险性分析的内容

根据系统安全工程的方法,生产系统的安全必须从"人-机器(设备)-环境"系统进行分析,而且在进行预先危险性分析时,对偶然事件、不可避免事件、不可知事件等进行剖析,尽可能地把它变为必然事件、可避免事件、可知事件,并通过分析、评价,控制事故发生。分析的内容可归纳为以下几项:

(1)识别危险的设备、零部件,并分析其发生危险的可能性条件;

(2)分析系统中各子系统、各元件的交接面及其相互关系与影响;

(3)分析工艺过程及其工艺参数或状态参数;

(4)人、机关系(操作、维修等);

(5)环境条件;

(6)用于保证安全的设备、防护装置等；

(7)其他危险条件。

(二)预先危险性分析的主要优点

预先危险性分析的优点在于允许人们在系统开发的早期识别、控制危险因素,用最小的代价消除或减少系统中的危险源,为制定整个系统寿命期间的安全操作规程提出依据,主要表现为以下几点：

(1)分析工作做在行动之前,可及早采取措施排除、降低或控制危害,避免由于考虑不周而造成损失；

(2)系统开发、初步设计、制造、安装、检修等做的分析结果可以提供应遵循的注意事项和指导方针；

(3)分析结果可为制定标准、规范和技术文献提供必要的技术资料；

(4)根据分析结果可编制安全检查表以保证实施安全,并可作为安全教育的材料。

第二节　预先危险性分析程序

预先危险性分析的一般程序如图 6-1 所示。

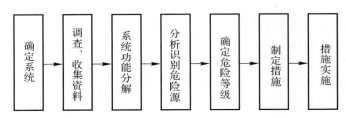

图 6-1　预先危险性分析的一般程序

一、准备工作阶段

在进行分析之前要确定分析对象,收集对象系统的资料和其他类似系统或使用类似设备、工艺物质系统的资料；要弄清对象系统的功能、构造,为实现其功能选用的工艺过程,使用的设备、物质、材料等。这一阶段包括：①确定系统——明确所分析系统的功能及分析范围。②调查、收集资料——调查生产目的、工艺过程、操作条件和周围环境；收集设计说明书、本单位的生产经验、国内外事故情报及有关标准、规范、规程等资料。

二、分析实施阶段

通过对方案设计、主要工艺和设备的安全审查辨识其中的主要危险源,也包括审查设计规范和采取的消除危险源的措施。

(一)按照预先编好的安全检查表进行审查

(1)危险设备、场所、物质；

(2)有关安全的设备、物质间的交接面,如物质的相互反应,火灾、爆炸的发生及传播,控制系统等；

（3）可能影响设备、物质的环境因素，如地震、洪水、高（低）温、潮湿、振动等；

（4）运行、试验、维修、应急程序，如人失误后果的严重性、操作者的任务、设备布置及通道情况、人员防护等；

（5）辅助设施，如物质、产品储存，试验设备，人员训练，动力供应等；

（6）有关安全的设备，如安全防护设施、冗余设备、灭火系统、安全监控系统、个人防护设备等。

（二）分析实施阶段

（1）系统功能分解。系统是由若干个功能不同的子系统组成的，如动力、设备、结构、燃料供应、控制仪表、信息网络等，其中还有各种连接结构。同样，子系统也是由功能不同的部件、元件（如动力、传动操纵和执行等）组成的。为了便于分析，按系统工程的原理，将系统进行功能分解，并绘出功能框图表示它们之间的输入、输出关系。

（2）分析、识别危险性。确定危险类型、危险来源、初始伤害及其造成的危险性，对潜在的危险点要仔细判定。

（3）确定危险等级。在确认每项危险之后，都要按其效果进行分类。

（4）制定措施。根据危险等级，从软件（系统分析人机工程、管理、规章制度等）、硬件（设备、工具、操作方法等）两个方面制定相应的消除危险性的措施和防止伤害的办法。

三、结果汇总

根据分析结果，确定系统中的主要危险源，研究其产生原因和可能导致的事故，以表格的形式汇总分析结果。典型的结果汇总表包括主要的事故、产生原因、可能的后果、危险性级别、应采取的措施等栏目（见表 6-1），危险发生可能性等级和危险后果严重性等级见表 6-2 和表 6-3。

表 6-1　预先危险分析表

部件或子系统名称	故障状态（触发事件）	危险描述	发生可能性等级	危险影响	后果严重性等级	安全措施

表 6-2　危险发生可能性等级表

特　征	发生特点		
	等　级	元　件	设备、设施
频繁的	A	可能经常发生	经常会遇到
很可能的	B	在其寿命期内将发生几次	将频繁地发生
偶然的	C	在其寿命期内可能会发生	在使用期间内将发生几次
很少的	D	不能说不可能发生	并非不可能发生
几乎不可能	E	概率接近 0	不能说它不可能发生

表 6 – 3　危险后果严重性等级表

等　级	名　称	特　征
Ⅰ	灾难性的	人员死亡,系统报废
Ⅱ	危险的	人员严重受伤或疾病,系统较大损坏
Ⅲ	边缘的	人员较小损伤或疾病,系统较小损坏
Ⅳ	可忽略的	人员无损伤或疾病,系统无损失

四、预先危险性分析应注意的问题

(1)由于在新开发的生产系统或新的操作方法中,对接触到的危险物质、工具和设备的危险性还没有足够的认识,所以为了使分析获得较好的效果,应采取设计人员、操作人员和安全检查员三结合的形式进行。

(2)根据系统工程的观点,在查找危险源时,应将系统进行分解,按系统、子系统、元素一步一步地进行。这样做不仅可以避免过早地陷入细节问题而忽视重点问题的危险,而且可以防止漏项。

(3)为了使分析人员有条不紊地、合理地从错综复杂的结构关系中查出深潜的危险因素,可采取以下对策。

1)迭代。对一些深潜的危险,一时不能直接查出危险因素时,可先做一些假设,然后将得出的结果作为改进后的假设,再进一步查找危险因素。这样经过一步一步地试分析,向更准确的危险因素逼近。

2)抽象。在分析过程中,对某些危险因素常忽略其次要方面,首先将注意力集中于危险性大的主要问题上。这样可使分析工作能较快地入门,先保证在主要危险因素上取得结果。另外也可以运用控制论的观点来探求,如图 6 – 2 所示。输入是一定的,技术系统(具体结构)也是一定的,问题是探求输出哪些危险因素。

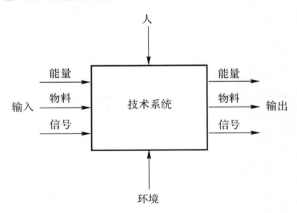

图 6 – 2　应用控制论的系统分析

(4)在可能条件下,最好事先准备一个检查表,指出查找危险性的范围。

第三节　预先危险性分析的危险性等级

一、危险性等级的划分

在危险性查出之后,应对其划分等级,排列出危险因素的先后次序和重点,以便分别处理。由于危险因素发展成为事故的起因和条件不同,所以其在预先危险性分析中仅能作为定性评价,其等级见表 6-2 和表 6-3。

如果在对系统、子系统危险、有危害因素分析的基础上,想对其危险性(危险程度大小)作大致的评价,那么可运用作业危险和危害分析方法。

二、危险性等级的确定方法

当系统中存在很多危险因素时,如何分清其严重程度,因人而异,带有很大的主观性。为了较好地符合客观性,可集体讨论或多方征求意见,也可采取一些定性的决策方法。

下面介绍一种矩阵比较法,其基本思路是如有很多大小相差不多的圆球放在一起,很难一下分出哪个最大,哪个次之。若将它们一对一比较,则较容易判明。

具体方法是列出矩阵表。设某系统共有 6 个危险因素需要进行等级判别,可分别用字母 A、B、C、D、E、F 代表,画出一个如图 6-3(a)所示的方阵。按方阵图中顺序,比较每一列因素的严重性。用"×"号表示在列里严重、在行里不严重的因素。例如,比较因素 A 和 B,A 比 B 严重,则在一列二行空格内画"×"号。再比较因素 A 和 C,A 比 C 不严重,在一列三行空格内不画"×"号。照此方法,依次一一对应比较后,可得出每一列画"×"号的总和。图 6-3(a)中的结果如下:因素 E 画"×"号的总和为 5;因素 A、B、C 画"×"号的总和均为 3;因素 F 总和为 1;因素 D 则为零。

这样就可得出各危险因素的严重性次序:E、A、B、C、F、D,其中因素 A、B、C 具有同等的严重性。

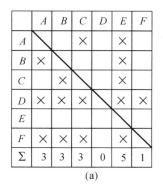
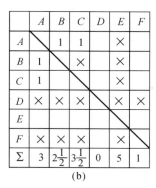

图 6-3　危险因素严重程度比较矩阵表

在这种情况下,可以认为 A、B、C 三因素具有同等严重性。为了分得细一些,也可在方阵图中增加一个"1"符号,以它代表严重性的 $\frac{1}{2}$,如图 6-3(b)所示,在两者有关的行和列各画一个"1"符号。这样处理后,对 A、B、C 三个因素进行比较,可以看出,因素 C 画"×"号为 $3\frac{1}{2}$,

因素 A 为 3,因素 B 为 $2\frac{1}{2}$。这样,6 个因素的严重性的顺序是:E、C、A、B、F、D。

需要指出的是,当因素较多时,这样一一对比会很麻烦,容易引起混乱,陷入自相矛盾的境地,为此要求在比较时应十分冷静、细致。至于对更多因素做比较的方法,可参考安全管理中关于科学决策的有关内容。

第四节　预先危险性分析示例

【例 6-1】电镀是现代工业中常用的一种重要工艺技术,这种工艺要使用具有强腐蚀性的酸、碱及剧毒性氰化物(如 NaCN)等化学药品。因此,电镀作业容易发生灼伤、中毒等伤亡事故,危害严重。

电镀生产系统可分成排风、配制槽液、加热、除油、除锈、电镀、供电、槽液管理等 8 个主要子系统,现对它们分别进行预先危险性分析,见表 6-4。

表 6-4　电镀生产系统预先危险性分析表

部件或子系统名称	故障状态(触发事件)	危险描述	发生可能性等级	危险影响	后果严重性等级	安全措施
排风子系统	排风量小于要求的最小排风量或系统停止运转	有害气体浓度(如氰化物蒸气)、酸易超过卫生标准	D 级(较小的)	(1)人员中毒或引起职业病;(2)设备腐蚀加快	I 或 II 级	(1)合理选用风机,合理设计排风系统和排风罩;(2)对运行中的通风设备定期检查、维护,确保足够排风量;(3)佩戴个人防护用品(如防毒口罩或防毒面具)
配制槽液子系统	酸罐出现裂纹或操作不当	酸罐破裂,酸液飞溅	C 级(可能的)	灼伤附近的人或损坏附近设备	II 或 III 级	(1)选用合格的储酸罐;(2)严格执行设备检查制度和操作规程;(3)使用防酸防护用品
加热子系统	加热蒸气管腐蚀穿孔喷气	槽液飞溅	C 级(可能的)	(1)加热蒸气被污染;(2)灼伤附近的人或腐蚀设备	II 级	(1)伸入槽内的蒸气管应选用耐腐蚀合金材料制造;(2)使用中应定期检查,及时更换加热管
除油子系统	工件掉入槽内	碱液飞溅	C 级(可能的)	灼伤附近的人	II 或 III 级	(1)吊钩应有防脱装置,工件应捆绑牢靠,挂钩可靠;(2)吊放工件应缓慢;(3)使用个人防酸碱护品
	槽老化出现裂纹	碱液流出	E 级(几乎不可能的)	灼伤附近的人,污染地面	II 或 III 级	(1)合理设计制作除油槽;(2)使用中定期检查,及时更换除油槽

续表

部件或子系统名称	故障状态（触发事件）	危险描述	发生可能性等级	危险影响	后果严重性等级	安全措施
除锈子系统	工件掉入槽内，碱带入槽	酸液飞溅	C级（可能的）	灼伤附近的人	Ⅱ或Ⅲ级	(1)吊钩应有防脱装置，工件应捆绑牢靠，挂钩可靠；(2)吊放工作应缓慢；(3)使用个人防酸碱护品
电镀子系统	工件掉入槽中，碱带入槽内，正负极接触	槽液飞溅	C级（可能的）	灼伤附近的人或使人中毒	Ⅱ或Ⅲ级	(1)吊钩应有防脱装置，工件应捆绑牢靠，挂钩可靠；(2)吊放工作应缓慢；(3)使用个人防酸碱护品；(4)合理设计、安装通风系统，保证通风量
	槽老化，出现裂纹	槽液流出	E级（几乎不可能）	灼伤附近的人或使人中毒	Ⅱ或Ⅲ级	(1)电镀槽按规范设计施工；(2)使用中定期检查，及时更换电镀槽；(3)使用个人防酸、碱、毒防护用品
供电子系统	停电	排风系统停止运行、车间内有害气体浓度超标	C级（可能的）	人员中毒	Ⅱ或Ⅲ级	(1)增加设备用电源或采用双回路供电；(2)定期检查供电设备；(3)使用防毒口罩或防毒面具
槽液管理子系统	槽液挥发	人吸入有毒的氰化物蒸气	C级（可能的）	人员中毒	Ⅱ级	(1)电镀槽应设置盖子，并加盖；(2)作业时应先开风机，后开盖；(3)使用防毒口罩或防毒面具

　　从表6-4预先危险性分析的结果可知，电镀生产系统存在的主要危险、危害类型有三种：一是作业人员和作业现场附近的人员受到氰化物蒸气或酸雾的毒害（中毒或引起职业病）；二是作业人员和作业现场附近人员受到飞溅和流出的碱液、酸液或槽液的灼伤；三是电镀车间生产设备受到酸、碱、槽液和有害气体的侵蚀而加快腐蚀。由于设备腐蚀、损坏，不仅影响生产的正常进行，还会加大作业人员中毒和灼伤的危险性。

　　运用危险性评价的"打分法"对表6-4所列的8个子系统的危险程度大小分别进行估算，

估算结果见表 6 - 5。

表 6 - 5　电镀生产有关子系统危险性评价

子系统名称	分数值			危险性 $F=LEC$	危险程度
	L	E	C		
排风子系统	1	6	40	240	高度危险
配制槽液子系统	10	3	7	210	高度危险
加热子系统	1	10	15	150	显著危险
供电子系统	3	6	7	126	显著危险
除油子系统	3	6	3	54	可能危险
除锈子系统	3	6	7	126	显著危险
电镀子系统	3	6	15	270	高度危险
槽液管理子系统	3	3	3	27	可能危险

表 6 - 5 中，L、E、C、F 的计算说明(格雷厄姆-金尼评价方法)如下：

格雷厄姆和金尼认为，影响生产作业条件危险性的因素为发生事故的可能性 L、人员暴露于危险环境的情况 E 和事故后果的严重度 C。因此，可以这三个因素为评价项目，并以它们分数的乘积来计算生产作业条件危险分数 F：

$$F=LEC \tag{6-1}$$

式中：L——事故发生可能性分数，见表 6 - 6；

E——人员暴露情况分数，见表 6 - 7；

C——后果严重度分数，见表 6 - 8；

F——危险性评价标准，见表 6 - 9。

表 6 - 6　事故发生可能性分数(L)

分数值	10	6	3	1	0.5	0.2	0.1
事故发生可能性	完全会被预料到	相当可能	不经常，但可能	完全意外，极少可能	可以设想，但高度不可能	极不可能	实际上不可能

表 6 - 7　人员暴露情况分数(E)

分数值	10	6	3	2	1	0.5
暴露于危险环境情况	连续暴露于潜在危险环境	逐日在工作时间内暴露	每周一次或偶然地暴露	每月暴露一次	每年几次出现在潜在危险环境	非常罕见地暴露

表 6 - 8　后果严重度分数(C)

分数值	100	40	15	7	3	1
可能结果	许多人死亡	数十人死亡	一人死亡	严重伤害	致残	需要治疗

表 6 - 9 危险性评价标准(F)

分数值	>320	161~320	71~160	20~70	<20
危险程度	极其危险,不能继续作业	高度危险,需要立即整改	显著危险,需要整改	比较危险,需要注意	稍有危险,或许可被接受

由表 6 - 5 可知,属于高度危险及显著危险的子系统有排风、配制槽液、电镀、加热、供电、除锈等六个子系统,对于设计阶段而言,应特别重视这六个子系统中安全防范措施的设计、施工,认真落实"三同时"。对于运行期间而言,应认真做好日常的安全检查、维护和管理,发现隐患应立即整改。除油及槽液管理子系统属于可能危险,也应引起设计者和使用者的注意,采取适当的安全防范措施。

为了防止电镀生产过程的危险、危害事故的发生,表 6 - 4 中"安全措施"一栏,分别对每种危险、危害提出了相应的安全卫生措施。这样在评价时就可以把电镀生产系统初步设计中提出拟采取的安全卫生措施或是竣工工程中已采取的安全卫生措施与预先危险性分析中提出的安全措施进行比较分析,并结合国家及行业相关的设计标准、规范、规程的要求,做出准确的安全性评价,并能够提出更加切实可行的安全卫生对策、意见和建议。根据需要还可依据预先危险分析和危险性评价的结果,编制出设计用安全检查表或投产后的定期安全检查表,分别提供给工程设计部门使用和企业在生产过程中进行安全检查和安全教育时使用。

【例 6 - 2】家用热水器的危险性辨识和采取的预防措施。图 6 - 4 为家用热水器主要组成部分的简图。煤气供应的子系统用图 6 - 5 表示,它表明煤气供应的子系统各组成部分的相互联系和相互作用,该图也叫功能框图。

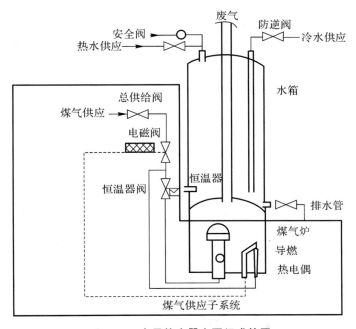

图 6 - 4 家用热水器主要组成简图

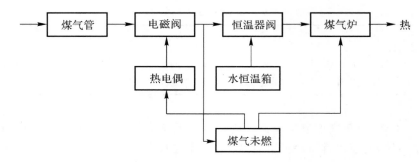

图 6-5　家用热水器煤气供应的子系统

热水器用煤气(或天然气)加热,装有温度和煤气开关连锁,当水温超过规定温度时,连锁动作将煤气阀门关小;如果发生故障,就由泄压安全阀放出热水,防止事故发生。为了防止煤气(或天然气)漏出和炉膛内滞留煤气(或天然气),在热水器内设有燃气安全控制系统,由长明火、热电偶和电磁阀组成。由于长明火存在,即使漏出煤气也不会发生爆炸。若长明火灭了,热电偶起作用,通过电磁阀将煤气关闭,防止事故发生。表 6-10 分析了家用热水器的危险预测。

表 6-10　家用热水器的预先危险性分析

危险因素	触发事件	现　象	形成事故的原因事件	事故情况	结果	危险等级	措　施
水压高	煤气连续燃烧	有气泡产生	安全阀不动作	热水器爆炸	伤亡、损失	3	装爆破板,定期检查安全阀
水温高	煤气连续燃烧	有气泡产生	安全阀不动作	水过热	烫伤	2	装爆破板,定期检查安全阀
煤气	火嘴熄灭,煤气阀开,煤气泄漏	煤气充满	火花	煤气爆炸	伤亡、损失	3	火源和煤气阀装连锁,定期检查通风,气体检测器
毒气	火嘴熄灭,煤气阀开,煤气泄漏	煤气充满	人在室内	煤气中毒	伤亡	2	火源和煤气阀装连锁,定期检查通风,气体检测器
燃烧不完全	排气口关闭	一氧化碳充满	人在室内	一氧化碳中毒	伤亡	2	一氧化碳检测器,警报器,通风
火嘴着火	火嘴附近有可燃物	火嘴附近着火	火嘴引燃	火灾	伤亡、损失	3	火嘴附近应为耐火构造,定期检查
高温排气口	排口关闭	排气口附近着火	火嘴连续燃烧	火灾	伤亡、损失	2	排气口装连锁,温度过高时煤气阀关闭,排气口附近应为耐火构造

【例6-3】推进剂运输任务的预先危险性分析。某单位执行液体推进剂(UDMH)的运输任务。通常采用由铝镁合金LF₃制成的专用公路槽车进行运输。请对其进行预先危险性分析。

对该型号液体推进剂的铁路公路运输进行预先危险性分析,可得表6-11。

表 6-11　推进剂运输预先危险性分析(部分)

序 号	危险有害因素	触发条件	事故后果	危险等级	防范措施
1	人员防护操作失误	(1)人员不熟悉推进剂性质及事故处理方法 (2)人员未按照规程检查	推进剂泄漏	Ⅱ	(1)对人员进行专门教育; (2)每次装车前,对槽车要进行全面检查,看其是否完好,容器是否洁净干燥; (3)装料前对产品必须按规定进行验收
			爆炸、人员伤亡等重大事故	Ⅲ	
2	装载管理失误	(1)管理组未统筹协调 (2)操作人员未按规程检查、实施 (3)监察人员未督导到位	推进剂泄漏	Ⅱ	(1)装载量不得超过车总容积的90%; (2)槽车必须充氮气保护,其压力不低于0.05 MPa; (3)汽车、槽车或泵车应设有地链; (4)偏二甲肼的车上不准同时装载氧化剂
			爆炸、人员伤亡等重大事故	Ⅲ	
3	应急处置不及时	(1)管理组未统筹协调 (2)应急物资超期失效 (3)未储备合适物资	人员伤亡、设备损坏	Ⅲ	(1)运输途中如有泄漏,应立即采取有效措施。如小量泄漏,可用事先准备好的熟石膏和水玻璃加石棉粉调成的糊状物堵死;如大量泄漏,则应立即把车辆调至安全地带进行处理,被污染区域用漂白粉溶液或高锰酸钾剂液冲洗处理,再用大量水冲洗。 (2)运输车上要准备足够的防护用品、消防器材和急救药品

【例6-4】推进剂转注任务的预先危险性分析。某单位执行推进剂转注任务,推进剂可采用泵转注、N₂挤压或靠重力流出,若少量转注也可直接倾倒或虹吸。请对其进行预先危险性分析。

对该型号液体推进剂执行的转注任务进行预先危险性分析,可得表6-12。

表 6 - 12 推进剂转注预先危险性分析(部分)

序号	危险有害因素	触发条件	事故后果	危险等级	防范措施
1	杂质气体进入	(1)转注前未用 N_2 吹扫; (2)连接件连接不紧密	推进剂变质	Ⅱ	(1)转注之前用 N_2 吹净输送管路和接受容器; (2)检查各阀门、接头、软管、仪表、泵及其他设备是否处于良好的使用状态
			推进剂泄漏	Ⅲ	
2	人员防护操作失误	(1)人员未穿戴好对应防护设备; (2)人员未按照防护等级要求穿戴对应的防护器具	轻度:人员健康影响	Ⅱ	(1)工作人员必须穿戴安全防护用品,如工作服、高筒靴、防毒面具、防护手套等; (2)如转注有大量气体挥发,必须穿戴全身封闭式防护衣及隔绝式防毒面具
			重度:人员伤亡	Ⅲ	
3	推进剂喷溅	(1)挤压转注中 N_2 压力未按照操作规程控制; (2)推进剂液面未维持一定压力	推进剂喷溅、容器挤破、推进剂泄漏	Ⅲ	(1)N_2 压力应当缓慢增加; (2)推进剂液面上应维持一定的 N_2 压力
4	应急物资不足	(1)管理组未统筹协调; (2)应急物资超期失效; (3)未储备合适物资	人员伤亡、设备损坏	Ⅲ	(1)随装携带处理事故的石棉绳、水玻璃、熟石膏、石棉粉、接液用的氟四塑料桶及塑料袋; (2)准备好各种中和剂,如用于处理燃烧剂的漂白粉、醋酸,用于处理氧化剂的石灰石、碳酸钠等; (3)配带好急救药箱(内置:2%的硼酸、2.5%的碘酒、维生素B6药片、催吐剂、药棉、纱布等)、消防用具
5	环境危险因素	(1)管理组未统筹协调; (2)操作人员未按照规程; (3)监督人员未履行职责	人员伤亡,设备损坏	Ⅲ	(1)操作停放现场不得携带火柴、打火机,不准穿钉子鞋,不得动用明火,不得有可燃氧化物存在; (2)两种推进剂的操作间隔应大于120 m,避免停放位置过近; (3)在公路上储运行驶时两车间隔应不小于100 m; (4)在室内操作时,要有通风装置,防止可燃混合物积聚;室内和储运设备必须具备防静电、雷电的装置

【例6-5】推进剂储存过程的预先危险性分析。某单位计划将液体推进剂(四氧化二氮)储存在40 m³不锈钢容器和铝合金容器中,置于无墙凉棚内,环境温度为-15~39℃,储存5年以上。储罐示意图如图6-6所示,请对其进行预先危险性分析。

对该型号液体推进剂的储存进行预先危险性分析,可得表6-13。

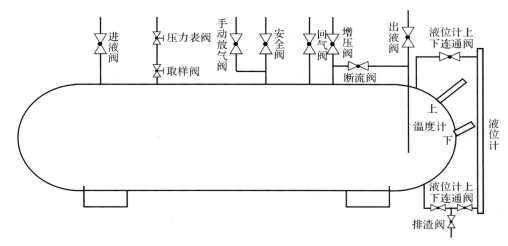

图6-6 储罐示意图

表6-13 某型号液体推进剂储存预先危险性分析(部分)

序 号	危险有害因素	触发条件	事故后果		危险等级	防范措施
1	法兰连接处漏气	(1)连接螺母没有拧紧或四周螺母松动; (2)聚四氟乙烯密封圈(垫)变形、损坏、划痕、裂纹、有异物; (3)法兰的金属密封圈有裂纹、凹陷、损伤等	轻度	漏气漏液	Ⅱ	(1)每次作业后认真盖好口盖; (2)定期更换新的合格的密封垫圈; (3)拧螺栓时对称均匀用力
			重度	库房损坏、人员伤亡	Ⅲ	
2	焊缝处裂纹	(1)焊缝腐蚀; (2)有气孔、夹渣、裂纹	轻度	漏气漏液	Ⅱ	(1)轻微渗漏可用手锤轻敲焊缝处理,或用熟石膏和水玻璃加石棉粉调成的糊状物予以堵塞; (2)泄漏量较大时,迅速将储罐内推进剂转移至其他容器后再处理焊缝
			重度	库房损坏、人员伤亡	Ⅲ	
3	储罐罐体与管道相连的管接头处损伤	(1)连接螺母松动,螺纹接头处划伤、裂纹、缺损; (2)接头本身损坏、变形、腐蚀、缺口	轻度	漏气漏液	Ⅱ	在螺纹处缠绕聚四氟乙烯生料再拧紧,严重时更换接头
			重度	库房损坏、人员伤亡	Ⅲ	

续表

序 号	危险有害因素	触发条件		事故后果	危险等级	防范措施
4	罐体损坏	(1)超期服役导致腐蚀严重； (2)偶然碰撞导致的意外损坏、穿孔	轻度	漏气漏液	II	定期检查,维修
			重度	库房损坏、人员伤亡	III	

思 考 题

1. 简述预先危险性分析法的分析步骤及能达到的目的。
2. 预先危险性分析法是如何划分危险性等级的？
3. 简述预先危险性分析的意义、基本内容与主要优点。
4. 简述预先危险性分析的应用条件与分析时应注意的问题。
5. 预先危险性分析的分析结果涉及哪些内容？
6. 请描述预先危险性分析中事件发生可能性等级与后果严重性等级。
7. 简述矩阵比较法确定危险性等级的特点。

本章课程思政要点

从预先危险性分析,充分理解预则立、不预则废的哲学意义。

预先危险性分析是在每项工程活动(如设计、施工、生产)之前,或技术改造(即制定操作规程和使用新工艺等情况)之后,对系统存在的危险性类型、来源、出现条件、导致事故的后果以及有关措施等,进行概略的分析。预先危险性分析的目的是防止操作人员直接接触对人体有害的原材料、半成品、成品和生产废弃物,防止使用危险性工艺、装置、工具和采用不安全的技术路线。如果必须使用,也应从工艺上或设备上采取安全措施,以保证这些危险因素不致发展成为事故。总之,把安全分析工作做在行动之前,避免由于考虑不周而造成损失。这种思想符合预则立、不预则废的思想。

预则立、不预则废出自《礼记·中庸》,意思是在做任何事情时,事前有准备就可以成功,没有准备就会失败。说话先有准备,就不会理屈词穷站不住脚;行事前计划先有定夺,就不会发生错误或后悔的事。哲学上反映的是原因和结果的关系。

第七章　故障类型及影响分析

故障类型及影响分析(Failure Modes & Effects Analysis,FMEA)是对系统的各组成部分、元素进行的分析。系统的组成部分或元素在运行过程中往往可能发生不同类型的故障,对系统产生不同的影响。这种分析方法首先找出系统中各组成部分及元素可能发生的故障及其类型,查明各种类型故障对邻近部分或元素的影响以及最终对系统的影响,然后提出避免或减少这些影响的措施。

最初的故障类型及影响分析只能做定性分析,后来在分析中包括了故障发生难易程度的评价或发生的概率,更进一步地把它与危险度分析(Critical Analysis)结合起来,构成故障类型和影响、危险度分析(Failure Modes,Effects and Criticality Analysis,FMECA)。这样,如果确定了每个元素故障发生概率,就可以确定设备、系统或装置的故障发生概率,从而定量地描述故障的影响。

第一节　概　　述

一、故障

故障一般是指元件、子系统、系统在规定的运行时间、条件内,达不到设计规定的功能的一种状态。

系统或产品发生故障有多方面原因,以机电产品为例,从其制造、产出到发挥作用,一般都要经历规划、设计、选材、加工制造、装配、检验、包装、储存、运输、安装、调试、使用、维修等多个环节,每一个环节都有可能出现缺陷、失误、偏差与损伤,这就有可能使产品存在隐患,即处于一种可能发生故障的状态,特别是在动态负载、高速、高温、高压、低温、摩擦和辐射等苛刻条件下使用,发生故障的可能性更大。

一般机电产品、设备常见故障类型见表7-1。

对产品、设备、元件的故障类型、产生原因及其影响应及时了解和掌握,才能正确地采取相应措施。若忽略了某些故障类型,这些类型的故障有可能因为没有采取防止措施而发生事故。例如,美国在研制 NASA 卫星系统时,仅考虑了旋转天线汇流环开路故障而忽略了短路故障,结果由于天线汇流环短路故障,发射失败,造成1亿多美元的损失。

掌握产品、设备、元件的故障类型需要积累大量的实际工作经验,特别是通过故障类型和影响分析来积累经验。

表 7 - 1　一般机电产品、设备常见故障类型

序　号	故障类型	序　号	故障类型	序　号	故障类型
1	结构破坏	9	间断运行	17	提前运行或滞后运行
2	机械性卡住	10	运行不稳定	18	输入量过大或过小
3	振动	11	意外运行	19	输出量过大或过小
4	不能保持在指定位置上	12	错误指示	20	无输入或无输出
5	不能开启或不能关闭	13	流动不畅	21	电路短路或电路开路
6	误开或误关	14	假运行	22	漏电
7	内漏或外漏	15	不能开机或关机	23	其他
8	超出允许上限或允许下限	16	不能切换		

二、故障的影响

从安全角度来说，事故、灾害是指"故障引起的人身伤亡和物质财产的损失"。也就是说，故障是事故、灾害的原因。一个系统或产品从正常发展成事故有一个过程，即正常→异常→征兆状态→故障→事故。

征兆状态是指，即使判断为异常，但还未达到故障以至事故与灾害的状态。通过观测、检测、监视这种征兆状态可收集到征兆信息，利用征兆信息，可以诊断、预测故障与事故的发展动态。

讨论故障时不能离开功能、条件、时间和故障概率四个因素。

（一）功能

系统或产品发生故障，可能部分或全部丧失功能。其原因就是下级发生故障或不正常（其症状或现象称为故障类型）。上级和下级的层次概念，除考虑原对象的物理意义、空间关系外，还应主要考虑功能联系及其重要性方面的问题。

故障类型若从可靠性定义来说，一般可从五个方面来考虑：运行过程中的故障、提前动作、在规定的时间不动作、在规定的时间不停止、运行能力降低与超量或受阻。

（二）条件

在研究系统或产品的故障时，首先应了解其具有的功能及内部状态如何，是否有内部缺陷和劣化的因素，是否由于环境条件或所受应力的作用正在劣化或损伤扩展。故障原因分为诱发故障的内因、缺陷等和直接造成故障的外因（外部应力、人员差错、环境条件、使用条件变化）等两种。

（三）时间

当考虑到故障对功能的影响时，必然要提出系统或产品的保证期是多少？故障大概在什么时间发生？在 $t=0$ 时，功能当然正常，但在某个时间以后就可能出现问题。另外，故障发生的难易程度也是随时间变化的。故障类型及影响分析不是按时间序列进行分析的，这是它的不足之处。

(四)故障概率

在故障类型及影响分析中,一般要评定相对发生频率等级。如果有过去的各种数据,那么在故障类型、影响及致命度分析中利用故障率数据,可以对故障后果做出客观的评价。

三、故障类型、原因、机理及效应

(一)故障类型

故障类型是从不同表现形态来描述故障的,是故障现象的一种表征,即由故障机理发生的结果——故障状态。产品不同,故障类型也不同,如机床、汽车、启动设备等机械产品的故障类型表现为磨损、疲劳、折断、冲击、变形、破裂等。

某些机电产品的故障类型举例如下。

(1)泵、涡轮机、发电机的故障类型有误启动、误停机、速度过快、反转、异常的负荷振动、发热、线圈漏电、运转部分破损等。

(2)容器的故障类型有泄漏、不能降温、加热、断热、冷却过分等。

(3)热交换器、配管类的故障类型有堵塞、流路过大、泄漏、变形、振动等。

(4)阀门、流量调节装置的故障类型有不能开启或不能闭合、开关错误、泄漏、堵塞、破损等。

(5)电力设备的故障类型有电阻变化、放电、接地不良、短路、漏电、断开等。

(6)计测装置的故障类型有信号异常、劣化、示值不准、损坏等。

(7)支承结构的故障类型有变形、松动、缺损、脱落等。

(8)齿轮的故障类型有断裂、压坏、熔触、烧结、磨耗(损等)。

(9)滚动抽承的故障类型有滚动体轧碎、磨损、压坏、腐蚀、烧结、裂纹、保持架损坏等。

(10)滑动轴承的故障类型有腐蚀、变形、疲劳、磨损、胶合、破裂等。

(11)电动机的故障类型有磨损、变形、发热、腐蚀、绝缘破坏等。

环境因素影响的故障类型见表7-2。

表 7-2　环境因素影响的故障类型

环境因素	主要影响	典型故障类型
高温	热老化	绝缘失效
	金属氧化	接点接触电阻增大,金属材料表面电阻增大
	结构变化	橡胶、塑料裂纹和膨胀
	设备过热	元件损坏、着火、低熔点焊锡缝开裂、焊点脱开
	黏度下降、蒸发	丧失润滑特性
低温	增大黏度和浓度	丧失润滑特性
	结冰现象	电气机械功能变化,液体凝固、盲管破裂
	脆化	结构强度减弱,电缆损坏,蜡变硬,橡胶变脆
	物理收缩	结构失效,增大活动件的磨损,衬垫、密封垫弹性消失,引起泄漏
	元件性能改变	铝电解电容器损坏,石英晶体往往不振荡,蓄电池容量降低

续表

环境因素	主要影响	典型故障类型
高湿度	吸收湿气和电化反应	物理性能下降,电强度降低,绝缘电阻降低,介电常数增大
	锈蚀	机械强度下降
	电解	影响功能,电气性能下降,增大绝缘体的导电性
干燥	干裂	机械强度下降
	脆化	结构失效
	粒化	电气性能变化
低气压	膨胀	容器破裂
	漏气	电气性能变化、机械强度下降
	空气绝缘强度下降	绝缘击穿,跳弧,出现电弧、电晕放电现象和形成臭氧,电气设备工作不稳定甚至故障
	散热不良	设备温度升高
太阳辐射	老化和物理反应	表面特性下降、膨胀、龟裂、折皱、破裂、橡胶和塑料变质、电气性能变化
	脆化、软化、黏合	绝缘失效、密封失效、材料失色、产生臭氧
沙尘	磨损	增大磨损、机械卡死、轴承损坏
	堵塞	过滤器阻塞、影响功能、电气性能变化
	静电荷增大	产生电噪声
	吸附水分	降低材料的绝缘性能
盐雾	化学反应	增大磨损、机械强度下降、电气性能变化
	锈蚀和腐蚀	绝缘材料腐蚀
	电解	产生电化腐蚀、结构强度减弱
霉菌	霉菌吞噬和繁殖吸附水分	有机材料强度降低、损坏,活动部分受阻塞导致其他形式的腐蚀,如电化腐蚀
	分泌腐蚀液体	光学透镜表面薄膜浑浊、金属腐蚀和氧化
风	力作用	结构失效、影响功能、机械强度下降
	材料沉积	机械影响和堵塞,加速磨损
	热量损失(低速风)	加强低温影响
	热量增大(高速风)	加强高温影响
雨	物理应力	结构失效,头锥、整流罩淋雨侵蚀
	吸收水和浸渍	增大失热量,电气失效,结构强度下降
	锈蚀	破坏防护镀层,结构强度下降、表面特性下降
	腐蚀	加速化学反应
湿度冲击	机械应力	结构失效和强度下降,密封破坏,电气元件封装损坏

续表

环境因素	主要影响	典型故障类型
臭氧	化学反应破裂、裂纹	加速氧化
	脆化	电气或机械性能发生变化
	粒化	机械强度下降影响功能
	空气绝缘强度下降	绝缘性下降,发生跳弧现象
振动	机械应力疲劳、电路中产生噪声	晶体管外引线,固定电路的管脚、导线折断、金属构件断裂、变形、结构失效,连接器、继电器、开关的瞬间断开、电子插件性能下降;陀螺漂移增大,甚至产生故障;加速度表精度降低,输出脉冲数超过预定要求;导致特性和引信装置的电气功能下降;黏层、键合点脱开,电路瞬间短路、断路
冲击	机械应力	结构失效,机件断裂或折断,电子设备瞬间短路
噪声	低频影响与"振动"相同高频影响设备元件的谐振	电子管、波导管、调速管、磁控管、压电元件、薄壁上的继电器、传感器活门、开关、扁平的旋转天线等均受影响,结构可能失效
真空	有机材料分解、蜕变、放大、蒸发、冷焊	放气和蒸发污染光学玻璃;轴承、齿轮、相机快门等活动部件磨损加快;两种金属表面会黏合在一起,产生冷焊现象
加速度	机械应力	结构变形和破坏
	液压增加	漏液
高压爆破环境	机械应力冲击波	结构失效,密封破裂,结构破坏

(二)故障原因

系统、产品的故障原因,主要来自两个方面。

(1)内在因素。从固有可靠性方面看,有以下原因:

1)系统、产品的硬件设计不合理或存在潜在的缺陷,如设计水平低,未采取防震、防湿、减荷、安全装置、冗余等设计对策;

2)系统、产品中零、部件有缺陷;

3)制造质量低,材质选用有错或不佳等;

4)运输、保管、安装不善。

根据经验数据表明,在各类机电产品故障比例中,由固有可靠性引起的故障约占总数的80%。

(2)外在因素。从使用可靠性方面看,引起故障的主要原因是环境条件和使用条件。系统、产品的环境条件与使用条件越苛刻,越容易发生故障。湿度和温度过高或过低、振动、噪声、冲击、灰尘、有害气体等不仅是产品可靠性的有害因素,也是对操作人员有害的因素,这些都是促发故障的原因。

机电产品寿命的统计表明,以室温(20~25℃)为基数,每升高10℃,使用寿命就缩短1/15

～1/2。

只要存在着上述原因,就意味着系统、产品存在潜在的故障,在一定条件下,就会产生一定模式的故障。

(三)故障机理

故障机理是指诱发零件、产品、系统发生故障的物理与化学过程、电学与机械学过程,也可以说是形成故障源的原因,就是要考虑某个故障类型是如何发生的,以及它发生的可能性有多大。因此,在研究故障机理时,需要考虑下面三个原因。

(1)对象:指发生故障的实体(系统或产品本身),以及其内部状态与潜在缺陷。对象的内部状态与结构,对故障的发生有抑制或促进作用。

(2)外部原因:指能引起系统或产品发生故障的外界破坏因素,如外部环境应力、时间因素、人为差错等故障诱因,即人、环境与机的关系。

(3)结果:指在外部原因作用于对象后,对象内部状态发生变化,当此变化量超过某一阈值时,便形成故障。

(四)故障影响

故障影响指的是某一故障发生后,它对系统、子系统、部件有什么影响,影响程度有多大。

(五)故障类型、故障机理与故障原因的关系

故障原因孕育着故障机理,而故障类型反映着故障机理的差别。但是,故障类型相同,其故障机理并不一定相同。例如,机械零件变形这一故障类型,其机理可能有冲击、温度、破坏等多种。同一故障机理,也可能出现不同的故障类型。例如,疲劳的故障机理,就可以出现表面破裂、耗损、折断等故障类型。因此,考察一个部件,故障类型就可能不止一种,如阀门故障至少有内部泄漏、外部泄漏、打不开、关不紧等四种模式。

图7-1为交流接触器的故障过程示意图,从图中可以清楚地看出故障类型、故障机理与故障原因之间的关系。

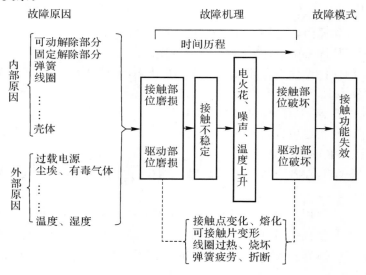

图 7-1 交流接触器故障过程示意图

第二节　故障类型及影响分析程序

故障类型及影响分析的思路是，从设计功能上，按照"系统—子系统—元件"的顺序分解研究故障类型，再按逆过程，即"元件—子系统—系统"的顺序研究故障的影响，选择对策，改进设计。因此，其分析程序步骤如图7-2所示。

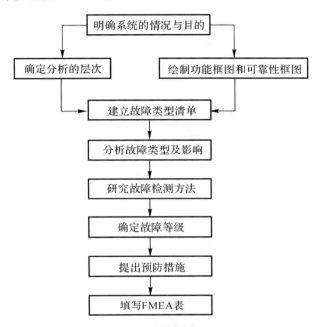

图7-2　故障类型及影响分析程序步骤框图

一、明确系统的情况和目的

在分析程序中首先应对系统的任务、功能、结构和运行条件等诸方面有一个全面的了解，如系统由哪些子系统、组件和元件组成，它们各自的特性、功能，以及它们之间的连接、输入输出的关系；系统运行方式和运行的额定参数、最低性能要求、操作和维修方式与步骤、系统与其他系统的相互关系、人机关系，以及其他环境条件的要求等。要掌握这些情况，就应该了解系统的设计任务书、技术设计说明书、图纸、使用说明书、标准、规范、事故情报等资料。

二、确定分析的层次

分析开始时就要根据系统的情况，决定分析到什么层次，这是一个重要的问题。分析的层次和故障类型及影响分析的关系如图7-3所示。

由图7-3可见，不同的分析层次和故障类型及影响分析应有不同的格式，在各分析层次中，由于故障所在层次不同，所以故障类型对上一层影响和对下一层的故障原因追究深度也不相同。

如果分析的层次太浅，就会漏掉重要的故障类型从而得不到有用的资料；反之，若分析得过深，一切都分析到元件，则会造成结果繁杂，费时太多，同时对制定措施也带来了困难。一般来说,对关键的子系统可以分析得深一些,次要的可以分析得浅一些,有的可以不分析。

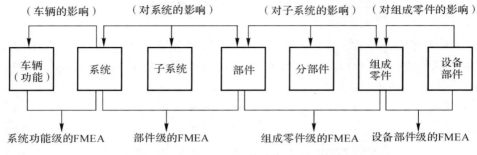

图 7-3　分析的层次和故障类型及影响分析

三、绘制功能框图和可靠性框图

根据对系统的分解和分析画出功能框图。

可靠性框图是从可靠性的角度建立的模型,它把实际系统的物理、空间要素与现象表示为功能与功能之间的联系,尤其明确了它们之间的逻辑关系。图 7-4 为高压空气压缩机的可靠性框图。

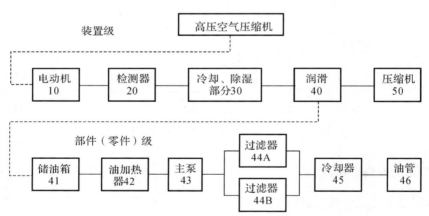

图 7-4　高压空气压缩机的可靠性框图

四、建立故障类型清单、分析故障类型及影响

这一步是实施故障类型及影响分析的核心,通过对可靠性框图所列全部项目的输出分析,根据理论知识、实践经验和有关故障资料,判明系统中所有实际可能出现的故障类型(导致规定输出功能的异常和偏差)。分析过程的基本出发点,不是从故障已发生开始考虑,而是分析现有设计方案,会有哪种故障发生,即对每一种可能的输出功能偏差,预测可能发生什么故障,对部件、子系统、系统有什么影响及其程度,列出认为可能发生的全部故障类型。

选定、判明故障类型是一项技术性很强的工作,必须细致、准确。下面介绍 5W1H 启发性分析方法要领。

5W1H 方法,就是指 Why(为什么)、What(什么)、Who(谁)、When(何时)、Where(何处)、How(怎样、如何)的总称,以提问方式来完成对故障事故的思考。

（1）Why（为什么）：为什么要有这个元件？为什么这个元件会发生故障？为什么不加防护装置？为什么不用机械代替人力？为什么不用特殊标志？为什么输出会出现偏差？

（2）What（什么）：功能是什么？工作条件是什么？与什么有关系？规范、标准是什么？在什么条件下发生故障？将会发生什么样的故障？采用什么样的检查方法？制定什么样的预防措施？

（3）Who（谁）：谁操作？故障一旦发生谁是受害者？谁是加害者？影响到哪些功能？谁来实施安全措施？

（4）When（何时）：何时发生故障？何时检测安全装置？何时完成预防措施计划？

（5）Where（何地）：在什么部位发生故障？防护装置装在什么地方最好？何处有同样的装置？监测、报警装置装在什么地方最好？何地需要安全标志？

（6）How（如何）：发生故障的后果如何？影响程度如何？如何避免故障发生？安全措施控制能力如何？如何改进设计？

在故障分析时，应根据对象的不同采取不同的分析方法。但必须注意，切勿只见现象，不见真正的原因；要从全局出发，综合各种信息，采取失效物理的微观分析，一般可按下面的程序进行。

（1）掌握全局性分析的综合调查。如果陷入过于细微的故障现象之中，往往会把原因和结果搞错，因此首先要作全局性的调查。

（2）从非破坏性的外部分析到解剖、破坏性的内部分析。

（3）建立故障原因的假设，并进而求证。

五、研究故障检测方法

故障检测是发现故障的重要途径，设定故障发生后，说明故障所表现的异常状态及如何检测，必须研究故障检测方法。例如，通过声音的变化、仪表指示量的变化进行故障检测。对保护装置和警报装置，要研究能被检测出的程度如何并做出评价。

六、确定故障等级

由于各种故障类型所引起的子系统、系统事故有很大的差别，因而在处理措施上就要分清轻重缓急，区别对待。故障等级是衡量对系统任务、人员安全造成影响的尺度。确定故障等级的方法有以下几种。

（1）简单划分法。将故障类型对子系统或系统影响的严重程度分为四个等级，可根据实际情况进行分级，具体见表 7-3。

表 7-3　故障类型分级表

故障等级	影响程度	可能造成的危害或损失
Ⅰ级	致命性	可能造成死亡或系统损失
Ⅱ级	严重性	可能造成严重伤害、严重职业病或主系统损坏
Ⅲ级	临界性	可造成轻伤、轻职业病或次要系统损坏
Ⅳ级	可忽略性	不会造成伤害和职业病，系统也不会受损

（2）评点法。在难于取得可靠性数据的情况下可采用此法，它比简单划分法更精确。该方法从几个方面来考虑故障对系统的影响程度，用一定点数表示程度的大小，通过计算求出故障

等级。

评点数由下式求得：

$$c_s = \sqrt[i]{c_1 c_2 \cdots c_i} \qquad (7-1)$$

式中：c_s——总点数，$0 < c_s < 10$；

c_i——因素系数，$0 < c_i < 10$。

评点因素和因素系数见表 7-4。其评点因素的内容比较模糊，而且因素系数取值范围较大，不易评得准确。

表 7-4 评点因素和因素系数

评点因素	因素系数 c_i
(1)故障影响大小； (2)对系统造成影响的范围； (3)系统故障发生的频率； (4)防止故障的难易程度； (5)是否新设计	$0 < c_i < 10$， $1 < i < 5$

另一种求点数的方法列于表 7-5，可根据评点因素求出点数，然后求和，得出总点数 c_s。

表 7-5 评点参考表

评点因素	内　容	点　数
故障影响大小	造成生命损失	5.0
	造成相当程度的损失	3.0
	元件功能有损失	1.0
	无功能损失	0.5
对系统影响程度	对系统造成 2 处以上的重大影响	2.0
	对系统造成 1 处以上的重大影响	1.2
	对系统无过大影响	0.5
发生频率	容易发生	1.5
	能够发生	1.0
	不太发生	0.7
防止故障的难易程度	不能防止	1.3
	能够防止	1.0
	易于防止	0.7
是否新设计	内容相当新的设计	1.2
	内容和过去相类似的设计	1.0
	内容和过去同样的设计	0.8

以上两种评点方法求出的总点数 c_s，均可按表 7-6 评出故障等级。

表 7-6　评点数与故障等级

故障等级	评点数	内　容	应采取的措施
Ⅰ（致命）	8～10	完不成任务，人员伤亡	变更设计
Ⅱ（重大）	5～7	大部分任务完不成	重新讨论设计，也可变更设计
Ⅲ（轻微）	2～4	一部分任务完不成	不必变更设计
Ⅳ（可忽略）	<2	无影响	无

七、故障类型及影响分析表格

表格可以根据分析的目的、要求设立必要的栏目，简洁明了地显示全部分析内容。常用的分析表格见表 7-7。

表 7-7　故障类型及影响分析表格

项　目	构成因素	故障类型	故障影响	危险严重	故障发生概率	检查方法	校正措施

第三节　故障类型及影响、危险度分析

危险度分析的目的在于评价系统每种故障类型的危险度，据此按轻重缓急确定对策措施。一般采用概率严重度来评价故障类型的危险度。

一、故障概率

故障概率，是指在一特定时间内，故障类型所出现的次数。时间可规定为一定的期限，如一年、一个月等，或根据大修间隔期、完成一项任务的周期或其他被认为适应的期间来决定。可以使用定性和定量方法确定单个故障类型的概率。

（一）定性分类法

（1）Ⅰ级：故障概率很低，元件操作期间出现的机会可以忽略。

（2）Ⅱ级：故障概率低，元件操作期间不易出现。

（3）Ⅲ级：故障概率中等，元件操作期间出现的机会为 50%。

（4）Ⅳ级：故障概率高，元件操作期间易于出现。

（二）定量分类法

（1）Ⅰ级：在元件工作期间，任何单个故障类型出现的概率，小于全部故障概率的 0.01。

（2）Ⅱ级：在元件工作期间，任何单个故障类型出现的概率，大于全部故障概率的 0.01 而小于 0.10。

（3）Ⅲ级：在元件工作期间，任何单个故障类型出现的概率，大于全部故障概率的 0.10 而小于 0.20。

（4）Ⅳ级：在元件工作期间，任何单个故障类型出现的概率，大于全部故障概率的 0.20。

二、严重度

严重度指的是故障类型对系统功能的影响程度。它可以分为四个等级,见表 7-8。

表 7-8 严重度等级划分

严重度等级	内 容	严重度等级	内 容
Ⅰ (低的)	(1)对系统的任务无影响; (2)对子系统造成的影响可忽略不计; (3)通过调整故障易于消除	Ⅲ (关键的)	(1)系统的功能有所下降; (2)子系统的功能严重下降; (3)出现的故障不能立即通过检修予以修复
Ⅱ (主要的)	(1)对系统的任务虽有影响但可忽略; (2)导致子系统的功能下降; (3)出现的故障能够立即修复	Ⅳ (灾难性的)	(1)系统的功能严重下降; (2)子系统的功能全部丧失; (3)出现的故障须经彻底修理才能消除

三、风险矩阵法

故障的发生可能性和故障发生后引起的后果,经综合考虑后,能得出一个比较准确的衡量标准,这个标准称为风险率(或称危险度),它代表故障概率和严重度的综合评价。有了严重度和故障概率的数据后,就可运用风险矩阵的评价法,因为用这两个特性就可表示出故障类型的实际影响。以故障类型发生概率为纵坐标,严重度为横坐标,综合这两个特性,画出风险率矩阵,如图 7-5 所示。

沿矩阵原点到右上角画一对角线,并将所有故障类型按其严重度和发生概率填入矩阵图中,就可看出系统风险的密集情况。处于右上角方块中的故障类型风险率最高,依次左移逐渐降低。但值得提醒注意的是,有的故障类型虽然有高的发生概率,但造成危害的严重度甚低,因而风险率也低;另一种情况,即发生的概率很低,但危害的严重度很大,因此风险率也不会高。

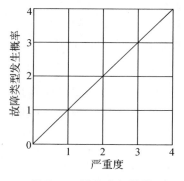

图 7-5 风险率矩阵图

第四节　致命度分析

一、致命度的含义

致命度分析(Criticality Analysis, CA)是在故障类型及影响分析的基础上扩展出来的。在系统进行初步分析(如故障类型及影响分析)之后,对其中特别严重的故障类型(如Ⅳ级,有时也对Ⅲ级)单独再进行详细分析。致命度分析就是对系统中各个不同的严重故障类型计算临界值——致命度指数,即给出某故障类型产生致命度影响的概率,它是一种定量分析方法。与故障类型及影响分析结合使用时,称为故障类型、影响及致命度分析(FMECA)。

二、致命度分析的目的

(1)尽量消除致命度高的故障类型;

(2)当无法消除故障类型时,应尽量从设计、制造、使用和维修等方面去降低其致命度和减少其发生的概率;

(3)根据故障类型不同的致命度,对其零部件或产品提出相应的不同质量要求,以提高其可靠性和安全性;

(4)根据不同情况可采取对产品或部件的有关部位增设保护装置、监测预报系统等措施。

三、致命度指数的计算

致命度指数按下式进行计算:

$$c_r = \sum_{i=1}^{n} (\alpha \beta K_A K_E \lambda_G t 10^6) \qquad (7-2)$$

式中:c_r——致命度指数,表示相应系统元件每100万次(或100万件产品中)运行造成系统故障的次数(或件数);

i——致命性故障类型的第 i 个序号;

n——元件的致命性故障类型总数;

α——致命性故障类型与故障类型比,即 λ_G 中致命性故障类型所占的比例;

K_A——元件 λ_G 的测定值与实际运行条件强度修正系数;

K_E——元件 λ_G 的测定值与实际运行条件环境修正系数;

λ_G——元件单位时间或周期的故障率;

t——完成一项任务,元件运行的小时数或周期(次)数;

10^6——单位调整系数,将 c_r 值由每工作一次的损失换算为每工作 10^6 次的损失换算系数,经此换算后 $c_r > 1$;

β——致命性故障类型发生并产生实际影响的条件概率,其值见表 7-9。

表 7-9　致命性故障类型发生并产生实际影响的条件概率(β)

故障影响	实际丧失规定功能	很可能丧失规定功能	可能丧失规定功能	没有影响
条件概率(β)	1.00	$0.1 \leqslant \beta < 1.00$	$0 < \beta < 0.1$	0

四、致命度分析表格形式

致命度分析所用的表格形式见表 7－10。

表 7－10　致命度分析表

系统名称_____　　　　　　　　　　日　期_____
子系统_____　　　　　　　　　　　　制表_____
主管_____

1	致命故障			致命度计算									
	2	3	4	5	6	7	8	9	10	11	12	13	14
项目编号	故障类型	运行阶段	故障影响	项目数	K_A	K_E	λ_G	故障率数据来源	运转时间或周期	可靠性数据	α	β	c_r

致命度分析(或故障类型、影响及致命度分析)的正确性取决于两个因素:首先与分析者的水平有直接关系,要求分析者有一定实践经验和理论知识;其次则取决于可利用的信息,信息多少决定了分析的深度,当没有故障率数据时,只能利用故障类型发生的概率,用风险矩阵的方法分析,无法填写详细的致命度分析表;若所用的数据不可靠,则分析的结果必然有差错。

第五节　故障类型及影响分析举例

【例 7－1】舰船用的高压空气压缩机。

(1)功能说明。该高压空气压缩机的功能是提供操作用的全部高压空气。在分析中不考虑外电源和压缩机储罐的故障以及操作人员的误操作。

(2)功能分解。压缩机系统由一台电动机驱动,采用闭路循环水冷却。该系统由五个子系统组成:

1)电动机:向压缩机、润滑、冷却各子系统输送扭矩;

2)监测器系统:包括各种压力表、安全阀、压力开关、温度监测和报警器等,监测压力、温度,可起到安全保护的作用;

3)冷却与除湿系统:冷却水流经内冷却器、后部冷却器、润滑油冷却器、气缸夹套及端部冷却器来完成冷却作用,除湿部分的功能是将进入压缩机的空气的水分除掉;

4)润滑系统:保证压缩机各运动接触之间的润滑和气缸的良好润滑;

5)压缩机:装有自身润滑装置、冷却液自动排放系统和电动计时器等。

图 7－6 为船用高压空气压缩机系统的功能框图,表示出五个子系统和功能输出之间的关系。

(3)可靠性框图。可靠性框图如图 7－4 所示。从图中可以看出,由电动机到压缩机各组件相互之间是串联关系;在部件(零件)级,除过滤器(44A)到过滤器(44B)是并联外,其余均是串联的关系。

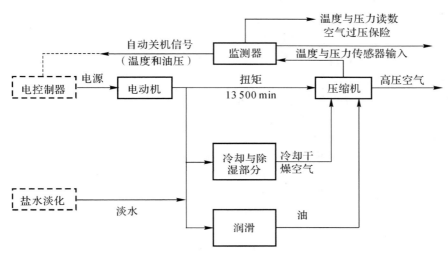

图 7 - 6　船用高压空气压缩机功能框图

(4)故障类型及影响分析。故障类型及影响分析表见表 7 - 11。

表 7 - 11　故障类型及影响分析表

系统名称 高压空气压缩机　　　　　　　　　部门＿＿＿＿＿＿＿

图号＿＿＿＿＿＿＿　　　　　　　　　　　制表人＿＿＿＿＿＿＿

完成日期＿＿＿＿＿＿＿　　　　　　　　　审表人＿＿＿＿＿＿＿

项　目	功　能	故障模式	发生时机	原　因	征兆检测的可能性	故障影响			现有安全装置	严重度	措　施	备　注
						子系统	系统	人员				
高压空气压缩机	输出压缩空气	空气压力低	运行中	压缩机各段阀门、气缸故障	空气压力读出		供气压力低		无	Ⅲ		
		空气压力高	运行中	压缩机各段阀门故障	空气压力读出	空气压力泄压阀部堵塞	如泄压阀能运行则影响可忽略		空气压力泄压阀部分损坏	Ⅲ		
		空气温度高	运行中	冷却部分有故障	空气温度读出	自动停车装置动作	如停车无空气输出		温度指示器指示高温自动停车	Ⅲ		
		空气量降低	运行中	电动机故障（转速下降）	无	电动机电流高	供气量降低		电动机超负荷,继电器部分损坏	Ⅲ		

续表

项 目	功 能	故障模式	发生时机	原 因	征兆检测的可能性	故障影响 子系统	故障影响 系统	故障影响 人员	现有安全装置	严重度	措 施	备 注
高压空气压缩机	输出压缩空气	无空气输出	运行中	电动机故障	读出	电动机不转	用户无空气		无	III		
				电动机故障、仪表和监测装置故障	读出	压缩机功能信号失效	错误停车		无			
				冷却和除湿部分故障	读出	自动停车	用户无空气		自动停车部分损坏			
				润滑系统故障	读出	自动停车	用户无空气		自动停车部分损坏			
电动机	压缩驱动	不转	运行中	2个线圈开路	电流增大	电机温度升高	无空气输出		无	IV		设过电流保护，将使电动机过热之前跳闸
		转速低	运行中	1个线圈开路	电流增大	电机温度升高	空气输出量减少		无	II		
	冷却装置和润滑传动	转动不良	运行中	顶部轴承间歇跳动、电气连接或接触不良	由于转速变动造成振动噪声大	电机温度升高	油封损坏、冷却及润滑效率降低		无	III		会造成损坏，扩大振动，传感器和停车装置能在重大破坏前使压缩机停车
仪表和监测装置	压力与温度读出	输出正常但读出不正常	运行中	仪表或传感器故障	操作正常		造成错误停车		自动停车和报警将限制损失	III		

续表

项　目	功　能	故障模式	发生时机	原　因	征兆检测的可能性	故障影响			现有安全装置	严重度	措　施	备　注
						子系统	系统	人员				
仪表和监测装置	自动停车	读出数正常但实际输入不正常	运行中	仪表故障	征兆不明显		输出损失造成压缩机损失		无	Ⅲ		
		由于失效而动作	运行中	仪表故障	压缩机停车	仪表动作	造成错误停车		无	Ⅰ		
		无动作（但输出不正常）	运行中	仪表故障	仪表指针不正常（超过红线）		压缩机损坏，无空气输出		仪表能给操作者信号	Ⅳ		

【例7-2】对起重机的两种主要故障（钢丝绳过卷和切断）进行的故障类型与影响、危险度分析，见表7-12。

表7-12　起重机的故障类型与影响、危险度分析（部分）

项　目	构成因素	故障类型	故障影响	严重等级	故障发生概率	检查方法	校正措施和注意事项
防止过卷装置	电气零件	动作不可靠	误动作	Ⅲ	10^{-2}	通电检查	立即修理
	机械部分	变形生锈	破损	Ⅰ	10^{-4}	观察	警戒
	安装螺栓	松动	误报、失报	Ⅱ	10^{-3}	观察	立即修理
钢丝绳	钢丝绳	变形、扭结	切断	Ⅱ	10^{-4}	观察	立即更换
	单根钢丝	15%切断	切断	Ⅲ	10^{-1}	观察	立即更换

注：①严重度等级见表7-8。②校正措施：立即停止作业；看准机会修理；注意。③故障发生概率：非常容易发生的1×10^{-1}；容易发生的1×10^{-2}；偶尔发生的1×10^{-3}；不太发生的1×10^{-4}；几乎不发生的1×10^{-5}；很难发生的1×10^{-6}。

【例7-3】电机运行系统故障类型与影响分析。某电机运行系统如图7-7所示，该系统是一种短时运行系统，如果运行时间过长，就可能引起电线过热或者电机过热、短路。对系统中主要元素进行故障类型与影响分析，结果列于表7-13。

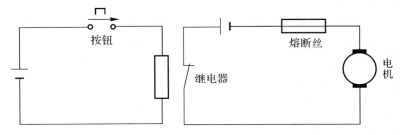

图7-7　某电机运行系统

表7-13　某电机运行系统故障类型与影响分析

元　　素	故障类型	可能的原因	对系统影响
按钮	卡住	机械故障	电机不转
	接点断不开	(1)机械故障; (2)人员没放开按钮	(1)电机运转时间过长; (2)短路会烧毁熔断丝
继电器	接点不闭合	机械故障	电机不转
	接点不断开	(1)机械故障; (2)经过接点电流过大	(1)电机运转时间过长; (2)短路会烧毁熔断丝
熔断丝	不熔断	(1)质量问题; (2)熔断丝过粗	短路时不能断开电路
电机	不转	(1)质量问题; (2)按钮卡住; (3)继电器接点不闭合	丧失系统功能
	短路	(1)质量问题; (2)运转时间过长	(1)电路电流过大烧毁熔断丝; (2)使继电器接点相连

【例7-4】　液体推进剂储存系统的故障类型及影响分析。

(1)背景分析。作为液体推进剂的肼类、硝基氧化物等既具有综合性能较高、储存稳定性较好的特性,又具有易燃易爆、腐蚀性较强、毒性较大、生产成本较高等特性。在长期储存中出于违章操作、设备故障、偶然因素或处置不当等原因,皆可引起储罐泄漏、推进剂损耗、成分变质、加速设备腐蚀、伤害人身、着火爆炸等事故。

在推进剂储存及取样、加转注过程中,各系统是紧密相连的整体,任何反应系统的变化会很快影响到其他系统。可借助故障类型(设施失常)及影响分析法分析子系统及其部件可能发生的各种失常风险,并计算其致命度点数,判定其故障等级,同时有针对性地采取风险削减与控制措施。

为确保液体推进剂在长期储存中质量的绝对安全,必须做好推进剂的防泄漏工作和加强推进剂储罐故障类型及影响分析。推进剂储罐主要由封头、筒体、支座、接管几个部分组成,即概括为储存系统、支撑保障系统和加转注系统三个子系统。其中,储存系统是全装置的核心,加转注系统操作危险性最高、事故发生率最高。

针对储罐储存系统、支撑保障系统和加转注系统可能发生的故障类型(即各类失常状态),可从对人的影响大小(F_1)、对系统造成的影响(F_2)、发生频率(F_3)、防止的难易程度(F_4)四个方面评价取值,计算致命度点数(CE),确定风险等级。

(2)分系统案例分析。

【案例1】:1960年苏联SS-7洲际导弹大爆炸,造成100多人死亡,第一任战略火箭军司令涅德林元帅丧生,事故的直接原因就是在没有彻底消除推进剂泄漏的情况下继续进行后续原计划工作。由分析可知,其发生频率较低,易于防范检测,但储罐一旦泄漏对人和系统的影响和威胁是巨大的,必须要避免大量泄漏。请以此案例为教训,对液体推进剂储存系统进行故障类型及影响分析。

基于上述背景分析中对推进剂储存系统的结构描述,对储存分系统进行故障类型及影响分析,结果见表7-14。

表7-14　储存系统故障类型及影响分析

子系统	导致结果	触发原因	故障类型	影响及分析					故障等级
				F_1	F_2	F_3	F_4	CE	
储罐	破损泄漏	化学腐蚀、物理冲击腐蚀	壁面腐蚀	5	3	1	2	2	Ⅵ
测压装置	压扁或破裂	压力过小或压力太大	压力不平衡	1	5	1	1	2	Ⅴ

由表7-14可得到如下结论:

1)储罐是储存系统的关键,也是薄弱环节,应重点监测其安全状态,一旦储罐发生破损造成泄漏,将对人员和导弹武器造成致命破坏。肼类燃料可用铝合金和不锈钢材料储存,但因为金属对肼有催化作用,所以不锈钢的牌号选择要慎重。因此,应根据改进措施来预防、消除或降低其故障后果。

2)储罐壁面腐蚀包括化学腐蚀、物理冲击腐蚀,可能造成壁厚减薄,导致推进剂泄漏并发生火灾爆炸事故。因此,应及时采取措施,消除其潜在故障的发生,从而确保反应再生系统的正常运转。长期储存时使用两端为椭圆形的特制储罐,容器中推进剂的量不能少于容器容积的50%,也不能多于容器容积的90%,对肼类燃料还要充高纯氮气加以保护。储存中的推进剂要严格执行季度化验制度。

3)储罐内的压力也是值得注意的问题,压力必须确保在适当范围,压力过小会导致储罐被外界大气压压扁从而造成事故,压力太大容易发生破裂。因此,应采取措施定期及时检测储罐内部压力。罐体漏气、漏液的原因如下:罐体因被腐蚀或偶然碰撞等意外产生穿孔、泄漏的情况较为少见,只要按维护保养规定进行定期检查、维修,严格管理,一般是可以避免的。

【案例2】：某发射场因为供气管路发现多余物，造成多余物进入火箭储箱，导致发射任务推迟，造成重大经济损失。各种零配件需要加强管理，使用操作时应小心存放，避免遗失在系统内部从而造成威胁。请以此案例为教训，对液体推进剂储存中的支撑保障系统进行故障类型及影响分析。

支撑保障系统故障类型、影响及危险性分析见表7-15。

表7-15 支撑保障系统故障类型及影响分析

子系统	导致结果	触发原因	故障类型	影响及分析					故障等级
				F_1	F_2	F_3	F_4	CE	
封头、筒体、支座	泄漏和倾倒威胁	支撑配件的老化与腐蚀	老化腐蚀	5	4	1	1	1	Ⅲ
检测系统	储存温度、湿度、压力等参数不准，发生泄漏事故	设备未能及时检修校正	失灵	4	4	1	2	3	Ⅲ
储罐配件	漏气漏液	连接螺母松动；螺纹接头处划伤、裂纹、缺损	机械损伤	3	2	4	4	3	Ⅰ

由表7-15可得到如下结论：

1）封头、筒体、支座的材料和质量对储罐的性能和寿命有很大影响。这些支撑配件的老化腐蚀将对内部存储的推进剂造成泄漏和倾倒威胁。因此，在选择配件和筒体时，应结合使用时间、推进剂种类、存储温度压力、相容性等问题综合考虑。对肼类燃料还要充高纯氮气加以保护。储存中的推进剂要严格执行季度化验制度。

2）检测系统作为检测储罐各项参数，保证储存温度、湿度、压力等参数合适的重要检测系统，对及时发现故障和避免事故扩大化有重要意义。其中风险识别、风险评估与风险控制是储罐完整性管理的关键技术，即运用风险分析技术对系统中的储罐进行风险识别、风险评估，按风险大小排序，对高风险的储罐需要采取特别的控制措施。

3）储罐配件也是常发生故障的地方。储罐上用于充气、取样、测压、排渣等口径较小的管道管接头处漏气漏液的原因如下：连接螺母松动；螺纹接头处划伤、裂纹、缺损。可在螺纹处缠绕聚四氟乙烯生料带再拧紧，故障严重则应更换接头；接头本身损坏、变形、腐蚀、缺口等，应更换接头。

【案例3】某发射场在加注完氧化剂后，拔下加泄连接器时发生推进剂喷漏，造成23人入院治疗、1人病危的事故。该事故属于加转注配件连接不牢所引发的事故，其发生频率较高，较易发生事故，并且一旦发生将对人和系统造成较大危害，需要特别注意防范。请以此案例为教训，对液体推进剂加转注系统进行故障类型及影响分析。

加转注系统故障类型、影响及危险性分析见表7-16。

表 7 - 16　加转注系统故障类型及影响分析

子系统	导致结果	触发原因	故障类型	影响及分析					故障等级
				F_1	F_2	F_3	F_4	CE	
加转注配件	破损出现裂缝	人孔盖及罐上与各阀门、液位计、接管等连接部位的法兰连接处;焊缝;储罐罐体与管道相连的管接头处;罐体	腐蚀	3	2	5	4	2	I
法兰连接处	漏气、漏液	连接螺母没有拧紧或四周螺母没有均匀拧紧;聚四氟乙烯密封圈变形、损坏、划痕、裂纹、有异味;法兰的金属密封面有裂纹、凹陷、损伤等缺陷	断裂泄漏	3	2	3	4	2	I

由表 7 - 16 可得到如下结论:

1)大型推进剂储罐一般采用铝和铝镁合金及耐酸不锈钢材料制成。在推进剂的储存过程中,漏气、漏液是推进剂储罐,特别是强腐蚀性硝基氧化剂储罐的"多发病"。常见的泄漏部位有 4 处:人孔盖及罐上与各阀门、液位计、接管等连接部位的法兰连接处;焊缝;储罐罐体与管道相连的管接头处;罐体。

2)造成法兰连接处漏气、漏液的原因:连接螺母没有拧紧或四周螺母没有均匀拧紧;聚四氟乙烯密封圈变形、损坏、划痕、裂纹、有异味;法兰的金属密封面有裂纹、凹陷、损伤等缺陷。在实际工作中,为了保证储罐法兰连接处的密封性能,每次工作完毕后必须认真盖好口盖。

3)由于聚四氟乙烯弹性较差,经过安装拧紧后可能产生变形,所以一般要求更换新的、合格的密封垫圈,并将密封面认真清理干净。在拧螺栓时应对称均匀用力,特别是当孔径较大、螺栓螺母数量较多时要特别小心。焊接处漏气、漏液的原因可能是焊缝被腐蚀以及有气孔、夹渣、裂纹等缺陷。

（3）措施建议。针对上述造成推进剂储罐泄漏的因素,在制定防漏措施时可采用"从预防入手,以防为主,防治结合"的防治原则,根据推进剂泄漏的场合、数量、部位及种类等因素采取不同的技术措施,尽快堵住泄漏源,避免或减少人员伤亡、装备损坏和污染环境。

1)确保材料相容。对于与液体推进剂相容性好的金属材料,其抗推进剂腐蚀的性能好,腐蚀速率约小于 0.025 4 mm/a;非金属材料的抗侵蚀性能:体积变化 0%～25%,硬度变化在 ±3% 以内。与此相反,相容性不好的金属材料的腐蚀速率为 1.27 mm/a,非金属材料的体积变化为 -10%～25%,硬度变化小于 -10% 或大于 10%。显然,若用与液体推进剂相容性差的金属或非金属材料来制作储存容器备件,将很快被腐蚀、变软、溶解,造成漏气、漏液。

2)正确操作。在推进剂工作中,一定要克服思想麻痹、怕麻烦、图省事、侥幸的心态,一丝不苟,规范操作,严格遵守有关安全操作规定、规范,防止误操作。

3)系统密封,充气保护。保持推进剂储罐及管道系统密闭和充氮气保护,不仅是保持推进剂质量的重要措施,也是防泄漏的重要保证。为保证储罐在储存推进剂期间泄漏量不超过允许值,必须在打开人孔盖,检修储罐,更换储罐上阀门、管接头、附件以及温度、压力、液位计指示仪表后,及时用纯度在 98% 以上的氮气对储罐进行气密性试压验收。试验压力为:储罐 0.20~0.25 MPa,氧化剂管道系统 1.6 MPa,燃烧剂管道系统 0.8 MPa。24 h 内平均每小时压力下降不超过 0.15%~0.25%。在推进剂储存过程中,其储罐和管路充氮气保护的压力为 0.02~0.05 MPa。

4)加强维修,及时堵漏。对于长时间储存推进剂的设备,尤其是经常转动的阀门和易老化变形的密封件,都需要定期维护、修理、更换,防止可能发生的泄漏。对于因腐蚀作用、密封件破损、法兰与阀门失灵等已经造成了的泄漏,必须迅速加以处理,及时堵漏。

思 考 题

1.请简述故障与事故的联系与区别。

2.简述故障类型和影响分析的分析步骤。

3.说明故障类型及影响分析的使用条件。

4.如何理解故障概率?

5.请举例说明故障类型、故障机理与事故原因之间的关系。

6.阐述故障模型及影响分析的严重度等级划分。

7.致命度分析的目的是什么?

本章课程思政要点

小故障可能引起大事故,树立并弘扬严谨细致的科学精神。故障类型及影响分析是从系统的故障入手,查明各种类型故障对临近部分或元素的影响以及最终对系统的影响,对于提前预想预防、加强系统的安全性设计、使用与维护具有重要作用。美国"挑战者"号航天飞机失事事件,是由于固体火箭助推器的 O 形环密封圈失效,毗邻的外部燃料舱在泄露出的火焰的高温灼烧下结构失效,导致高速飞行的航天飞机在空气阻力的作用下解体,造成 7 名宇航员全部罹难。该事件表明系统潜在的故障和缺陷可能造成严重的后果,以事故警示学生树立严谨的科学态度,保持认真细致的工作精神。

第八章　事故树分析

事故是安全管理的重要依据。一方面,事故造成了人员伤害和财产损失,人类为此付出了血的代价;另一方面,事故这种偶然事件中都蕴涵必然的规律性。为了不使事故重演,为了发现和认识事故中的必然规律,人类必须百倍珍惜事故过程中反映出的各种信息,通过分析其隐患、征兆、表象、关联等认识事故。

本章介绍的事故树分析(Fault Tree Analysis,FTA)是系统安全工程中的一种重要方法,它是通过对事故的演绎、推理,找到防止事故的措施和方法。事故树分析也叫故障树分析或事故逻辑分析,是一种演绎分析方法。

第一节　事故树分析基础

一、概述

(一)事故树分析简介

事故树分析是系统安全分析方法中得到广泛应用的一种方法。该方法起源于美国贝尔电话研究所。1961 年,华特逊在研究民兵式导弹发射控制系统的安全性评价时首先提出了这种方法。接着,该所的 A.B. 门斯等人改进了这种方法,对预测导弹发射偶然事故做出了贡献。后来,波音公司对 FTA 进行了重要改革,使之能够利用计算机模拟。1974 年美国原子能委员会利用 FTA 对商业原子能核电站事故危险性进行评价,发表了著名的《拉氏姆逊报告》,引起世界各国关注。

事故树是一种逻辑树图,树图是图论中的一种图,逻辑树图是用逻辑门联结的树图。事故树中包含的事件一般都是故障事件,这些故障事件之间具有一定的逻辑关系,这种逻辑关系用相应的逻辑门来表达。确切地说,事故树是演绎地表示故障事件发生原因及其逻辑关系的逻辑树图。

据研究,尽管世界上的事物千变万化,但是它们之间的逻辑关系却最终归结为三种:"与""或""非"。相应地,表达这些逻辑关系的逻辑门为逻辑"与门"、逻辑"或门"、逻辑"非门"。

在事故树中,上一层故障事件是下一层故障事件造成的结果;下一层故障事件是引起上层故障事件的原因。当用逻辑门来联结这些故障事件时,作为结果的上一层事件称为输出事件,作为原因的下一层事件叫作输入事件。

逻辑"与门"表示全部输入事件都出现则输出事件才出现,只要有一个输入事件不出现则输出事件就不出现的逻辑关系。

逻辑"或门"表示只要有一个或一个以上输入事件出现则输出事件就出现,只有全部输入事件都不出现输出事件才不出现的逻辑关系。

逻辑"非门"表示输入事件出现则输出事件不出现,输入事件不出现则输出事件出现的逻辑关系。

事故树中出现的事件一般是故障事件,只是在较少的场合出现非故障事件。

事故树是从某一特定的事故开始,自上而下依次画出其前兆的故障事件,直到达到最初始的故障事件。某一特定的事故是被分析的事件,它可以是一次伤亡事故或其他不希望的事件。它被画在树图的顶端(树根),故称为顶事件。最初始的前兆故障事件是导致顶事件例如事故)发生的初始原因,它位于树图下部的终端(树叶),被称为基本事件。处于事故树顶事件和基本事件之间的事件,称为中间事件。中间事件是造成顶事件的原因,又是基本事件产生的结果。

在利用事故树分析的对象是伤亡事故时,基本事件是物的不安全状态或人的不安全行为。将前者称为物的故障,后者称为人的失误。在事故原因分析中,人们更为关心的是人的失误,特别是操作者的失误。

(二)事故树分析方法的特点及功用

(1)事故树分析是一种图形演绎方法,是故障事件在一定条件下的逻辑推理方法。它可以就某些特定的故障状态做逐层次深入的分析,分析各层次之间各因素的相互联系与制约关系,即输入(原因)与输出(结果)的逻辑关系,并且用专门符号标示出来。

(2)事故树分析能对导致灾害或功能事故的各种因素及其逻辑关系做出全面、简洁和形象的描述,为改进设计、制定安全技术措施提供依据。

(3)事故树分析不仅可以分析某些元、部件故障对系统的影响,而且可对导致这些元、部件故障的特殊原因(人的因素、环境等)进行分析。

(4)事故树分析可作为定性评价,也可定量计算系统的故障概率及其可靠性参数,为改善和评价系统的安全性和可靠性提供定性或定量分析基础图形和数据。

(5)事故树是图形化的技术资料,具有直观性,即使不曾参与系统设计的管理、操作和维修人员,通过阅读也能全面了解和掌握各项防灾控制要点。

(6)可与其他分析技术综合使用,以达到更好的应用效果。

进行事故树分析的过程,也是对系统深入认识的过程,可以加深对系统的理解和熟悉,找出薄弱环节,并加以解决,避免事故发生。事故树分析除了可作为安全性和可靠性分析外,还可在安全上进行事故分析及安全评价。另外,可用于设备故障诊断与检修表的制定。

(三)事故树分析常用的事件符号

事故树分析常用的事件符号如图8-1所示。

(1)长方形符号:表示需要进一步分析的故障事件[见图8-1(a)],如顶事件和中间事件。在符号内写明故障内容。

(2)圆形符号:表示基本事件[见图8-1(b)]。有时用虚线圆表示人的失误[见图8-1(c)],用加斜线的两个同心圆表示操作者的疏忽和对修正的遗漏[见图8-1(d)]。

(3)房形符号:表示不是故障的事件,是系统内正常状态下所发生的正常事件[见图8-1(e)]。

(4)菱形符号:表示事前不能分析或者没有分析必要的省略事件[见图8-1(f)]。有时用虚线菱形和加斜线的双菱形表示人体差错或者操作者的疏忽和对修正的遗漏[见图8-1(g)(h)]。此外,当事前关系明确,并可用数量评价且用FT简化时,可用空白双菱形[见图8-1(i)]。

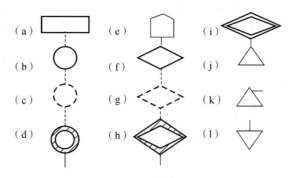

图8-1　事故树的事件符号及转移符号

(a)故障事件;(b)基本事件;(c)基本事件(人的失误);(d)基本事件(操作者疏忽);
(e)正常事件;(f)省略事件;(g)省略事件(人失误);(h)省略事件(操作者疏忽);
(i)省略事件(简化);(j)转移符号(输入);(k)转移符号(输出);(l)转移符号(数量不同)

(5)转移符号:表示在同一FT内,与其他部分内容相同的转移符号。连线引向三角形上方时,表示从其他部分转入;连线引向三角形侧部时,表示向其他部分转出。同时标以相互一致的编号[见图8-1(j)(k)]。

当转入部分与转出部分内容一致,而数量不同时,则转移符号采用倒三角形符号[见图8-1(l)]。

(四)事故树分析的逻辑门符号

事故树分析的逻辑门符号如图8-2所示。

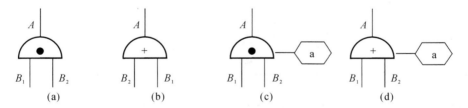

图8-2　事故树分析的逻辑门符号

(a)与门;(b)或门;(c)条件与门;(d)条件或门

逻辑门符号是表示相应事件的连接特性符号,用它可以明确表示该事件与其直接原因事件的逻辑连接关系。

(1)与门:表示只有当所有输入事件B_1、B_2都发生时,输出事件A才发生。换句话说,只要有一个输入事件不发生,则输出事件就不发生。有若干个输入事件也是如此。

(2)或门:表示当输入事件B_1、B_2中任一个事件发生时,输出事件A就会发生。换句话说,只有全部输入事件都不发生,输出事件才不发生。有若干个输入事件也是如此。

(3)条件门:又分条件与门和条件或门两种。

条件与门表示输入事件B_1、B_2不仅同时发生,而且还必须满足条件a,才会有输出事件A

发生,否则就不发生。a 是指输出事件 A 发生的条件,而不是事件。例如,油库火灾爆炸的直接原因是"火源"和"油气聚集",但这些直接原因事件同时发生也不一定发生火灾爆炸,而火灾爆炸还必须取决于油气达到爆炸极限,这一条件必须在条件与门内注明。条件或门表示输入事件 B_1、B_2 至少有一个发生,在满足条件 a 的情况下,输出事件 A 才发生。

在事故树分析中除上述基本逻辑门之外,还有限制门、排斥或门(异或门)、优先与门(顺序优先与门、组合优先与门),如图 8-3 所示。

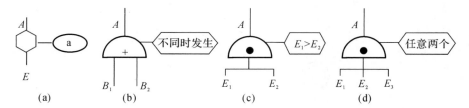

图 8-3 事故树分析中其他的逻辑符号
(a)限制门;(b)排斥或门(异或门);(c)顺序优先与门;(d)组合优先与门

(4)限制门:表示逻辑上的一种修饰符号,即当输入事件 E 满足发生事件 a 时,才产生输出事件 A;相反,如果不满足,那么输出事件 A 不发生。其具体条件写在椭圆形符号内。

(5)排斥或门(异或门):表示仅当输入事件 B_1、B_2 中的任一个发生,而其他都不发生的时候,排斥门才有输出事件 A 的连接关系。表 8-1 表示输入与输出事件相互间的关系。

表 8-1 排斥或门输入与输出事件相互间的关系

排斥或门的组合		
输 入		输 出
B_1	B_2	A
不发生	不发生	不发生
不发生	发生	发生
发生	不发生	发生
发生	发生	不发生

(6)优先与门:表示仅当输入事件按规定的由左至右的顺序依次发生时,门的输出事件才发生。

1)顺序优先与门表示当 E_1、E_2 输入事件都发生,且满足 E_1 发生于 E_2 之前,则输出事件 A 发生。这实际是条件概率事件。其逻辑关系为

$$A = E_1 E_2 / E_1$$

例如,在房屋火灾中,人员受伤害的直接原因是"烟雾报警装置失灵"和"发生起火",而且只有在前者发生先于后者,才会发生人员撤离不及而导致伤害的事故,否则,输出事件不会发生。

2)组合优先与门表示在三个以上输入事件的与门中,如果任意两个事件同时发生,输出事件 A 才会发生。其逻辑关系为

$$A = E_1 E_2 + E_1 E_3 + E_2 E_3$$

二、事故树分析的数学基础

(一)事故树的结构函数

进行事故树分析,必须了解它的结构特性。结构函数是描述系统状态的函数,它完全取决于元、部件的状态。通常假定在任何时间下,元、部件和系统都只能取正常或故障两种状态,并且任何时刻系统的状态由元、部件状态唯一决定。

假设系统由 n 个单元(元、部件)组成,且下列二值变量 x_i 对应于各单元的状态为

$$x_i = \begin{cases} 1 & (1\ \text{表示单元}\ i\ \text{发生}) \\ 0 & (0\ \text{表示单元}\ i\ \text{不发生}\ ; i = 1,2,\cdots,n) \end{cases} \quad (8-1)$$

同样,系统的状态变量用 y 表示,则为

$$y = \begin{cases} 1 & (1\ \text{表示顶上事件发生}) \\ 0 & (0\ \text{表示顶上事件不发生}) \end{cases} \quad (8-2)$$

y 完全取决于单元状态(x_i),因此,y 是 X 的函数:

$$y = \Phi(X) = \Phi(x_1, x_2, \cdots, x_n) \quad (8-3)$$

式中:$\Phi(X)$ 称为系统的结构函数,因为有 n 个变量,故称为 n 阶的结构函数。

下面介绍两种简单系统的结构函数。

1. 与门的结构函数

图 8-4 为事故树的基本结构单元中的与门结构,只有所有基本事件发生时,顶上事件才发生。

根据布尔代数运算法则,它是逻辑"与"(逻辑乘)的关系,其逻辑式为

$$T = \bigcap_{i=1}^{n} x_i = x_1 \bigcap x_2 \bigcap \cdots \bigcap x_n \quad (8-4)$$

这就是与门结构函数,用代数算式可表示为

$$\Phi(X) = \prod_{i=1}^{n} x_i = x_1 x_2 \cdots x_n = \min(x_1, x_2, \cdots, x_n) \quad (8-5)$$

式中:$\prod$ ——连乘的符号,也是布尔代数中的"交"($\bigcap$);

$\min(x_1, x_2, \cdots, x_n)$ ——从 $x_1 \sim x_n$ 中取最小值,即只要有一个最小的"0"(正常),则整个系统为"0"(正常)。

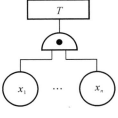

图 8-4　与门结构

2. 或门的结构函数

图 8-5 为事故树的基本结构单元中的或门结构,只要有一个或一个以上基本事件发生,

顶上事件就发生。

根据布尔代数运算法则,它是逻辑"或"(逻辑加)的关系,其逻辑式为

$$T = \bigcup_{i=1}^{n} x_i = x_1 \bigcup x_2 \bigcup \cdots \bigcup x_n \qquad (8-6)$$

这就是或门结构函数,用代数算式可表示为

$$T = \sum_{i=1}^{n} x_i = x_1 + x_2 + \cdots + x_n \qquad (8-7)$$

当 x_i 仅取 $0,1$ 二值时,结构函数可写为

$$\Phi(X) = 1 - \prod_{i=1}^{n}(1-x_i) = \bigcup_{i=1}^{n} x_i = 1 - (1-x_1)(1-x_2)\cdots(1-x_n) =$$
$$\max(x_1, x_2, \cdots, x_n) \qquad (8-8)$$

式中:$\max(x_1, x_2, \cdots, x_n)$ ——从 $x_1 \sim x_n$ 中取最大值,即只要其中有一个最大的"1"(故障),
整个系统就为"1"(故障)。

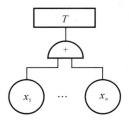

图 8 - 5　或门结构

3. 单系统的结构函数(以 m/n 表决门为例)

图 8 - 6 为事故树的基本结构单元中的表决门,表示一种表决的逻辑关系,仅当 n 个输入事件中有 m 个以上事件发生时,则门输出事件发生。m/n 表决门是常用于电路设计中提高系统可靠性的重要设计方法,在控制系统、安全系统的设计中广泛采用。图 8 - 7 是 2/3 表决系统可靠性框图。

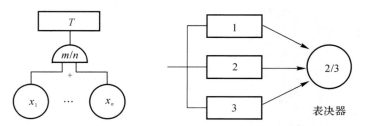

图 8 - 6　m/n 表决门结构　　　图 8 - 7　2/3 表决门可靠性框图

n 中取 m 系统,对应于各元、部件的状态(x_i)为

$$\Phi(X) = \begin{cases} 1 & (\text{当} \sum x_i \geqslant m \text{ 时,表示顶上事件发生}) \\ 0 & (\text{表示顶上事件不发生}) \end{cases} \qquad (8-9)$$

式中:m——使系统发生故障的最小基本事件数。

例如：当 $m=2,n=3$ 时，结构函数为

$$\Phi(X)=1-(1-x_1x_2)(1-x_1x_3)(1-x_2x_3)=1-\prod_{i=1}^{3}(1-x_ix_{i+1})=$$

$$\max(x_1x_2,x_1x_3,x_2x_3)$$

$$(8-10)$$

式中：$\max(x_1x_2,x_1x_3,x_2x_3)$ —— 从 $x_1\sim x_3$ 中取二者之积最大值，而且只有当最大值大于或等于 2 时，系统才发生故障。

4.复杂系统的结构函数

由与门和或门组成的事故树，根据逻辑乘与逻辑加的关系，可以写出其结构函数。设系统的事故树如图 8-8 所示。

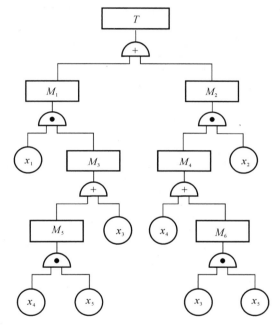

图 8-8　某系统的事故树

则其结构函数为

$$\Phi(X)=\{x_1\cap[x_3\cup(x_4\cap x_5)]\}\cup\{x_2\cap[x_4\cup(x_3\cap x_5)]\}=$$

$$x_1[x_3+(x_4x_5)]+x_2[x_4+(x_3x_5)]$$

$$(8-11)$$

5.结构函数的运算规则

在结构函数中，事件的逻辑加（逻辑或）运算及逻辑乘（逻辑与）运算，服从集合（布尔）代数的运算规则。为了便于运算，下面将有关集合、概率含义和运算规则分别列于表 8-2 和表 8-3 中。

在集合表达式中所采用的事件并和交，即"$\cup$"和"$\cap$"，表示事件之间的关系，它们相当于布尔代数算子"$\vee$"（或）和"$\wedge$"（与），也相当于代数算式的"$+$"和"$\times$"。

表 8 - 2　集合与概率中常用符号的含义对照表

符　号	含　义	概　率
A	集合	事件
$\bar{A}$	A 的补集	A 的对立事件
$A \in B$	A 属于 B(或 B 包含 A)	事件 A 发生导致事件 B 发生
$A = B$	A 与 B 相等	事件 A 与事件 B 相等
$A \cup B(A+B)$	A 与 B 的并集	事件 A 与事件 B 至少有一个发生
$A \cap B(A \cdot B)$	A 与 B 的交集	事件 A 与事件 B 同时发生
$A - B$	A 与 B 的差集	事件 A 发生而事件 B 不发生
$A \cap B = 0$	A 与 B 没有共同交集	事件 A 与事件 B 互不相容

表 8 - 3　集合代数的运算规则表

运算律	并集(逻辑加)的关系式	交集(逻辑乘)的关系式
交换律	$A \cup B = B \cup A$	$A \cap B = B \cap A$
结合律	$A \cup (B \cup C) = (A \cup B) \cup C$	$A \cap (B \cap C) = (A \cap B) \cap C$
分配律	$A \cup (B \cap C) = (A \cup B) \cap (A \cup C)$	$A \cap (B \cup C) = (A \cap B) \cup (A \cap C)$
等幂律	$A \cup A = A$	$A \cap A = A$
吸收律	$A \cup (A \cap B) = A$	$A \cap (A \cup B) = A$
德·摩根律	$\overline{A \cup B \cdots \cup F} = \bar{A} \cap \bar{B} \cap \cdots \cap \bar{F}$	$\overline{A \cap B \cap \cdots \cap F} = \bar{A} \cup \bar{B} \cup \cdots \cup \bar{F}$
互补律	$A \cup \bar{A} = 1$	$A \cap \bar{A} = 0$
回归律	$\bar{\bar{A}} = A$	

(二)单调关联系统

单调关联系统是指系统中任一组成单元的状态由正常(故障)变为故障(正常)而不会使系统的状态由故障(正常)变为正常(故障)的系统。也就是说,系统每个元、部件对系统的功能(可靠性)发生影响,如果系统中所有元、部件发生故障,那么系统一定呈故障状态;反之,所有元、部件正常,系统一定正常。而且,当故障的元、部件经过修复转为正常时,系统不会由正常转为故障;反之,正常部件故障不会使系统由故障转为正常。根据以上特点,单调关联系统的结构函数具有下述性质。

(1)具有下述性质:

$$\Phi(1,X) \neq \Phi(0,X) \tag{8-12}$$

式中:$\Phi(1,X) = \Phi(x_1, x_2, \cdots, x_{i=1} = 1, \cdots, x_n)$,$\Phi(0,X) = \Phi(x_1, x_2, \cdots, x_{i=1} = 0, \cdots, x_n)$。

若不等式(8-12)不成立,则基本事件 x_i 与结构函数中 $\Phi(X)$ 无关。其含义是:第 i 个元、部件正常与否,与系统正常与否无关。这样,第 i 个元、部件就是逻辑多余元、部件。含有逻辑多余元、部件的系统不是单调关联系统。

（2）具有下述性质：

$$\Phi(0) \equiv 0, \Phi(1) \equiv 1 \tag{8-13}$$

式中：$\Phi(0) = \Phi(0,0,\cdots,0)$，$\Phi(1) = \Phi(1,1,\cdots,1)$。

其含义是：组成系统的所有元、部件都正常，系统一定正常；反之，所有元、部件发生故障，系统一定发生故障。

（3）有两个结构函数：

$$\Phi(X) = \Phi(x_1, x_2, \cdots, x_n)，\Phi(Y) = \Phi(y_1, y_2, \cdots, y_n)$$

若 $X \geqslant Y$，$x_1 \geqslant y_1$，$x_2 \geqslant y_2$，$\cdots$，$x_n \geqslant y_n$，则有

$$\Phi(X) \geqslant \Phi(Y) \tag{8-14}$$

根据布尔代数的不等值定理，$1 > 0$，因此，$\Phi(0,1,1,0,1) > \Phi(0,0,1,0,1) > \Phi(0,0,1,0,0)$，而 $\Phi(1,0,1,0,1)$ 与 $\Phi(1,1,0,0,1)$ 则不可比较，因为不满足 $X \geqslant Y$ 的条件。

式（8-14）的含义是：在可比条件下，当系统中的故障元、部件多时，系统故障可能性大。也就是说，当系统中正常元、部件发生故障时，系统不可能由故障状态转为正常状态。这就体现了结构函数的单调性。

（4）具有下述性质：

$$\bigcap_{i=1}^{n} x_i \leqslant \Phi(X) \leqslant \bigcup_{i=1}^{n} x_i \tag{8-15}$$

式（8-15）的含义是：或门结构（串联系统）是单调关联系统不可靠性的上限，而与门结构（并联系统）则是单调关联系统的下限。由与门和或门结构组成的事故树都是单调关联系统。

（三）可靠性框图与事故树的对应关系

系统的可靠性是从系统正常工作角度出发分析问题的，而事故树则是从系统故障角度出发分析问题的。二者之间存在着一定的内在联系，由表 8-4 可知：当考虑故障时，串联系统和事故树的或门结构对应，并联系统和与门结构对应；若考虑可靠度（成功率）时，则串联系统和与门结构相对应，并联系统和或门结构相对应。一般说来，任何一个可靠性框图都可以找出一个对应的事故树。

表 8-4　可靠性框图与事故树的对应关系

		串联系统	并联系统
可靠性	框图	▬—x_1—x_2—▬	x_1 / x_2 并联
	可靠度	$R_1 \cdot R_2$（乘法定理、AND）	$R_1 + R_2 - R_1 \cdot R_2$（加法定理、OR）
	不可靠度	$F_1 + F_2 - F_1 F_2$（加法定理、OR）	$F_1 \cdot F_2$（乘法定理、AND）
	数学模型	最小寿命系统 $R_s = \prod_{i=1}^{n} R_i$	最大寿命系统 $F_s = \prod_{i=1}^{n} F_i$
	门的结构	或门（OR）	与门（AND）

续表

可靠性		串联系统	并联系统
	数学模型	$Z = x_1 \bigcup x_2$（逻辑或）	$Z = x_1 \bigcap x_2$（逻辑与）
	结构函数	$\Phi(X) = 1 - \prod\limits_{i=1}^{n}(1-x_i)$	$\Phi(x) = \prod\limits_{i=1}^{n} x_i$
备注		在 n 个单元情况下，串联系统的不可靠度（或并联系统的可靠度）的 F（或 R）为（一次项之和）$-$（二次项之和）$+$（三次项之和）$-$（四次项之和）$+\cdots$，这样加、减交替直至 n 次项。$$\Delta \text{ 或 } 1 - R_n = (1-R_1)(1-R_2)$$在 n 个单元情况下，其通式为$$R_s = 1 - \prod\limits_{i=1}^{n}(1-R_i)$$	

第二节 事故树分析程序

一、事故树的分析程序简述

事故树分析程序流程如图 8-9 所示。

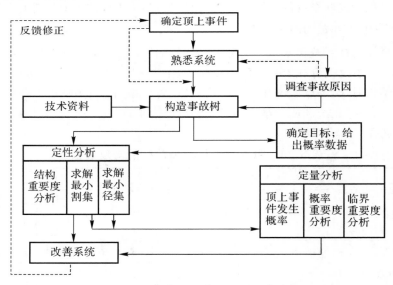

图 8-9 事故树分析程序流程图

(一)确定顶上事件

事故树的顶上事件是人们所不期望发生的事件（如火灾、爆炸、中毒等），也是所要分析的对象事件。顶上事件的确定可依据所需分析的目的直接确定或在调查事故的基础上提出。两者均应调查和整理过去的事故，以获得资料。除此之外，也可事先进行事件树分析或故障类型和影响分析，从中确定顶上事件。

(二)熟悉系统

事故树分析要确实了解掌握被分析系统的情况(如系统的工作程序、各种重要参数、作业情况及环境状况等)。必要时,画出工艺流程图和布置图。

(三)调查事故、查明原因

事故树分析应尽量广泛地了解所有事故,不仅要包括过去已发生的事故,而且也要包括未来可能发生的事故;不仅包括本系统发生的事故,也包括同类系统发生的事故。事故树分析须查明造成事故的各种原因,包括机械故障、设备损坏、操作失误、管理和指挥错误、环境不良因素等。

(四)构造事故树

首先广泛分析造成顶上事件起因的中间事件及基本事件间的关系,并加以整理,而后从顶上事件起,按照演绎分析的方法,逐级把所有直接原因事件,按其逻辑关系,用逻辑符号给予连接,构成事故树。

(五)确定目标

根据以往的事故经验和同类系统的事故资料进行统计分析,得出事故的发生概率(或频率),然后根据事故的严重程度,确定要控制的事故发生概率的目标值。

(六)定性分析

依据所构造出的事故树图,列出布尔表达式,经解算,求出最小割集、最小径集(根据成功树),确定出各基本事件的结构重要度。

(七)定量分析

根据各基本事件的发生概率求出顶上事件的发生概率。把求出的概率与通过统计分析得出的概率进行比较,如果两者不符,必须重新分析研究已构造出的事故树是否正确完整,各基本原因事件的故障率是否估计过高或过低等。

在求解出顶上事件概率的基础上,进一步求出各基本事件的概率重要系数和临界重要系数。在分析时,若事故发生概率超过预定概率目标,要研究降低事故发生概率的所有可能,从中选出最佳方案;或者寻找消除事故的最佳方案。进而通过各重要度分析,选择治理事故的突破口,或按重要度系数值排列的大小,编制不同类型的安全检查表,以加强控制。

(八)制定预防事故(改进系统)的对策措施

在定性或定量分析的基础上,根据各可能导致事故发生的基本事件组合(最小割集或最小径集)的可预防的难易程度和重要度,结合企业的实际能力,制订出具体、切实可行的预防措施,并付诸实行。

上述的事故树分析程序包括定性和定量分析两大类。从实际应用而言,由于我国目前尚缺乏设备的故障率和人的失误率的实际资料,给定量分析带来很大困难或不可能,所以在事故树分析中,一般只进行定性分析。但实践表明,定性分析也能取得好的效果。

二、事故树分析的注意事项

(一)充分理解系统

事故树分析只有充分理解系统,才能确定出合理的被分析系统。同时,还必须从功能的联系入手,充分了解与人员有关的功能,掌握使用阶段的划分等与任务有关的功能,包括现有的冗余功能以及安全、保护功能等。此外,使用、维修状况也要考虑周全。这就要求广泛地收集有关系统的设计、运行、流程图、设备技术规范等技术文件及资料,并进行深入细致的分析研究。

(二)确定顶上事件

事故树的顶上事件是指可能发生或实际的事故结果,对于多因素复合影响的系统,应找出其中的主要危险以便分析。顶上事件的确定不能太笼统。

选好顶上事件有利于使整个系统故障分析相互联系起来,因此,对系统的任务、边界以及功能范围必须给予明确的定义。顶上事件在大型系统中可能不是一个,一个特定的顶上事件可能只是许多系统失效事件之一。顶上事件在很多情况下是用故障类型及影响分析、预先危险性分析或事件树分析得出的,一般考虑的事件有:对安全构成威胁的事件,如造成人身伤亡或导致设备财产的重大损失(火灾、爆炸、中毒、严重污染等);妨碍完成任务的事件,如系统停工或丧失大部分功能;严重影响经济效益的事件,如通信线路中断、交通停顿等妨碍提高直接收益的因素。

(三)合理确定系统的边界条件

所谓边界条件是指规定所构造事故树的状况。有了边界条件就明确了事故树建到何处为止。一般边界条件包括以下 3 项。

(1)确定顶上事件。

(2)确定初始条件。它是与顶上事件相适应的。凡具有不止一种工作状态的系统、部件都有初始条件问题。例如,储罐内液体的初始量就有两种初始条件,一种是"储罐装满",另一种是"储罐是空的",必须加以明确规定。时域也必须加以规定,例如,在启动或关机条件下可能发生与稳态工作阶段不同的故障。

(3)确定不许可的事件。它指的是建事故树时规定不允许发生的事件,如"由系统之外的影响引起的故障"。

(四)明确事故树构造得正确与否

事故树构造得正确与否事关重大,因此应先找出系统内固有或潜在的危险因素,如设计上的缺陷、操作及人的其他不安全行为、环境的不良因素、设备的隐患等。在构造事故树的过程中,应注意弄清事件间的逻辑关系,因为有时事件间的逻辑关系容易混淆,特别是涉及人的因素,其逻辑关系更不容易分清,故在构造事故树时,应特别注意,反复推敲。在构造时,要尽可能不遗漏各种原因事件。

(五)避免门连门

门的所有输入事件都应当是正确定义的故障事件,任何门不能与其他门直接相连。

(六)选择合理的分析方法

事故树分析的程序按人们的目的、要求和场所的不同,可作定性分析;或对灾害的直接原因进行粗略分析;也可进行详细的定量分析。

第三节 事故树的编制

一、事故树编制过程

(一)定出顶上事件(第一层)

顶上事件,即所要分析的事故(人们所不期望的事件),在确定时,按照确定顶上事件的方法与原则进行,用矩形表示,且放置于最上层,并把内容扼要记入方框内。

(二)写出造成顶上事件的直接原因事件(第二层)

在顶上事件(第一层)之下(第二层),并列写出造成顶上事件的所有直接原因事件。然后依据上、下层各事件的逻辑关系,用"逻辑门"把它们连接起来。当下层事件必须全部发生,顶上事件才发生时,就用"与门"连接;当下层任一事件发生,顶上事件就发生时,则用"或门"连接。应该指出的是,选用连接的"门"是否正确,将直接影响到分析结果的正确性,故必须十分认真。

对于造成顶上事件的直接原因,主要可从环境不良因素、机械设备故障或损坏、人的差错(操作、管理、指挥)三个方面加以考虑。

(三)写出往下其他层次

当第二层确定出来后,接下去把第二层各事件的所有直接原因写在对应事件的下面(第三层),用适当的逻辑门把第二、第三层事件连接起来。这样层层往下,直至最基本的原因事件,或根据需要分析到必要的事件为止就构成了一株完整的事故树。

二、事故树的编制举例

【例 8-1】如图 8-10 所示的一个泵系统中,储罐在 10 min 内注满而在 50 min 内排空,即一次循环时间是 1 h。合上开关以后,将定时器调整到使触点在 10 min 内断开的位置。假如机构失效,报警器发出响声,操作人员断开开关,防止加注过量造成储罐破裂。

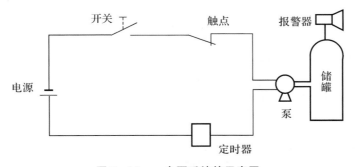

图 8-10 一个泵系统的示意图

(1)确定顶上事件:根据题意,确定以"储罐(在时间 t)破裂"为事故树的顶上事件,并设定初始条件为"储罐是空的",如图 8-11 所示。

（2）调查顶上事件发生的直接原因事件、事件性质和逻辑关系：根据建树的注意事项，顶上事件失效由部件失效组成，故在顶上事件下面用"或"门，其一次、二次失效事件为储罐自然老化和过应力造成，而受控故障则是储罐受到过压。储罐受到过压含义不清，可改写成"电机工作时间过长"，更具体应写为"电机通电时间过长"。

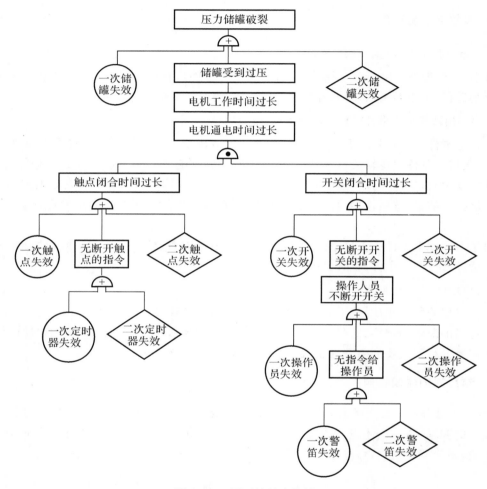

图 8 - 11　泵系统的事故树

（3）调查"电机通电时间过长"的直接原因事件、事件性质和逻辑关系：将"电机通电时间过长"用"触点闭合时间过长"和"开关闭合时间过长"联系起来，这两个事件都同时发生，"电机通电时间过长"才发生，故它们用"与"门连接。

（4）调查"触点闭合时间过长"和"开关闭合时间过长"事件的直接原因事件：二者都由部件失效组成，故在其下面均用"或"门连接，一次、二次失效事件为触点和开关本身，受控故障则分别为"无断开触点的指令"和"无断开开关的指令"，后者具体改写成"操作人员不断开开关"。

（5）调查"无断开触点的指令"的直接原因事件：触点断开动作是由定时器控制的，定时器失效当然触点断不开，换言之，它是部件故障事件。故其下接"或"门，一次、二次失效是定时器本身。至于受控故障在这里不再有可能出现，亦即对这一分支的分解过程就此结束。

（6）调查"无断开开关的指令"的直接原因事件：开关是由操作人员操作的，在这个例子中的操作人员可认为是系统中的一个部件。因此，操作人员一次失效是指在设计条件内工作的操作人员未能在报警器报警时按下紧急停机按钮。二次失效是指如"报警器报警时操作人员已被火烧死"这种事件。对于受控故障是"没有报警声"。

"没有报警声"即"无指令给操作员"，这是一个部件故障事件，根据分解，一次、二次失效是报警器本身，受控故障在这里不再有可能出现，这一分支分解过程到此结束，即事故树建造完毕。

【例8-2】对油库静电爆炸进行事故分析。汽油、柴油作为燃料在生产过程中被大量使用，许多工厂都有小型油库，如何保证油库安全是一个很重要的问题。由于汽油和柴油的闪点温度低，爆炸极限又处于低值范围，所以油料一旦泄漏碰到火源，或挥发后与空气混合到一定比例遇到火源，就会发生燃烧、爆炸事故。火源种类较多，有明火、撞击火花、雷击火花和静电火花等。本例仅就静电火花造成油库爆炸的事故树建造过程做简要介绍，如图8-12所示。

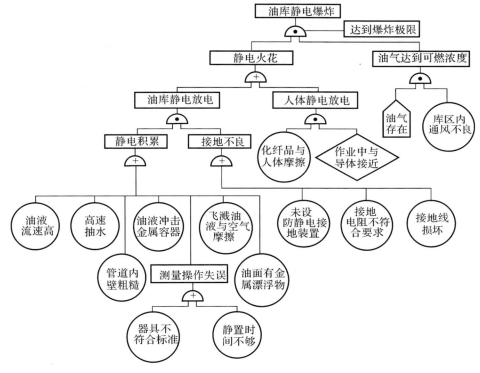

图8-12　油库静电爆炸事故树

（1）确定顶上事件，"油库静电爆炸"（一层）。

（2）调查爆炸的直接原因事件、事件的性质和逻辑关系：直接原因事件为"静电火花"和"油气达到可燃浓度"。这两个事件不仅要同时发生，而且必须在"油气浓度达到爆炸极限"时，爆炸事件才会发生，因此，用"条件与门"连接（二层）。

（3）调查"静电火花"的直接原因事件、事件的性质和逻辑关系：直接原因事件为"油库静电放电"和"人体静电放电"。这两个事件只要其中有一个发生，则"静电火花"事件就会发生，因此，用"或门"连接（三层）。

（4）调查"油气达到可燃浓度"的直接原因事件、事件的性质和逻辑关系：直接原因事件为"油气存在"和"库区内通风不良"。"油气存在"是一个正常状态下的正常功能事件，因此，该事件用房形符号。"库区内通风不良"为基本事件。这两个事件只有同时发生，"油气达到可燃浓度"事件才会发生,故用"与门"连接(三层)。

(5)调查"油库静电放电"的直接原因事件、事件的性质和逻辑关系:直接原因事件为"静电积累"和"接地不良"。这两个事件必须同时发生,才会发生静电放电,故用"与门"连接(四层)。

(6)调查"人体静电放电"的直接原因事件、事件的性质和逻辑关系:直接原因事件为"化纤品与人体摩擦"和"作业中与导体接近"。同样,这两个事件必须同时发生,才会发生静电放电,故用"与门"连接(四层)。

(7)调查"静电积累"的直接原因事件、事件的性质和逻辑关系:直接原因事件为"油液流速高""管道内壁粗糙""高速抽水""油液冲击金属容器""飞溅油液与空气摩擦""油面有金属漂浮物"和"测量操作失误"。这些事件只要其中有一个发生,就会发生"静电积累",因此,用"或门"连接(五层)。

(8)调查"接地不良"的直接原因事件、事件的性质和逻辑关系:直接原因事件为"未设防静电接地装置""接地电阻不符合要求"和"接地线损坏"。这三个事件只要其中有一个发生,就会发生"接地不良",因此,用"或门"连接(五层)。

(9)调查"测量操作失误"的直接原因事件、事件的性质和逻辑关系:直接原因事件为"器具不符合标准"和"静置时间不够"。这两个事件只要其中有一个发生,则"测量操作失误"就会发生,因此用"或门"连接(六层)。

【例8-3】火箭使用的是偏二甲肼和四氧化二氮双组元推进剂,加注量消耗量巨大,燃烧剂偏二甲肼与氧化剂四氧化二氮分别储存于距离较远的洞库中的大型储罐中,以氧化剂加注为例,加注流程如图8-13所示。

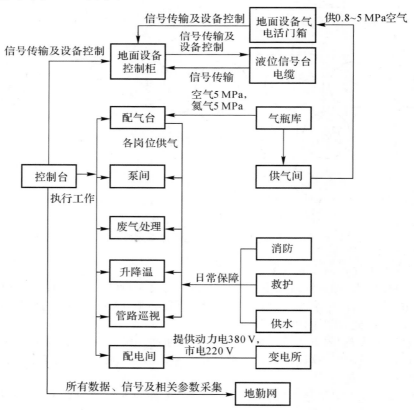

图8-13 加注流程图

　　四氧化二氮沸点仅为 21.2℃,具有强氧化性与腐蚀性,在常温常压下极易以红棕色气体二氧化氮的形式挥发。加注工作为卫星发射前的最后工作,事关卫星能否进入预定轨道以及发射任务的成败。为了系统分析影响加注工作成败的主要因素,建立了以"加注失败(T)"为顶上事件的事故树,运用事故树分析法对影响加注成败的各类情况进行安全评价,预先分析和判断设备和人工操作中可能发生的危险及可能导致加注失败的因素。其目的是采取相应的管理手段和安全防范措施,把事故发生的可能性降到最低限度。

　　加注过程涉及的工作有氧化剂加注前化验、加注前调温、加注管道及火箭储箱气检(气密性检查、露点化验)、配气台加压、加注泵及各阀门开闭、末端加注管道连接、储箱保压、废气处理、配电保障等。接口关系图如图 8-14 所示。

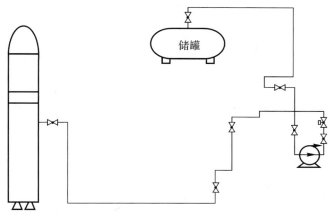

图 8-14　接口关系图

绘制事故树如图 8-15 所示。

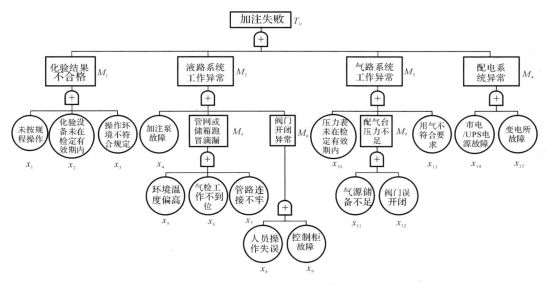

图 8-15　加注系统的事故树

$\{x_1\}$ 事件的名称是未按规程操作导致燃料化验结果不合格；

$\{x_2\}$ 事件的名称是化验设备未在检定有效期内导致化验结果不合格；

$\{x_3\}$ 事件的名称是操作环境不符合要求导致化验结果不合格；

$\{x_4\}$ 事件的名称是加注泵故障；

$\{x_5,x_6,x_7\}$ 事件的名称是环境温度偏高、气检工作不到位、末端管路连接不牢固；

$\{x_8\}$ 事件的名称是人员操作失误导致阀门开闭异常；

$\{x_9\}$ 事件的名称是控制柜故障导致阀门开闭异常；

$\{x_{10}\}$ 事件的名称是气路压力表未在检定期内；

$\{x_{11}\}$ 事件的名称是气源储备不足导致配气台压力不足；

$\{x_{12}\}$ 事件的名称是气路阀门误开闭导致配气台压力不足；

$\{x_{13}\}$ 事件的名称是用气不符合标准；

$\{x_{14}\}$ 事件的名称是市电/UPS 电源故障；

$\{x_{15}\}$ 事件的名称是变电所故障。

第四节　事故树的定性与定量分析

一、事故树的定性分析

事故树的定性分析就是对任何事件都不需要分配数值（基本事件的发生概率或故障率），只对事件分配"0"或"1"的二值制（"0 指事件不发生，"1"指事件发生）的分析方法。事故树定性分析的目的，主要是查明系统由初始状态（基本事件）发展到事故状态（顶上事件）的途径，并求出能引起发生顶上事件的最少的事件的组合，为改善系统安全提供相应的对策。

（一）利用布尔代数化简事故树

在事故树初步编制好之后，需要对事故树进行详细检查并利用布尔代数化简，特别是在事故树的不同部件存在有相同的基本事件时，必须用布尔代数进行整理化简，然后才能进行定性、定量分析，否则就可能造成分析错误。

【例 8-4】如图 8-16 所示的事故树示意图，设顶上事件为 T，中间事件为 A，基本事件为 x_1、x_2、x_3，若其发生概率均为 0.1，即 $q_1=q_2=q_3=0.1$，求顶上事件的发生概率，并讨论其正确性。

解：根据事故树的逻辑关系，可写出其结构式为

$$T=A_1A_2=(x_1x_2)(x_1+x_3)$$

按概率和与积的计算公式代入数值，则为

$q_T=q_1q_2[1-(1-q_1)(1-q_3)]=0.1\times0.1\times[1-(1-0.1)(1-0.1)]=0.001\,9$

利用布尔代数化简为

$$T=A_1A_2=(x_1x_2)(x_1+x_3)=x_1x_2x_1+x_1x_3x_2（分配律）=$$
$$x_1x_1x_2+x_1x_2x_3（交换律）=$$

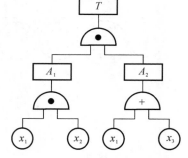

图 8-16　某事故树示意图

$$x_1 x_2 + x_1 x_2 x_3 (等幂律) =$$
$$x_1 x_2 (吸收律)$$

通过化简得到结构函数为

$$T = x_1 x_2$$

即由两个基本事件 x_1、x_2 组成的,通过一个与门和顶上事件连接的新事故树,如图 8-17 所示,其顶上事件发生的正确概率为

$$q_T = q_1 q_2 = 0.1 \times 0.1 = 0.01$$

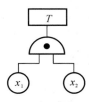

图 8-17　图 8-16 事故树的等效图

讨论:由上述两种计算结果可见,两种算法得到不同结果。究其原因可知,事故树中存在着多余事件 x_3,人们把这种多余事件称为与顶上事件发生无关的事件。由化简后的式子可知,只要 x_1、x_2 同时发生,则不管 x_3 是否发生,顶上事件必然发生。然而,当 x_3 发生时,要使顶上事件发生,则仍需 x_1、x_2 同时发生。因此,x_3 是多余的,T 的发生仅取决于 x_1、x_2 的发生,其正确的概率应该是化简后的概率。

由上述分析可知,为求得正确的分析结果,简化是必要的。

【例 8-5】化简图 8-18 的事故树,并画出等效图。

解:根据图 8-18 所示,其结构式为

$$T = x_1 M x_2 = x_1 (x_1 + x_3) x_2 = x_1 x_1 x_2 + x_1 x_3 x_2 (分配律) =$$
$$x_1 x_2 + x_1 x_2 x_3 (等幂律、交换律) =$$
$$x_1 x_2 (吸收律)$$

经化简后的事故树的结构式为

$$T = x_1 x_2$$

即由两个基本事件 x_1、x_2 组成的,通过一个与门和顶上事件连接的新事故树,如图 8-19 所示。

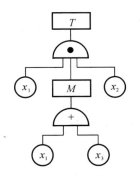

图 8-18　某事故树示意图

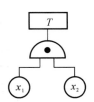

图 8-19　图 8-18 事故树的等效图

【例 8-6】化简图 8-20 的事故树，并画出等效图。

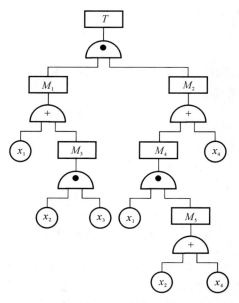

图 8-20　某事故树示意图

解：根据图 8-20 所示，其结构式为

$$T = M_1 M_2 = (M_3 + x_1)(x_4 + M_4) =$$
$$(x_2 x_3 + x_1)(x_4 + M_5 x_1) =$$
$$(x_2 x_3 + x_1)[x_4 + (x_2 + x_4)x_1] =$$
$$(x_2 x_3 + x_1)(x_4 + x_2 x_1 + x_4 x_1)(分配律) =$$
$$x_2 x_3 x_4 + x_2 x_3 x_2 x_1 + x_2 x_3 x_4 x_1 + x_1 x_4 + x_1 x_2 x_1 + x_1 x_4 x_1 =$$
$$x_1 x_2 x_2 x_3 + x_1 x_2 x_3 x_4 + x_1 x_2 x_1 + x_1 x_4 x_1 + x_2 x_3 x_4 + x_1 x_4 (交换律) =$$
$$x_1 x_2 x_3 + x_1 x_2 x_3 x_4 + x_1 x_2 + x_1 x_4 + x_2 x_3 x_4 (等幂律) =$$
$$x_1 x_2 + x_2 x_3 x_4 + x_1 x_4 (吸收律)$$

经化简后得事故树的结构式为

$$T = M_1 + M_2 + M_3 = x_1 x_2 + x_2 x_3 x_4 + x_1 x_4$$

即由四个基本事件 x_1、x_2、x_3、x_4 组成的，通过三个与门、一个或门和顶上事件连接的新事故树，如图 8-21 所示。

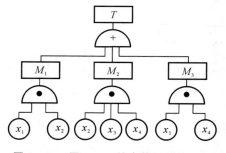

图 8-21　图 8-20 的事故树的等效图

(二)最小割集与最小径集

在事故树分析中,最小割集与最小径集的概念起着非常重要的作用。事故树定性分析的主要任务是求出导致系统故障(事故)的全部故障类型。通过对最小割集或最小径集的分析,可以找出系统的薄弱环节,提高系统的安全性和可靠性。

(1)割集和最小割集:割集是图论中的一个重要的概念,事故树分析中的割集指的是导致顶上事件发生的基本事件组合,也称作截集或截止集。系统的割集也就是系统的故障类型。

如果在某个割集中任意除去一个基本事件就不再是割集了,这样的割集就称为最小割集。换句话说,也就是导致顶上事件发生的最低限度的基本事件组合。因此,研究最小割集,实际上是研究系统发生事故的规律和表现形式,发现系统最薄弱环节。由此可见,最小割集表示了系统的危险性。

(2)最小割集的求法:最小割集的求法有多种,常用的方法有布尔代数化简法、行列法、结构法、质数代入法和矩阵法等。这里仅就常用的布尔代数化简法和行列法做以简介,其他方法可参阅相关资料。

1)布尔代数化简法。事故树经过布尔代数化简,得到若干交集的并集,每个交集实际就是一个最小割集。下面以图 8-22 所示的事故树为例,利用布尔代数化简法求其最小割集。

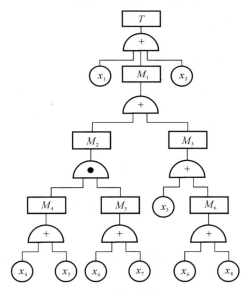

图 8-22 某事故树示意图

根据图 8-22 所示,其结构式为

$$T = x_1 + M_1 + x_2 = x_1 + M_2 + M_3 + x_2 =$$
$$x_1 + M_4 M_5 + x_3 + M_6 + x_2 =$$
$$x_1 + (x_4 + x_5)(x_6 + x_7) + x_3 + x_6 + x_8 + x_2 =$$
$$x_1 + x_4 x_6 + x_4 x_7 + x_5 x_6 + x_5 x_7 + x_3 + x_6 + x_8 + x_2(分配律) =$$
$$x_1 + x_2 + x_3 + x_6 + x_8 + x_4 x_6 + x_4 x_7 + x_5 x_6 + x_5 x_7(交换律) =$$
$$x_1 + x_2 + x_3 + x_6 + x_8 + x_4 x_7 + x_5 x_7(吸收律)$$

结果得 7 个交集的并集,这 7 个交集就是 7 个最小割集,即 $\{x_1\}\{x_2\}\{x_3\}\{x_6\}\{x_8\}\{x_4,x_7\}$ $\{x_5,x_7\}$。

图 8-23 为图 8-22 事故树的等效图。

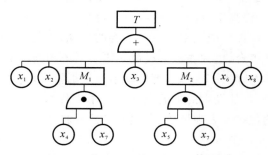

图 8-23　图 8-22 事故树的等效图

2)行列法。行列法又称下行法,这种方法是 1972 年由富塞尔提出的,因此又称为富塞尔法。该算法的基本原理是从顶上事件开始,由上往下进行,与门仅增加割集的容量(割集内包含的基本事件的个数),而不增加割集的数量。或门则增加割集的数量,而不增加割集的容量。每一步按上述的原则,由上而下排列,把与门连接的输入事件横向排列,把或门连接的输入事件纵向排列,这样逐层向下,直到全部逻辑门都置换成基本事件为止。得到的全部事件积之和,即布尔割集,再经布尔代数化简,就可得到若干最小割集。

下面仍以图 8-22 所示的事故树为例,求最小割集。

如图 8-22 所示,顶上事件与下一层的中间事件 x_1、M_1、x_2 是用或门连接的,故 T 被 x_1、M_1、x_2 代替时,纵向排列为

$$T(\text{或门}) \rightarrow \begin{cases} x_1 \\ \\ M_1 \\ \\ x_2 \end{cases}$$

M_1 与下一层事件 M_2、M_3 之间也是或门连接的,故 M_1 被 M_2、M_3 代替时,仍然是纵向排列,即

$$T(\text{或门}) \rightarrow \begin{cases} x_1 \rightarrow x_1 \\ \\ M_1(\text{或门}) \rightarrow \begin{cases} M_2 \\ \\ M_3 \end{cases} \\ \\ x_2 \rightarrow x_2 \end{cases}$$

M_2 与下一层事件 M_4、M_5 之间是与门连接的,故 M_2 被 M_4、M_5 代替时,要横向排列。而 M_3 与下层事件 x_3、M_6 是或门连接的,故 M_3 被 x_3、M_6 代替时,要纵向排列,即

$$T(或门) \to \begin{cases} x_1 \to x_1 \\\\ M_1(或门) \to \begin{cases} M_2(与门) \to M_4 M_5 \\\\ M_3(或门) \to \begin{cases} x_3 \\ M_6 \end{cases} \end{cases} \\\\ x_2 \to x_2 \end{cases}$$

同理可得

$$T(或门) \to \begin{cases} x_1 \to x_1 \\\\ M_1(或门) \to \begin{cases} M_2(与门) \to M_4 M_5(或门) \to \begin{cases} x_4 M_5(或门) \to \begin{cases} x_4 x_6 \\ x_4 x_7 \end{cases} \\\\ x_5 M_5(或门) \to \begin{cases} x_5 x_6 \\ x_5 x_7 \end{cases} \end{cases} \\\\ M_3(或门) \to \begin{cases} x_3 \\\\ M_6(或门) \to \begin{cases} x_6 \\ x_8 \end{cases} \end{cases} \end{cases} \\\\ x_2 \to x_2 \end{cases}$$

整理得

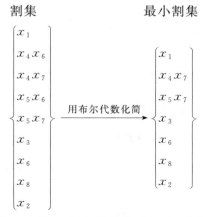

$$\begin{matrix} 割集 & & 最小割集 \\ \begin{Bmatrix} x_1 \\ x_4 x_6 \\ x_4 x_7 \\ x_5 x_6 \\ x_5 x_7 \\ x_3 \\ x_6 \\ x_8 \\ x_2 \end{Bmatrix} & \xrightarrow{\text{用布尔代数化简}} & \begin{Bmatrix} x_1 \\ x_4 x_7 \\ x_5 x_7 \\ x_3 \\ x_6 \\ x_8 \\ x_2 \end{Bmatrix} \end{matrix}$$

这与第一种算法的结果是一致的。上述两种算法相比,布尔代数化简法较为简单,但行列法便于用计算机辅助计算最小割集,故仍普遍使用行列法。

(三)径集和最小径集

径集是割集的对偶。当事故树中某些基本事件的集合都不发生时,顶上事件就不发生,这种基本事件的集合称为径集,也叫路集或通集。因此,系统的径集也就代表了系统的正常模式,即系统成功的一种可能性。

如果在某个径集中任意除去一个基本事件就不再是径集了,或者说,使事故树顶上事件不发生的最低限度的基本事件组合,这样的径集就称为最小径集。

研究最小径集,实际上是研究保证正常运行需要哪些基本环节正常发挥作用的问题,它表示系统不发生事故的几种可能方案,即表示系统的可靠性。

(1)对偶、对偶系统及对偶树。

设系统 S 有一个结构函数 $\Phi(X)$,现定义一个新的结构函数 $\Phi^D(X)$:

$$\Phi^D(X) = 1 - \Phi(1 - X) \tag{8-16}$$

式中:$(1-X) = (1-X_1, 1-X_2, \cdots, 1-X_n)$,称 $\Phi^D(X)$ 为 $\Phi(X)$ 的对偶结构函数,以 $\Phi^D(X)$ 为结构函数的系统称为系统 S 的对偶系统 $\bar{S}$。

由于 $1 - \Phi^D(1-X) = 1 - [1 - \Phi(X)] = \Phi(X)$,所以 $\bar{S}$ 的对偶系统是 S。对偶是相互的,故称为相互对偶系统。相互对偶系统有如下基本性质:

$$\left.\begin{aligned} S &= \bar{S} \\ \Phi(X) &= \overline{(\Phi^D(\bar{X}))} \end{aligned}\right\} \tag{8-17}$$

S 的割集是 $\bar{S}$ 的径集,反之亦然。S 的最小割集是 $\bar{S}$ 的最小径集,反之亦然。

利用相互对偶系统的定义,可根据某系统的事故树建造其对偶树。具体做法是,只要把原事故树中的与门改为或门,或门改为与门,其他的如基本事件、顶上事件不变,即可建造对偶树,根据相互对偶系统的基本性质,则事故树的最小割集就是对偶树的最小径集。因此,求事故树最小割集的方法,同样可用于对偶树。

(2)成功树。

在对偶树的基础上,再把其基本事件 x_i 及顶上事件 T 改成它们的补事件(各事件发生改为不发生),$y_i = \bar{x}_i$ 和 $S = \bar{T} = 1 - T$ 就可得到成功树,如图 8-24 所示。

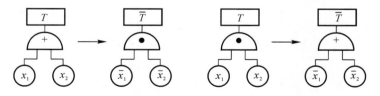

图 8-24 事故树、成功树的变换示例

为了更好地理解改换的原理,回忆一下德·摩根定律的两种形式:

$$\left.\begin{aligned} \overline{A+B} &= \bar{A} \cdot \bar{B} \\ \overline{A \cdot B} &= \bar{A} + \bar{B} \end{aligned}\right\} \tag{8-18}$$

【例8-7】以图 8-22 为例,画出其成功树,求原树的最小径集。

解:首先画成功树,如图 8-25 所示。

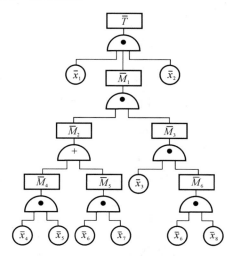

图 8-25 图 8-22 事故树的成功树

用布尔代数化简法求成功树的最小割集如下:

$$\bar{T} = \bar{x}_1 \bar{M}_1 \bar{x}_2 = \bar{x}_1 \bar{M}_2 \bar{M}_3 \bar{x}_2 =$$
$$\bar{x}_1 (\bar{M}_4 + \bar{M}_5)(\bar{x}_3 \bar{M}_6) \bar{x}_2 =$$
$$\bar{x}_1 (\bar{x}_4 \bar{x}_5 + \bar{x}_6 \bar{x}_7)(\bar{x}_3 \bar{x}_6 \bar{x}_8) \bar{x}_2 =$$
$$\bar{x}_1 \bar{x}_4 \bar{x}_5 \bar{x}_3 \bar{x}_6 \bar{x}_8 \bar{x}_2 + \bar{x}_1 \bar{x}_6 \bar{x}_7 \bar{x}_3 \bar{x}_6 \bar{x}_8 \bar{x}_2 =$$
$$\bar{x}_1 \bar{x}_2 \bar{x}_3 \bar{x}_4 \bar{x}_5 \bar{x}_6 \bar{x}_8 + \bar{x}_1 \bar{x}_2 \bar{x}_3 \bar{x}_6 \bar{x}_7 \bar{x}_8$$

由此得到成功树的两个最小割集,根据相互对偶关系,也就是原事故树的两个最小径集,即

$$P_1 = \{x_1, x_2, x_3, x_4, x_5, x_6, x_8\}$$
$$P_2 = \{x_1, x_2, x_3, x_6, x_7, x_8\}$$

【例 8-8】图 8-26 为某系统的事故树,求其最小割集,画出成功树,求最小径集。

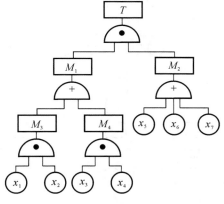

图 8-26 某系统的事故树的示意图

解：用布尔代数化简法求最小割集：

$$T = M_1 M_2 = (M_3 + M_4)(x_5 + x_6 + x_7) =$$
$$[(x_1 + x_2) + x_3 x_4](x_5 + x_6 + x_7) =$$
$$x_1 x_5 + x_1 x_6 + x_1 x_7 + x_2 x_5 + x_2 x_6 + x_2 x_7 + x_3 x_4 x_5 + x_3 x_4 x_6 + x_3 x_4 x_7$$

得到 9 个最小割集，分别为 $\{x_1, x_5\}\{x_1, x_6\}\{x_1, x_7\}\{x_2, x_5\}\{x_2, x_6\}\{x_2, x_7\}\{x_3, x_4, x_5\}\{x_3, x_4, x_6\}\{x_3, x_4, x_7\}$。

画出的成功树如图 8-27 所示，最后用布尔代数化简法求最小径集：

$$\overline{T} = \overline{M}_1 + \overline{M}_2 = \overline{M}_3 \overline{M}_4 + \bar{x}_5 \bar{x}_6 \bar{x}_7 = \bar{x}_1 \bar{x}_2 (\bar{x}_3 + \bar{x}_4) + \bar{x}_5 \bar{x}_6 \bar{x}_7 = \bar{x}_1 \bar{x}_2 \bar{x}_3 + \bar{x}_1 \bar{x}_2 \bar{x}_4 + \bar{x}_5 \bar{x}_6 \bar{x}_7$$

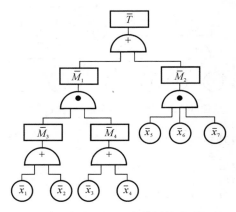

图 8-27　图 8-26 事故树的成功图

得到成功树的三个最小割集，根据相互对偶的关系，也就是事故树的三个最小径集，分别为 $\{x_1, x_2, x_3\}\{x_1, x_2, x_4\}\{x_5, x_6, x_7\}$。

如果将成功树最后经布尔代数化简的结果再换为事故树，则有

$$T = (x_1 + x_2 + x_3)(x_1 + x_2 + x_4)(x_5 + x_6 + x_7)$$

这样，就形成了三个并集的交集。根据最小径（割）集的定义，可作出其等效图，如图 8-28 所示。

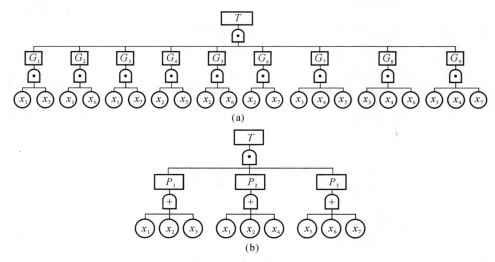

图 8-28　图 8-26 事故树的等效图

(a)用最小割集表示；(b)用最小径集表示

(四)判别割(径)集数目的方法

由例8-8可以看出,同一事故树中最小割集和最小径集数目是不相等的。如果在事故树中与门多、或门少,则最小割集的数目较少;反之,若或门多、与门少,则最小径集数目较少。在求最小割(径)集时,为了减少计算工作量,应从割(径)集数目较少的入手。

遇到很复杂的系统,往往很难根据逻辑门的数目来判定割(径)集的数目。在求最小割集的行列法中曾指出,与门仅增加割集的容量(基本事件的个数),而不增加割集的数量,或门则增加割集的数量,而不增加割集的容量。根据这一原理,下面介绍一种用"加乘法"求割(径)集数目的方法。该方法给每个基本事件赋值为1,直接利用"加乘法"求割(径)集数目。但要注意,求割集数目和径集数目,要分别在事故树和成功树上进行。如图8-29所示,首先根据事故树画出成功树,再给各基本事件赋予"1",然后根据输入事件与输出事件之间的逻辑门确定"加"或"乘",若遇到或门就用"加",遇到与门则用"乘"。

割集数目

$M_1 = 1 + 1 + 1 = 3$

$M_2 = 1 + 1 + 1 = 3$

$T = 3 \times 3 \times 1 = 9$

径集数目

$\bar{M}_1 = 1 \times 1 \times 1 = 1$

$\bar{M}_2 = 1 \times 1 \times 1 = 1$

$\bar{T} = 1 + 1 + 1 = 3$

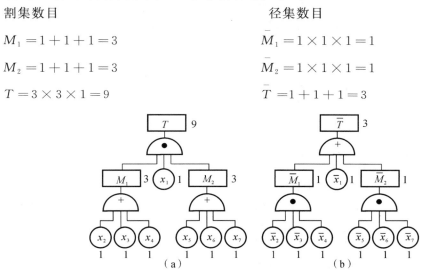

图8-29 用"加乘法"求割、径集数目

(a)事故树;(b)成功树

由上例可以看出,割集数目比径集数目多,此时用径集分析要比用割集分析简单。如果估算出某事故树的割、径集数目相差不多,一般从分析割集入手较好。这是因为最小割集的意义是导致事故发生的各种途径,得出的结果简明、直观。另外,在做定量分析时,用最小割集分析,还可采用较多的近似公式,而最小径集则不能。

必须注意,用上述方法得到的割、径集数目,不是最小割、径集的数目,而是最小割、径集的上限。只有当事故树中没有重复事件时,得到的割、径集的数目才是最小割、径集数。

(五)最小割集与最小径集在事故树分析中的意义

在事故树分析中,最小割集与最小径集具有非常重要的作用。

(1)最小割集表示系统的危险性。求解出最小割集可以掌握事故发生的各种可能,了解系统危险性的大小,为事故调查和事故预防提供依据。

由最小割集的定义可知,每个最小割集表示顶上事件发生的一种可能。由此,事故树中有几个最小割集,顶上事件发生就有几种可能。最小割集越多,系统就越危险。

另外,掌握了最小割集,实际上就掌握了顶上事件发生的各种可能,因此,这对事故发生规律的掌握和对某一事故原因的调查都是有益的。

(2)最小径集表示系统的安全性。求出最小径集可知道要使事故不发生,须控制住哪几个基本事件能使顶上事件不发生,并可知道有几种可能的预防方案。

因此,这也告诉人们改进系统的可能性和消除隐患的入手处,或者在设计一个新系统时,杜绝事故发生的几个方案。由最小径集定义可知,若一个最小径集中的所有基本事件都不发生,则顶上事件就不发生。因此,事故树的最小径集越多,系统越安全。

(3)从最小割集能直观地、概略地看出哪种事故发生后,对系统危险性影响最大,哪种稍次,哪种可以忽略,以及如何采取措施使事故发生概率迅速下降。

(4)利用最小割集和最小径集可以直接排出结构重要度的顺序。

(5)根据最小径集,可以选择控制事故的最佳方案。

(6)利用最小割集和最小径集计算顶上事件的发生概率和进行定量分析。

二、事故树的定量分析

事故树定量分析的任务是在求出各基本事件发生概率的情况基础上,计算或估算系统顶上事件发生的概率以及系统的有关可靠性特性,并以此为依据,综合考虑事故(顶上事件)的损失严重程度,与预定的目标进行比较。如果得到的结果超过了允许目标,就必须采取相应的改进措施,使其降至允许值以下。

在进行定量分析时,应满足以下几个条件:

(1)各基本事件的故障参数或故障率已知,而且数据可靠,否则计算结果误差大;

(2)在事故树中应完全包括主要故障类型;

(3)对全部事件用布尔代数做出正确的描述。

另外,一般还要作几点假设:

(1)基本事件之间是相互独立的;

(2)基本事件和顶上事件都只有两种状态,即发生或不发生(正常或故障);

(3)一般情况下,故障分布都假设为指数分布。

进行定量分析的方法很多,这里只介绍几种常用的方法,而且以举例形式说明这些方法的计算过程,不再在数学上作过多的证明。

(一)直接分步算法

对给定的事故树,若已知其结构函数和基本事件的发生概率,从原则上来讲,应按容斥原理中的逻辑加与逻辑乘的概率计算公式,就可求得顶上事件发生的概率。

设基本事件 $x_1, x_2, \cdots, x_n$ 的发生概率分别为 $q_1, q_2, \cdots, q_n$,则这些事件的逻辑加与逻辑乘的故障计算公式如下。

(1)逻辑加(或门连接的事件)的概率计算公为

$$g(x_1 \bigcup x_2 \bigcup \cdots \bigcup x_n) = 1 - (1 - q_1)(1 - q_2) \cdots (1 - q_n) =$$

$$1 - \prod_{i=1}^{n} (1 - q_i) = P_0 \tag{8-19}$$

式中:g——顶上事件(或门事件)发生的概率函数;

P_0——或门事件的概率；

q_i——第 i 个基本事件的概率；

n——输入事件数。

（2）逻辑乘（与门连接的事件）的概率计算公式为

$$g(x_1 \bigcap x_2 \bigcap \cdots \bigcap x_n) = q_1 q_2 \cdots q_n = \prod_{i=1}^{n} q_i = P_A \qquad (8-20)$$

式中：P_A——与门事件的概率。

直接分步算法适于事故树规模不大，而且事故树中无重复事件时使用。它是从底部的门事件算起，逐次向上推移，一直算到顶上事件为止。

【例 8-9】如图 8-30 所示的事故树，各基本事件的概率分别为 $q_1 = q_2 = 0.01$，$q_3 = q_4 = 0.02$，$q_5 = q_6 = 0.03$，$q_7 = q_8 = 0.04$，求顶上事件发生的概率。

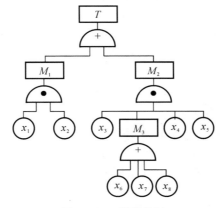

图 8-30　某事故树

解：先求 M_3 的概率，因为是或门连接，按式（8-19）计算：

$$P_{M_3} = 1 - (1 - 0.03)(1 - 0.04)(1 - 0.04) = 1 - 0.893\ 95 = 0.106\ 05$$

求 M_2 的概率，因为是与门连接，按式（8-20）计算：

$$P_{M_2} = 0.02 \times 0.106\ 05 \times 0.02 \times 0.03 = 0.000\ 001\ 27$$

求 M_1 的概率，因为是与门连接，按式（8-20）计算：

$$P_{M_1} = 0.01 \times 0.01 = 0.000\ 1$$

求 T 的概率，因为是与门连接，按式（8-19）计算：

$$P_T = 1 - (1 - 0.000\ 1)(1 - 0.000\ 001\ 27) = 0.001$$

（二）利用最小割集计算顶上事件发生的概率

从最小割集表示的事故树的等效图中可以看出，其标准结构式是：顶上事件与最小割集的逻辑连接为或门，而每个最小割集与其包含的基本事件的逻辑连接为与门。如果各最小割集中彼此没有重复的基本事件，则可先求各个最小割集的概率，即最小割集所包含的基本事件的交集（逻辑与），然后求所有最小割集的并集（逻辑或）概率，即得顶上事件发生的概率。

根据最小割集的定义，如果在割集中任意去掉一个基本事件，就不成为割集。换句话说，也就是要求最小割集中全部基本事件都发生，该最小割集才存在：

$$G_r = \bigcap_{i \in G_r} x_i \qquad (8-21)$$

式中：G_r—— 第 i 个最小割集；

　　　x_i—— 第 i 个最小割集中的基本事件。

在事故树中，一般有多个最小割集，只要存在一个最小割集，顶上事件就会发生，因此事故树的结构函数为

$$\Phi(X) = \bigcup_{r=1}^{N_G} G_r = \bigcup_{r=1}^{N_G} \bigcap_{r \in G_r} x_i \qquad (8-22)$$

式中：N_G—— 系统中最小割集数。

因此，若各个最小割集中彼此没有重复的基本事件，则可按下式计算顶上事件的发生概率：

$$g = \bigcup_{r=1}^{N_G} \prod_{x_i \in G_r} q_i \qquad (8-23)$$

式中：N_G—— 系统中最小割集数；

　　　r—— 最小割集序数；

　　　i—— 基本事件序数；

　　　$x_i \in G_r$—— 第 i 个基本事件属于第 r 个最小割集；

　　　q_i——第个基本事件的概率。

【例 8-10】设某事故树有 3 个最小割集 $\{x_1, x_2\}\{x_3, x_4, x_5\}\{x_6, x_7\}$，各基本事件发生概率分别为 q_1、q_2、q_3、q_4、q_5、q_6、q_7。求顶上事件的发生概率。

解：根据事故树的 3 个最小割集，可画出用最小割集表示的等效图，如图 8-31 所示。

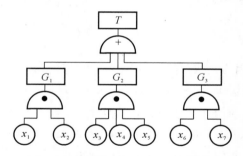

图 8-31　用最小割集表示的等效图

3 个最小割集的概率，可由各个最小割集所包含的基本事件的逻辑与分别求出：

$$q_{G_1} = q_1 q_2, \quad q_{G_2} = q_3 q_4 q_5, \quad q_{G_3} = q_6 q_7$$

顶上事件的发生概率，即求所有最小割集的逻辑或，得

$$g = 1 - (1 - q_{G_1})(1 - q_{G_2})(1 - q_{G_3}) =$$
$$1 - (1 - q_1 q_2)(1 - q_3 q_4 q_5)(1 - q_6 q_7)$$

由结果可以看出，顶上事件发生概率等于各最小割集的概率积的和。

用式（8-23）计算事故树顶上事件的概率要求各最小割集中没有重复的基本事件，也就是最小割集之间是完全不相交的。若事故树各基本事件中有重复事件，则上式不成立。

【例 8-11】某事故树共有 3 个最小割集，分别为

$$G_1 = \{x_1, x_2\}, G_2 = \{x_2, x_3, x_4\}, G_3 = \{x_2, x_5\}$$

则该事故树的结构函数式为

$$T = G_1 + G_2 + G_3 = x_1 x_2 + x_2 x_3 x_4 + x_2 x_5$$

顶上事件发生概率为

$$g = q(G_1 + G_2 + G_3) = 1 - (1 - q_{G_1})(1 - q_{G_2})(1 - q_{G_3}) =$$

$$(q_{G_1} + q_{G_2} + q_{G_3}) - (q_{G_1} q_{G_2} + q_{G_1} q_{G_3} + q_{G_2} q_{G_3}) + q_{G_1} q_{G_2} q_{G_3}$$

式中：$q_{G_1} q_{G_2}$ 是 G_1、G_2 交集的概率，即 $x_1 x_2 x_2 x_3 x_4$，根据布尔代数等幂律，有

$$x_1 x_2 x_2 x_3 x_4 = x_1 x_2 x_3 x_4$$

故

$$q_{G_1} q_{G_2} = q_1 q_2 q_3 q_4$$

同理有

$$q_{G_1} q_{G_3} = q_1 q_2 q_5, q_{G_2} q_{G_3} = q_2 q_3 q_4 q_5, q_{G_1} q_{G_2} q_{G_3} = q_1 q_2 q_3 q_4 q_5$$

因此顶上事件的发生概率为

$$g = q(G_1 + G_2 + G_3) = 1 - (1 - q_{G_1})(1 - q_{G_2})(1 - q_{G_3}) =$$

$$(q_{G_1} + q_{G_2} + q_{G_3}) - (q_{G_1} q_{G_2} + q_{G_1} q_{G_3} + q_{G_2} q_{G_3}) + q_{G_1} q_{G_2} q_{G_3} =$$

$$(q_1 q_2 + q_2 q_3 q_4 + q_2 q_5) - (q_1 q_2 q_3 q_4 + q_1 q_2 q_5 + q_2 q_3 q_4 q_5) + q_1 q_2 q_3 q_4 q_5$$

由此，若最小割集中有重复事件，必须将式（8-23）展开，用布尔代数消除每个概率积中的重复事件：

$$g = \sum_{r=1}^{N_G} \prod_{x_i \in G_r} q_i - \sum_{1 \leqslant r < s \leqslant N_G} \prod_{x_i \in G_r \cup G_s} q_i + \cdots + (-1)^{N_G - 1} \prod_{r=1}^{N_G} q_i \qquad (8-24)$$

式中：r, s——最小割集序数；

$\sum\limits_{r=1}^{N_G}$——求 N 项代数和；

$x_i \in G_r$——属于第 r 个最小割集的第 i 个基本事件；

$\sum\limits_{1 \leqslant r < s \leqslant N_G} \prod\limits_{x_i \in G_r \cup G_s}$——属于任意两个不同最小割集的基本事件概率积的代数和；

$x_i \in G_r \cup G_s$——第 i 个基本事件属于第 r 个最小割集或属于第 s 个最小割集；

$1 \leqslant r < s \leqslant N_G$——任意两个最小割集的组合顺序。

（三）利用最小径集计算顶上事件发生的概率

由最小径集表示的事故树的等效图中可以看出，其标准结构式是：顶上事件与最小径集的逻辑连接为与门，而每个最小径集与其包含的基本事件的逻辑连接为或门。如果各最小径集中彼此无重复的基本事件，则可先求各最小径集的概率，即最小径集所包含的基本事件的并集（逻辑或），然后求所有最小径集的交集（逻辑与）概率，即得顶上事件的发生概率：

$$g = \prod_{r=1}^{N_P} \bigcup_{x_i \in P_r} q_i = \prod_{r=1}^{N_P} \left[1 - \bigcap_{x_i \in P_r} (1 - q_i) \right] \qquad (8-25)$$

式中：N_P——系统中最小径集数；

r——最小径集序数；

i——基本事件序数；

$x_i \in P_r$——第 i 个基本事件属于 r 个最小径集；

q_i——第 i 个基本事件的概率。

【例 8 - 12】设某事故树有 3 个最小径集 $P_1 = \{x_1, x_2\}$，$P_2 = \{x_3, x_4, x_5\}$，$P_3 = \{x_6, x_7\}$。各基本事件发生的概率分别为 $q_1, q_2, \cdots, q_7$，求顶上事件的发生概率。

解：根据事故树的三个最小径集，画出用最小径表示的等效图，如图 8 - 32 所示。

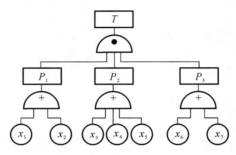

图 8 - 32 用最小径集表示的等效图

3 个最小径集的概率，可由各个最小径集所包含的基本事件的逻辑或分别求出：

$$q_{P_1} = 1 - (1 - q_1)(1 - q_2), q_{P_2} = 1 - (1 - q_3)(1 - q_4)(1 - q_5)$$
$$q_{P_3} = 1 - (1 - q_6)(1 - q_7)$$

顶上事件的发生概率，即求所有最小径集的逻辑与，得

$$g = \prod_{r=1}^{N_P} \bigcup_{x_i \in P_r} q_i = \prod_{r=1}^{N_P} [1 - \bigcap_{x_i \in P_r} (1 - q_i)] = [1 - (1 - q_1)(1 - q_2)] \times$$
$$[1 - (1 - q_3)(1 - q_4)(1 - q_5)][1 - (1 - q_6)(1 - q_7)]$$

用式（8 - 25）计算任意一个事故树顶上事件的发生概率时，要求各最小径集中没有重复的基本事件，也就是最小径集之间是完全不相交的。

若事故树中各最小径集中彼此有重复事件，则式（8 - 25）不成立，需要将式（8 - 25）展开，消去概率积中基本事件 x_1 不发生概率 $(1 - q_i)$ 的重复事件：

$$g = 1 - \sum_{r=1}^{N_P} \prod_{x_i \in P_r} (1 - q_i) - \sum_{1 \leq r < s \leq N_P} \prod_{x_i \in P_r \cup P_s} (1 - q_i) + \cdots + (-1)^{N_P - 1} \prod_{r=1}^{N_P} \prod_{x_i \in P_r} (1 - q_i)$$

$$(8 - 26)$$

【例 8 - 13】某事故树共有 3 个最小径集 $P_1 = \{x_1, x_2\}$，$P_2 = \{x_2, x_3\}$，$P_3 = \{x_2, x_4\}$，各基本事件发生的概率分别为 q_1, q_2, q_3, q_4，求顶上事件的发生概率。

解：根据题意，可写出其结构函数式为

$$T = P_1 P_2 P_3 = (x_1 + x_2)(x_2 + x_3)(x_2 + x_4)$$

顶上事件发生的概率为

$$g = q(P_1 P_2 P_3) = [1 - (1 - q_1)(1 - q_2)][1 - (1 - q_2)(1 - q_3)] \times$$
$$[1 - (1 - q_2)(1 - q_4)]$$

将上式进一步展开得

$$g = 1 - (1 - q_1)(1 - q_2) - (1 - q_2)(1 - q_3) + (1 - q_1)(1 - q_2)(1 - q_2)(1 - q_3) -$$
$$(1 - q_2)(1 - q_4) + (1 - q_1)(1 - q_2)(1 - q_2)(1 - q_4) + (1 - q_2)(1 - q_3) -$$
$$(1 - q_2)(1 - q_4) - (1 - q_1)(1 - q_2)(1 - q_2)(1 - q_3)(1 - q_2)(1 - q_4)$$

根据等幂律,整理上式得

$$g = 1 - \left[(1-q_1)(1-q_2) + (1-q_2)(1-q_3) + (1-q_2)(1-q_4)\right] +$$
$$\left[(1-q_1)(1-q_2)(1-q_3) + (1-q_1)(1-q_2)(1-q_4) + (1-q_2) \times\right.$$
$$\left.(1-q_3)(1-q_4)\right] - (1-q_1)(1-q_2)(1-q_3)(1-q_4)$$

(四)化相交集合为不相交集合展开法求顶上事件的发生概率

由于事故树的各独立的基本事件一般是相交集合(相容的),且各最小割(径)集一般也是相交集合,所以在实际运算中利用最小割(径)集计算顶上事件发生概率的方法,是非常烦琐的。因为式(8-25)和式(8-26)展开后共有 2^{N_G-1} 项,当最小割(径)集数 $N_G = 20$ 时,就有 1 048 575 项,其中每一项代表的最小割(径)集又是许多基本事件的连乘积,即使大型计算机也难以胜任。解决的办法就是运用化相交集合为不相交集合理论,将事故树的最小割(径)集中的相容事件化为不相容事件,即把最小割(径)集的相交集合化为不相交集合。

设事故树有 2 个最小割集 G_1,G_2。由于 G_1,G_2 具有相交性(含有相同的基本事件),因此,顶上事件发生概率不等于最小割集 G_1 的发生概率和最小割集 G_2 的发生概率之和。但是可以证明,G_1 与 $\bar{G}_1 G_2$ 一定不相交。根据布尔代数运算规则:

$$A + B = A + \bar{A}B \ , \ \bar{A} + \bar{B} = \bar{A} + A\bar{B} \ , \ A\bar{A} = 0$$
$$\bar{\bar{A}} = A \ , \ \overline{AB} = \bar{A} + \bar{B} = \bar{A} + A\bar{B} \ , \ \overline{A+B} = \bar{A}\,\bar{B}$$

对于独立事件和相容事件,$A + B$ 和 $\bar{A} + \bar{B}$ 均为相交集合,而 $A + \bar{A}B$ 和 $\bar{A} + A\bar{B}$ 则为不相交集合。

设 $A = \{a, b, c\}$,$B = \{a, d, e\}$,则 $A \bigcup B = \{a, b, c, d, e\}$,$\bar{A}B = \{d, e\}$,$A\bar{B} = \{b, c\}$。因此有

$$A + \bar{A}B = \{a, b, c\} + \{d, e\} = \{a, b, c, d, e\} = A \bigcup B$$

式中:$\bigcup$——集合并运算;

　　　$+$——不相交集合和运算。

这是化相交集合为不相交集合的最简单例子。若有 N 个最小割集,可写为

$$T = \bigcup_{i=1}^{N_G} G_i = G_1 + \bar{G}_1(G_2 \bigcup G_3 \bigcup \cdots \bigcup G_N) =$$
$$G_1 + \bar{G}_1 G_2 + \overline{\bar{G}_1 G_2}(\bar{G}_1 G_3 \bigcup \bar{G}_1 G_4 \bigcup \cdots \bigcup \bar{G}_1 G_N) \tag{8-27}$$

运用布尔代数运算法则,直到全部相乘项化为代数和,即为不相交和为止。

【例 8-14】如图 8-33 所示的事故树,已知 $q_1 = q_2 = 0.2$,$q_3 = q_4 = 0.3$,$q_5 = 0.25$,该事故树的最小割集为

$$G_1 = \{x_1, x_3\} \ , \ G_2 = \{x_2, x_4\} \ , \ G_3 = \{x_1, x_4, x_5\} \ , \ G_4 = \{x_2, x_3, x_5\}$$

试用上述方法求事故树顶上事件的发生概率。

解:按式(8-27)展开,得

$$T = G_1 \bigcup G_2 \bigcup G_3 \bigcup G_4 = G_1 + \bar{G}_1(G_2 \bigcup G_3 \bigcup G_4) =$$
$$x_1 x_3 + \overline{x_1 x_3}(x_2 x_4 \bigcup x_1 x_4 x_5 \bigcup x_2 x_3 x_5) =$$

$$x_1 x_3 + (\bar{x}_1 \bigcup \bar{x}_3)(x_2 x_4 \bigcup x_1 x_4 x_5 \bigcup x_2 x_3 x_5) =$$

$$x_1 x_3 + (\bar{x}_1 x_2 x_4 \bigcup \bar{x}_1 x_2 x_3 x_5 \bigcup \bar{x}_3 x_2 x_4 \bigcup \bar{x}_3 x_1 x_4 x_5) =$$

$$x_1 x_3 + \bar{x}_1 x_2 x_4 + \overline{\bar{x}_1 x_2 x_4}(\bar{x}_1 x_2 x_3 x_5 \bigcup \bar{x}_3 x_2 x_4 \bigcup \bar{x}_3 x_1 x_4 x_5) =$$

$$x_1 x_3 + \bar{x}_1 x_2 x_4 + (x_1 \bigcup \bar{x}_2 \bigcup \bar{x}_4)(\bar{x}_1 x_2 x_3 x_5 \bigcup \bar{x}_3 x_2 x_4 \bigcup \bar{x}_3 x_1 x_4 x_5) =$$

$$x_1 x_3 + \bar{x}_1 x_2 x_4 + (x_1 \bar{x}_3 x_2 x_4 \bigcup \bar{x}_3 x_1 x_4 x_5 \bigcup \bar{x}_2 \bar{x}_3 x_1 x_4 x_5 \bigcup \bar{x}_4 \bar{x}_1 x_2 x_3 x_5) =$$

$$x_1 x_3 + \bar{x}_1 x_2 x_4 + (x_1 \bar{x}_3 x_2 x_4 \bigcup \bar{x}_3 x_1 x_4 x_5 \bigcup \bar{x}_4 \bar{x}_1 x_2 x_3 x_5) =$$

$$x_1 x_3 + \bar{x}_1 x_2 x_4 + x_1 \bar{x}_3 x_2 x_4 + \overline{x_1 \bar{x}_3 x_2 x_4}(\bar{x}_3 x_1 x_4 x_5 \bigcup \bar{x}_4 \bar{x}_1 x_2 x_3 x_5) =$$

$$x_1 x_3 + \bar{x}_1 x_2 x_4 + x_1 \bar{x}_3 x_2 x_4 + (\bar{x}_1 + x_3 + \bar{x}_2 + \bar{x}_4)(\bar{x}_3 x_1 x_4 x_5 \bigcup \bar{x}_4 \bar{x}_1 x_2 x_3 x_5) =$$

$$x_1 x_3 + \bar{x}_1 x_2 x_4 + x_1 \bar{x}_3 x_2 x_4 + (\bar{x}_4 \bar{x}_1 x_2 x_3 x_5 \bigcup \bar{x}_4 \bar{x}_1 x_2 x_3 x_5 \bigcup \bar{x}_2 \bar{x}_3 x_1 x_4 x_5 \bigcup \bar{x}_4 \bar{x}_1 x_2 x_3 x_5) =$$

$$x_1 x_3 + \bar{x}_1 x_2 x_4 + x_1 \bar{x}_3 x_2 x_4 + \bar{x}_4 \bar{x}_1 x_2 x_3 x_5 + \bar{x}_2 \bar{x}_3 x_1 x_4 x_5$$

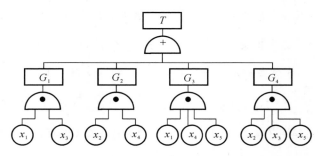

图 8-33 事故树示意图

通过上述化简为不相交和(集合),而且基本事件相互独立,因此有

$$P(T) = P(x_1)P(x_3) + P(\bar{x}_1)P(x_2)P(x_4) + P(x_1)P(\bar{x}_3)P(x_2)P(x_4) +$$
$$P(\bar{x}_4)P(\bar{x}_1)P(x_2)P(x_3)P(x_5) + P(\bar{x}_2)P(\bar{x}_3)P(x_1)P(x_4)P(x_5) =$$
$$0.2 \times 0.3 + 0.8 \times 0.2 \times 0.3 + 0.2 \times 0.7 \times 0.2 \times 0.3 + 0.7 \times 0.8 \times 0.2 \times$$
$$0.3 \times 0.25 \times 0.8 \times 0.7 \times 0.2 \times 0.3 \times 0.25 = 0.133\ 2$$

可以看出,当相交集合项较多时,手算是相当烦琐的,必须借助于计算机。而当相交集合项很多时,计算机也很难实现,可以用递推化法来解决。

(五)顶上事件发生概率的近似计算

当计算顶上事件发生概率的精确解时,又遇到事故树中最小割集数目很多,而且其中包含许多基本事件时,其计算量是相当大的。在许多实际工程计算中,这种精确计算是没有必要的,因为统计得到的各元、部件的故障率本身就不很精确,加上设备运行条件、运行环境不同以及人的失误率等,影响因素很多,伸缩性大。因此,用这些数据进行计算,必然得不出很精确的结果。于是,希望采用一种比较简便、计算量较小而又有一定精确度的近似方法。

下面介绍两种常用的计算方法,其基本思路是,事故树顶上事件发生的概率,按式(8-24)计算收敛得非常快,其中起主要作用的是首项或首项与第二项,后面一些项数值极小。

(1)首项近似法。根据利用最小割集计算顶上事件发生概率的式(8-24),设

$$\sum_{r=1}^{N_G}\prod_{x_i\in G_r}q_i=F_1\ ,\ \sum_{1\leqslant r<s\in G_r}\prod_{x_i\in G_r\cup G_s}q_i=F_2\ ,\cdots,\ \sum_{r=1}^{N_G}\prod_{x_i\in G_r}q_i=F_N$$

则式(8-24)可改写为

$$g=F_1-F_2+\cdots(-1)^{N-1}F_N \tag{8-28}$$

逐次求出 $F_1,F_2,\cdots,F_N$ 的值,当认为满足计算精度时就可以停止计算。通常 $F_1\leqslant F_2$, $F_2\leqslant F_3,\cdots,F_{N-1}\leqslant F_N$,在近似计算时往往求出 F_1 就能满足要求:

$$g\approx F_1=\sum_{r=1}^{N_G}\prod_{x_i\in G_r}q_i \tag{8-29}$$

式(8-29)说明,顶上事件的发生概率近似等于所有最小割集发生概率的代数和。

(2)平均近似法。有时为了提高计算精度,取首项与第二项之半的差作为近似值:

$$g\approx F_1-\frac{1}{2}F_2 \tag{8-30}$$

在利用式(8-30)计算顶上事件的发生概率过程中,可以得到一系列判别式:

$$\left.\begin{array}{l}g\leqslant F_1\\g\leqslant F_1-F_2\\g\leqslant F_1-F_2+F_3\end{array}\right\} \tag{8-31}$$

因此, $F_1,F_1-F_2,F_1-F_2+F_3,\cdots$ 顺序给出了顶上事件发生概率的近似上限与下限。

$$\left\{\begin{array}{l}F_1>g>F_1-F_2\\F_1-F_2+F_3>g>F_1-F_2\\\qquad\vdots\end{array}\right.$$

这样经过几个上、下限的计算,便能得出精确的概率。一般当基本事件的发生概率 $q_i<0.01$ 时,采用 $g\approx F_1-\dfrac{1}{2}F_2$ 就可得到较为精确的近似值。

【例8-15】仍以图8-31所示的事故树为例,其顶上事件发生概率为0.133 2。现试用式(8-29)和式(8-30)求该事故树顶上事件发生概率的近似值。

解:根据式(8-29),有

$$g\approx F_1=\sum_{r=1}^{N_G}\prod_{x_i\in G_r}q_i=q_1q_3+q_2q_4+q_1q_4q_5+q_2q_3q_5=$$

$$0.2\times0.3+0.2\times0.3+0.2\times0.3\times0.25+0.2\times0.3\times0.25=0.15$$

其相对误差为

$$\varepsilon_1=\frac{0.133\ 2-0.15}{0.133\ 2}\times100\%=-12.6\%$$

由于

$$F_2=\sum_{1\leqslant r<s\leqslant G_r}\prod_{x_i\in G_r\cup G_s}q_i=q_{G_1}+q_{G_1}q_{G_2}+q_{G_1}q_{G_3}+q_{G_1}q_{G_4}+$$

$$q_{G_2}q_{G_3}+q_{G_2}q_{G_3}+q_{G_2}q_{G_4}=0.007\ 425$$

根据式(8-30),有

$$g\approx F_1-\frac{1}{2}F_2=0.15-0.003\ 712\ 5=0.146\ 3$$

其相对误差为

$$\varepsilon_2 = \frac{0.133\,2 - 0.146\,3}{0.133\,2} \times 100\% = -9.8\%$$

该事故的基本故障率是相当高的,计算结果误差尚且不大。若基本事件故障率降低后,相对误差也会大大地减少,一般能满足工程应用的要求。

第五节　重要度分析

在一个事故树中往往包含很多的基本事件,这些基本事件并不是具有同样的重要性。有的基本事件或其组合(割集)一出现故障,就会引起顶上事件故障,有的则不然。一个基本事件或最小割集对顶上事件发生的贡献称为重要度。可按照基本事件或最小割集对顶上事件产生的影响程度大小来排队。这对改进设计、诊断故障、制定安全措施和检修仪表等是十分有用的。

由于分析对象和要求不同,所以重要度分析有不同的含义和计算方法,工程中常用的有结构重要度、概率重要度和临界重要度等。

一、结构重要度

结构重要度是指不考虑基本事件自身的发生概率,或者说假定各基本事件的发生概率相等,仅从结构上分析各个基本事件对顶上事件发生所产生的影响程度。

结构重要度分析可采用两种方法:一种是求结构重要系数;另一种是利用最小割集或最小径集判断重要度,排出次序。前者精确,但烦琐;后者简单,但不够精确。

(一)结构重要度系数求法

在事故树分析中,各基本事件是按两种状态描述的,设 x_i 表示基本事件 i ,则有

$$x_i = \begin{cases} 1 & (1\ 代表基本事件发生) \\ 0 & (0\ 代表基本事件不发生) \end{cases}$$

各基本事件状态的不同组合,又构成顶上事件的不同发生状态,因此,顶上事件的相应的两种状态,用结构函数表示为

$$\Phi(X) = \begin{cases} 1 & (1\ 代表顶上事件发生) \\ 0 & (0\ 代表顶上事件不发生) \end{cases}$$

当某个基本事件 x_i 的状态由正常状态(0)变为故障状态(1),其他基本事件的状态保持不变时,则顶上事件可能有以下四种状态:

(1)顶上事件从 0 变为 1;

$$\Phi(0_i, X) = 0 \rightarrow \Phi(1_i, X) = 1,即\ \Phi(1_i, X) - \Phi(0_i, X) = 1$$

(2)顶上事件处于 0 状态不发生变化;

(3)顶上事件处于 1 状态不发生变化;

(4)顶上事件从 1 变为 0。

由于研究的是单调关联系统,所以后 3 种情况不予考虑。因为第 2 和第 3 种情况说明 x_i

的状态变化对顶上事件状态不起作用。第 4 种情况则反映出基本事件发生了故障,而系统却恢复到正常状态的情况是绝对不会发生的。第 1 种情况说明当基本事件 x_i 的状态从 0 变到 1,其他基本事件的状态保持不变,则顶上事件的状态由 $\Phi(0_i, X) = 0$ 变为 $\Phi(1_i, X) = 0$。这表明这个基本事件 x_i 的状态变化对顶上事件的发生与否起到了作用。

n 个基本事件两种状态的互不相容的组合数共有 2^n 个。当把第 x_i 个基本事件作为变化对象时,其余 $n-1$ 个基本事件的状态对应保持不变的对照组共有 2^{n-1} 个组合。在这 2^{n-1} 个对照组中共有多少是属于第 1 种情况,这个比值就是该事件 x_i 的结构重要度 $I_\Phi(i)$,可表示为

$$I_\Phi(i) = \frac{1}{2^{n-1}} \sum \left[\Phi(1_i, X) - \Phi(0_i, X) \right] \tag{8-32}$$

式中:$\left[\Phi(1_i, X) - \Phi(0_i, X) \right]$ 为与基本事件对照的临界割集。

下面以图 8-34 事故树为例,求各基本事件的结构重要度。

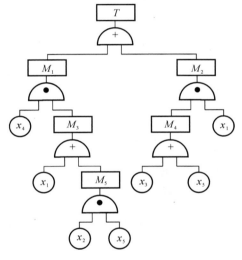

图 8-34 事故树示意图

图 8-34 中,事故树共有 5 个基本事件,其互不相容的状态组合数为 $2^5 = 32$。为了全部列出 5 个基本事件两种状态的组合情况,并有规则地进行对照,这里采用布尔真值表列出所有事件的状态组合,见表 8-5。

表中左半部 x_1 的状态值均为 0,右半部 x_1 的状态值均为 1,而其他 4 个基本事件的状态值均保持不变,可得到 $2^{5-1} = 16$ 个对照组。然后根据表中各组基本事件的发生与否,对照事故树图或其最小割集分别填写 $\Phi(0_i, X)$ 和 $\Phi(1_i, X)$ 值,顶上事件发生记为 1,不发生记为 0。用右半部的 $\Phi(1_i, X)$ 对应减去左半部 $\Phi(0_i, X)$ 的值,累积其差为 7,即有 7 组割集,分别为 (10001)(10011)(10100)(10101)(11001)(11100)(11101)。这 7 组割集就是基本事件 1 的临界割集。也就是说,在 $2^{5-1} = 16$ 个对照组中,共有了 7 组说明 x_i 的变化引起了顶上事件的变化。因此,基本事件 1 的结构重要度系数 $I_\Phi(1) = \dfrac{7}{16}$。

表 8 - 5 基本事件与顶上事件状态真值表

x_1	x_2	x_3	x_4	x_5	$\Phi(X)$	x_1	x_2	x_3	x_4	x_5	$\Phi(X)$
0	0	0	0	0	0	1	0	0	0	0	0
0	0	0	0	1	0	1	0	0	0	1	1
0	0	0	1	0	0	1	0	0	1	0	0
0	0	0	1	1	1	1	0	0	1	1	1
0	0	1	0	0	0	1	0	1	0	0	1
0	0	1	0	1	0	1	0	1	0	1	1
0	0	1	1	0	1	1	0	1	1	0	1
0	0	1	1	1	1	1	0	1	1	1	1
0	1	0	0	0	0	1	1	0	0	0	0
0	1	0	0	1	0	1	1	0	0	1	1
0	1	0	1	0	0	1	1	0	1	0	0
0	1	0	1	1	1	1	1	0	1	1	1
0	1	1	0	0	0	1	1	1	0	0	1
0	1	1	0	1	0	1	1	1	0	1	1
0	1	1	1	0	1	1	1	1	1	0	1
0	1	1	1	1	1	1	1	1	1	1	1

同理,基本事件 x_2 的 $I_\Phi(2)$,可将表 8-5 左、右半部再一分为二,左半部形成 1 ～ 8 与 9 ～ 16 对应,右半部 17 ～ 24 与 25 ～ 32 对应,仍然使基本事件 x_2 从 $0 \rightarrow 1$,其他基本事件均对应保持不变,然后用 $\Phi(1_2,X)$ 分别减去对应的 $\Phi(0_2,X)$,其累积差除以 2^4,即 $\Phi(2) = \dfrac{1}{16}$,以此类推得

$$\Phi(3) = \frac{7}{16},\Phi(4) = \frac{5}{16},\Phi(5) = \frac{5}{16}$$

根据 $I_\Phi(i)$ 值的大小,各基本事件结构重要度顺序如下:

$$I_\Phi(1) = I_\Phi(3) > I_\Phi(4) = I_\Phi(5) > I_\Phi(2)$$

综上所述,若不考虑基本事件的发生概率,仅从基本事件在事故树结构中所占的地位来分析,基本事件 x_1 和 x_3 最重要,其次是基本事件 x_4 和 x_5,而基本事件 x_2 最不重要。

(二)利用最小割集或最小径集判定重要度

利用状态值表求结构重要度系数是相当烦琐的工作,特别是基本事件数目多时,更是如此。若不求其精确值,可利用最小割(径)集进行结构重要度分析。这种方法的主要特点是根据最小割(径)集中所包含的基本事件数目(也称阶数)排序,具体有以下 4 条基本原则。

(1)由单个事件组成的最小割(径)集中,该基本事件结构重要度最大。

例如某事故树有 3 个最小割集,分别为

$$G_1 = \{x_1\},G_2 = \{x_2,x_3\},G_3 = \{x_4,x_5,x_6\}$$

根据此条原则判断,则有

$$I_\Phi(1) > I_\Phi(i), i = 2,3,4,5,6$$

（2）仅在同一个最小割（径）集中出现的所有基本事件，而且在其他最小割（径）集中不再出现，则所有基本事件结构重要度相等。例如上面最小割集 G_2 和 G_3，根据此原则判断其各基本事件的结构重要度如下：

$$I_\Phi(2) = I_\Phi(3), I_\Phi(4) = I_\Phi(5) = I_\Phi(6)$$

（3）若最小割（径）集中包含的基本事件数目相等，则在不同的最小割（径）集中出现次数多者结构重要度大，出现次数少者结构重要度小，出现次数相等者则结构重要度相等。

例如某事故树共有 4 个最小割集，分别为

$$G_1 = \{x_1, x_2, x_3\}, G_2 = \{x_1, x_3, x_5\}, G_3 = \{x_1, x_5, x_6\}, G_4 = \{x_1, x_4, x_7\}$$

根据此条原则判断，则：

1）因为 x_2, x_4, x_6, x_7 在 4 个最小割集中都只出现 1 次，所以 $I_\Phi(2) = I_\Phi(4) = I_\Phi(6) = I_\Phi(7)$。

2）因为 x_3, x_5 在 4 个最小割集中都分别出现 2 次，所以 $I_\Phi(3) = I_\Phi(5)$。

3）因为 x_1 在 4 个最小割集中重复出现 4 次，x_3, x_5 在 4 个最小割集中出现 2 次，x_2, x_4, x_6, x_7 在 4 个最小割集中只出现 1 次，所以 $I_\Phi(1) > I_\Phi(3) = I_\Phi(5) > I_\Phi(2) = I_\Phi(4) = I_\Phi(6) = I_\Phi(7)$。

（4）若事故树的最小割（径）集中所含基本事件数目不相等，则各基本事件结构重要度的大小，可按下列不同情况来定。

若某几个基本事件在不同的最小割（径）集中重复出现的次数相等，则在少事件的最小割（径）集中出现的基本事件结构重要度大，在多事件的最小割（径）集中出现的结构重要度小。

若遇到在少事件的最小割（径）集中出现次数少，而在多事件的最小割（径）集中出现次数多的基本事件，或其他错综复杂的情况，可采用下式近似判别比较：

$$I_\Phi(j) = \sum_{x_j \in G_r} \frac{1}{2^{n_j - 1}} \tag{8-33}$$

式中：$I_\Phi(j)$—— 基本事件 x_j 结构重要度的近似判别值，$I_\Phi(j)$ 大者，则重要度大；

$x_j \in G_r$—— 基本事件 x_j 属于最小割集 G_r；

n_j—— 基本事件 x_j 所在的最小割（径）集中包含的基本事件的数目。

例如某事故树共有 5 个最小径集，分别为

$$P_1 = \{x_1, x_3\}, P_2 = \{x_1, x_4\}, P_3 = \{x_2, x_3, x_5\}, P_4 = \{x_2, x_4, x_5\}, P_5 = \{x_3, x_6, x_7\}$$

根据原则（1）判断：由于 x_1 分别在包含 2 个基本事件的最小径集中各出现 1 次（共 2 次），x_2 分别在包含 3 个基本事件的最小径集中出现 2 次，x_5 分别在包含 3 个基本事件的最小径集中出现 2 次，所以 $I_\Phi(1) > I_\Phi(2) = I_\Phi(5)$。

x_3 除在包含两个基本事件的最小径集中出现 1 次外，还分别在包含 3 个基本事件的最小径集中出现 2 次；x_4 则分别在包含 2 个基本事件和 3 个基本事件的最小径集中各出现 1 次。为了判定各基本事件的结构重要度大小，下面按原则（4）判断：

$$I_\Phi(1) = \sum_{x_j \in G_r} \frac{1}{2^{n_j - 1}} = \frac{1}{2^{2-1}} + \frac{1}{2^{2-1}} = 1$$

$$I_\Phi(2) = \sum_{x_j \in G_r} \frac{1}{2^{n_j}} = \frac{1}{2^{3-1}} + \frac{1}{2^{3-1}} = \frac{1}{2}$$

$$I_\Phi(3) = \sum_{x_j \in G_r} \frac{1}{2^{n_j - 1}} = \frac{1}{2^{2-1}} + \frac{1}{2^{3-1}} + \frac{1}{2^{3-1}} = 1$$

$$I_\Phi(4) = \sum_{x_j \in G_r} \frac{1}{2^{n_j-1}} = \frac{1}{2^{2-1}} + \frac{1}{2^{3-1}} = \frac{3}{4}$$

$$I_\Phi(5) = \sum_{x_j \in G_r} \frac{1}{2^{n_j-1}} = \frac{1}{2^{3-1}} + \frac{1}{2^{3-1}} = \frac{1}{2}$$

因此，$I_\Phi(1) = I_\Phi(3) > I_\Phi(4) > I_\Phi(2) = I_\Phi(5) > I_\Phi(6) = I_\Phi(7)$。

用上述 4 条原则判断各基本事件的结构重要度大小，必须从第(1)条到第(4)条逐个判断，而不能只选用其中某一条。另外，近似判断式有一定误差，得出的结果仅作为参考。

通过以上定性分析，可以归纳出以下两点基本认识。

(1)从事故树的结构上看，距离顶上事件越近的层次其危险性越大。换一个角度来看，如果监测保护装置越靠近顶上事件，就能起到多层次的保护作用。

(2)在逻辑门结构中，与门下面所连接的输入事件必须同时全部发生才能有输出，因此它能起到控制作用；或门下面所连接的输入事件，只要其中有一个事件发生，则就有输出，因此，或门相当于一个通道，不能起到控制作用。可见事故树中或门越多，危险性也就越大。

【例 8-16】对例 8-3 中的推进剂加注失败事件进行结构重要度分析。

利用布尔代数化简法求此事故树的最小割集：

$$T = M_1 + M_2 + M_3 + M_4 = (X_1 + X_2 + X_3) + (X_4 + X_5 X_6 X_7) + (X_8 + X_9) +$$
$$X_{10} + (X_{11} + X_{12}) + X_{13} + X_{14} + X_{15}$$

根据此事故树作与其对应的成功树(见图 8-35)，用布尔化简法求得成功树最小割集为

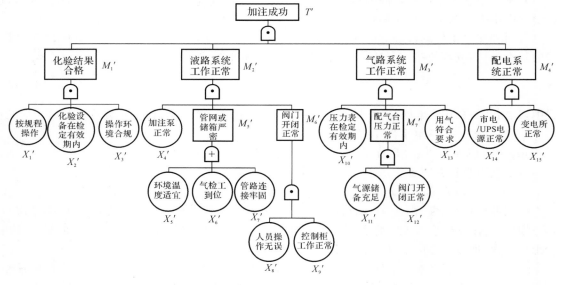

图 8-35 成功树

$$T' = M_1' M_2' M_3' M_4' = (X_1' X_2' X_3')[X_4'(X_5' + X_6' + X_7')X_8' X_9'](X_{10}' X_{11}' X_{12}' X_{13}')$$
$$(X_{14}' X_{15}') = X_5' X_1' X_2' X_3' X_4' X_8' X_9' X_{10}' X_{11}' X_{12}' X_{13}' X_{14}' X_{15}' + X_6' X_1' X_2' X_3'$$
$$X_4' X_8' X_9' X_{10}' X_{11}' X_{12}' X_{13}' X_{14}' X_{15}' + X_7' X_1' X_2' X_3' X_4' X_8' X_9' X_{10}' X_{11}' X_{12}' X_{13}'$$
$$X_{14}' X_{15}'$$

即原事故树有 3 个最小径集 $\{ X_5 X_1 X_2 X_3 X_4 X_8 X_9 X_{10} X_{11} X_{12} X_{13} X_{14} X_{15} \}\{ X_6 X_1 X_2 X_3 X_4$
$X_8 X_9 X_{10} X_{11} X_{12} X_{13} X_{14} X_{15} \}\{ X_7 X_1 X_2 X_3 X_4 X_8 X_9 X_{10} X_{11} X_{12} X_{13} X_{14} X_{15} \}$。

分析结构重要度,其排序为

$$I(1) = I(2) = I(3) = I(4) = I(8) = I(9) = I(10) = I(11) = I(12) = I(13) = I(14) =$$
$$I(15) > I(5) = I(6) = I(7)$$

二、概率重要度

基本事件发生概率变化引起顶上事件发生概率的变化程度称为概率重要度 $I_g(i)$。由于顶上事件发生概率函数 g 是一个多重线性函数,所以只要对自变量 q_i 求一次偏导,就可得到该基本事件的概率重要度系数:

$$I_g = \frac{\partial g}{\partial q_i} \tag{8-34}$$

在利用式(8-34)求出各基本事件的概率重要度系数后,就可知道众多基本事件中,减少哪个基本事件的发生概率就可有效地降低顶上事件的发生概率。

【例 8-17】图 8-32 所示事故树的最小割集为 $\{x_1,x_3\}\{x_3,x_4\}\{x_1,x_5\}\{x_2,x_4,x_5\}$,各基本事件发生概率分别为 $q_1=q_2=0.02$,$q_3=q_4=0.03$,$q_5=0.025$。求各基本事件的概率重要度系数。

解:根据题意,设 $q_{G_1}=q_1q_3$,$q_{G_2}=q_3q_4$,$q_{G_3}=q_1q_5$,$q_{G_4}=q_2q_4q_5$,按式(8-24),有

$$g = \sum_{r=1}^{N_G} \prod_{x_i \in G_r} q_i - \sum_{1 \leqslant r < s \leqslant N_G} \prod_{x_i \in G_r \cup G_s} q_i + \cdots + (-1)^{N_G-1} \prod_{r=1}^{N_G} q_i =$$

$$q_{G_1} + q_{G_2} + q_{G_3} + q_{G_4} - (q_{G_1}q_{G_2} + q_{G_1}q_{G_3} + q_{G_1}q_{G_4} + q_{G_2}q_{G_3} + q_{G_2}q_{G_4} + q_{G_3}q_{G_4}) +$$

$$(q_{G_1}q_{G_2}q_{G_3} + q_{G_1}q_{G_2}q_{G_4} + q_{G_1}q_{G_3}q_{G_4} + q_{G_2}q_{G_3}q_{G_4}) - q_{G_1}q_{G_2}q_{G_3}q_{G_4} =$$

$$q_1q_3 + q_3q_4 + q_1q_5 + q_2q_4q_5 - q_1q_3q_4 - q_1q_3q_5 - q_1q_2q_3q_4q_5 - q_1q_3q_4q_5 -$$

$$q_2q_3q_4q_5 - q_1q_2q_4q_5 + q_1q_3q_4q_5 + q_1q_2q_3q_4q_5 + q_1q_2q_3q_4q_5 + q_1q_2q_3q_4q_5 -$$

$$q_1q_2q_3q_4q_5 = q_1q_3 + q_3q_4 + q_1q_5 + q_2q_4q_5 - q_1q_3q_4 - q_1q_3q_5 - q_1q_2q_4q_5 -$$

$$q_2q_3q_4q_5 + q_1q_2q_3q_4q_5$$

分别求偏导:

$$I_g(1) = \frac{\partial g}{\partial q_1} = q_3 - q_5 - q_3q_4 - q_2q_4q_5 + q_2q_3q_4q_5 = 0.053$$

$$I_g(2) = \frac{\partial g}{\partial q_2} = q_4q_5 - q_1q_4q_5 - q_3q_4q_5 + q_1q_3q_4q_5 = 0.000\ 7$$

$$I_g(3) = \frac{\partial g}{\partial q_3} = q_1 + q_4 - q_1q_4 - q_1q_5 - q_2q_4q_5 + q_1q_2q_4q_5 = 0.048\ 9$$

$$I_g(4) = \frac{\partial g}{\partial q_4} = q_3 + q_2q_5 - q_1q_3 - q_1q_2q_5 + q_1q_2q_3q_5 = 0.029\ 8$$

$$I_g(5) = \frac{\partial g}{\partial q_5} = q_1 + q_2q_4 - q_1q_3 - q_1q_2q_4 - q_2q_3q_4 + q_1q_2q_3q_4 = 0.019\ 9$$

根据计算得出的各基本事件概率重要度系数大小排序如下:

$$I_g(1) > I_g(3) > I_g(4) > I_g(5) > I_g(2)$$

也就是说,缩小基本事件 x_1 的发生概率能使顶上事件的发生概率下降速度较快,其次是基本事件 x_3,最不敏感的是基本事件 x_2。

当所有基本事件的发生概率都等于 $\dfrac{1}{2}$ 时,概率重要度系数等于结构重要度系数:

$$I_{\Phi}(i)=I_g(i)\big|_{q_i=\frac{1}{2}} \qquad (i=1,2,\cdots,n) \tag{8-35}$$

利用这一特点,可以用定量化手段求得结构重要度系数。

三、临界重要度

临界重要度也称关键重要度。基本事件的概率重要度,反映不出减少概率大的基本事件的概率要比减少概率小的容易这一事实。这是因为基本事件 x_i 的概率重要度是由除基本事件 x_i 之外的那些基本事件发生概率来决定的,而没有反映基本事件 x_i 本身发生概率的大小。从系统安全的角度来考虑,用基本事件发生概率的相对变化率与顶上事件发生概率的相对变化率之比来表示基本事件的重要度,即从敏感度和自身发生概率的双重角度衡量各基本事件的重要度标准,这就是临界重要度,其定义为

$$I_G(i)=\frac{\partial \ln g}{\partial \ln q_i}=\frac{\partial g}{g}\Big/\frac{\partial q_i}{q_i} \tag{8-36}$$

它与概率重要度 $I_g(i)$ 的关系为

$$I_G(i)=\frac{q_i}{g}I_g(i) \tag{8-37}$$

【例 8-18】用例 8-17 已求得的各基本事件概率重要度系数来求临界重要度系数。

解:已知

$I_g(1)=0.053,I_g(2)=0.000\,7,I_g(3)=0.048\,9,I_g(4)=0.029\,8,I_g(5)=0.019\,9$

$g=q_1q_3+q_3q_4+q_1q_5+q_2q_4q_5-q_1q_3q_4-q_1q_3q_5-q_1q_2q_4q_5-q_2q_3q_4q_5+$
$\qquad q_1q_2q_3q_4q_5=0.001\,98$

根据式(8-37)得

$$I_G(1)=\frac{q_1}{g}I_g(1)=\frac{0.02}{0.001\,98}\times 0.053\approx 0.535$$

$$I_G(2)=\frac{q_2}{g}I_g(2)=\frac{0.02}{0.001\,98}\times 0.000\,7\approx 0.007$$

$$I_G(3)=\frac{q_3}{g}I_g(3)=\frac{0.03}{0.001\,98}\times 0.048\,9\approx 0.74$$

$$I_G(4)=\frac{q_4}{g}I_g(4)=\frac{0.03}{0.001\,98}\times 0.029\,8\approx 0.452$$

$$I_G(5)=\frac{q_5}{g}I_g(5)=\frac{0.025}{0.001\,98}\times 0.019\,9\approx 0.251$$

根据计算得到各基本事件临界重要度系数大小排序如下:

$$I_G(3)>I_G(1)>I_G(4)>I_G(5)>I_G(2)$$

与概率重要度分析相比,基本事件 x_1 的重要性下降了,这是因为它的发生概率小。而基本事件 x_3 的重要性上升了,这不仅是因为它的敏感度大,而且它的概率值也较大。

3 种重要度:结构重要度反映出事故树结构上基本事件的位置重要度;概率重要度反映出基本事件概率的增减对顶上事件发生概率的敏感性;而临界重要度则从敏感性和自身发生概率大小双重角度衡量基本事件的重要程度。当进行系统设计或安全分析时,应计算各基本事

件的重要度系数,按重要度系数大小进行排列,以便安排采取措施的先后顺序,避免盲目性。

四、事故树分析举例

(一)液体推进剂泄漏事故树分析

推进剂储存过程中,漏气、漏液是推进剂储罐,特别是强腐蚀性硝基氧化剂储罐的"多发病",出于未能按时对设备进行检验或者设备自身存在缺陷等原因,在储存中容易发生事故。常见的泄漏部位有 4 处:法兰连接处、焊缝、管接头处、罐体。在法兰连接处和管接头处泄漏的原因可能有:连接螺母没有拧紧或四周螺母没有均匀拧紧,密封圈的变形、损坏、划痕、裂纹、有异物,法兰的金属密封面裂纹等;罐体泄漏的原因有:焊缝处被腐蚀以及有气孔、裂纹等缺陷,偶然碰撞产生穿孔等。

长期储存推进剂要求储罐的材料与推进剂能够长期相容,腐蚀率小。如果储罐存在材料、焊接、装配等缺陷,由于液体推进剂都有不同程度的吸湿性,材料产生微小缝隙,推进剂吸水导致水分增加,不但影响推进剂质量,而且会引起推进剂对材料的腐蚀作用加剧,致使发展成为液罐腐蚀破裂。

充装过量是导致液体推进剂发生泄漏的重要因素,而且在储存、运输中时常发生。充装过量的发生既有人为原因,也有设备方面的问题。发生充装过量的人为原因中,多数为管理不力、规章制度不能够严格落实;而设备方面主要包括安全阀失效和计量仪器不准两个因素。

结合储存风险因素的分析,绘制液体推进剂储存中泄漏事故树,如图 8-36 所示。

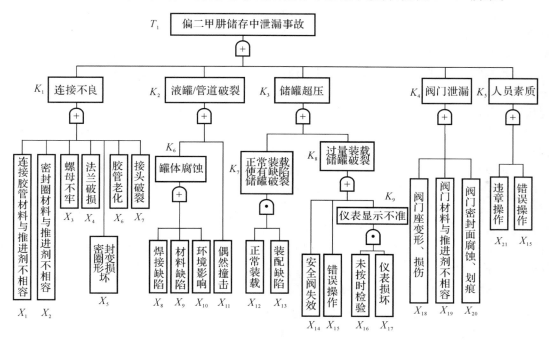

图 8-36　液体推进剂储存泄漏事故树图

该事故树包含了 21 个基本事件,顶上事件(即液体推进剂储存中泄漏事故)的结构函数为

$$T_1 = K_1 + K_2 + K_3 + K_4 + K_5$$

其中：

$$K_1 = X_1 + X_2 + X_3 + X_4 + X_5 + X_6 + X_7$$

$$K_2 = K_6 + X_{11} = X_8 + X_9 + X_{10} + X_{11}$$

$$K_3 = K_7 + K_8 = X_{12}X_{13} + X_{14} + X_{15} + K_9 = X_{12}X_{13} + X_{14} + X_{15} + X_{16}X_{17}$$

$$K_4 = X_{18} + X_{19} + X_{20}$$

$$K_5 = X_{21} + X_{15}$$

按照布尔代数运算法则得到结构函数为

$$T_1 = K_1 + K_2 + K_3 + K_4 + K_5 =$$
$$X_1 + X_2 + X_3 + X_4 + X_5 + X_6 + X_7 + X_8 + X_9 + X_{10} + X_{11} +$$
$$X_{12}X_{13} + X_{14} + X_{15} + X_{16}X_{17} + X_{18} + X_{19} + X_{20} + X_{21}$$

得到 19 个最小割集：$\{X_1\}\{X_2\}\{X_3\}\{X_4\}\{X_5\}\{X_6\}\{X_7\}\{X_8\}\{X_9\}\{X_{10}\}\{X_{11}\}\{X_{12},$ $X_{13}\}\{X_{14}\}\{X_{15}\}\{X_{16},X_{17}\}\{X_{18}\}\{X_{19}\}\{X_{20}\}\{X_{21}\}$。

按照最小割集的定义（当割集中的基本事件发生时，顶事件必然发生，即导致顶事件发生的最低限度的基本事件的集合），导致液体推进剂在储存中发生泄漏事故的途径有 19 条，可以根据此来确定预防措施时的因素排序。

各基本事件的发生对顶上事件发生的影响程度（即结构重要度），可根据其判别原则得到，基本事件的结构重要度排序为 $I_\varphi(1) = I_\varphi(2) = I_\varphi(3) = I_\varphi(4) = I_\varphi(5) = I_\varphi(6) = I_\varphi(7) = I_\varphi(8) = I_\varphi(9) = I_\varphi(10) = I_\varphi(11) = I_\varphi(14) = I_\varphi(15) = I_\varphi(18) = I_\varphi(19) = I_\varphi(20) = I_\varphi(21) > I_\varphi(12) = I_\varphi(13) = I_\varphi(16) = I_\varphi(17)$。

由事故树最小割集和结构重要度分析可知，导致液体推进剂储存中发生泄漏事故的途径有 19 条，在 21 个基本事件中，X_1、X_2、X_3、X_4、X_5、X_6、X_7、X_8、X_9、X_{10}、X_{11}、X_{14}、X_{15}、X_{18}、X_{19}、X_{20}、X_{21} 有相同的结构重要度，大于基本事件 X_{12}、X_{13}、X_{16}、X_{17} 的结构重要度。这是因为在分析液体推进剂储存泄漏事故时，我们假设液体推进剂已经在储存库中的储罐中存放，且为长期存放。分析结果也表明，各基本事件之间没有十分明显的结构重要性差别，这符合推进剂长期储存的特点：其基本事件的发生存在不确定性和随机性，每一个基本事件都有可能发生，而每发生一个事件（对于事件 X_{12} 和 X_{13} 或者 X_{16} 和 X_{17} 来说是两个事件同时发生）就会导致推进剂不同程度的泄漏。

分析这些基本事件可知，它们多是设备缺陷在长期储存中的增长或者是附件在长期使用中引起的腐蚀、变形、损坏等，如果能够及时地检查出来并且更换、维修，对有缺陷的储罐予以更换，并禁止使用有缺陷的储罐，可以使推进剂的安全储存时间更长，因此在长期储存过程中，推进剂储库的管理十分重要。而推进剂储罐的过量装载以及在日常作业中发生偶然碰撞等体现了作业人员对安全储存的重要性，因此加强教育和工作作风的培养也是保证液体推进剂长期储存安全的关键因素。

（二）液体推进剂火灾、爆炸事故树分析

在研究液体推进剂泄漏后的燃烧、爆炸等情况时，分别假设氧化剂（UDMH）或燃烧剂（N_2O_4）单独泄漏。在一般情况下，推进剂泄漏不会立即发生燃烧或爆炸，但是在氧化剂遇到可燃物，或燃料泄漏遇到热源及催化剂的情况下，也常常引起火灾。

自燃和点燃是推进剂燃烧的两种方式，无论哪一种方式，都必须具有可燃物、助燃物和着火源，三者缺一不可。着火源的种类很多，一般可分为机械的、热的、电的及化学的，其中机械着火源来自于撞击、摩擦，热着火源来自于高温表面、热辐射和冲击波等，电着火源是指电火花和静电火花,化学着火源是指自然发热、与氧化剂接触自燃、杂质等催化分解。明火是最危险的火源,即使极小的火焰,也很容易地将燃料气体或蒸气点燃,因此一切存在可燃物的危险场所严禁吸烟和明火。

由于偏二甲肼可以自燃,所以应用事故树分析偏二甲肼储存库的火灾、爆炸事故。首先画事故树,如图 8-37 所示。

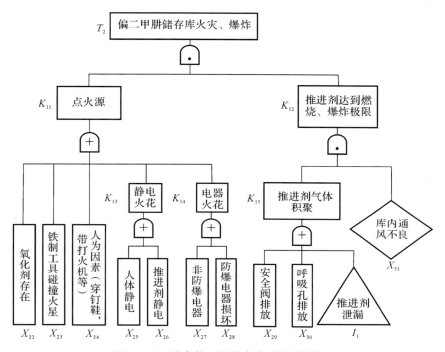

图 8-37　储存偏二甲肼火灾、爆炸事故树

该事故树包含 10 个基本事件和一个引出事件 I_1,其中引出事件 I_1 是指液体推进剂储存中的泄漏事故,因此液体推进剂储存中发生火灾爆炸事故的基本事件共有 31 个,但是在分析火灾、爆炸事故时仍将液体推进剂的泄漏作为一个基本事件,则顶上事件(液体推进剂储存中发生火灾、爆炸事故)的结构函数为

$$T_2 = K_{11}K_{12}$$

其中:

$K_{11} = X_{22} + X_{23} + X_{24} + K_{13} + K_{14} = X_{22} + X_{23} + X_{24} + X_{25} + X_{26} + X_{27} + X_{28}$

$K_{12} = K_{15}X_{31} = (X_{29} + X_{30} + I_1)X_{31} = X_{29}X_{31} + X_{30}X_{31} + I_1X_{31}$

因此,该事故树的结构函数为

$T_2 = K_{11}K_{12} = (X_{22} + X_{23} + X_{24} + X_{25} + X_{26} + X_{27} + X_{28})(X_{29}X_{31} + X_{30}X_{31} + I_1X_{31}) = X_{22}X_{29}X_{31} + X_{23}X_{29}X_{31} + X_{24}X_{29}X_{31} + X_{25}X_{29}X_{31} + X_{26}X_{29}X_{31} + X_{27}X_{29}X_{31} + X_{28}X_{29}X_{31} + X_{22}X_{30}X_{31} + X_{23}X_{30}X_{31} + X_{24}X_{30}X_{31} + X_{25}X_{30}X_{31} + X_{26}X_{30}X_{31} + X_{27}X_{30}X_{31} + X_{28}X_{30}X_{31} + X_{22}I_1X_{31} + X_{23}I_1X_{31} + X_{24}I_1X_{31} + X_{25}I_1X_{31} + X_{26}I_1X_{31} + X_{27}I_1X_{31} + X_{28}I_1X_{31}$

得到 21 个最小割集,分别为 $\{X_{22}, X_{29}, X_{31}\}\{X_{23}, X_{29}, X_{31}\}\{X_{24}, X_{29}, X_{31}\}\{X_{25}, X_{29},$

X_{31}}{X_{26},X_{29},X_{31}}{X_{27},X_{29},X_{31}}{X_{28},X_{29},X_{31}}{X_{22},X_{30},X_{31}}{X_{23},X_{30},X_{31}}{X_{24},X_{30},X_{31}}{X_{25},X_{30},X_{31}}{X_{26},X_{30},X_{31}}{X_{27},X_{30},X_{31}}{X_{28},X_{30},X_{31}}{X_{22},I_1,X_{31}}{X_{23},I_1,X_{31}}{X_{24},I_1,X_{31}}{X_{25},I_1,X_{31}}{X_{26},I_1,X_{31}}{X_{27},I_1,X_{31}}{X_{28},I_1,X_{31}}。

基本事件的结构重要度排序为 $I_\varphi(31) > I_\varphi(29) = I_\varphi(30) = I_\varphi(I_1) > I_\varphi(22) = I_\varphi(23) = I_\varphi(24) = I_\varphi(25) = I_\varphi(26) = I_\varphi(27) = I_\varphi(28)$。

通过事故树分析,导致液体推进剂储库发生火灾爆炸的途径有 21 条,其中事件 X_{31} 的结构重要性最大,说明储库中通风不良对造成火灾、爆炸事故的影响最大,其次是推进剂泄漏和推进剂从安全阀、呼吸孔排放。它们的结构重要性大于火源(即 X_{22},X_{23},X_{24},X_{25},X_{26},X_{27},X_{28} 事件),这说明储库发生火灾爆炸,推进剂蒸气的积聚是最危险的因素。如果推进剂气体达到了燃烧或者爆炸极限浓度范围,有任何一种形式火源产生,就会发生火灾、爆炸。如果储库的通风效果良好,推进剂蒸气得到驱散而不能积聚,就切断了火灾、爆炸的根源,因此储库的通风设施建设是预防火灾、爆炸事故的重点。

(三)液体推进剂运输泄漏事故树分析

运输中发生推进剂泄漏的因素较多,并且多为多种因素相互作用而引发,依据液体推进剂运输的特点以及类似危险化学品运输中发生事故的影响因素总结,绘制出液体推进剂运输中泄漏事故树,如图 8-38 所示。

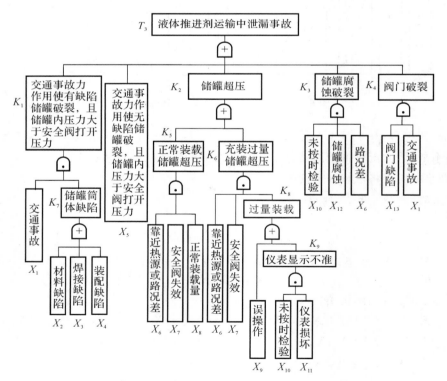

图 8-38　液体推进剂运输泄漏事故树图

该事故树包含了 13 个基本事件,顶上事件(即液体推进剂运输中泄漏事故)的结构函数为

$$T_3 = K_1 + X_5 + K_2 + K_3 + K_4$$

其中：

$$K_1 = X_1 K_7 = X_1(X_2 + X_3 + X_4) = X_1 X_2 + X_1 X_3 + X_1 X_4$$

$$K_2 = K_5 + K_6 = X_6 X_7 X_8 + X_6 X_7 K_8 = X_6 X_7 X_8 + X_6 X_7(X_9 + X_{10} X_{11}) =$$
$$X_6 X_7 X_8 + X_6 X_7 X_9 + X_6 X_7 X_{10} X_{11}$$

$$K_3 = X_6 X_{10} X_{12}$$

$$K_4 = X_1 X_{13}$$

按照布尔代数运算法则得到结构函数为

$$T_3 = K_1 + X_5 + K_2 + K_3 + K_4 = X_1 X_2 + X_1 X_3 +$$
$$X_1 X_4 + X_5 + X_6 X_7 X_8 + X_6 X_7 X_9 + X_6 X_7 X_{10} X_{11} +$$
$$X_6 X_{10} X_{12} + X_1 X_{13}$$

得到 9 个割集，分别为 $\{X_1, X_2\}\{X_1, X_3\}\{X_1, X_4\}\{X_1, X_{13}\}\{X_5\}\{X_6, X_7, X_8\}\{X_6, X_7, X_9\}\{X_6, X_7, X_{10}, X_{11}\}\{X_6, X_{10}, X_{12}\}$。

按照结构重要度判别法则，得到该事故树的结构重要度排序为 $I_\varphi(5) > I_\varphi(1) > I_\varphi(2) = I_\varphi(3) = I_\varphi(4) = I_\varphi(13) > I_\varphi(6) > I_\varphi(7) > I_\varphi(10) > I_\varphi(8) = I_\varphi(9) = I_\varphi(12) > I_\varphi(11)$。

通过事故树分析，导致液体推进剂在运输中发生泄漏的途径有 9 条，其中基本事件 X_5，即由于交通事故而导致无缺陷储罐破裂的结构重要性最大，其次是基本事件 X_1，但是这两者都是由于发生了交通事故才造成的，因此预防发生交通事故是预防推进剂运输中事故的首要问题。X_2, X_3, X_4, X_{13} 这 4 个因素都是液体推进剂运输设备缺陷，应当加强检查管理，禁止使用含有缺陷的罐体。X_6 是推进剂运输中运输路况差或者靠近热源，路面有较大凹坑、有陡坡、宽度不够等增大了驾驶难度，日光曝晒、颠簸等使容器温度、压力升高，可能发生超压爆炸。这是由于运输之前没有对路线进行考察，没有选择合理的行驶路线，所以要做好液体推进剂运输前的路线优化工作。$X_7, X_{10}, X_9, X_{12}, X_{11}$ 这 5 个因素是由于运输前的安全检查、维修更换不到位，应加强管理，扎实做好检查，避免这些事件的发生。

（四）液体推进剂运输火灾、爆炸事故树分析

运输中发生推进剂燃烧、爆炸事故，必须是可燃物、助燃物和着火源三个条件同时存在，对于运输路线沿线的情况需要提前进行了解，车辆沿途的停靠点选择在没有助燃物和着火源的地点。在行驶和不使用液位计时，应断开液位计开关，防止液位计引出线腐蚀而导致电路短路产生电火花。液体推进剂在储罐中的晃动、温度升高等会引起大量静电的产生，如果静电消除不掉会产生静电火花。根据运输情况绘制出运输中发生火灾、爆炸事故树分析图，如图 8-39 所示。

该事故树包含 15 个基本事件和一个引出事件 I_2，其中引出事件 I_2 是指图 8-38 分析的液体推进剂运输中的泄漏事故，因此液体推进剂储存中发生火灾爆炸事故的基本事件共有 27 个，但是在分析火灾、爆炸事故时仍将液体推进剂的泄漏作为一个基本事件，则顶上事件（液体推进剂储存中火灾、爆炸事故）的结构函数为

$$T_4 = K_{11} I_2$$

其中：

$$K_{12} = X_1 + X_{14}$$

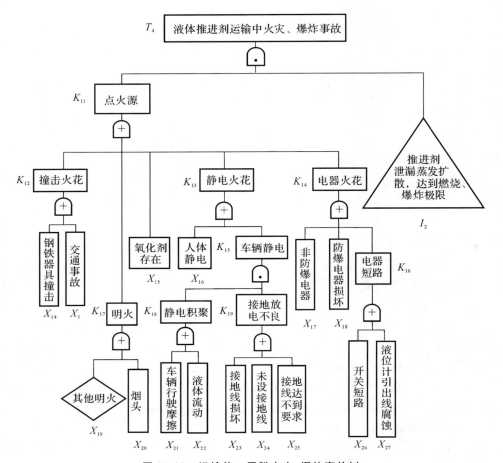

图 8 - 39　运输偏二甲肼火灾、爆炸事故树

$K_{17} = X_{19} + X_{20}$

$K_{13} = X_{16} + K_{15} = X_{16} + (X_{21} + X_{22})(X_{23} + X_{24} + X_{25}) =$

$\qquad X_{16} + X_{21}X_{23} + X_{21}X_{24} + X_{21}X_{25} + X_{22}X_{23} + X_{22}X_{24} + X_{22}X_{25}$

$K_{14} = X_{17} + X_{18} + K_6 = X_{17} + X_{18} + X_{26} + X_{27}$

$K_{11} = K_{12} + K_{13} + X_{15} + K_{14} + K_{17} =$

$\qquad X_1 + X_{14} + X_{16} + X_{21}X_{23} + X_{21}X_{24} + X_{21}X_{25} + X_{22}X_{23} + X_{22}X_{24} +$

$\qquad X_{22}X_{25} + X_{15} + X_{17} + X_{18} + X_{26} + X_{27} + X_{19} + X_{20}$

因此,该事故树的结构函数为

$T_4 = K_{11}I_2 =$

$\qquad X_1I_2 + X_{14}I_2 + X_{16}I_2 + X_{21}X_{23}I_2 + X_{21}X_{24}I_2 + X_{21}X_{25}I_2 + X_{22}X_{23}I_2 +$

$\qquad X_{22}X_{24}I_2 + X_{22}X_{25}I_2 + X_{15}I_2 + X_{17}I_2 + X_{18}I_2 + X_{26}I_2 + X_{27}I_2 + X_{19}I_2 + X_{20}I_2$

该事故树含有 16 个割集,分别为 $\{X_1, I_2\}\{X_{14}, I_2\}\{X_{16}, I_2\}\{X_{21}, X_{23}, I_2\}\{X_{21}, X_{24}, I_2\}\{X_{21}, X_{25}, I_2\}\{X_{22}, X_{23}, I_2\}\{X_{22}, X_{24}, I_2\}\{X_{22}, X_{25}, I_2\}\{X_{15}, I_2\}\{X_{17}, I_2\}\{X_{18}, I_2\}\{X_{19}, I_2\}\{X_{20}, I_2\}\{X_{26}, I_2\}\{X_{27}, I_2\}$。

基本事件的结构重要度排序为 $I_{\varphi}(I_2) > I_{\varphi}(1) = I_{\varphi}(14) = I_{\varphi}(15) = I_{\varphi}(16) = I_{\varphi}(17) = I_{\varphi}(18) = I_{\varphi}(19) = I_{\varphi}(20) = I_{\varphi}(26) = I_{\varphi}(27) > I_{\varphi}(21) = I_{\varphi}(12) > I_{\varphi}(23) = I_{\varphi}(24) = I_{\varphi}(25)$。

通过对此事故树的分析,事故树包含 16 个割集,说明导致液体推进剂运输中在发生泄漏后的火灾爆炸途径有 16 条,因此预防推进剂在运输中泄漏是至关重要的,而本事故树主要反映出运输中着火源的产生途径,这是在运输中最具不确定性的事件,控制火源产生可以预防火灾、爆炸事故发生。分析结果显示,控制火源应首先控制明火、撞击和电器设备,预防交通事故的发生。还应当重视静电的产生和消除,保证接地连接线能够符合实际需要。

（五）液体推进剂储存、运输中人员中毒事故树分析

液体推进剂作业中产生毒性风险的主要原因包括材料相容性不好、操作程序失误、作业时安全防护不当、违章操作或误操作、出现事故时处理不当。主要危险因素有液体推进剂泄漏、着火爆炸后形成的有毒有害气体扩散。在日常接触推进剂的作业中如果防护措施不得当,也会使人员发生中毒。依据液体推进剂储存、运输中的作业情况以及可能发生的事故状态,绘制出液体推进剂储存、运输中人员中毒事故树图,如图 8 - 40 所示。

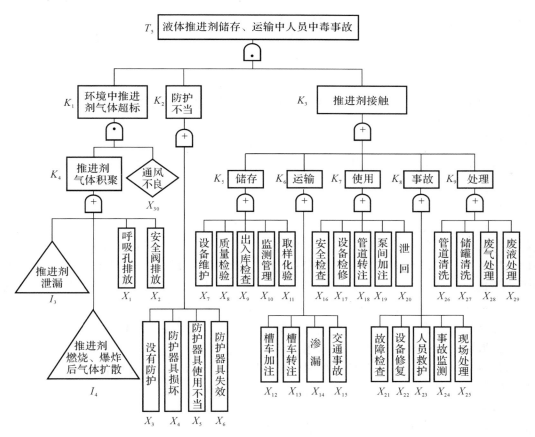

图 8 - 40　液体推进剂储存、运输中人员中毒事故树图

该事故树包含了 29 个基本事件和两个引出事件 I_3 和 I_4，其中引出事件 I_3 是指图 8-36 中的液体推进剂储存中的泄漏或者图 8-38 中的液体推进剂运输中的泄漏，引出事件 I_4 是指图 8-37 中的推进剂储存中发生火灾、爆炸事故或者图 8-39 中的推进剂运输中发生火灾、爆炸事故形成的有毒有害气体扩散。顶上事件（液体推进剂储存、运输中发生人员中毒事故）的结构函数为

$$T_5 = K_1 K_2 K_3$$

其中：

$$K_1 = K_4 X_{30} = (I_3 + I_4 + X_1 + X_2)X_{30} = I_3 X_{30} + I_4 X_{30} + X_1 X_{30} + X_2 X_{30}$$
$$K_2 = X_3 + X_4 + X_5 + X_6$$
$$K_3 = K_5 + K_6 + K_7 + K_8 + K_9 =$$
$$X_7 + X_8 + X_9 + X_{10} + X_{11} + X_{12} + X_{13} + X_{14} + X_{15} + X_{16}X_{17} + X_{18} + X_{19} +$$
$$X_{20} + X_{21} + X_{22} + X_{23} + X_{24} + X_{25} + X_{26} + X_{27} + X_{28} + X_{29}$$

该事故树的结构函数为

$$T_5 = K_1 K_2 K_3 = (I_3 X_{30} + I_4 X_{30} + X_1 X_{30} + X_2 X_{30})(X_3 + X_4 + X_5 + X_6) \times$$
$$(X_7 + X_8 + X_9 + X_{10} + X_{11} + X_{12} + X_{13} + X_{14} + X_{15} + X_{16}X_{17} + X_{18} +$$
$$X_{19} + X_{20} + X_{21} + X_{22} + X_{23} + X_{24} + X_{25} + X_{26} + X_{27} + X_{28} + X_{29}) =$$
$$(I_3 X_{30} X_3 + I_4 X_{30} X_3 + X_1 X_{30} X_3 + X_2 X_{30} X_3 + I_3 X_{30} X_4 + I_4 X_{30} X_4 +$$
$$X_1 X_{30} X_4 + X_2 X_{30} X_4 + I_3 X_{30} X_5 + I_4 X_{30} X_5 + X_1 X_{30} X_5 + X_2 X_{30} X_5 +$$
$$I_3 X_{30} X_6 + I_4 X_{30} X_6 + X_1 X_{30} X_6 + X_2 X_{30} X_6)(X_7 + X_8 + X_9 + X_{10} +$$
$$X_{11} + X_{12} + X_{13} + X_{14} + X_{15} + X_{16}X_{17} + X_{18} + X_{19} + X_{20} + X_{21} + X_{22} +$$
$$X_{23} + X_{24} + X_{25} + X_{26} + X_{27} + X_{28} + X_{29})$$

该事故树包含因素多，且结构相对复杂，求出的割集达到 368 个，不一一列出。

各因素的结构重要度排序为 $I_\varphi(30) > I_\varphi(I_1) = I_\varphi(I_2) = I_\varphi(1) = I_\varphi(2) = I_\varphi(3) = I_\varphi(4) = I_\varphi(5) = I_\varphi(6) > I_\varphi(7) = I_\varphi(8) = I_\varphi(9) = I_\varphi(10) = I_\varphi(11) = I_\varphi(12) = I_\varphi(13) = I_\varphi(14) = I_\varphi(15) = I_\varphi(16) = I_\varphi(17) = I_\varphi(18) = I_\varphi(19) = I_\varphi(20) = I_\varphi(21) = I_\varphi(22) = I_\varphi(23) = I_\varphi(24) = I_\varphi(25) = I_\varphi(26) = I_\varphi(27) = I_\varphi(28) = I_\varphi(29)$。

该事故树分析得到最小割集 368 个，导致推进剂管理应用中人员中毒的途径有 368 条，这是因为导致人员不同程度中毒的因素和环境众多。但是，从事故树分析结果来看，基本事件结构重要性最大的是通风不良导致推进剂气体浓度严重超标，其次是人员的防护措施不够或者是没有防护措施，因此预防推进剂作业中人员中毒应该做以下几点工作：防止推进剂泄漏，改善作业环境的通风情况，作业人员加强安全观念，以及在每次作业时佩戴好合适的防护器具，合理安排人员的作业时间次序，尽量减少不必要的推进剂接触。

通过对液体推进剂储存、运输中的风险影响因素的分析认识，以及对液体推进剂储存中的泄漏、火灾、爆炸事故，运输中的泄漏、火灾、爆炸事故和液体推进剂储存、运输中的人员中毒事故的事故树分析，对液体推进剂事故有了更深刻的掌握，对事故影响因素的重要性进行了事故树的结构重要性排序，对制定预防措施的重点有了大致的排序。但是，不同影响因素尽管有相同的结构重要性，在量上却没有区别，它们所引起的事故大小、危害程度也不尽相同，甚至有着巨大的差别。在定量分析时，由于事故树分析要求数据准确、充分，分析过程完整以及事故影

响因素的发生概率等,这为事故树评价方法在液体推进剂领域的开展带来了障碍,并且事故树分析着眼于设备的可靠性和事故产生条件的来源上,对于安全管理等因素没有更好的描述。因此,要对液体推进剂储存、运输安全进行更深入的研究,需要更全面、更具综合性的方法。

思　考　题

1. 简述故障树分析方法的特点及功用。
2. 简述故障树的分析程序。
3. 如何理解顶上事件、中间事件和基本事件?
4. 请说明最小割集、最小径集的意义及对安全管理的指导作用。
5. 如何理解概率重要度、结构重要度和临界重要度的概念?
6. 请阐述事故树的结构函数,并说明你的理解。
7. 试结合你熟悉的某一事故,编写事故树。

本章课程思政要点

从事故树分析法,谈学员严谨专业精神的培养。事故树分析法是一种重要的系统安全分析方法,事故树图是逻辑模型事件的表达,各事件之间的逻辑关系是非常严密的,在建造事故树的过程中,要反复推敲、修改。运用事故树分析事故原因时,必须寻求的是直接原因事件,并且尽可能不要漏掉。由此培养学生精益求精、一丝不苟的严谨作风。

第九章 危险与可操作性分析

危险与可操作性(Hazard and Operability,HAZOP)分析方法是基于各个专业、具有不同知识背景的人员所组成的分析组,分析组各成员进行积极的创新思维,对具体问题通过讨论,集思广益,可以识别更多的危险因素。该方法采用表格式分析形式,具有专家分析法的特性,主要适用于连续性生产系统的安全分析与控制,是一种启发性的、实用的定性分析方法。

第一节 概 述

一、危险与可操作性分析的基本理念

根据统计资料,由于设计不良,将不安全因素带入生产中而造成的事故约占总事故的1/4。为此,在设计开始时就应注意消除系统中的危险性,这样可以从本质上提高工厂生产的安全性和可靠性。要达到此目的,仅依靠设计人员的经验和相应的标准、规范、手册是很难实现的。特别是对于那些工艺过程复杂、操作条件严格的系统,更需要用新方法,在设计开始时能对拟议中的工艺流程的安全性进行预先审查,在设计定型时能对工艺图纸进行详细的有关安全的校核。

HAZOP分析方法虽然是为新设计或新技术而开发的危险性分析方法,但这种分析方法几乎可适用于项目发展过程的所有阶段。

HAZOP分析方法的本质就是通过系列的分析会议对工艺图纸和操作规程进行分析。在这个过程中,由各专业人员组成的分析组按照规定的方式,系统地分析偏离设计工艺条件的偏差。

HAZOP分析的最初定义是由英国帝国化学工业公司(ICI)提出的:HAZOP分析是各专业人员组成的分析组对工艺过程的危险和操作性问题进行分析,这些问题实际上是一系列的"偏差"(偏离设计工艺条件)。因此,虽然可能一个人也能完成整个过程的HAZOP分析,但这种分析不能被称为HAZOP分析。HAZOP分析方法明显不同于其他分析方法,因为其他分析方法可由一个人单独完成(虽然大多数情况下最好由分析组完成),而根据HAZOP分析方法的定义,HAZOP分析必须由不同专业人员组成的分析组来完成。

HAZOP分析的这种群体方式的主要优点在于能相互促进、开拓思路。因此,成功的HAZOP分析需要所有参加人员自由地陈述各自的观点,不允许成员之间的批评或指责,以免压制这种创造性过程。但是,为了提高HAZOP分析过程的效率和质量,整个分析过程必须有一个系统的规则,并按一定的程序进行。

HAZOP 分析是对工艺或操作的特殊点进行分析,这些特殊的点称为"分析节点"(或工艺单元、操作步骤)。

HAZOP 分析组分析每个工艺单元(或操作步骤),识别出那些具有潜在危险的偏差,这些偏差通过引导词(也称为关键词)引出。使用引导词的一个目的就是为了保证对所有工艺参数的偏差都进行分析。有时,分析组对每个工艺单元(或操作步骤)可能会提出很多的偏差,并分析它们的可能原因和后果,在对指定单元(或操作步骤)的所有偏差全部分析完毕后,继续分析下一个"分析节点",直至全部"分析节点"分析完毕。

二、危险与可操作性分析的特点

(1)HAZOP 分析方法对新建装置和已投入运行的装置都适用。对于新建装置,在工艺设计基本确定之后最好进行一次 HAZOP 分析。一般情况下,此时过程的 PID(管道及仪表流程)图已绘出,因此,分析组可以回答 HAZOP 分析中的问题,而且在这个阶段对装置的设计进行修改也比较容易;也可在过程发展的初期阶段进行 HAZOP 分析,这就需要分析人员具备该工艺过程的知识,但是此时进行的 HAZOP 分析并不能取代对整个过程的安全检查。

(2)HAZOP 分析是从生产系统中的工艺状态参数出发来研究系统中的偏差,运用启发性引导词来研究温度、压力、流量等状态参数的变动可能引起的各种故障的原因、存在的危险以及采取的对策。

(3)HAZOP 分析是故障类型及影响分析的发展。它研究和运行状态参数有关的因素,从中间过程出发,向前分析其原因,向后分析其结果。向前分析是事故树分析,向后分析是故障类型及影响分析。它有两种分析的特长,因为两种方法都有中间过程。中间过程可理解为故障类型及影响分析中的故障类型对子系统的影响,或者是事故树分析的中间事件。它承上启下,既表达了元件故障(包括人的失误相互作用)的状态,又表示了接近顶上事件更直接的原因。因此,不仅直观有效,而且更易查找事故的基本原因和发展结果。

(4)HAZOP 分析方法与故障类型及影响分析方法相比较,HAZOP 分析方法不需要更多的可靠性工程的专业知识,因而 HAZOP 分析很容易掌握。使用引导词进行分析,既可启发思维、扩大思路,又可避免漫无边际地提出问题。

(5)HAZOP 分析研究的状态参数正是操作人员控制的指标,针对性强,有利于提高安全操作能力。

(6)研究结果既可用于设计的评价,又可用于操作评价;既可用来编制、完善安全规程,又可作为可操作的安全教育材料。

(7)HAZOP 在分析不同的分析系统时,虽然其应用原理不变,但分析的过程、方式和表达形式可以根据分析对象的实际不同而灵活变化。该方法一般应用于化工企业的安全分析。

第二节　引导词及相关分析术语

由于化学工业生产系统的复杂性,为了使系统安全分析保持较强的逻辑性和系统性,对 HAZOP 分析方法定义了一些专用的词汇。这些词汇能够引导和启发人们的思考,保证对系统 HAZOP 分析的质量,因此把这些在 HAZOP 分析中专用的词汇称为引导词。

表 9-1 为 HAZOP 分析中使用的引导词及其意义。表中的引导词可以根据分析的对象

加以扩展,如"多"也可扩展为过多、过大、偏高、早于等含义,"少"则可扩展为过少、过小、偏低、迟于等含义。表9-2列出了常用的 HAZOP 分析术语。

表9-1 HAZOP 分析引导词及其意义

引导词	意 义	备 注
没有(否或空白) (NONE)	完全实现不了设计或操作规定的要求	未发生设计上所需要的事件,如没有物料输入(如流量为零),或温度、压力无显示等
多(过大或过量) (MORE)	比设计规定的标准值数量增大或提前到达	如温度、压力、流量比规定值要大,或对原有活动,如"加热"和"反应"的增加
少(过小或减量) (LESS)	比设计规定的标准值少或滞后到达	如温度、压力、流量比规定值要小,或对原有活动,如"加热"和"反应"的减少
多余(以及或伴随) (AS WELL AS)	在完成规定功能的同时,伴有其他(多余)事件发生	如在物料输送过程中消失或同时对几个反应容器供料,则有一个或几个没有获得物料
部分(局部或部分) (PART OF)	只能完成规定功能的一部分	如物料某种成分在输送过程中消失或同时对几个反应容器供料,则有一个或几个没有获得物料
相反(反向或相逆) (REVERSE)	出现与设计或操作要求相反的事件和物	如发生反向抽送或逆反应等
其他(异常) (OTHER THAN)	出现了不相同的事和物	发生了异常的事或状态,完全不能达到设计或操作标准的要求

表9-2 常用 HAZOP 分析术语

项 目	说 明
工艺单元或分析节点	具有确定边界的设备(如两容器之间的管线)单元,对单元内工艺参数的偏差进行分析;对位于 PID 图上的工艺参数进行偏差分析
操作步骤	间隙过程的不连续动作,或者是由 HAZOP 分析组分析的操作步骤;可能是手动、自动或计算机自动控制的操作;间歇过程每一步使用的偏差可能与连续过程不同
工艺指标	确定装置如何按照希望的操作而不发生偏差,即工艺过程的正常操作条件;采用一系列的表格,用文字或图表进行说明,如工艺说明、流程图、管道图、PID 图等
引导词	用于定性或定量设计工艺指标的简单词语,引导识别工艺过程的危险
工艺参数	与过程有关的物理和化学特性,包括概念性的项目,如反应、混合、浓度、pH 值及具体项目,如温度、压力、相数及流量等
偏差	分析组使用引导词,系统地对每个分析节点的工艺参数(如流量、压力等)进行分析发现的一系列偏离工艺指标的情况(如无流量、压力高等);偏差的形式通常是用"引导词+工艺参数"表达

续表

项 目	说 明
原因	发生偏差的原因;一旦找到发生偏差的原因,就意味着找到了对付偏差的方法和手段,这些原因可能是设备故障,人为失误,不可预见的工艺状态(如组成改变),来自外部的破坏(如电源故障)等
后果	偏差所造成的结果(如释放出有毒物质);分析组常常假定发生偏差时,已有安全保护系统失效;不考虑那些细小的与安全无关的后果
安全保护	指设计的工程系统或调节控制系统,用以避免或减轻偏差发生时所造成的后果(如报警、连锁、操作规程等)
措施或建议	修改设计、操作规程,或者进一步进行分析研究(如增加压力报警、改变操作步骤的顺序)的建议

第三节　HAZOP 分析

HAZOP 分析过程如图 9-1 所示。由图可见,HAZOP 分析的整个过程可分为分析的准备、实施分析、编制分析结果报告三个阶段。应该注意在分析过程中,根据分析需要分析步骤可交替进行,如分析组在完成某个分析节点(不是全部)后,可将结果提交给设计人员,让设计人员着手对原设计进行修改。

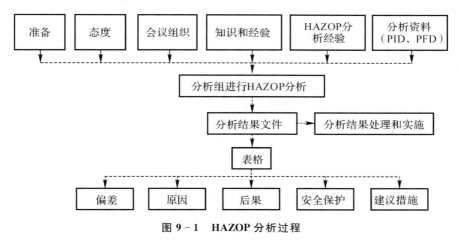

图 9-1　HAZOP 分析过程

一、HAZOP 分析的准备

准备工作对成功地进行 HAZOP 分析是十分重要的,准备工作的工作量由分析对象的大小和复杂程度决定。

(一)确定分析的目的、对象和范围

分析的目的、对象和范围必须尽可能明确。分析对象通常是由装置或项目的负责人和

HAZOP 分析组共同确定的;要按照正确的方向和既定目标开展分析工作,而且要明确应考虑到哪些危险后果。例如,如果要求 HAZOP 分析确定装置建在什么地方才能使其对公众安全的影响减到最小,这种情况下,HAZOP 分析应着重分析偏差所造成的后果对装置界区外部的影响。

(二)HAZOP 分析组的组成

HAZOP 分析组应有适当的人数且由有经验的人员组成。HAZOP 分析组最少由 4 人组成,包括组织者、记录员、2 名熟悉过程设计和操作的人员。对简单、危险情况较少的过程而言,规模较小的分析组可能更有效率,但 5~7 人的分析组是比较理想的。如果分析组规模太小,由于参加人员的知识和经验的限制将可能得不到高质量的分析结果。

(三)获取必要的资料

最重要的资料就是各种图纸,包括 PID 图(管道及仪表流程图)、PFD 图(工艺流程图)、布置图等。此外,还包括操作规程,仪表控制图、逻辑图,计算机程序,有时还应提供装置手册和设备制造手册。

(四)资料的前处理

对收集获得的资料在正式分析前要做一定的处理,将资料变成适当的表格并拟定分析顺序。在分析会议之前要使用最新的图纸,确定分析节点,每一位分析人员在会议上都应有这些图纸。有时,组织者也可以提出一个初步的偏差目录提交会议讨论,以及准备一份工作表作为分析记录用。但是,这个初步偏差目录不能作为"唯一"进行分析的内容。HAZOP 分析方法的精髓就是发挥集体的智慧。如果把这份初步的偏差目录当作"唯一"的分析内容,肯定是不全面的,而且也不符合 HAZOP 分析的要求。同样,因为 HAZOP 分析过程也是一个学习过程,当然在分析过程中允许进行修改。

对间隙过程来说,准备工作量非常大。主要是因为操作过程更加复杂,分析这些操作程序是间隙过程 HAZOP 分析的主要内容。在某些情况(如有两个或两个以上的间隙过程同时在过程中出现)下,应当将过程中每个步骤的每个容器的状态表示出来。如果过程中需要操作人员的参与(如容器装料而不是简单地控制这个容器),他们的活动也应当在流程图上反映出来。

为了让分析过程有条不紊,在分析会议开始之前要制定详细的计划,根据特定的分析对象确定最佳的分析程序。

(五)确定分析会议的次数和时间

在有关数据和图纸收集整理完毕后,就要开始着手制定会议计划。首先需要确定分析会议所需时间,一般来说每个分析节点平均需 20~30 min。若某容器有两个进口、两个出口、一个放空点,则需要 3 h 左右;另外一种方法是每个设备分配 2~3 h。确定了所需时间后,可以开始安排会议的次数和时间,每次会议持续时间不要超过 4~6 h,会议时间越长效率越低,而且分析会议应连续举行,以免因时间间隔太长在每次分析开始之前都需要重复上一次讨论的内容。最好把装置划分成几个相对独立的区域,每个区域讨论完毕后,会议组作适当修整,再进行下一区域的分析讨论。

对于大型装置或工艺过程,若由一个分析组来进行分析可能需要很长时间,在这种情况下可以考虑组成多个分析组同时进行,设立一个协调员。协调员首先将过程分成相对独立的若干部分,然后分配给各个组去完成。

二、HAZOP 分析的实施

HAZOP 分析需要将工艺图或操作程序划分为分析节点或操作步骤,然后用引导词找出过程的危险,图 9-2 为 HAZOP 分析流程图。

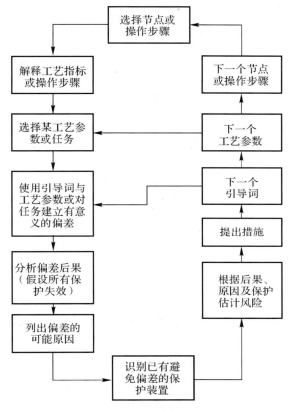

图 9-2　HAZOP 分析流程图

分析组对每个节点或操作步骤使用引导词进行分析,得到一系列的结果:

(1)偏差的原因、后果、保护装置、建议措施。

(2)需要更多的资料才能对偏差进行进一步的分析。在发现危险情况后,应当让每一位分析人员都明白问题所在,把握分析会议上所提出问题的解决程度十分重要。为尽量减少那些悬而未决的问题,应当注意:

1)每个偏差的分析及建议措施完成之后,再进行下一偏差的分析;

2)在考虑采取某种措施以提高安全性之前,应对与分析节点有关的所有危险进行分析。

在分析过程中,对偏差或危险应当主要考虑易于实现的解决方法,而不是花费大量时间去"设计解决方法"。

在分析会议过程中去寻找解决方法,即使可能,也是不合适的,因为过程危险性分析的主要目的是发现问题,而不是解决问题。但是,如果解决方法是明确和简单的,应当作为意见或建议记录下来。

HAZOP 分析涉及过程的各个方面,包括工艺、设备、仪表、控制、环境等,HAZOP 分析人员的知识及可获得的资料总是与 HAZOP 分析方法的要求有距离。因此,对某些具体问题可听取专家的意见,必要时对某些部分的分析可延期进行,在获得更多的资料后再进行分析。

三、编制分析结果文件

分析记录是 HAZOP 分析的一个重要组成部分,应根据分析讨论过程提炼出恰当的结果,不可能把会议上说的每一句话都记录下来(也没有这个必要),但是必须记录所有重要的意见。有些分析人员为了减少编制分析文件的精力,对那些不会产生严重后果的偏差不予深究或不写入文件中,但一定要慎重。也可举行分析报告审核会,让分析组对最终报告进行审核和补充。通常,HAZOP 分析会议以表格形式记录,见表 9-3。

表 9-3　HAZOP 分析记录表

分析人员:＿＿＿＿＿＿＿　　　　　　　图纸号:＿＿＿＿＿＿＿

会议日期:＿＿＿＿＿＿＿　　　　　　　版本号:＿＿＿＿＿＿＿

序　号	偏　差	原　因	后　果	安全保护	建议措施
分析节点或操作步骤说明,确定设计工艺指标					

第四节　常用 HAZOP 分析工艺参数、偏差及原因

在对化工企业进行 HAZOP 分析时,其主要分析的工艺参数有流量、温度、时间、频率、电压、混合、pH 值、分离、压力、组成、黏度、添加剂、液位、速度、信号、反应等。

对一些常用的工艺参数分析时,其可能的偏差和产生的原因见表 9-4。

表 9-4　HAZOP 分析工艺参数、偏差及可能原因

工艺参数	偏　差	可能原因	工艺参数	偏　差	可能原因
流量	过量 (MORE)	泵的能力增加 进口压力增加 输送压头降低 换热器管程泄漏 未安装流量限制孔板 系统正串 控制故障 控制队进行了调整 启动了多台泵	流量	空白 (NONE)	输送线路错误 堵塞 滑板不对 单向阀装反了 管道或容器破裂 大量泄漏 设备失效 错误隔离 压差不对 气缚

续表

工艺参数	偏差	可能原因	工艺参数	偏差	可能原因
流量	减量 （LESS）	障碍 输送线路错误 过滤器堵塞 泵损坏 容器、阀门、孔板堵塞 密度或黏度发生变化 气蚀 排污管漏 阀门未全开	流量	相逆 （REVERSE）	单向阀失效 虹吸现象 压力差不对 双向流动 紧急放空 误操作 内嵌备用设备 泵的故障 泵反转
液位	过量 （MORE） 相当于"高"	出口被封死或堵塞 因控制故障引起进口流量大于出口流量 液位测量器故障 液体比重平衡 液泛 压力湍动 腐蚀 污泥	液位	减量 （LESS） 相当于"低"	无进入流体 泄漏 出口流量大于进口流量 控制故障 液位测量器故障 容器已放空 液泛 压力湍动 腐蚀 污泥
压力	过量 （MORE） 相当于"高"	堵塞问题 连接到高压设备 气体进入 放空容积不当 设置的放空压力不对 安全阀被封死 因加热而超压 控制阀因故障打开 沸腾 冻结 化学击穿 结构 发泡 冷凝 沉淀 气体释放 起爆 爆炸 爆聚 外部着火 天气条件 锤击 黏度或密度发生变化	压力	减量 （LESS） 相当于"低"	形成真空 冷凝 气体溶解在液体中 泵或压缩机管道受到限制 未检测到泄漏 容器向外排物 气动调节阀堵塞 沸腾 气蚀 冻结 化学击穿 闪蒸 沉淀 结构 起泡 气体释放 起爆 爆炸 爆聚 着火条件 天气条件 黏度或密度发生变化

工艺参数	偏差	可能原因	工艺参数	偏差	可能原因
温度	过量（MORE）相当于"高"	环境条件 换热器列管淤塞或有缺陷 着火情况 冷却水出现故障 控制阀失效 加热器控制失效 内部着火 反应控制失效 加热介质漏入工艺过程中 仪表和控制故障	温度	浓度不对	隔离阀泄漏 换热器列管漏 原料规格不对 过程控制波动 反应生成副产品 来自高压系统的水、蒸气、燃料、润滑剂、腐蚀性产品进入，气体进入
	减量（LESS）相当于"低"	环境条件 压力降低 换热器列管淤塞或缺陷 无加热 液化气因焦耳-汤姆逊效应而使压力降低		杂质	换热器列管泄漏 隔离阀泄漏 系统的操作错误 系统互串 开停车时空气进入，海拔高度改变了流体流速 高压系统的水、蒸气、燃料、润滑剂、腐蚀性物质进入、气体进入 进料物质不纯（如含有 H_2S、CO_2 等）
	物质不对	原料不对或不符合规格 操作错误 提供的物质不对			
黏度	过量（MORE）相当于"高"	物质或组成不对 温度不对 固体含量高 浆料沉降	黏度	减量（LESS）相当于"低"	物质或组成不对 温度不对 加入溶剂
安全释放系统	—	释放原理 释放装置的类型和可靠性 释放阀放空位置 是否会成为污染源 两相流动 能力低（进口和出口）	腐蚀或磨蚀	—	装有阴极保护（内部和外部） 采用涂层 腐蚀监测方法和频率 材料规格 镀锌 腐蚀应力破裂 流体流速 酸性介质 溅射范围扩大
公用系统故障	—	仪表空气 蒸汽 氮气 冷却水 高压水 电力 供水 通信 计算机或程序逻辑控制（PLC） 防火（检测和扑灭）	非正常操作	—	置换 冲洗 开车 正常停车 紧急停车 紧急操作 运行机器的检查 机器保养

续表

工艺参数	偏差	可能原因	工艺参数	偏差	可能原因
维修规程	—	隔离方案 排污 置换 清洗 干燥 进入	维修规程	—	救援计划 训练 压力检测 工作许可制度 条件监视 升举和手工处理
静电	—	已接地 容器隔离 低导电流体 容器溅射充装 过滤器和阀元件隔离 产生尘	静电	—	处理固体 电力分类 火焰捕获器 热工作场所 热的表面 自动产生火花或自燃物质
备用设备	—	已安装或未安装 可得到备用设备 储存备用 备用设备分类	取样规程	—	取样规程 分析结果的时间 自动取样器的校验 结果诊断
时间	—	太长 太短 错误	行动	—	过多、低估、无、相反 不完全 违反规定 错误行动
资料	—	迷惑(看不懂) 不恰当 遗漏 只有一部分 资料错误 数量不够	顺序	—	操作太早、操作太迟 脱岗 向相反的方向操作 操作未完成 有多余动作 操作中动作错误
安全系统	—	火灾和气体检测与报警 紧急停车方案 灭火应答 应对紧急情况的训练 工艺物料的阈限值及检测方法 急救或医疗设施 蒸气和流出物的扩散 安全设备的测试 与国家和地方法律规定吻合	地理环境	—	设备等的布置和安排 气象(温度、湿度、洪水、风、冰雹、龙卷风等) 地质或地震 人为因素(标记、识别、进入、指示、训练、资格、报警等) 火灾和爆炸 暴露的相邻设备

第五节　HAZOP分析举例

用HAZOP分析方法对酞酸二烯丙酯(DAP)反应系统进行系统安全分析。DAP工艺流程简图如图9-3所示。

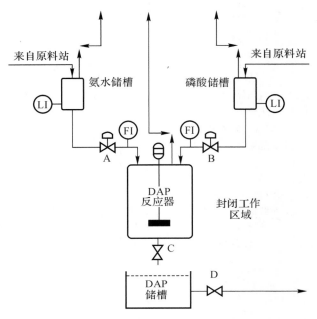

图9-3　DAP工艺流程简图

将引导词用于工艺参数,对连接DAP反应器的磷酸溶液进料管线进行分析。

分析节点——连接DAP反应器的磷酸溶液进料管线。

设计工艺指标——磷酸以某规定流量进入DAP反应器。

引导词——空白。

工艺参数——流量。

偏差——空白＋流量＝无流量。

后果——(1)反应器中氨过量,导致……

　　　　(2)未反应的氨进入DAP储槽,结果是……

　　　　(3)未反应的氨从DAP储槽中逸出到封闭的工作区域。

　　　　(4)损失DAP产品。

原因——(1)磷酸储槽中无原料。

　　　　(2)流量指示器(控制器)因故障显示值高。

　　　　(3)操作人员将流量控制器设置过低。

　　　　(4)磷酸流量控制阀因故障关闭。

　　　　(5)管道堵塞。

　　　　(6)管道泄漏或破裂。

安全保护——定期维护阀门B。

建议措施——(1)考虑安装当进入反应器的磷酸流量低时的报警(停车)系统。

(2)保证定时检查和维护阀门 B。

(3)考虑使用 DAP 封闭储槽,并连接洗涤系统。

对该过程的其他节点用"引导词+工艺参数"的分析结果记录到 HAZOP 分析表中。表 9-5 为 HAZOP 分析结果示例。

表 9-5　DAP 工艺过程 HAZOP 分析结果表(部分)

分析人员:HAZOP 分析组　　　　　　　　　图纸号:97-OBP-57100

会议日期:10/10/2015　　　　　　　　　　　版本号:3

序　号	偏　差	原　因	后　果	安全保护	建议措施
1.0 容器——液氨储槽,在环境温度和压力下进料,如图 9-3 所示					
1.1	高液位	氨站来液氨量太大,液氨储槽无足够容积;氨储槽液位指示器因故障显示液位低	氨可能释放到大气中	储槽上装有液位显示器,氨储槽上装有安全阀	检查氨站来液氨量以保证液氨储槽有足够容积;考虑将安全阀排出的氨气送入洗涤器;考虑在氨储槽上安装独立的高液位报警器

分析人员:HAZOP 分析组　　　　　　　　　图纸号:97-OBP-57100

会议日期:10/10/2015　　　　　　　　　　　版本号:3

序　号	偏　差	原　因	后　果	安全保护	建议措施
2.0 管线——氨送入 DAP 反应器的管线,进入反应器的氨流量为 x(kmol/h),压力为 z(Pa)					
2.1	高流量	氨进料管线上的控制阀 A 因故障打开;流量指示器因故障显示流量低;操作人员设置的氨流量太高	未反应的氨带到 DAP 储槽并释放到工作区域	(1)定时维护阀门 A;(2)氨检测器和报警器	考虑增加液氨进入反应器流量高时的报警(停车)系统;确保定时维护和检查阀门 A;在工作区域确保通风良好,或者使用封闭的 DAP 槽

分析人员:HAZOP 分析组　　　　　　　　　图纸号:97-OBP-57100

会议日期:10/10/2015　　　　　　　　　　　版本号:3

序　号	偏　差	原　因	后　果	安全保护	建议措施
2.9	泄漏	腐蚀、磨蚀、外来破坏、密封故障、维护失误	少量的氨连续泄漏到封闭的工作区域	定期对管线进行维护;操作人员定期检查 DAP 工艺区域	在工作区域保证通风良好

分析人员：HAZOP 分析组　　　　　　　图纸号：97 - OBP - 57100

会议日期：10/10/2015　　　　　　　　　版本号：3

序　号	偏　差	原　因	后　果	安全保护	建议措施
6.0 管线——DAP 反应器到 DAP 储槽的输出管线。产品流量为 y(kmol/h)，压力为 x(Pa)					
6.3	逆或反向流动	无可靠原因	无严重后果		

分析人员：HAZOP 分析组　　　　　　　图纸号：97 - OBP - 57100

会议日期：10/10/2015　　　　　　　　　版本号：3

序　号	偏　差	原　因	后　果	安全保护	建议措施
3.0 容器——磷酸溶液储槽，磷酸在环境温度和压力下进料，如图 9 - 3 所示					
3.7	磷酸浓度低	供应商供给的磷酸浓度低；送入进料储槽的磷酸有误	未反应的氨带入 DAP 储槽并释放到封闭的工作区域	磷酸卸料和输送规程；氨检测器和报警器	保证实施物料的处理和接受规程；在操作之前分析储槽中的磷酸浓度；保证封闭工作区域通风良好或使用封闭的 DAP 储槽

分析人员：HAZOP 分析组　　　　　　　图纸号：97 - OBP - 57100

会议日期：10/10/2015　　　　　　　　　版本号：3

序　号	偏　差	原　因	后　果	安全保护	建议措施
4.0 管线——磷酸送入 DAP 反应器的管线，磷酸进料流量为 z(kmol/h)，压力为 y(Pa)					
4.2	低（无流量）	磷酸储槽中无原料；流量指示器因故障显示流量高；操作人员设置的磷酸流量太低；磷酸进料管线上的控制阀 B 因故障关闭；管道堵塞；管道泄漏或破裂	未反应的氨带入 DAP 储槽并释放到封闭的工作区域	定期维护阀门 B；氨检测器和报警器	考虑增加磷酸进入反应器流量低时的报警（停车）系统；保证定期维护和检查阀门 B；保证封闭工作区域通风良好或使用封闭的 DAP 储槽

分析人员：HAZOP 分析组　　　　　　　　图纸号：97 - OBP - 57100

会议日期：10/10/2015　　　　　　　　　版本号：3

序　号	偏　差	原　因	后　果	安全保护	建议措施
5.0 容器——DAP 反应器，反应温度为 x(℃)，压力为 y(Pa)					
5.10	无搅拌	搅拌器电动机故障；搅拌器机械连接故障；操作人员未启动搅拌器	未反应的氨带入 DAP 储槽并释放到封闭的工作区域	氨检测器和报警器	考虑增加反应器无搅拌时的报警（停车）系统；保证封闭工作区域通风良好或使用封闭的 DAP 储槽
7.0 容器——DAP 储槽，在环境温度和压力下储存 DAP 产品，如图 9-3 所示					
7.1	高液位	从反应器来的流量太大未输送到下一工序	DAP 从 DAP 储槽中溢出到工作区域导致操作问题（DAP 对人员无危险）	操作人员观察 DAP 储槽液位	考虑在 DAP 储槽增加高液位报警器；考虑在 DAP 储槽周围修一围堰

　　HAZOP 分析在实际应用中的形式是多种多样的，可以根据具体分析对象灵活选取，图 9-4 为核对单式的分析方式。

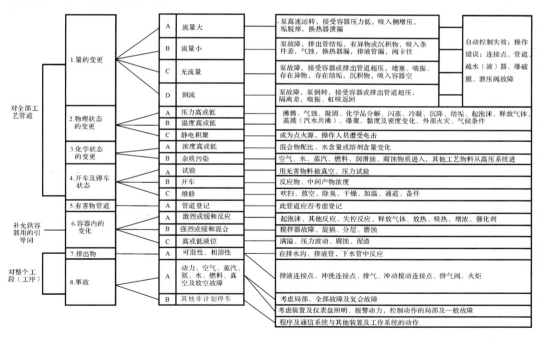

图 9-4　石油化工典型 HAZOP 分析检查表示例

思 考 题

1.什么是危险与可操作分析？

2.危险与可操作分析是如何辨识危险源的？

3.危险与可操作分析的本质和过程是什么？

4.危险与可操作分析能得到什么结果？

5.危险与可操作分析的基本理念是什么？

6.如何理解危险与可操作分析的引导词？

7.请表述危险与可操作分析的引导与工艺参数是如何组成偏差分析的。

8.请用你的理解,简述图 9-2 所示的 HAZOP 分析流程。

第三篇　系统安全评价

第十章 系统安全评价基础

安全评价是利用系统工程方法对拟建或已有工程、系统可能存在的危险性及其可能产生的后果进行综合评价和预测，并根据可能导致的事故风险的大小，提出相应的安全对策措施，以达到工程、系统安全的过程。安全评价应贯穿于工程、系统的设计、建设、运行和退役整个生命周期的各个阶段。对工程、系统进行安全评价既是政府安全监督管理的需要，也是企业、生产经营单位搞好安全生产的重要保证。

第一节 系统安全评价概述

一、安全评价的定义

安全评价是以实现系统安全为目的，应用系统安全工程原理和方法，对系统中存在的危险、有害因素进行识别与分析，判断系统发生事故和急性职业危害的可能性及其严重程度，提出安全对策建议，从而为制定防范措施和管理决策提供科学依据。

安全评价，国外也称为风险评价或危险评价，它既需要安全评价理论的支撑，又需要理论与实际经验的结合，二者缺一不可（目前国内安全评价和国外的略有不同，国内尚未建立风险的基准的标准，量化的 QRA 计算目前尚无法进行，因此更多的是以为政府和管理者提供的安全防范措施为主）。

二、系统安全评价的目的

系统安全评价的目的是查找、分析和预测工程、系统存在的危险、有害因素及可能导致的危险、危害后果和程度，提出合理可行的安全对策措施，指导危险源监控和事故预防，以达到最低事故率、最少损失和最优的安全投资效益。安全评价要达到的目的包括以下几个方面。

（1）促进实现本质安全化生产。系统地从工程、系统设计、建设、运行等过程对事故和事故隐患进行科学分析，针对事故和事故隐患发生的各种可能原因事件和条件，提出消除危险的最佳技术措施方案。特别是从设计上采取相应措施，实现生产过程的本质安全化，做到即使发生误操作或设备故障，系统存在的危险因素也不会因此导致重大事故发生。

（2）实现全过程安全控制。在设计之前进行安全评价，可避免选用不安全的工艺流程和危险的原材料以及不合适的设备、设施，或当必须采用时，提出降低或消除危险的有效方法。设计之后进行的评价，可查出设计中的缺陷和不足，及早采取改进和预防措施。系统建成以后运行阶段进行的系统安全评价，可了解系统的现实危险性，为进一步采取降低危险性的措施提供依据。

（3）建立系统安全的最优方案，为决策提供依据。通过安全评价分析系统存在的危险源、分布部位、数目、事故的概率、事故严重度，预测和提出应采取的安全对策措施等，决策者可以根据评价结果选择系统安全最优方案和管理决策。

（4）为实现安全技术、安全管理的标准化和科学化创造条件。通过对设备、设施或系统在生产过程中的安全性是否符合有关技术标准、规范相关规定的评价，对照技术标准、规范找出存在问题和不足，以实现安全技术和安全管理的标准化、科学化。

三、系统安全评价的意义

安全评价的意义在于可有效地预防事故发生，减少财产损失和人员伤亡和伤害。安全评价与日常安全管理和安全监督监察工作不同，安全评价从技术带来的负效应出发，分析、论证和评估由此产生的损失和伤害的可能性、影响范围、严重程度及应采取的对策措施等。

（1）安全评价是安全生产管理的一个必要组成部分。"安全第一，预防为主"是我国安全生产基本方针，作为预测、预防事故重要手段的安全评价，在贯彻安全生产方针中有着十分重要的作用，通过安全评价可确认生产经营单位是否具备了安全生产条件。

（2）有助于政府安全监督管理部门对生产经营单位的安全生产实行宏观控制。安全预评价将有效地提高工程安全设计的质量和投产后的安全可靠程度；投产时的安全验收评价将根据国家有关技术标准、规范对设备、设施和系统进行符合性评价，提高安全达标水平；系统运转阶段的安全技术、安全管理、安全教育等方面的安全状况综合评价，可客观地对生产经营单位安全水平做出结论，使生产经营单位不仅了解可能存在的危险性，而且明确如何改进安全状况，同时也为安全监督管理部门了解生产经营单位安全生产现状、实施宏观控制提供基础资料；通过专项安全评价，可为生产经营单位和政府安全监督管理部门提供管理依据。

（3）有助于安全投资的合理选择。安全评价不仅能确认系统的危险性，而且还能进一步考虑危险性发展为事故的可能性及事故造成损失的严重程度，进而计算事故造成的危害，即风险率，并以此说明系统危险可能造成负效益的大小，以便合理地选择控制、消除事故发生的措施，确定安全措施投资的多少，从而使安全投入和可能减少的负效益达到合理的平衡。

（4）有助于提高生产经营单位的安全管理水平。安全评价可以使生产经营单位安全管理变事后处理为事先预测、预防。传统安全管理方法的特点是凭经验进行管理，多为事故发生后再进行处理的"事后过程"。通过安全评价，可以预先识别系统的危险性，分析生产经营单位的安全状况，全面地评价系统及各部分的危险程度和安全管理状况，促使生产经营单位达到规定的安全要求。

安全评价可以使生产经营单位安全管理变纵向单一管理为全面系统管理，安全评价使生产经营单位所有部门都能按照要求认真评价本系统的安全状况，将安全管理范围扩大到生产经营单位各个部门、各个环节，使生产经营单位的安全管理实现全员、全面、全过程、全时空的系统化管理。

系统安全评价可以使生产经营单位安全管理变经验管理为目标管理。仅凭经验、主观意志和思想意识进行安全管理，没有统一的标准、目标。安全评价可以使各部门、全体职工明确各自的安全指标要求，在明确的目标下，统一步调，分头进行，从而使安全管理工作做到科学化、统一化、标准化。

（5）有助于生产经营单位提高经济效益。安全预评价可减少项目建成后由于安全要求引起的调整和返工建设,安全验收评价可将一些潜在事故消除在设施开工运行前,安全验收综合评价可使生产经营单位较好地了解可能存在的危险并为安全管理提供依据。生产经营单位的安全生产水平的提高无疑可带来经济效益的提高,使生产经营单位真正实现安全、生产和经济的同步增长。

四、安全评价内容和分类

（一）安全评价内容

安全评价是一个利用安全系统工程原理和方法识别和评价系统、工程存在的风险的过程,这一过程包括危险、有害因素识别及危险、危害程度评价两部分。危险、有害因素识别的目的在于识别危险来源;危险、危害程度评价的目的在于确定和衡量来自危险源的危险性、危险程度和应采取的控制措施,以及采取控制措施后仍然存在的危险性是否可以被接受。在实际的安全评价过程中,这两个方面是不能截然分开、孤立进行的,而是相互交叉、相互重叠于整个评价工作中。安全评价的基本内容如图 10 - 1 所示。

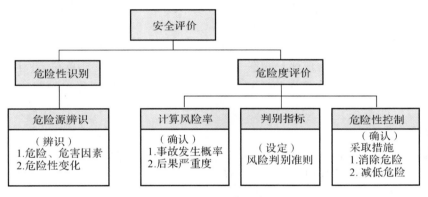

图 10 - 1　安全评价

随着现代科学技术的发展,在安全技术领域里,由以往主要研究、处理那些已经发生和必然发生的事件,发展为主要研究、处理那些还没有发生但有可能发生的事件,并把这种可能性具体化为一个数量指标,计算事故发生的概率,划分危险等级,制定安全标准和对策措施,并进行综合比较和评价,从中选择最佳的方案,预防事故的发生。安全评价通过危险性识别及危险度评价,客观地描述系统的危险程度,指导人们预先采取相应措施,来降低系统的危险性。

（二）分类

目前国内将安全评价通常根据工程、系统生命周期和评价的目的分为安全预评价、安全验收评价、安全现状综合评价和专项安全评价四类(实际它是三大类,即安全预评价、安全验收评价、安全现状综合评价,专项安全评价应属现状评价的一种,属于政府在特定的时期内进行专项整治时开展的评价)。

1. 安全预评价

安全预评价是根据建设项目可行性研究报告的内容,分析和预测该建设项目可能存在的危险、有害因素的种类和程度,提出合理可行的安全对策措施及建议。

安全预评价实际上就是在项目建设前应用安全评价的原理和方法对系统(工程、项目)的危险性、危害性进行预测性评价。

安全预评价以拟建建设项目作为研究对象,根据建设项目可行性研究报告提供的生产工艺过程、使用和产出的物质、主要设备和操作条件等,研究系统固有的危险及有害因素,应用系统安全工程的方法,对系统的危险性和危害性进行定性、定量分析,确定系统的危险、有害因素及其危险、危害程度;针对主要危险、有害因素及其可能产生的危险、危害后果提出消除、预防和降低的对策措施;评价采取措施后的系统是否能满足规定的安全要求,从而得出建设项目应如何设计、管理才能达到安全指标要求的结论。概括来说,即预评价是一种有目的的行为,它是在研究事故和危害为什么会发生、是怎样发生的和如何防止发生这些问题的基础上,回答建设项目依据设计方案建成后的安全性如何、是否能达到安全标准的要求及如何达到安全标准、安全保障体系的可靠性如何等至关重要的问题。

预评价的核心是对系统存在的危险、有害因素进行定性、定量分析,即针对特定的系统范围,对发生事故、危害的可能性及其危险、危害的严重程度进行评价。

用有关标准(安全评价标准)进行衡量,分析、说明系统的安全性。

采取哪些优化的技术、管理措施,使各子系统及建设项目整体达到安全标准的要求,这是预评价的最终目的。

最后形成的安全预评价报告将作为项目报批的文件之一,同时也是项目最终设计的重要依据文件之一(具体地说安全预评价报告主要提供给建设单位、设计单位、业主、政府管理部门,在设计阶段必须落实安全预评价所提出的各项措施,切实做到建设项目在设计中的"三同时")。

2.安全验收评价

安全验收评价是在建设项目竣工验收之前、试生产运行正常后,通过对建设项目的设施、设备、装置实际运行状况及管理状况的安全评价,查找该建设项目投产后存在的危险、有害因素,确定其程度,提出合理可行的安全对策措施及建议。

安全验收评价是运用系统安全工程原理和方法,在项目建成试生产正常运行后,在正式投产前进行的一种检查性安全评价。它通过对系统存在的危险和有害因素进行定性和定量的检查,判断系统在安全上的符合性和配套安全设施的有效性,从而做出评价结论并提出补救或补偿措施,以促进项目实现系统安全。

安全验收评价是为安全验收进行的技术准备,最终形成的安全验收评价报告将作为建设单位向政府安全生产监督管理机构申请建设项目安全验收审批的依据。另外,通过安全验收还可检查生产经营单位的安全生产保障,确认《中华人民共和国安全生产法》的落实。

在安全验收评价中要查看安全预评价在初步设计中的落实,初步设计中的各项安全措施落实,施工过程中的安全监理记录,安全设施调试、运行和检测,以及隐蔽工程等安全落实情况,同时落实各项安全管理制度措施等。

3.安全现状综合评价

安全现状综合评价是针对系统、工程的(某一个生产经营单位总体或局部的生产经营活动的)安全现状进行的安全评价,通过评价查找其存在的危险、有害因素,确定其程度,提出合理可行的安全对策措施及建议。

这种对在用生产装置、设备、设施、储存、运输及安全管理状况进行的全面综合安全评价，是根据政府有关法规的规定或是根据生产经营单位职业安全、健康、环境保护的管理要求进行的，主要内容包括：

(1)全面收集评价所需的信息资料，采用合适的安全评价方法进行危险识别，给出量化的安全状态参数值。

(2)对于可能造成重大后果的事故隐患，采用相应的数学模型进行事故模拟，预测极端情况下的影响范围，分析事故的最大损失以及发生事故的概率。

(3)对发现的隐患，根据量化的安全状态参数值、整改的优先度进行排序。

(4)提出整改措施与建议。

(5)形成的安全现状综合评价报告应纳入生产经营单位安全隐患整改和安全管理计划，并按计划加以实施和检查。

4.专项安全评价

专项安全评价是根据政府有关管理部门的要求进行的，是对专项安全问题进行的专题安全分析评价，如危险化学品专项安全评价、非煤矿山专项评价等。

专项安全评价是针对某一项活动或场所(如一个特定的行业、产品、生产方式、生产工艺或生产装置等)存在的危险、有害因素进行的安全评价，目的是查找其存在的危险、有害因素，确定其程度，提出合理可行的安全对策措施及建议。

如果生产经营单位是生产或储存、销售剧毒化学品的企业，评价所形成的专项安全评价报告就是上级主管部门批准其获得或保持生产经营营业执照所要求的文件之一。

第二节　系统安全评价的程序及依据

一、系统安全评价的程序

安全评价程序主要包括：准备阶段，危险、有害因素识别与分析，定性、定量评价，提出安全对策措施，形成安全评价结论及建议，编制安全评价报告，如图 10－2 所示。

(1)准备阶段。明确被评价对象和范围，收集国内外相关法律法规、技术标准及工程、系统的技术资料。

(2)危险、有害因素识别与分析。根据被评价的工程、系统的情况，识别和分析危险、有害因素，确定危险、有害因素存在的部位、存在的方式、事故发生的途径及其变化的规律。

(3)定性、定量评价。在危险、有害因素识别和分析的基础上，划分评价单元，选择合理的评价方法，对工程、系统发生事故的可能性和严重程度进行定性、定量评价。

(4)安全对策措施。根据定性、定量评价结果，提出消除或减弱危险、有害因素的技术和管理措施及建议。

(5)评价结论及建议。简要地列出主要危险、有害因素的评价结果，指出工程、系统应重点防范的重大危险因素，明确生产经营者应重视的重要安全措施。

(6)安全评价报告的编制。依据安全评价的结果编制相应的安全评价报告。

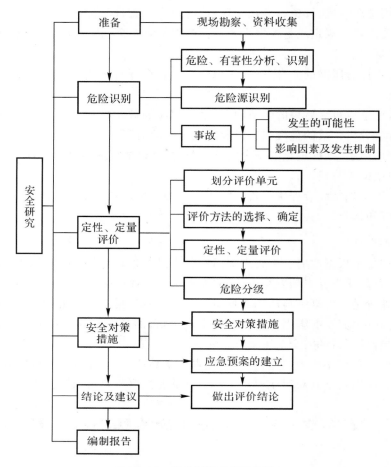

图 10-2　安全评价的基本程序

二、系统安全评价的依据

安全评价是政策性很强的一项工作,必须依据我国现行的法律、法规和技术标准,以保障被评价项目的安全运行,保障劳动者在劳动过程中的安全与健康。

(一)法律、法规

安全法规的规范性文件主要有以下几种:

宪法:宪法的许多条文直接涉及安全生产和劳动保护问题,这些规定既是安全法规制定的最高法律依据,又是安全法律、法规的一种表现形式。

法律:是由国家立法机构以法律形式颁布实施的,如《中华人民共和国劳动法》《中华人民共和国安全生产法》《中华人民共和国矿山安全法》等。

行政法规:由国务院制定的安全生产行政法规,如国务院发布的《危险化学品管理条例》《女职工保护规定》等。

部门规章:由国务院有关部门制定的专项安全规章,是安全法规各种形式中数量最多的,如国家安全生产监督管理局发布的《安全评价通则》及各类安全评价导则,原劳动部发布的《建设项目(工程)劳动安全卫生监察规定》《建设项目(工程)职业安全卫生设施和技术措施验收办法》等。

地方性法规和地方规章:地方性法规是由各省、自治区、直辖市人大及其常务委员会制定的有关安全生产的规范性文件;地方规章是由各省、自治区、直辖市政府,其首府所在地的市和经国务院批准的较大的市政府制定的有关安全生产的专项文件。

国际法律文件:主要是我国政府批准加入的国际劳工公约(目前共 22 个)。

(二)标准

安全评价相关标准可按来源、法律效力、对象特征等进行分类。

按标准来源可分为四类:一是由国家主管标准化工作的部门颁布的国家标准,如《生产设备安全卫生设计总则》《生产过程安全卫生要求总则》等;二是国务院各部委发布的行业标准,如原冶金部的《冶金生产经营单位安全设计卫生设计规定》等;三是地方政府发布的地方标准,如《火灾高危单位消防安全管理与评估规范》(陕西省地方标准 DB61/T926—2014)《消防安全重点单位管理规范》(昆明市市级地方标准,2021 年 11 月颁布,2022 年 1 月 1 日实施);四是国际标准和外国标准。

按标准法律效力可分为两类:一是强制性标准,如《建筑设计防火规范》(GB50016—2014)《爆炸和火灾危险环境电力装置设计规范》(GB50058—2014)等;二是推荐性标准,如《城市轨道交通消防安全管理》(GB/T40484—2021)等。

按标准对象特征可分为管理标准和技术标准。其中技术标准又可分为基础标准、产品标准和方法标准三类。

安全评价依据的标准众多,不同行业会涉及不同的标准,难以一一列出。应该注意的是,标准有可能更新,应注意使用最新版本的标准。

第三节　系统安全评价的原理和原则

一、安全评价原理

虽然安全评价的领域、种类、方法、手段种类繁多,而且评价系统的属性、特征及事件的随机性千变万化,各不相同,究其思维方式却是一致的,可归纳为以下四个基本原理,即相关性原理、类推原理、惯性原理和量变到质变原理。

(一)相关性原理

一个系统,其属性、特征与事故和职业危害存在着因果的相关性,这是系统因果评价方法的理论基础。

1. 系统的基本特征

安全评价把研究的所有对象都视为系统。系统是指为实现一定的目标,由多种彼此有机联系的要素组成的整体。系统有大有小,千差万别,但所有的系统都具有以下普遍的基本特征。

(1)目的性:任何系统都具有目的性,要实现一定的目标(功能)。

(2)集合性:指一个系统是由若干个(两个以上)元素组成的一个系统整体,或是由各层次的要素(子系统、单元、元素集)集合组成的一个系统整体。

(3)相关性:即一个系统内部各要素(或元素)之间存在着相互影响、相互作用、相互依赖的有机联系,通过综合协调,实现系统的整体功能。在相关关系中,二元关系是基本关系,其他复杂的相关关系是在二元关系基础上发展起来的。

(4)阶层性:在大多数系统中,存在着多阶层性,通过彼此作用,互相影响、制约,形成一个系统整体。

(5)整体性:系统的要素集、相关关系集、各阶层构成了系统的整体。

(6)适应性:系统对外部环境的变化有着一定的适应性。

每个系统都有着自身的总目标,而构成系统的所有子系统、单元都为实现这一总目标而实现各自的分目标。如何使这些目标达到最佳,这就是系统工程要研究解决的问题。

系统的整体目标(功能)是由组成系统的各子系统、单元综合发挥作用的结果。因此,不仅系统与子系统、子系统与单元有着密切的关系,而且各子系统之间、各单元之间、各元素之间也都存在着密切的相关关系。因此,在评价过程中只有找出这种相关关系,并建立相关模型,才能正确地对系统的安全性做出评价。

系统的结构可用下列公式表达:

$$E = \max f(X, R, C)$$

式中:E——最优结合效果;

X——系统组成的要素集,即组成系统的所有元素;

R——系统组成要素的相关关系集,即系统各元素之间的所有相关关系;

C——系统组成的要素及其相关关系在各阶层上可能的分布形式;

f——X,R,C的结合效果函数。

对系统的要素集(X)、关系集(R)和层次分布形式(C)的分析,可阐明系统整体的性质。要使系统目标达到最佳程度,只有使上述三者达到最优结合,才能产生最优的结合效果E。

对系统进行安全评价,就是要寻求X,R和C的最合理的结合形式,即具有最优结合效果E的系统结构形式在对应系统目标集和环境因素约束集的条件,给出最安全的系统结合方式。例如,一个生产系统一般是由若干生产装置、物料、人员(X集)集合组成的;其工艺过程是在人、机、物料、作业环境结合过程(人控制的物理、化学过程)中进行的(R集);生产设备的可靠性、人的行为的安全性、安全管理的有效性等因素层次上存在各种分布关系(C集)。安全评价的目的,就是寻求系统在最佳生产(运行)状态下的最安全的有机结合。

因此,在评价之前要研究与系统安全有关的系统组成要素、要素之间的相关关系,以及它们在系统各层次的分布情况。例如,要调查、研究构成工厂的所有要素(人、机、物料、环境等),明确它们之间存在的相互影响、相互作用、相互制约的关系和这些关系在系统的不同层次中的不同表现形式等。

要对系统做出准确的安全评价,必须对要素之间及要素与系统之间的相关形式和相关程度给出量的概念。这就需要明确哪个要素对系统有影响,是直接影响还是间接影响;哪个要素对系统影响大,大到什么程度,彼此是线性相关,还是指数相关等。要做到这一点,就要求在分析大量生产运行、事故统计资料的基础上,得出相关的数学模型,以便建立合理的安全评价数学模型。例如,用加权平均法进行生产经营单位安全评价中确定各子系统安全评价的权重系数,实际上就是确定生产经营单位整体与各子系统之间的相关系数;这种权重系数代表了各子系统的安全状况对生产经营单位整体安全状况的影响大小,也代表了各子系统的危险性在生产经营单位整体危险性中的比例;一般来说,权重系数都是通过大量事故统计资料的分析,权衡事故发生的可能性大小和事故损失的严重程度而确定下来的。

2.因果关系

有因才有果,这是事物发展变化的规律。事物的原因和结果之间存在着类似函数一样的密切关系。若研究、分析各个系统之间的依存关系和影响程度就可以探求其变化的特征和规律,并可以预测其未来状态的发展变化趋势。

事故和导致事故发生的各种原因(危险因素)之间存在着相关关系,表现为依存关系和因果关系;危险因素是原因,事故是结果,事故的发生是由许多因素综合作用的结果。分析各因素的特征、变化规律、影响事故发生和事故后果的程度以及从原因到结果的途径,揭示其内在联系和相关程度,才能在评价中得出正确的分析结论,采取恰当的对策措施。例如,可燃气体泄漏爆炸事故是由可燃气体泄漏、与空气混合达到爆炸极限和存在引燃能源三个因素综合作用的结果,而这三个因素又是设计失误、设备故障、安全装置失效、操作失误、环境不良、管理不当等一系列因素造成的,爆炸后果的严重程度又和可燃气体的性质(闪点、燃点、燃烧速度、燃烧热值等)、可燃性气体的爆炸量及空间密闭程度等因素有着密切的关系,在评价中需要分析这些因素的因果关系和相互影响程度,并定量地加以评述。

事故的因果关系是:事故的发生有其原因因素,而且往往不是由单一原因因素造成的,而是由若干个原因因素耦合在一起,当出现符合事故发生的充分与必要条件时,事故就必然会立即爆发;多一个原因因素不需要,少一个原因因素事故就不会发生。而每一个原因因素又由若干个二次原因因素构成;依次类推三次原因因素,……

消除一次、或二次、或三次……原因因素,破坏发生事故的充分与必要条件,事故就不会产生,这就是采取技术、管理、教育等方面的安全对策措施的理论依据。

在评价系统中,找出事故发展过程中的相互关系,借鉴历史、同类情况的数据、典型案例等,建立起接近真实情况的数学模型,则评价会取得较好的效果,而且越接近真实情况,效果越好,评价得越准确。

(二)类推原理

"类推"亦称"类比"。类推推理是人们经常使用的一种逻辑思维方法,常用来作为推出一种新知识的方法。它是根据两个或两类对象之间存在着某些相同或相似的属性,从一个已知对象还具有某个属性来推出另一个对象具有此种属性的一种推理。它在人们认识世界和改造世界的活动中,有着非常重要的作用,在安全生产、安全评价中同样也有着特殊的意义和重要的作用。

其基本模式为:若 A、B 表示两个不同对象,A 有属性 $P_1, P_2, \cdots, P_m, P_n$,B 有属性 $P_1, P_2, \cdots, P_m$,则对象 A 与 B 的推理可如下表示:

A 有属性 $P_1, P_2, \cdots, P_m, P_n$;

B 有属性 $P_1, P_2, \cdots, P_m$;

因此,B 也有属性 $P_n (n > m)$。

类比推理的结论是或然性的。因此,在应用时要注意提高其结论可靠性,方法有:

(1)要尽量多地列举两个或两类对象所共有或共缺的属性;

(2)两个类比对象所共有或共缺的属性愈本质,则推出的结论愈可靠;

(3)两个类比对象共有或共缺的对象与类推的属性之间具有本质和必然的联系,则推出结论的可靠性就高。

类比推理常常被人们用来类比同类装置或类似装置的职业安全的经验、教训,采取相应的对策措施防患于未然,实现安全生产。

类推评价法是经常使用的一种安全评价方法。它不仅可以由一种现象推算另一现象,还可以依据已掌握的实际统计资料,采用科学的估计推算方法来推算得到基本符合实际的所需资料,以弥补调查统计资料的不足,供分析研究用。

类推评价法的种类及其应用领域取决于评价对象事件与先导事件之间联系的性质。若这种联系可用数字表示,就称为定量类推;如果这种联系关系只能定性处理,就称为定性类推。常用的类推方法有如下几种。

(1)平衡推算法:指根据相互依存的平衡关系来推算所缺的有关指标的方法。例如,利用海因里希关于重伤、死亡、轻伤及无伤害事故比例 1:29:300 的规律,在已知重伤死亡数据的情况下,可推算出轻伤和无伤害事故数据;利用事故的直接经济损失与间接经济损失的比例为 1:4 的关系,从直接损失推算间接损失和事故总经济损失;利用爆炸破坏情况推算离爆炸中心多远处的冲击波超压(ΔP,MPa)或爆炸坑(漏斗)的大小,来推算爆炸物的 TNT 当量。这些都是一种平衡推算法的应用。

(2)代替推算法:指利用具有密切联系(或相似)的有关资料、数据,来代替所缺资料、数据的方法。例如,对新建装置的安全预评价,可使用与其类似的已有装置资料、数据对其进行评价;在职业卫生的评价中,人们常常类比同类或类似装置的工业卫生检测数据进行评价。

(3)因素推算法:指根据指标之间的联系,从已知因素的数据推算有关未知指标数据的方法。例如,已知系统事故发生概率 P 和事故损失严重度 S,就可利用风险率 R 与 P、S 的关系来求得风险率 R:$R = PS$。

(4)抽样推算法:指根据抽样或典型调查资料推算系统总体特征的方法。这种方法是数理统计分析中常用的方法,是以部分样本代表整个样本空间来对总体进行统计分析的一种方法。

(5)比例推算法:指根据社会经济现象的内在联系,用某一时期、地区、部门或单位的实际比例,推算另一类似时期、地区、部门或单位有关指标的方法。

例如,控制图法的控制中心线的确定,是根据上一个统计期间的平均事故率来确定的。国外各行业安全指标的确定,通常也都是根据前几年的年度事故平均数值来进行确定的。

(6)概率推算法。概率是指某一事件发生的可能性大小。事故的发生是一种随机事件;任何随机事件,在一定条件下是否发生是没有规律的,但其发生概率是一客观存在的定值。因此,根据有限的实际统计资料,采用概率论和数理统计方法可求出随机事件出现各种状态的概率。可以用概率值来预测未来系统发生事故可能性的大小,以此来衡量系统危险性的大小、安全程度的高低。

美国原子能委员会关于《商用核电站风险评估报告》采用的方法基本上是概率推算法。

(三)惯性原理

任何事物在其发展过程中,从其过去到现在以及延伸至将来,都具有一定的延续性,这种延续性称为惯性。

利用惯性可以研究事物或一个评价系统的未来发展趋势。如从一个单位过去的安全生产状况、事故统计资料找出安全生产及事故发展变化趋势，以推测其未来安全状态。

利用惯性原理进行评价时应注意惯性的大小。惯性越大，影响越大；反之，则影响越小。

例如，一个生产经营单位如果疏于管理、违章作业、违章指挥、违反劳动纪律严重，事故就多，若任其发展则会愈演愈烈，而且有加速的态势，惯性越来越大。对此，必须要立即采取相应对策措施，破坏这种格局，亦即中止或改变这种不良惯性，才能防止事故的发生。

一个系统的惯性是这个系统内的各个内部因素之间互相联系、互相影响、互相作用并按照一定的规律发展变化的一种状态趋势。因此，只有当系统是稳定的，受外部环境和内部因素的影响产生的变化较小时，其内在联系和基本特征才可能延续下去，该系统所表现的惯性发展结果才基本符合实际。但是，绝对稳定的系统是没有的，因为事物发展的惯性在受外力作用时，可使其加速或减速甚至改变方向。这样就需要对一个系统的评价进行修正，即在系统主要方面不变，而其他方面有所偏离时，就应根据其偏离程度对所出现的偏离现象进行修正。

(四)量变到质变原理

任何一个事物在发展变化过程中都存在着从量变到质变的规律。同样，在一个系统中，许多有关安全的因素也都一一存在着量变到质变的规律；在评价一个系统的安全时，也都离不开从量变到质变的原理。例如：许多定量评价方法中，有关危险等级的划分无不一一应用着量变到质变的原理。如《道化学公司火灾爆炸危险指数评价法》(第七版)中，关于按 F&EI(火灾、爆炸指数)划分的危险等级，从 1 到≥159，经过了≤60、61~96、97~127、128~158、≥159 的量变到质变的不同变化层次，即分别为"最轻"级、"较轻"级、"中等"级、"很大"级、"非常大"级；而在评价结论中，"中等"级及其以下的级别是"可以接受的"，而"很大"级、"非常大"级则是"不能接受的"。

因此，在安全评价时，考虑各种危险、有害因素，对人体的危害，以及采用的评价方法进行等级划分等，均需要应用量变到质变的原理。

上述原理是人们经过长期研究和实践总结出来的。在实际评价工作中，人们综合应用基本原理指导安全评价，并创造出各种评价方法，进一步在各个领域中加以运用。

掌握评价的基本原理可以建立正确的思维程序，对于评价人员开拓思路、合理选择和灵活运用评价方法都是十分必要的。由于世界上没有一成不变的事物，评价对象的发展不是过去状态的简单延续，评价的事件也不会是自己的类似事件的机械再现，相似不等于相同，所以在评价过程中，还应对客观情况进行具体细致的分析，以提高评价结果的准确程度。

二、安全评价的原则

安全评价是落实"安全第一，预防为主"方针的重要技术保障，是安全生产监督管理的重要手段。安全评价工作以国家有关安全的方针、政策和法律、法规、标准为依据，运用定量和定性的方法对建设项目或生产经营单位存在的职业危险、有害因素进行识别、分析和评价，提出预防、控制、治理对策措施，为建设单位或生产经营单位减少事故发生的风险，以及政府主管部门进行安全生产监督管理提供科学依据。

安全评价是关系到被评价项目能否符合国家规定的安全标准，能否保障劳动者安全与健康的关键性工作。由于这项工作不但具有较复杂的技术性，而且还有很强的政策性，所以要做好这项工作，必须以被评价项目的具体情况为基础，以国家安全法规及有关技术标准为依据，用严肃的科学态度、认真负责的精神、强烈的责任感和事业心，全面、仔细、深入地开展和完成评价任务。在工作中必须自始至终遵循合法性、科学性、公正性和针对性原则。

1. 合法性

安全评价是国家以法规形式确定下来的一种安全管理制度，安全评价机构和评价人员必须由国家安全生产监督管理部门予以资质核准和资格注册，只有取得了认可的单位才能依法进行安全评价工作。政策、法规、标准是安全评价的依据，政策性是安全评价工作的灵魂。因此，承担安全评价工作的单位必须在国家安全生产监督管理部门的指导、监督下严格执行国家及地方颁布的有关安全的方针、政策、法规和标准等；在具体评价过程中，全面、仔细、深入地剖析评价项目或生产经营单位在执行产业政策、安全生产和劳动保护政策等方面存在的问题，并且在评价过程中主动接受国家安全生产监督管理部门的指导、监督和检查，力争为项目决策、设计和安全运行提出符合政策、法规、标准要求的评价结论和建议，为安全生产监督管理提供科学依据。

2. 科学性

安全评价涉及学科范围广，影响因素复杂多变。安全预评价在实现项目的本质安全上有预测、预防性；安全现状综合评价在整个项目上具有全面的现实性；验收安全评价在项目的可行性上具有较强的客观性；专项安全评价在技术上具有较高的针对性。为保证安全评价能准确地反映被评价项目的客观实际和结论的正确性，在开展安全评价的全过程中，必须依据科学的方法、程序，以严谨的科学态度全面、准确、客观地进行工作，提出科学的对策措施，做出科学的结论。

危险、有害因素产生危险、危害后果需要一定条件和触发因素，要根据内在的客观规律分析危险、有害因素的种类、程度，产生的原因及出现危险、危害的条件及其后果，才能为安全评价提供可靠的依据。

现有的评价方法均有其局限性。评价人员应全面、仔细、科学地分析各种评价方法的原理、特点、适用范围和使用条件，必要时，还应用几种评价方法进行评价、进行分析综合，互为补充、互相验证，提高评价的准确性，避免局限和失真；评价时，切忌生搬硬套、主观臆断、以偏概全。

从收集资料、调查分析、筛选评价因子、测试取样、数据处理、模式计算和权重值的给定，直至提出对策措施、做出评价结论与建议等，每个环节都必须严守科学态度，用科学的方法和可靠的数据，按科学的工作程序一丝不苟地完成各项工作，努力在最大程度上保证评价结论的正确性和对策措施的合理性、可行性和可靠性。

受一系列不确定因素的影响，安全评价在一定程度上存在误差。评价结果的准确性直接影响到决策的正确，安全设计的完善，运行是否安全、可靠。因此，对评价结果进行验证十分重要。为不断提高安全评价的准确性，评价单位应有计划、有步骤地对同类装置、国内外的安全生产经验、相关事故案例和预防措施以及评价后的实际运行情况进行考察、分析、验证，利用建设项目建成后的事后评价进行验证，并运用统计方法对评价误差进行统计和分析，以便改进原有的评价方法和修正评价的参数，不断提高评价的准确性、科学性。

3. 公正性

评价结论是评价项目的决策依据、设计依据、能否安全运行的依据，也是国家安全生产监督管理部门在进行安全监督管理的执法依据。因此，对于安全评价的每一项工作都要做到客观和公正。既要防止受评价人员主观因素的影响,又要排除外界因素的干扰,避免出现不合理、不公正。

评价的正确与否直接涉及被评价项目能否安全运行;涉及国家财产和声誉会不会受到破坏和影响;涉及被评价单位的财产会否受到损失,生产能否正常进行;涉及周围单位及居民会否受到影响;涉及被评价单位职工乃至周围居民的安全和健康。因此,评价单位和评价人员必须严肃、认真、实事求是地进行公正的评价。

安全评价有时会涉及一些部门、集团、个人的某些利益。因此,在评价时,必须以国家和劳动者的总体利益为重,要充分考虑劳动者在劳动过程中的安全与健康,要依据有关标准法规和经济技术的可行性提出明确的要求和建议。评价结论和建议不能模棱两可、含糊其辞。

4.针对性

进行安全评价时,首先应针对被评价项目的实际情况和特征,收集有关资料,对系统进行全面的分析。其次要对众多的危险、有害因素及单元进行筛选,针对主要的危险、有害因素及重要单元应进行重点评价,并辅以重大事故后果和典型案例进行分析、评价。由于各类评价方法都有特定适用范围和使用条件,所以要有针对性地选用评价方法。最后要从实际的经济、技术条件出发,提出有针对性的、操作性强的对策措施,对被评价项目做出客观、公正的评价结论。

思　考　题

1.试述安全评价的定义。

2.试述安全、事故、风险的含义。

3.什么是风险判别指标和风险可接受标准?

4.安全评价通常分哪几类? 各类之间有什么异同?

5.安全评价依据的法规主要有哪几个?

6.举例说明标准按法律效力分为哪两类?

7.《中华人民共和国安全生产法》和《危险化学品管理条例》中涉及安全评价的主要内容各是什么?

第十一章 道化学公司火灾爆炸危险指数评价法

道化学公司火灾爆炸危险指数（F&EI）评价法又称为道化学公司方法，是美国道化学公司首创的化工生产危险度定量评价方法。1964年公布第一版，1993年提出了第七版（又称《道七版》），现在通过不断改进，其评价程序更加完善。它以物质系数为基础，再考虑工艺过程中其他因素（如操作方式、工艺条件、设备状况、物料处理、安全装置情况等）的影响，来计算每个单元的危险度数值，然后按数值大小划分危险度级别。分析时对管理因素考虑较少，因此，它主要是对化工生产过程中固有危险的度量。

第一节 概 述

道化学公司火灾爆炸危险指数评价方法已被化学工业及石油化学工业公认为最主要的危险指数评价方法。它提供了评价火灾、爆炸总体危险的关键数据。

火灾、爆炸风险分析是对工艺装置及所含物料的实际潜在火灾、爆炸和反应性危险进行按步推算的客观评价。分析中定量的依据是以往的事故统计资料、物质的潜在能量和现行安全措施的状况。

F&EI评价系统的目的是：

（1）真实地量化潜在火灾、爆炸和反应性事故的预期损失；

（2）确定可能引起事故发生或使事故扩大的装置；

（3）向管理部门通报潜在的火灾、爆炸危险性。

F&EI评价系统最重要的目标是使工程师了解各工艺部分可能造成的损失，并帮助其确定减轻潜在事故的严重性和总损失的有效而又经济的途径。F&EI用于道化学公司风险审查过程，在工艺危险分析或一级风险审查时，必须确定F&EI的数值。

保险公司对潜在暴露状况的评价一般基于最严重的事故。例如，他们可能预测反应釜的全部物料会瞬时蒸发并引燃，保险估值可能相当大。从实际情况看，这种情况是很少见的。

F&EI评价系统试图确定工艺设备（或工艺单元）或有关装置可能的真正最大损失（在最不利的操作条件下可能遭受的实际损失）。计算基于量化的数据，有限泄漏率、与物质闪点和沸点有关的工艺温度及化学活性，仅仅是可能发生事故的许多因素中的少数几个。

虽然F&EI评价系统主要用于评价储存、处理、生产易燃、可燃、活性物质的操作过程，但也可用于分析污水处理设施、公用工程系统、管路、整流器、变压器、锅炉、热氧化器以及发电厂一些单元的潜在损失。该系统还可用于潜在危险物质库存量较小的工艺过程的风险评价，特别是用于实验工厂的风险评价。该评价方法的适用范围是易燃或活性化学物质的最小处理量为454 kg左右。

　　为了在工程实际项目中应用 F&EI 评价系统进行装置的风险评价,在实际计算和解释结果时,评价人员要具备一定的基础知识和良好的判断力,要将构成损失大小和发生概率的工艺危险量化为修正系数,以便进行计算。针对某一个具体评价对象而言,并非每一个修正系数都要用到,有些修正系数要根据具体情况做必要的调整。

第二节　道化学评价法的分析程序

一、道化学评价法分析所需资料

　　(1)准确的装置(生产单元)设计方案;
　　(2)工艺流程图;
　　(3)火灾爆炸指数危险度分级指南(道七版);
　　(4)火灾爆炸指数计算表(道七版);
　　(5)安全措施补偿系数表(道七版);
　　(6)工艺单元风险分析汇总表(道七版);
　　(7)生产单元风险分析汇总表(道七版);
　　(8)有关装置的更换费用数据。

二、道化学法分析程序

　　道化学公司火灾爆炸危险指数评价法(道七版)的分析程序如图 11-1 所示。

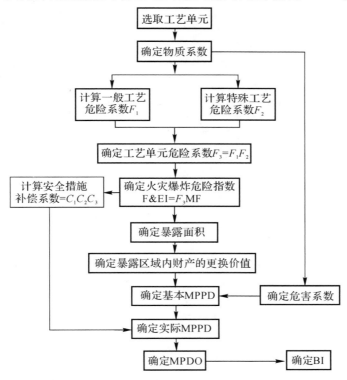

图 11-1　道化学公司火灾爆炸危险指数评价法的分析程序

(1)依照设计方案选择最适宜的工艺单元,所选单元应在工艺上起关键作用,并可能对潜在火灾、爆炸危险具有重大影响;

(2)确定每一工艺单元的物质系数(MF),工艺单元中特定物质的物质系数可从《道化学公司火灾爆炸危险指数评价法指南》中查得;

(3)按照 F&EI 计算表,采用适当的系数值后,计算一般工艺危险系数、特殊工艺危险系数和工艺单元危险系数;

(4)用工艺单元危险系数和物质系数的乘积确定火灾爆炸危险指数(F&EI);

(5)确定暴露半径并计算评价工艺单元周围的暴露面积;

(6)确定在暴露区域内所有设备的更换价值,并列出设备清单;

(7)根据 MF 和工艺单元危险系数(F_3),确定危害系数,危害系数表示损失暴露程度;

(8)由暴露面积与危害系数的乘积求出基本最大可能财产损失(基本 MPPD);

(9)应用安全措施补偿系数($C_1C_2C_3$)与基本 MPPD,确定实际 MPPD;

(10)已知实际 MPPD,确定最大可能停工天数(MPDO)和停产损失(BI)。

三、道化学法相关计算表

(一)火灾爆炸危险指数(F&EI)计算表(见表 11-1)

表 11-1 火灾爆炸危险指数(F&EI)计算表

地区/国家:	部门:	场所:	日期:
位置:	生产单元:		工艺单元:
评价人:	审定人(负责人):		建筑物:
检查人(管理部):	检查人(技术中心):		检查人(安全和损失预防):

工艺设备中的物料:

操作状态:设计—开车—正常操作—停车 | 确定 MF 的物质:

物质系数(参见有关数据表),当单元温度超过60℃时则注明

1.一般工艺危险	危险系数范围	采用危险系数[①]
基本系数	1.0	1.0
A.放热化学反应	0.30～1.25	
B.吸热反应	0.20～0.40	
C.物料处理与输送	0.25～1.05	
D.密闭式或室内工艺单元	0.25～0.90	
E.通道	0.20～0.35	
F.排放和泄漏控制	0.20～0.50	
一般工艺危险系数(F_1)		
2.特殊工艺危险		
基本系数	1.0	1.0
A.毒性物质	0.20～0.80	

续表

B.负压(<6.67 kPa)	0.50
C.接近易燃范围的操作:惰性化、未惰性化	
(1)罐装易燃液体	0.50
(2)过程失常或吹扫故障	0.30
(3)一直在燃烧范围内	0.80
D.粉尘爆炸	0.25~2.00
E.压力:操作压力(绝对)(kPa) 　　　释放压力(绝对)(kPa)	
F.低温	0.20~0.30
G.易燃及不稳定物质的质量 　　　物质质量(kg) 　　　物质燃烧热 H_c(J/kg)	
(1)工艺中的液体及气体	
(2)储存中的液体及气体	
(3)储存中的可燃固体及工艺中的粉尘	
H.腐蚀与磨损	0.10~0.75
I.泄漏——接头和填料	0.10~1.50
J.使用明火设备	
K.热油、热交换系统	0.15~1.15
L.传动设备	0.50
特殊工艺危险系数(F_2)	
工艺单元危险系数(F_3)($F_3=F_1F_2$)	
火灾爆炸危险指数(F&EI)(F&EI$=F_3$MF)	

注:①无危险时系数用 0.00。

(二)安全措施补偿系数表(见表 11-2)

表 11-2　安全措施补偿系数①表

项　　目	补偿系数 范围	采用补偿 系数②	项　　目	补偿系数 范围	采用补偿 系数②
1.工艺控制			c.排放系统	0.91~0.97	
a.应急电源	0.98		d.连锁装置	0.98	
b.冷却装置	0.97~0.99		物质隔离安全补偿系数 $C_2$③		
c.抑爆装置	0.84~0.98		3.防火设施		
d.紧急切断装置	0.96~0.99		a.泄漏检验装置	0.94~0.98	
e.计算机控制	0.93~0.99		b.钢结构	0.95~0.98	
f.惰性气体保护	0.94~0.96		c.消防水供应系统	0.94~0.97	

续表

项　目	补偿系数范围	采用补偿系数②	项　目	补偿系数范围	采用补偿系数②
g.操作规程/程序	0.91～0.99		d.特殊灭火系统	0.91	
h.化学活泼性物质检查	0.91～0.98		e.洒水灭火系统	0.74～0.97	
i.其他工艺危险分析	0.91～0.98		f.水幕	0.97～0.98	
工艺控制安全补偿系数 $C_1$③			g.泡沫灭火装置	0.92～0.97	
2.物质隔离			h.手提式灭火器和喷水枪	0.93～0.98	
a.遥控阀	0.96～0.98		i.电缆防护	0.94～0.98	
b.卸料/排空装置			防火设施安全补偿系数 $C_3$③		

注：①安全措施补偿系数＝$C_1C_2C_3$；

②无安全补偿系数时，填入 1.00；

③是所采用的各项补偿系数之积。

(三)工艺单元危险分析汇总表(见表 11-3)

表 11-3　工艺单元危险分析汇总表

序　号	内　容	工艺单元
1	火灾爆炸危险指数(F&EI)	
2	暴露区域半径/m	
3	暴露区域面积/m²	
4	暴露区域内财产价值	
5	危害系数	
6	基本最大可能财产损失(基本 MPPD)	
7	安全措施补偿系数($C_1C_2C_3$)	
8	实际最大可能财产损失(实际 MPPD)	
9	最大可能停工天数(MPDO)/d	
10	停产损失(BI)	

(四)生产单元危险分析汇总表(见表 11-4)

表 11-4　生产单元危险分析汇总表

地区/国家		部门		场所		
位置		生产单元		操作类型		
评价人		生产单元总替换价值		日期		
工艺单元主要物质	物质系数	火灾爆炸危险指数(F&EI)	影响区内财产价值	基本 MPPD	实际 MPPD	停工天数(MPDO)	停产损失(BI)

第三节　道化学评价法的分析过程

一、工艺单元的选择

工艺单元是火灾、爆炸指数法评价分析的基本单位,是借以评估特定工艺过程最大潜在损失范围的一种工具。为了计算火灾、爆炸指数,首先要用一个有效而又合乎逻辑的程序来确定装置中的哪些单元需要研究,工艺单元是工艺装置的任一主要单元。

在分析过程中遇到的名词是生产单元,生产单元是包括化学工艺、机械加工、仓库、包装线等在内的整个生产设施。要注意生产单元与工艺单元的区别。

仓库也可作为一个单元。物料储存于防火墙区域内或整个储存区不设防火墙者,可作为一个单元。

显然,大多数生产单元都包括许多工艺单元,但在计算火灾、爆炸指数时,只评价那些从损失预防角度来考虑对工艺有影响的工艺单元,这些单元称为恰当工艺单元,简称工艺单元。

(一)选择工艺单元的主要依据参数

(1)潜在化学能(物质系数);

(2)工艺单元中危险物质的数量;

(3)资金密度(每平方米资金数);

(4)操作压力和操作温度;

(5)导致火灾、爆炸事故的历史资料;

(6)对装置操作起关键作用的单元,如热氧化器等。

一般情况下,上述参数的数值越大,则该工艺单元就越需要分析评价。

工艺区或工艺区附近的个别设备、关键设备或单机设备一旦遭受破坏,就可能导致停工数日,即使是极小的火灾、爆炸,也可能因停工而造成重大损失。因此,关键设备的损失则成为选择工艺单元的一个重要因素。

(二)工艺单元的评价要点

评价工艺单元的选择没有硬性规定,在决定哪些设备具有最大潜在火灾、爆炸危险时,需注意如下的要点。

(1)火灾、爆炸指数体系是假定工艺单元中所处理的易燃、可燃或化学活性物质的最低量为 2 268 kg 或 2.27 m³。如果单元内物料较少,评价结果就会夸大其危险性。通常对于小规模实验工厂而言,所处理的易燃或化学活泼性物质的量至少为 454 kg 或 0.454 m³,分析评价结果才有意义。

(2)当设备串联布置且相互间未有效隔离时,须仔细考虑单元的划分。例如,在一连串反应装置间没有中间泵,在这种情况下,要根据工艺类型来确定是取一系列设备作为工艺单元,还是仅取单个设备作为一个单元。

一个生产单元的单独操作区极少被分成三四个以上的工艺单元来计算 F&EI 值。工艺单元数依工艺类型和生产单元的配置而决定。

(3)仔细考虑操作状态和操作时间也很重要。根据其特点,通常可分为开车、正常生产、停车、装料、卸料、添加催化剂等,经常会产生异常状况,对 F&EI 有影响。经过仔细判别后,通常可以选择一个操作阶段来计算 F&EI 值,但有时必须研究几个阶段来确定重大危险。

二、物质系数

物质系数(MF)是进行火灾、爆炸指数的计算和其他危险性评价的一个最基础的数值。

物质系数是表述物质在由燃烧或其他化学反应引起的火灾、爆炸中所释放能量大小的内在特性。物质系数是由 N_F(物质的燃烧性)和 N_R(化学活性或不稳定性)决定的。

通常,N_F 和 N_R 是针对正常环境温度而言的。但是,物质发生燃烧和反应的危险性随着温度的升高而急剧增大,如在闪点之上的可燃液体引起火灾的危险性比正常环境温度下的易燃液体大得多,反应速度也随温度升高而急剧增大。因此,当温度超过 600℃时,物质系数要进行修正。

(一)相关的物质系数确定

在火灾、爆炸指数计算指南中提供了大量化学物质的物质系数,它能用于大多数场合。指南中未列出的物质,其 N_F 和 N_R 可根据美国消防协会(NFPA)325M 或 NFPA49 加以确定,并依照温度进行修正后,由表 11-5 确定其物质系数。对于可燃性粉尘而言,确定其物质系数时,用粉尘危险分级值(S_t),而不用 N_F。

表 11-5　物质系数确定指南

液体、气体的易燃性或可燃性[①]	325M 或 NFPA49	化学活性或不稳定性				
		$N_R=0$	$N_R=1$	$N_R=2$	$N_R=3$	$N_R=4$
不燃物[②]	$N_F=0$	1	14	24	29	40
FP>93.3℃	$N_F=1$	4	14	24	29	40
37.8℃<FP≤93.3℃	$N_F=2$	10	14	24	29	40
22.8℃≤FP<37.8℃ 或 FP<22.8℃ 且 BP≥37.8℃	$N_F=3$	16	16	24	29	40
FP<22.8℃ 且 BP<37.8℃	$N_F=4$	21	21	24	29	40
可燃性粉尘或烟雾[③]						
S_t-1(K_{S_t}≤200 bar·m/s)		16	16	24	29	40
S_t-2(K_{S_t}=201~300 bar·m/s)		21	21	24	29	40
S_t-3(K_{S_t}>300 bar·m/s)		24	24	24	29	40
可燃性固体						
厚度大于 40 mm,紧密的[④]	$N_F=1$	4	14	24	29	40
厚度小于 40 mm,疏松的[⑤]	$N_F=2$	10	14	24	29	40
泡材料、纤维、粉尘物等[⑥]	$N_F=3$	16	16	24	29	40

注:①包括挥发性固体。

②暴露在 816℃的热空气中 5 min 不燃烧。

③ K_{S_t} 是用带强点火源的 16 L 或更大的密闭试验容器测定的,见 NFPA68(泄漏指南)。

④包括 50.8 mm 厚度的标准木板、镁锭、紧密的固体堆积物、紧密的纸张卷或塑料薄膜卷,如 SARANWRAPR。

⑤包括塑料颗粒、支架、木材平板之类的粗粒状材料,以及聚苯乙烯类不起尘的粉状物料等。

⑥包括轮胎、胶靴类橡胶制品、STYROFOAMR 标牌塑料泡沫和粉尘包装的 METHOCELR 纤维素醚。1 bar=0.1 MPa;FP 为闭杯闪点;BP 为标准温度和压力下的沸点。

在求取指南中未列的物质、混合物或化合物的物质系数时,必须确定其可燃性等级(N_F)或可燃性粉尘等级(S_t)(见表 11-5)。首先要确定表 11-5 左栏中的参数,液体和气体的 N_F 由其闪点得出,粉尘或尘雾的 S_t 值由粉尘爆炸试验确定。

可燃固体的 N_F 则依其性质不同在表 11-5 中分类标示。

物质、混合物或化合物的反应性等级(N_R),可根据其在环境温度条件下的不稳定性(或与水反应的剧烈程度)来确定。根据 NFPA 704,确定原则如下:

(1)$N_R=0$,甚至在燃烧条件下仍能保持稳定的物质。该等级通常包括以下物质:

1)不与水反应的物质;

2)在温度大于 300℃,但小于等于 500℃时用差示扫描量热计(DSC)测定显示温升的物质,用 DSC 试验,在温度小于等于 300℃ 时不显示温升的物质。

(2)$N_R=1$,自身通常稳定,但在加温加压条件下就变得不稳定。该等级通常包括如下物质:

1)接触空气、受光照射或受潮时发生变化或分解的物质;

2)在温度 150~300℃ 时显示温升的物质。

(3)$N_R=2$,在加温加压下易于发生剧烈化学变化的物质。该等级物质通常包括:

1)用 DSC 试验,在温度小于等于 150℃ 时显示温升的物质;

2)与水剧烈反应或与水形成潜在爆炸性混合物的物质。

(4)$N_R=3$,本身能发生爆炸分解或爆炸反应,但需要强引发源,或引发前必须在密闭状态下加热的物质。此类物质通常包括:

1)加温加热时对热或机械冲击敏感的物质;

2)不需要加热或密闭即与水发生爆炸反应的物质。

(5)$N_R=4$,在常温、常压下自身易于引发爆炸分解或爆炸反应的物质。该类通常包括常温常压下对局部热冲击或机械冲击敏感的物质。

反应性包括自身反应性(不稳定性)和与水反应性。物质 N_R 指标由差热分析仪(DTA)或差示扫描量热计(DSC)分析其温升的最低峰值温度来判断,按表 11-6 分类。

表 11-6 反应性分类

温升/℃	300<温升≤500	150<温升≤300	温升≤150
N_R	0	1	2、3、4

(6)几个附加限制条件如下:

1)如果该物质或化合物是氧化剂,N_R 增加 1(但不超过 4);

2)所有对冲击敏感性物质,$N_R=3$ 或 $N_R=4$;

3)若得出的 N_R 与该物质、混合物或化合物的特性不相符,则应补做化学品反应性试验;

4)向周围熟悉化学物质活性的人员请教,以便对差热分析仪或差示扫描量热计的测定结果进行合理的分析。

一旦求出并确定 N_F(或 S_t)和 N_R,就可用表 11-5 来确定物质系数。注意还要根据物质系数的温度修正做必要的调整。

(二)混合物的物质系数确定

在某种情况下,一些混合物物质系数的确定是很麻烦的。通常那些能发生剧烈反应的物质,如燃料和空气、氢气和氯气等是在人为控制条件下混合,这时反应持续而快速地进行,并生成一些非燃烧性、稳定的产物,反应产物安全地存留于诸如反应器之类的工艺单元之中。燃烧炉内燃料-空气混合物的燃烧便是一个很好的例子。可是,由于熄火或其他故障,其物质系数应根据初始混合状态来确定,这样才符合"在实际操作过程中存在最危险物质"的阐述。

混合溶剂或含有反应性物质的溶剂的物质系数也难以确定。这类混合物的物质系数应该由反应性化学试验数据来求得。如果无法取得反应性化学试验数据,应取组分中最大的 MF 作为混合物 MF 的近似值。该组分应有较高浓度(≥5%)。

特别难处理的情况是"混杂物",它由可燃粉尘和易燃气体混合,在空气中能形成爆炸性混合物。为了充分反映这类物质在这种特定条件下的危险特性,必须用反应性化学品试验数据来确定其适当的物质系数。

(三)烟雾的物质系数确定

烟雾在某种特定情况下会引起爆炸。它类似于闪点之上的易燃蒸气或可燃蒸气。易燃或可燃液体的微粒悬浮于空气中能形成易燃的混合物,它具有易燃气体-空气混合物的一些特性。易燃或可燃液体的雾滴在远远低于其闪点的温度下能像易燃蒸气-空气混合物那样具有爆炸性。例如,对液滴直径小于 0.01 mm 的悬浮体来说,此悬浮体的燃烧下限几乎与环境温度下该物质在其闪点的燃烧下限相同。

不要在封闭的工艺单元内使可燃液体形成烟雾,这一点很重要,因为此时更易达到可燃浓度,并且爆炸产生的超压可能导致结构破坏。

防止烟雾爆炸的最佳防护措施是避免形成烟雾。如果可能形成烟雾,可将物质系数提高一级,以说明危险程度增大。

(四)物质系数的温度修正

物质系数代表了在正常环境温度和压力下物质的危险性。如果物质闪点小于 60℃ 或反应活性温度低于 60℃,那么该物质的物质系数不需修正,因为易燃性和反应性危险已经在物质系数中体现出了。关于压力的影响,将在下面"特殊工艺危险性"中详细讨论。如果工艺单元温度超过 60℃,那么物质系数本身应作修正,物质系数的温度修正由表 11-7 确定。

表 11-7　物质系数温度修正表

物质系数温度修正	N_F	S_t	N_R
a.填入 N_F(粉尘为 S_t)、N_R			
b.如果温度小于 60℃,转至"e"			
c.如果温度高于闪点,或温度大于 60℃,在 N_F 栏内填"1"			
d.如果温度大于放热起始温度或自燃点,在 N_R 栏内填"1"			
e.各竖行数字相加,但总数为 5 时填 4			
f.用"e"栏和表 11-5 确定 MF,并填入 F&EI 表和生产单元危险分析汇总表			

注:储藏物由于层叠放置和阳光照射,温度可能达到 60℃。

闪点和自燃点数据一般可查到，"放热起始温度"是指用加速速率量热计（ARC）或类似量热器测出的开始放热反应的温度。该温度可从差热分析仪或差示扫描量热计测得的数据估算，用下述两种方法中的任何一种皆可：①从第一个放热起始温度减去 70℃；②从第一个放热峰值温度减去 100℃。使用前者较好。当然，如果根据操作经验（如通过设备上的反应器）已经知道"实际"放热起始温度，就应该使用"实际"放热起始温度。如果工艺单元是反应器，那么对反应引起的温升不用考虑温度修正，这是因为各种反应系统已将这一因素考虑在内。

三、工艺单元危险系数

确定了适当的物质系数之后，下一步是计算工艺单元危险系数（F_3）。F_3 与 MF 相乘就得到 F&EI。

确定工艺单元危险系数的数值，首先要确定 F&EI 表中一般工艺危险系数和特殊工艺危险系数。构成工艺危险系数的每一项都可能引起火灾或爆炸事故的扩大或升级。

计算工艺单元危险系数（F_3）中的各项系数时，应选择物质在工艺单元中所处的最危险状态，可以考虑的操作状态有开车、连续操作和停车；要防止对过程中的危险进行重复计算，因为在确定物质系数时已选取了单元中最危险的物质。

计算 F&EI 时，一次只评价一种危险。如果 MF 是按照工艺单元中的易燃液体来确定的，就不要选择与可燃性粉尘有关的系数，即使粉尘可能存在于过程的另一段时间内。合理的计算方法是先用易燃液体的物质系数进行评价，然后再用可燃性粉尘的物质系数进行评价。

一个重要的例外是混杂物，这已在前面讨论过。如果某种混杂在一起的混合物被作为最危险物质的代表，那么计算工艺单元危险系数时，可燃粉尘和易燃蒸气的系数都要考虑。在F&EI计算表中有些项已有了固定系数值，对于那些无固定系数值的项，可参阅有关资料确定适当的系数值。但是，一次只分析一种危险，使分析结果与特定的最危险状况（如开车、正常操作或停车）相对应；始终把焦点放在工艺单元和选出进行分析的物质系数上，并只有恰当地对每项系数进行评估，其最终结果才是有效的。

（一）一般工艺危险性

一般工艺危险性是确定事故损害大小的主要因素。

表 11-1 列出的一般工艺危险六项内容适用于大多数作业场合，也许不必每项系数都采用，但是它们在火灾、爆炸事故中所起的巨大作用已被证实，因此仔细分析工艺单元是重要的。

切实地评估工艺单元暴露危险，要把待分析的工艺单元的特定物质系数与最危险运行条件下的一般工艺危险修正系数结合在一起使用。

1.放热的化学反应

若所分析的工艺单元有化学反应过程，则选取此项危险系数。所评价物质的反应性危险已经为物质系数所包含。

（1）轻微放热反应的危险系数为 0.30，包括加氢反应（给双键或三键结构的分子上加氢的反应）、水合反应（化合物与水的反应，如从氧化物制备硫酸或磷酸等）、异构化（有机物分子中原子重新排列的反应，如从直链分子变成带支链的分子）、磺化反应［与硫酸反应，在有机化合物分子中引入磺基（—SO_3H）的反应］、中和反应（酸和碱生成盐和水的反应，或碱和醇生成醇化物与水的反应）。

(2)中等放热反应系数为 0.50,包括烷基化(引入烷基形成各种有机化合物的反应)、酯化(有机酸和醇生成酯的反应)、加成(不饱和碳氢化合物和无机酸的反应,无机酸为强酸时系数增加到 0.75)、氧化(物质在氧中燃烧生成 CO_2 和 H_2O 的反应,或者在控制条件下物质与氧反应生成 CO_2 和 H_2O 的反应,对于燃烧过程及使用氯酸盐、硝酸、次氯酸盐类强氧化剂时,系数增加到 1.00)、聚合(将分子连接成链状物或其他大分子的反应)、缩合(两个或多个有机化合物分子连接在一起形成较大分子的化合物,并放出 H_2O 和 HCl 的反应)。

(3)剧烈放热反应系数为 1.00,是指一旦反应失控,有严重火灾、爆炸危险的反应,如卤化(有机分子上引入一个或数个卤素原子的反应)。

(4)特别剧烈的放热反应系数为 1.25,是指相当危险的放热反应,如硝化(用硝基取代化合物中氢原子的反应)。

2. 吸热反应

反应器中所发生的任何吸热反应,系数均取 0.20(注:此系数只用于反应器)。当吸热反应的能量是由固体、液体或气体燃料提供时,系数增至 0.40,包括煅烧(加热物质以除去结合水或易挥发性物质的过程,系数为 0.40)、电解(用电流离解离子的过程,系数为 0.20)、热解或裂化(在高温、高压和触媒作用下,将大分子裂解成小分子的过程,当用电加热或高温气体间接加热时,系数为 0.20,直接火加热时,系数为 0.40)。

3. 物料处理与输送

Ⅰ类易燃或液化石油气类的物料,在连接或未连接的管线上装卸时的系数为 0.50。人工加料,且空气可随加料过程进入离心机、间歇式反应器、间歇式混料器等设备内,并能引起燃烧或发生反应的危险,不论是否采用惰性气体置换,系数均为 0.50。可燃性物质存放于库房或露天时的系数如下:

(1)对 $N_F = 3$ 或 $N_F = 4$ 的易燃液体或气体,系数为 0.85,包括桶装、罐装、可移动式挠性容器和气溶胶罐装;

(2)对表 11-5 中所列的 $N_F = 3$ 的可燃性固体,系数取 0.65;

(3)对表 11-5 中所列的 $N_F = 2$ 的可燃性固体,系数取 0.40;

(4)闭杯闪点低于 60℃ 的可燃性液体,系数取 0.25。

若上述物质存放于货架上且未安设洒水装置,系数要增加 0.20。

4. 封闭单元或室内单元

处理易燃液体和气体的场所为敞开式,有良好的通风,以便能迅速排除泄漏的气体和蒸气,减少了潜在的爆炸危险。粉尘捕集器和过滤器也应放置在区域内,并远离其他设备。封闭区域定义为有顶,且三面或多面有墙壁的区域,或者无顶但四周有墙封闭的区域。封闭单元内即使专门设计有机械通风,其效果也不如敞开式结构;但如果机械通风系统能收集所有易燃气体并可排出,那么系数可以降低。系数选取原则如下。

(1)粉尘过滤器或捕集器安置在封闭区域内时,系数取 0.50。

(2)在封闭区域内,且在闪点以上处理易燃液体时,系数为 0.30;如果易燃液体的量大于 4 540 kg,系数增至 0.45。

(3)在封闭区域内,且在沸点以上处理液化石油气或任何易燃液体时,系数为 0.60;若易燃液体的量大于 4 540 kg,则系数取 0.90。

(4)若已安装了合理的通风装置,上述(1)(3)两项中的系数可减少 50%。

5.通道

生产装置周围必须有紧急救援车辆的通道,"最低要求"是至少在两个方向上设有通道。选取封闭区域内主要工艺单元的危险系数时要格外注意,至少有一条通道必须是通向公路的。火灾时的消防道路可以看作第二条通道,设有监控喷水枪并处于待用状态。整个操作区面积大于 925 m²,且通道不符合要求时,系数为 0.35;整个库区面积大于 2 312 m²,且通道不符合要求时,系数为 0.35。

面积小于上述数值时,要分析它对通道的要求。当通道不符合要求,影响消防活动时,系数可取 0.20。

6.排放和泄漏控制

对可能有大量易燃、可燃液体溢出会危及周围设备的情况,不合理的排放设计是造成重大损失的原因。该项系数仅适用于工艺单元内物料闪点小于 60℃或操作温度大于其闪点的场合。为了评价排放和泄漏控制是否合理,必须估算易燃、可燃物质的总量以及消防水能否在发生事故时得到及时排放。

(1)F&EI 计算表中排放量按以下原则确定。

1)对工艺和储存设备,取单元中最大储罐的储量加上第二大储罐 10%的储量。

2)采用 30 min 的消防水量[如 30 min×每分钟用水量(L/min)=消防水量(L),对农用化学物或危害环境化学物设定 60 min 的流量]。

(2)系数选取原则如下。

1)设有堤坝以防止泄漏液流到其他区域,但当堤坝内所有设备露天放置时,系数为 0.50。

2)单元周围为一可排放泄漏液的平坦地,一旦失火,会引起火灾,系数为 0.50。

3)当单元的三面有堤坝,能将泄漏液引至蓄液池或封闭的地沟,并满足以下条件时,不取系数,即蓄液池或地沟的地面斜度土质地面不得小于 2%,硬质地面不得小于 1%;蓄液池或地沟的最外缘与设备之间的距离至少为 15 m。如果设有防火墙,可以减少其间距离;蓄液池的储液能力应至少等于上述(1)之和。如果只是部分满足以上规定,系数为 0.25。

4)如蓄液池或地沟处设有公用工程管线,或管线的距离不符合要求者,系数取 0.50。

只有具有良好的排放设施,才可以不取危险系数。

最后计算基本系数和所有选取系数之和,并将其数值填入 F&EI 表中"一般工艺危险系数(F_1)"的栏目中。

(二)特殊工艺危险性

特殊工艺危险是影响事故发生概率的另一主要因素,而特定的工艺条件是导致火灾、爆炸事故的主要原因。特殊工艺危险有如下所列 12 项。

1.毒性物质

毒性物质能够扰乱人们机体的正常反应,因而降低了人们在事故中制定对策和减轻伤害的能力。毒性物质的危险系数为 $0.2N_H$(N_H 是美国消防协会在 NFPA704 中定义的物质毒性系数,其值在 NFPA325M 或 NFPA49 中已列出。对于新物质,请工业卫生专家帮助确定)。对于混合物,取其中最高的 N_H 值。

NFPA704 对物质的 N_H 分类如下：

（1）$N_H=0$，火灾时除一般可燃物的危险外，短期接触没有其他危险的物质；

（2）$N_H=1$，短期接触可引起刺激，致人轻微伤害的物质，包括要求使用适当的空气净化呼吸器的物质；

（3）$N_H=2$，高浓度或短期接触可致人暂时失去能力或残留伤害的物质，包括要求使用单独供给空气的呼吸器的物质；

（4）$N_H=3$，短期接触可致人严重暂时失去能力或残留伤害的物质，包括要求全身防护的物质；

（5）$N_H=4$，短暂接触也能致人死亡或严重伤害的物质。

上述毒性系数 N_H 值只是用来表示人体受害的程度，它可导致额外损失。该值不能用于工业卫生和环境的评价。

2.负压操作

该项内容适用于空气进入系统会引起危险的场合；当空气与湿度敏感性物质或氧敏感性物质接触即可能引起危险，在易燃混合物中引空气也会导致危险。该系数只用于绝对压力小于 500 mmHg（1 mmHg＝133 Pa）的情况，系数为 0.50。

如果采用了本项系数，就不要再采用下面"燃烧范围内或其附近的操作"和"释放压力"中的系数，以免重复。大多数汽提操作、一些压缩过程和少许蒸馏操作都属于本项内容。

3.燃烧范围内或其附近的操作

某些操作导致空气引入并夹带进入系统，空气进入会形成易燃混合物，进而导致危险。这里讨论以下有关情况。

（1）$N_F=3$ 或 $N_F=4$ 的易燃液体储罐，在储罐泵出物料或者突然冷却时可能吸入空气，系统取 0.50；打开放气阀或在"吸-压"操作中未采用惰性气体保护时，系数为 0.50；储有可燃液体，其温度在闭杯闪点以上，且无惰性气体保护时，系数为 0.50；若使用了惰性化的密闭蒸气回收系统，且能保证其气密性，则不用选取系数。

（2）只有当仪表或装置失灵时，工艺设备或储藏才处于燃烧范围内或其附近，系数为 0.30；任何靠惰性气体吹扫，使其处于燃烧范围之外的操作，系数为 0.30。该系数因为适用于装载可燃物的船舶和槽车，若已按"负压操作"选取系数，此处不再选取。

（3）由于惰性气体吹扫系统不实用或者未采取惰性气体吹扫，使操作总是处于燃烧范围内或其附近时，系数为 0.80。

4.粉尘爆炸

粉尘最大压力上升速度和最大压力值，主要受其粒径大小的影响，通常粉尘越细，危险越大。这是由于细尘具有很高的压力上升速度和极大压力伴生。本项系数将用于含有粉尘处理的单元，如粉体输送、混合、粉碎和包装等。

所有粉尘都有一定的粒径分布范围，为了确定系数，采用 10％粒径的概念，也就是在这个粒径处有 90％粗粒子，其余 10％为细粒子。根据表 11－8 确定合理的系数，除非粉尘爆炸试验已经证明没有粉尘爆炸危险，否则都要考虑粉尘系数。

表 11 - 8　粉尘爆炸危险系数确定表

粉尘爆炸危险系数			粉尘爆炸危险系数		
粉尘粒径/μm	泰勒筛/目	系数[①]	粉尘粒径/μm	泰勒筛/目	系数[①]
>175	60~80	0.25	75~100	150~200	1.25
150~175	80~100	0.50	<75	>200	2.00
100~150	100~150	0.75			

注:①在惰性气体环境中操作时,上述系数减半。

5. 释放压力

操作压力高于大气压时,由于高压可能会引起高速率的泄漏,所以要采用危险系数。是否采用系数,取决于单元中的某些导致易燃物料泄漏的构件是否发生故障。

例如,己烷液体通过 6.5 cm² 的小孔泄漏,当压力为 517 kPa(G)(G 为表压,以下同)时,泄漏量为 272 kg/min;压力为 2 069 kPa(G)时,泄漏量为上述的 2.5 倍,即 680 kg/min。释放压力系数评定不同压力下的特殊泄漏危险潜能,释放压力还影响扩散特性。由于高压使泄漏可能性大大增加,所以随着操作压力提高,设备的设计和保养变得更为重要。

系统操作压力在 20 685 kPa(G)以上时,超出标准规范的范围(美国机械工程师学会非直接火加热压力容器规范),对于这样的系统,在法兰设计中必须采用透镜垫圈、圆锥密封或类似的密封结构。

根据操作压力,用图 11 - 2 确定初始危险系数。

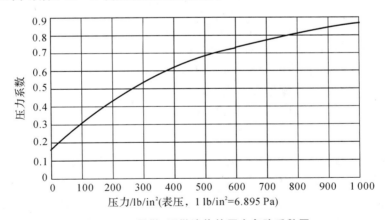

图 11 - 2　易燃、可燃液体的压力危险系数图

下式适用于压力为 0~6 895 kPa(G)时压力系数的确定:

$$Y = 0.161\ 09 + 1.615\ 03 \times (X/1\ 000) - 1.428\ 79 \times (X/1\ 000)^2 +$$
$$0.517\ 2 \times (X/1\ 000)^3 \tag{11-1}$$

用表 11 - 9 可确定压力为 0~6 895 kPa(G)的易燃、可燃液体的压力系数(也包括图 11 - 2 在内)。

表 11-9　易燃、可燃液体的压力系数

压力/kPa(G)	6 895	10 343	13 790	17 238	20 685～68 950	＞68 950
压力系数	0.86	0.92	0.96	0.98	1.00	1.5

用图 11-2 中的曲线能直接确定闪点低于 60℃的易燃、可燃液体的压力系数。对其他物质可先由曲线查出初始系数,再用下列方法加以修正:

(1)焦油、沥青、重润滑油和柏油等高黏性物质,用初始系数乘以 0.7 作为危险系数;

(2)单独使用压缩气体或利用气体,使易燃液体压力增至 103 kPa(G)以上时,用初始系数乘以 1.2 作为危险系数;

(3)液化的易燃气体(包括所有在其沸点以上储存的易燃物料)用初始系数乘以 1.3 作为危险系数。

确定实际压力系数时,首先由图 11-2 查出操作压力系数,然后求出释放装置设定压力系数,用操作压力系数除以设定压力系数得出实际压力系数调整系数,再用该调整系数乘以操作压力系数求得实际压力系数。这样,就对那些具有较高设定压力和设计压力的情况给予了补偿。

注意调节释放压力,使之接近于容器设计压力常常是有利的。例如,对于使用易挥发溶剂,特别是气态的反应,可以通过调节释放压力使溶剂沸腾,并在温升前移走热量,从而避免出现不合要求的高温反应。一般是根据反应物质及有关动力学数据,用计算机模拟来确定是否需要低释放压力。但是,在一些反应系统中并不总需要低释放压力。

在一些特定场合,增加压力容器的设计压力以降低泄放的可能性是有利的;在有些场合也许能达到容器的最大允许压力。下面以盛放黏性物质容器的计算为例:

容器设计压力是 1 034 kPa(G),正常操作压力是 690 kPa(G),安全膜设定压力是 862 kPa(G)。从图 11-2 查得:690 kPa(G)操作压力时的危险系数为 0.31;862 kPa(G)设定压力时的危险系数为 0.34。黏性物质需要修正,乘以 0.7,于是得到操作压力修正系数是 $0.31×0.7≈0.22$。实际系数由压力调整系数乘以操作压力修正系数得出:

$$实际系数=0.22×(0.31÷0.34)=0.20$$

6.低温

本项主要考虑碳钢或其他金属在其延展或脆化转变温度以下时可能存在的脆性问题。如经过认真评价,确认在正常操作和异常情况下均不会低于转变温度,则不用系数。测定转变温度的一般方法是对加工单元中设备所用的金属小样进行标准摆锥式冲击试验,然后进行设计,使操作温度高于转变温度。正确设计应避免采用低温工艺条件。系数给定原则如下。

(1)采用碳钢结构的工艺装置,操作温度等于或低于转变温度时,系数取 0.30;如果没有转变温度数据,则可假定转变温度为 10℃。

(2)装置为碳钢以外的其他材质,操作温度等于或低于转变温度时,系数取 0.20。切记,如果材质适用于最低可能的操作温度,则不用给系数。

7.易燃和不稳定物质的数量

单元中易燃物和不稳定物质的数量与危险性的关系分为 3 种类型,用各自的系数曲线分别评价。对每个单元而言,只能选取一个系数,依据是已确定为单元物质系数代表的物质。

(1)工艺过程中的液体或气体的危险系数(见图 11-3)。该系数主要考虑可能泄漏并引起火灾危险的物质数量,或者因暴露在火中可能导致化学反应事故的物质数量。它应用于任何工艺操作,包括用泵向储罐送料的操作。

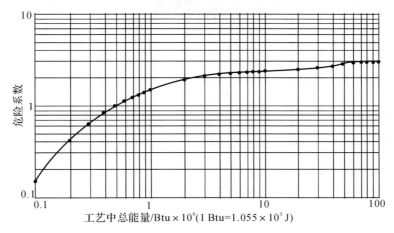

图 11-3　工艺中的液体或气体的危险系数

该系数适用于下列已确定作为单元物质系数代表的物质:

1)易燃液体和闪点低于 60℃ 的可燃液体;

2)易燃气体;

3)液化易燃气体;

4)闭杯闪点大于 60℃ 的可燃液体,且操作温度高于其闪点时;

5)化学活性物质,不论其可燃性大小(N_R＝2、3 或 4)。

确定该项危险系数时,首先要估算工艺中的物质质量(kg)。这里所说的物质质量是在 10 min 内从单元中或相连的管道中可能泄漏出来的可燃物的量。经验表明,取如下两者中的较大值作为可能泄漏量是合理的,即工艺单元中的物料量和相连单元中的最大物料量。

紧急情况时,通过遥控关闭阀门,使相连单元与之隔离的情况不在考虑之列。例如,加料槽、缓冲罐和回流罐是与单元相连的一类设备,它们可能装有比评价单元更多的物料。可是,如果这些容器都配备遥控切断阀,则不能把它们看作"与工艺单元相连的设备"。

在正确估计工艺中的物质数量之前,要回答"什么是最大可能的泄漏量?"。但要注意的是,如果泄漏物具有不稳定性(化学反应性),则泄漏量一般以工艺单元内的物料量为准。

在火灾、爆炸指数计算表的特殊工艺危险的"G"栏中的有关空格中填写易燃或不稳定物质的合适数量。使用图 11-3,将求出的工艺过程中的可燃或不稳定物料总量乘以燃烧热 H_C (J/kg),得到总热量(J)。

对于 N_R＝2 或 N_R 更大的不稳定物质,其 H_C 可取 6 倍于分解热或燃烧热中的较大值。在火灾、爆炸指数计算表的特殊工艺危险"G"栏有关空格处填入燃烧热 H_C(J/kg)。

由图 11-3 工艺中总能量(J)查得所对应的危险系数。总能量与曲线的相交点即代表系数值。该曲线中总能量(X)与系数(Y)的曲线方程(计算时式中的能量即 X 的单位应为 Btu×10⁹,以下各公式与此相同)为

$$\lg Y = 0.171\ 79 + 0.429\ 88(\lg X) - 0.372\ 24(\lg X)^2 +$$
$$0.177\ 12(\lg X)^3 - 0.029\ 984(\lg X)^4 \qquad\qquad (11-2)$$

(2)储存中的液体或气体(工艺操作场所之外)。操作场所之外储存的易燃和可燃液体,气体或液化气的危险系数比"工艺中的"要小,这是因为它不包含工艺过程,工艺过程有产生事故的可能。本项包括桶或储藏中的原料、罐区中的物料以及可移动式容器和桶中的物料。

对单个储存容器可用总能量(储存物料乘以燃烧热而得)查图11-4确定其危险系数。对于若干个可移动容器,用所有容器中的物料总量。当两个或更多的容器安置在一个共同的堤坝内,不能将泄漏液排至适当大的蓄液池内时,用堤坝内所有储罐内的物料总热量值查取系数。对于不稳定的物质,采取和F&EI计算表(见表11-1)中G相同的方法进行计算,即取最大分解热或燃烧热的6倍作为H_c,然后根据总热量,由图11-4中的曲线A确定系数。

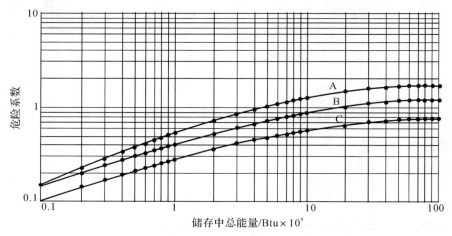

图 11-4 储存中的液体和气体

图中:A——液化气;

B——Ⅰ类易燃液体(闪点<37.8℃);

C——Ⅱ类可燃液体(37.8℃<闪点<60℃)。

例如,有3个盛有化学物质的储罐(分别装340 100 kg 苯乙烯单体、340 100 kg 二乙基苯和272 100 kg 丙烯腈)安置在同一堤坝内,且不能排放到蓄液池内。假定储存的环境温度为38℃,所有的 H_c 取燃烧热值,其总能量计算如下:

340 100 kg 苯乙烯$\times 40.5 \times 10^6$ J/kg$=13.8 \times 10^{12}$ J

340 100 kg 二乙基苯 41.9×10^6 J/kg$=14.1 \times 10^{12}$ J

272 100 kg 丙烯腈$\times 31.9 \times 10^{12}$ J/kg$=8.7 \times 10^{12}$ J

总能量$=36.6 \times 10^{12}$ J

根据物质种类确定曲线:

苯乙烯——Ⅰ类易燃液体(图11-4曲线 A);

丙烯腈——Ⅰ类易燃液体(图1-4曲线 B);

二乙基苯——Ⅱ类可燃液体(图11-4曲线 C)。

如果单元中的物质有几种,在查图11-4时,首先要找出总能量与每种物质对应的曲线中最高的一条曲线的交点,然后再查出与交点对应的系数值,即为所求系数。在本例中总能量与各物质对应的最高曲线是 B,其对应的系数是 1.00。美国消防协会 NFPA30 要求用堤坝将这些易燃物质分开存放。

图 11-4 中,曲线 A、B 和 C 的总能量(X)与系数(Y)的对应方程为

$$\left.\begin{array}{l}\lg(Y)=-0.289\,069+0.472\,171\lg(X)-0.074\,585\lg(X)^2-0.018\,641\lg(X)^3\\\lg(Y)=-0.403\,115+0.378\,703\lg(X)-0.046\,402\lg(X)^2-0.015\,379\lg(X)^3\\\lg(Y)=-0.558\,394+0.363\,321\lg(X)-0.057\,296\lg(X)^2-0.010\,759\lg(X)^3\end{array}\right\}$$

$$(11-3)$$

(3)储存中的可燃固体和工艺中的粉尘(见图 11-5)。本项包括了储存中的固体和工艺单元中粉尘量的系数,涉及的固体或粉尘即是确定物质系数的那些基本物质。根据物质密度、点火难易程度以及维持燃烧的能力来确定系数。

用储存固体总量(kg)或工艺单元中粉尘总量(kg),由图 11-5 查取系数。如果物质的密度小于 160.2 kg/m³ 时,用曲线 A;密度大于 160.2 kg/m³,用曲线 B。对于 $N_R=2$ 或更高的不稳定物质,用单元中的物质实际质量的 6 倍,查曲线 A 来确定系数。

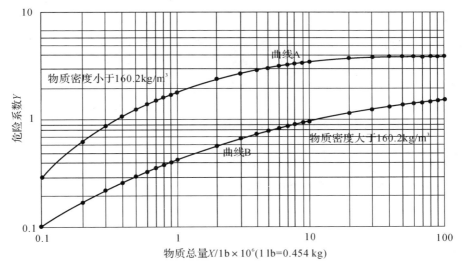

图 11-5　储存中的可燃固体和工艺中的粉尘

例如,一座仓库,不计通道时面积为 1 860 m²,货物堆放高度为 4.57 m,即容积约为 8 500 m³。若储存物品(苯乙烯桶装的多孔泡沫材料和纸板箱)的平均密度为 35.2 kg/m³,则总质量为 35.2 kg/m³×8 500 m³=299 200 kg。由于平均密度小于 160.2 kg/m³,所以查曲线 A 得粉尘量系数为 1.54。

假如在此场所存放的货物是袋装的聚乙烯颗粒或甲基纤维素粉末(其平均密度为 449 kg/m³),则总质量为 449 kg/m³×8 500 m³=3 816 500 kg。由于密度大于 160.2 kg/m³,所以用曲线 B 查得粉尘量系数为 0.920。

泡沫或纸箱的火灾负荷(依据总热量和密度)比袋装聚乙烯颗粒和甲基纤维素粉末要小得多,但与较重的物质相比,它们更容易被点燃并维持燃烧。总之,较轻物质比较重物质具有更大的火灾危险,即使是存储量较少,也应有较大的粉尘量系数。图 11-5 中系数曲线 A、B 的方程式为

$$\left.\begin{aligned}\lg(Y) &= 0.280\,423 + 0.464\,559(\lg X) - 0.282\,91(\lg X)^2 + 0.066\,218(\lg X)^3 \\ \lg(Y) &= -0.358\,311 + 0.459\,926(\lg X) - 0.141\,022(\lg X)^2 + 0.022\,76(\lg X)^3\end{aligned}\right\}$$

$$(11-4)$$

8. 腐蚀

虽然正规的设计留有腐蚀和侵蚀余量，但腐蚀或侵蚀问题仍可能在某些工艺中发生。此处的腐蚀速率被认为是外部腐蚀速率和内部腐蚀速率之和。切不可忽视工艺物流中少量杂质可能产生的影响，它可能比正常的内部腐蚀和由于油漆破坏造成的外部腐蚀强得多。腐蚀系数按以下规定选取：

(1)当腐蚀速率（包括点腐蚀和局部腐蚀）小于 0.127 mm/a 时，系数为 0.10；

(2)当腐蚀速率大于 0.127 mm/a，但小于 0.254 mm/a 时，系数为 0.20；

(3)当腐蚀速率大于 0.254 mm/a 时，系数为 0.50；

(4)如果应力腐蚀裂纹有扩大的危险，系数为 0.75，这一般是氯气长期作用的结果；

(5)要求用防腐衬里时，系数为 0.20，但如果衬里仅仅是为了防止产品污染，则不取系数。

9. 泄漏（连接头和填料处）

垫片、接头或轴的密封及填料处，可能是易燃、可燃物质的泄漏源，尤其是在热和压力周期性变化的场所，应该按工艺设计情况和采用的物质选取系数。泄漏系数按下列原则选取：

(1)当泵和压盖密封处可能产生轻微泄漏时，系数为 0.10；

(2)当泵、压缩机和法兰连接处产生正常的一般泄漏时，系数为 0.30；

(3)承受热和压力周期性变化的场合，系数为 0.30；

(4)如果工艺单元的物料是有渗透性或磨蚀性的浆液，则可能引起密封失效，或者当工艺单元使用转动轴封或填料函时，系数为 0.40；

(5)当单元中有玻璃视镜、波纹管或膨胀节时，系数为 1.50。

10. 明火设备的使用

当易燃液体、蒸气或可燃性粉尘泄漏时，工艺中明火设备的存在额外增加了引燃的可能性。其分为以下两种情况取系数：一是明火设备设置在评价单元中；二是明火设备附近有各种工艺单元。

从评价单元可能发生泄漏点到明火设备的空气进口的距离，就是图 11-6 中的距离，单位用 ft 表示。

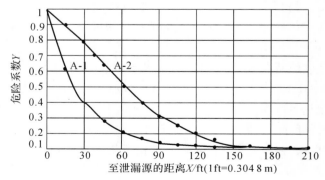

图 11-6　明火设备的危险系数

（1）图 11-6 中曲线 A-1 用于：

1）确定物质系数的物质可能在其闪点以上泄漏的任何工艺单元；

2）确定物质系数的物质是可燃性粉尘的任何工艺单元。

（2）图 11-6 中曲线 A-2 用于确定物质系数的物质可能在其沸点以上泄漏的任何工艺单元。

明火设备的危险系数确定方法如下：用图 11-6 中潜在泄漏到明火设备空气进口的距离与相对应曲线（A-1 或 A-2）的交点，即可得到系数值。曲线 A-1、曲线 A-2 中可能的至泄漏源距离（X）与危险系数（Y）对应的方程（式中 X 的单位为 ft）为

$$\lg(Y) = -3.324\ 3 = \left(\lg\frac{X}{210}\right) + 3.751\ 27 = \left(\lg\frac{X}{210}\right)^2 - 1.425\ 23 = \left(\lg\frac{X}{210}\right)^3 \left.\right|$$

$$\lg(Y) = -0.374\ 5 = \left(\lg\frac{X}{210}\right) - 2.702\ 12 = \left(\lg\frac{X}{210}\right)^2 + 2.091\ 71 = \left(\lg\frac{X}{210}\right)^3 \left.\right|$$

$$(11-5)$$

如果明火设备本身就是评价工艺单元，则到潜在泄漏的距离为 0；如果明火设备是加热易燃或可燃物质，即使物质的温度不高于其闪点，系数也取 1.00。

本项所涉及的任何其他情况，包括所处理的物质低于其闪点，都不用取系数。如果明火设备在工艺单元内，并且单元中选作物质系数的物质的泄漏温度可能高于闪点，则不管距离多少，系数至少取 0.10。

对于带有"压力燃烧器"的明火设备，若空气进气孔直径为 3 m 或更大，且存在不靠近排放口之类的潜在的泄漏时，系数仅取标准燃烧器所确定系数的 50%。但是，当明火加热本身就是评价单元时，则系数不能乘以 50%。

11. 热油交换系统

大多数交换介质可燃，且操作温度经常在闪点或沸点之上，因此增加了危险性。此项危险系数是根据热交换介质的使用温度和数量来确定的。热交换介质为不可燃物，或虽为可燃物但使用温度总是低于闪点时，不用考虑这个系数，但应对生成油雾的可能性加以考虑。

按照表 11-10 确定危险系数时，其油量可取下列两者中较小者：①油管破裂后 15 min 的泄漏量；②热油交换系统中的总油量。热交换系统中储备的油量不计入，除非它在大部分时间里与单元保持着联系。建议计算热油循环系统的火灾、爆炸指数时，应包含运行状态下的油罐（不是油储罐）、泵、输油管及回流油管。根据经验，这样做的结果会使火灾、爆炸指数较大。

表 11-10　热油交换系统危险系数

油量/m³		<18.9	18.9~37.9	37.9~94.6	>94.6
系　数	大于闪点	0.15	0.30	0.50	0.75
	等于或大于沸点	0.25	0.45	0.75	1.15

热油交换系统作为评价热油系统时，则按明火设备的使用规定选取系数。

12. 转动设备

单元内大容量的转动设备会带来危险。虽然还没有确定一个公式来表征各种类型和尺寸转动设备的危险性，但统计资料表明，超过一定规格的泵和压缩机很可能引起事故。评价单元

中使用或评价单元本身是如下转动设备的,可选取系数 0.5:

(1)大于 600 hp(1 hp=745.699 872 W)的压缩机;

(2)大于 75 hp 的泵;

(3)发生故障后因混合不均、冷却不足或终止等原因,引起反应温度升高的搅拌器和循环泵;

(4)其他曾发生过事故的大型高速转动设备,如离心机等。

评价了所有的特殊工艺危险之后,计算基本系数与所涉及的特殊工艺危险系数的总和,并将它填入火灾、爆炸指数计算表中的"特殊工艺危险系数(F_2)"的栏中。

(三)工艺单元危险系数的确定

单元危险系数(F_3)是一般工艺危险系数(F_1)和特殊工艺危险系数(F_2)的乘积。之所以采用乘积而不用和,是因为一般工艺危险系数 F_1 和特殊工艺危险系数 F_2 中的有关危险因素有相互合成的效应。例如 F_1 中的"排放不良"掺和有 F_2 中的"物量因素"。

单元危险系数(F_3)的正常值范围为 1~8,它被用来确定 F&EI 以及计算危害系数,如图 11-7 所示。

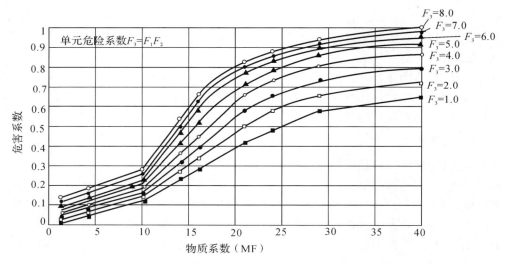

图 11-7 危害系数计算图

针对各工艺危险正确地确定危险系数后,F_3 的值一般不超过 8.0,如果 F_3 的值大于 8.0,也按最大值 8.0 计。单元危险系数填入火灾爆炸危险指数计算表中。

四、火灾爆炸危险指数的计算

火灾爆炸危险指数被用来估计生产过程中的事故可能造成的破坏。各种危险因素,如反应类型、操作温度、压力和可燃物的数量等,表征了事故发生概率、可燃物的潜能,以及由工艺控制故障、设备故障、振动或应力疲劳等导致的潜能释放的大小。

根据直接原因、易燃物泄漏并点燃后引起的火灾,或燃料混合物爆炸的破坏情况,分为如下几类:

(1)冲击波或燃爆;

（2）初始泄漏引起的火灾暴露；

（3）容器爆炸引起的对管道与设备的撞击；

（4）引起二次事故——其他可燃物的释放。

随着单元危险系数和物质系数的增大，二次事故变得愈加严重。火灾、爆炸危险指数（F&EI）是单元危险系数（F_3）和物质系数（MF）的乘积。它与暴露半径有关。

表 11-11 为 F&EI 与危险程度之间的关系，它使人们对火灾、爆炸的严重程度有一个相对的认识。

表 11-11　F&EI 与危险等级

F&EI	1～60	61～96	97～127	128～158	>159
危险等级	最轻	较轻	中等	很大	非常大

五、安全措施补偿系数

在建造任何一个化工装置或化工厂时，均应考虑一些基本设计要点，要符合各种规范，如建筑规范和美国机械试验学会（ASME）、美国消防协会（NGPA）、美国材料试验学会（ASTM）、美国国家标准所（ANSI）的规范以及地方政府的要求等。

除了这些基本的设计要求之外，根据经验提出的安全措施也已证明是有效的，它不仅能预防严重事故的发生，也能降低事故的发生概率和危害。安全措施可以分为三类：C_1 工艺控制、C_2 物质隔离和 C_3 防火措施。

安全措施补偿系数按下列程序进行计算，并汇总于安全措施补偿系数表（见表 11-2）中。直接把合适的系数填入表中，没有采取安全措施的系数记为 1，每一类安全措施的补偿系数是该类别中所有选取系数的乘积；$C_1 C_2 C_3$ 的乘积便是总补偿系数。

所选择的安全措施应能切实地减少或控制评价单元的危险。选择安全措施以提高安全可靠性，不是本危险分析方法的最终结果，其最终结果是确定损失减少，或使最大可能损失降至一个更为实际的数值。下面列出安全措施及相应的补偿系数并加以说明。

（一）工艺控制补偿系数（C_1）

（1）应急电源，0.98。该补偿系数适应于基本设施（仪表电源、控制仪表、搅拌和泵等），且能从正常状态自动切换到应急状态。只有当应急电源与评价单元中事故的控制有关时才考虑这个系数。例如，在某一个反应过程中，维持正常搅拌是避免失控反应的重要手段，若为搅拌器配备应急电源，则有明显的保护功能，因此应予以补偿。在另一种情况下，如聚苯乙烯生产中胶浆罐的搅拌，就不必设置应急电源来防止或控制可能出现的火灾、爆炸事故。虽然它能在正常电源中断时保证连续作业，也不给予补偿。配备了应急电源，其补偿系数为 0.98，否则系数为 1。

（2）冷却，0.97～0.99。如果冷却系统能保证在出现故障时维持正常的冷却 10 min 以上，补偿系数为 0.99；如果有备用冷却系统，冷却能力为正常需要量的 1.5 倍，且至少维持 10 min，补偿系数为 0.97。

（3）抑爆，0.84～0.98。粉体设备或蒸气处理设备上安有抑爆装置，或设备本身有抑爆作用时，系数为 0.84；采用防爆膜防止设备发生意外时，系数为 0.98。只有那些在突然超压（如燃爆)时能防止设备或建筑物遭受破坏的释放装置才能给予补偿系数。对于那些所有压力容器上都配备的安全阀、储罐的紧急排放口之类常规超压释放装置,则不考虑补偿系数。

(4)紧急停车装置,0.96~0.99。出现异常时能紧急停车并转换到备用系统,补偿系数为0.98;重要的转动设备(如压缩机、透平和鼓风机等)装有振动测定仪时,若振动仪只能报警,系数为0.99;若振动仪能使自动停车,系数为0.96。

(5)计算机控制设置了在线计算机以帮助操作者,但它不直接控制关键设备或经常不用计算机操作时,系数为0.99;具有失效保护功能的计算机直接控制工艺操作时,系数为0.97;采用下列三项措施之一者,系数为0.93:关键现场数据输入的冗余技术、关键输入的异常终止功能和备用的控制系统。

(6)惰性气体保护,0.94~0.96。盛装易燃气体的设备有连续的惰性气体保护时,系数为0.96;如果惰性气体系统有足够的容量,并自动吹扫整个单元,系数为0.94。但是,惰性气体吹扫系统必须人工启动或控制时,不取系数。

(7)操作指南或操作规程,0.91~0.99。正常的操作指南、完整的操作规程,是保证正常作业的重要因素。下面列出最重要的条款并规定分值:

开车0.5,正常停车0.5,正常操作条件0.5,低负荷操作条件0.5,备用装置启动条件(单元全循环或全回流)0.5,超负荷操作条件1.0,短时间停车后再开车规程1.0,检修后的重新开车1.0,检修程序(批准手续、清除污物、隔离、系统清扫)1.5,紧急停车1.5,设备、管线的更换和增加2.0,发生故障时的应急方案3.0。

将已经具备的操作规程各项的分值相加,作为下式中的 X,并按 $1.0-X/150$ 计算补偿系数。如果上面列出的操作规程均已具备,则补偿系数为 $1.0-13.5/150=0.91$。此外,也可以根据操作规程的完善程度,在 $0.9\sim0.99$ 的范围内确定补偿系数。

(8)活性化学物质检查,0.91~0.98。用活性化学物质大纲,检查现行工艺和新工艺(包括工艺条件的改变、化学物质的储存和处理等),是一项重要的安全措施。如果按大纲进行检查是整个操作的一部分,系数为0.91;如果只是在需要时才进行检查,系数为0.98。

采用此项补偿系数的最低要求是至少每年操作人员应获得一份应用于本职工作的活性化学物质指南,如不能定期地提供,则不能选取补偿系数。

(9)其他工艺过程危险分析,0.91~0.98。几种其他的工艺过程危险分析工具,均可用来评价火灾、爆炸危险。这些方法是定量风险评价(QRA),详尽的后果分析,故障树分析(FTA),危险与可操作性分析(HAZOP),故障类型和影响分析(FMEA),环境、健康、安全和损失预防审查,如果-怎么样分析,检查表评估以及工艺、物质等变更的审查管理等。相应的补偿系数见表11-12。

表 11 - 12　使用其他辅助分析方法的补偿系数

分析方法	定量风险评价(QRA)	详尽的后果分析	如果-怎么样分析	故障树分析(FTA)	危险与可操作性分析(HAZOP)	检查表评估	故障类型和影响分析(FMEA)	环境、健康、安全和损失预防审查	工艺、物质等变更的审查管理
补偿系数	0.91	0.93	0.96	0.93	0.94	0.98	0.94	0.96	0.98

定期地开展上面所列的任一项危险分析时,均可按规定取相应的补偿系数。如果只是在

必要时才进行一些危险分析,可仔细斟酌后取较高一些的补偿系数。

(二)物质隔离补偿系数(C_2)

(1)远距离控制阀,0.96~0.98。如果单元备有遥控的切断阀,以便在紧急情况下迅速地将储罐、容器及主要输送管线隔离,系数为.98;如果阀门至少每年更换 1 次,则系数为 0.96。

(2)备用泄漏装置,0.96~0.98。如果备用储槽能安全地(有适当的冷却和通风)直接接受单元内的物料时,补偿系数为 0.98;如果备用储槽安置在单元外,则系数为 0.96;对于应急通风系统,如果应急通风能将气体、蒸气排放至火炬系统或密闭的受槽,系数为 0.96。正常的排气系统减少了周围设备暴露于泄漏出的气体、液体中的可能性,因而也应给予补偿。与火炬系统或受槽连接的正常排气系统的补偿系数为 0.98。连接聚苯乙烯反应器和储槽的排风系统即为一例。

(3)排放系统,0.91~0.97。为了自生产和储存单元中移走大量的泄漏物,地面斜度至少要保持 2%(硬质地面 1%),以便使泄漏物流至尺寸合适的排放沟。排放沟应能容纳最大储罐内所有的物料再加上第二大储罐 10%的物料,以及消防水 1 h 的喷洒量。满足上述条件时,补偿系数为 0.91。只要排放设施完善,能把储罐和设备内以及附近的泄漏物排净,就可采用补偿系数 0.91。如果排放装置能汇集大量泄漏物料,但只能处理少量物料(约为最大储罐容量的一半),系数为 0.97;许多排放装置能处理中等数量的物料时,则系数为 0.95。储罐四周有堤坝容纳泄漏物时不予补偿。倘若能将泄漏物引至蓄液池,蓄液池的距离至少要大于 15 m,蓄液池的蓄液能力要能容纳区域内最大储罐的所有物料再加上第二大储罐盛装物料的 10%,以及消防水,此时补偿系数取 0.95。倘若地面斜度不理想,或蓄液池距离小于 15 m,不予补偿。

(4)连锁装置,0.98。装有连锁系统以避免出现错误的物料流向,以及由此而引起的不需要的反应时,系数为 0.98。此系数也能适用于符合标准的燃烧器。

(三)防火措施补偿系数(C_3)

(1)泄漏检测装置,0.94~0.98。安装了可燃气体检测器,但只能报警和确定危险范围时,系数为 0.98;若它既能报警又能在达到燃烧下限之前使保护系统动作,此时系数为 0.94。

(2)钢质结构,0.95~0.98。防火涂层应达到的耐火时间,取决于可燃物的数量及排放装置的设计情况。如果采用防火涂层,则所有的承重钢结构都要涂覆,且涂覆高度至少为 5 m,这时取补偿系数为 0.98;涂覆高度大于 5 m 而小于 10 m 时,系数为 0.97;如果有必要,涂覆高度大于 10 m 时,系数为 0.95。防火涂层必须及时维护,否则不能取补偿系数。钢筋混凝土结构采用和防火涂层一样的系数。从防火角度出发,应优先考虑钢筋混凝土结构。另外的防火措施,如单独安装大容量水喷洒系统来冷却钢结构,这时取补偿系数为 0.98,而不是按照下述"(5)喷洒系统"的规定取 0.97。

(3)消防水供应,0.94~0.97。消防水压力为 690 kPa(G)或更高时,补偿系数为 0.94;压力低于 690 kPa(G)时,补偿系数为 0.97。工厂消防水的供应要保证按计算的最大需水量连续供应 4 h;对危险性不大的装置,供水时间少于 4 h 可能是合适的。若满足上述条件,补偿系数为 0.97。在保证消防水的供应上,除非有独立于正常电源之外的其他能源,且能提供最大水量(按计算结果),否则不取补偿系数。柴油机驱动的消防水泵即为一例。

(4)特殊系统,0.91。特殊系统包括二氧化碳、卤代烷灭火及烟火探测器、防爆墙或防爆小屋等。由于对环境存在潜在的危害,不推荐安装新的卤代烷灭火设施。对现有的卤代烷灭火设施,如认为它适合于某些特定的场所,或有助于保障生命安全,可以取补偿系数。重要的是,要确保设计成夹层壁结构,当内壁发生泄漏时,外壁能承受所有的负荷,此时采用 0.91 的补偿系数。双层壁结构常常不是最为有效的,减少风险的最好办法是设法加固内壁。以往,地下埋藏储罐和夹层储罐都给予补偿系数。从防火的观点看,地下储罐更安全一些是毫无疑问的。可是,更为重要的一点是,地下储罐可能泄漏,而且对泄漏的检测和控制都有困难。出于保护环境的考虑,不推荐设置新的地下储罐。

(5)喷洒系统,0.74~0.97。洒水灭火系统的补偿系数为 0.97。对洒水灭火系统给予最小的补偿,是因为它由许多部件组成,其中任一部件的故障都可能完全或部分地影响整个系统的功能。喷洒水灭火系统常与其他损失预防措施结合起来应用于较危险的场合,这就意味着单独的喷洒水灭火系统的效果欠佳。

室内生产区和仓库使用的湿管、干管喷洒水灭火系统的补偿系数按表 11-13 选取。

表 11-13　室内生产区和仓库使用的湿管、干管喷洒水灭火系统的补偿系数

危险等级	设计参数 $L \cdot min^{-1} \cdot m^{-2}$	补偿系数	
		湿管	干管
低危险	6.11~8.15	0.87	0.87
中等危险	8.56~13.6	0.81	0.84
非常危险	>14.3	0.74	0.81

湿管、干管自动喷水灭火系统(闭式喷头)的可靠性高达 99.9% 以上,易发生故障的调节阀很少采用。用面积修正系数(按防火墙内的面积计)乘以上述的补偿系数:面积大于 930 m^2 为 1.06;面积大于 1 860 m^2 为 1.09;面积大于 2 800 m^2 为 1.12。

可以看出,可能着火的面积增大时(如仓库),面积修正系数增大,这使补偿系数增加,从而增大了最大可能财产损失。这是因为面积增大时,会有更多的机会暴露在燃烧环境中。

(6)水幕,0.97~0.98。在点火源和可能泄漏的气体之间设置自动喷水幕,可以有效地减少点燃可燃气体的危险。为保证良好的效果,水幕到泄漏源之间的距离至少要为 23 m,以便有充裕的时间检测并自动启动水幕。最大高度为 5 m 的单排喷嘴,补偿系数为 0.98;在第一层喷嘴之上 2 m 内设置第二层喷嘴的双排喷嘴,其补偿系数为 0.97。

(7)泡沫装置,0.92~0.97。如果设置了远距离手动控制的将泡沫注入标准喷洒系统的装置,补偿系数为 0.94,这个系数是对喷洒灭火系统补偿系数的补充。全自动泡沫喷射系统的补偿系数为 0.92,所谓全自动意味着当检测到着火后泡沫阀自动地开启。为保护浮顶罐的密封圈设置的手动泡沫灭火系统的补偿系数为 0.97,当采用火焰探测器控制系统时,补偿系数为 0.94。锥形顶罐配备有地下泡沫系统和泡沫室时,补偿系数为 0.95。可燃液体储罐的外壁配有泡沫灭火系统时,如为手动其补偿系数为 0.97,如为自动控制则系数为 0.94。

(8)手提式灭火器(水枪),0.93~0.98。如果配备了与火灾危险相适应的手提式或移动式灭火器,补偿系数为 0.98。如果单元内有大量泄漏可燃物的可能,而手提式灭火器又不可能有效地控制,这时不取补偿系数。如果安装了水枪,补偿系数为 0.97。如果能在安全地点远距离控制它,则系数为 0.95。带有泡沫喷射能力的水枪,其补偿系数为 0.93。

(9)电缆保护,0.94～0.98。仪表和电缆支架均为火灾时非常容易遭受损坏的部位。如采用带有喷水装置,其下有14～16号钢板金属罩加以保护,系数为0.98;如果金属罩上涂料以取代喷水装置时,其系数也是0.98。若电缆管埋在地下的电缆沟内(不管沟内是否干燥),补偿系数为0.94。

C_1、C_2、C_3的乘积即为单元的总安全补偿系数。

六、危险分析汇总

(一)工艺单元危险分析汇总

工艺单元危险分析汇总表(见表11-3)汇集了所有重要的单元危险分析的资料,列出了F&EI及由F&EI确定的数据、单元的安全补偿系数、暴露区域、危险系数等。工艺单元危险分析汇总表以及F&EI,是用来制定生产单元风险管理程序的有效工具。本评价法另外的作用,是提供了一种识别单元中其他危险因素的方法,这可使所有单元的危险因素都能被发现。

1. 火灾爆炸危险指数(F&EI)

火灾爆炸危险指数被用来估计生产事故可能造成的破坏,有关火灾爆炸危险指数的内容已在前面给出,表11-11还给出了按不同的火灾爆炸危险指数划分危险等级的规定。

2. 暴露半径(R)

对已计算出来的F&EI,可以用它乘以0.84,或按图11-8转换成暴露半径。它的单位可以是ft或m。这个暴露半径表明了生产单元危险区域的平面分布,它是一个以工艺设备的关键部位为中心、以暴露半径为半径的圆。每一个被评价的生产单元都可画出这样一个圆。

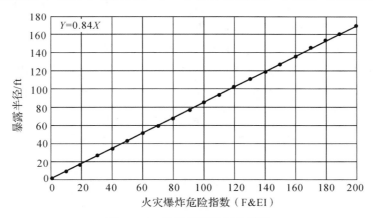

图11-8　暴露区域半径计算图

如果被评价工艺单元是一个小设备,就可以该设备的中心为圆心、以暴露半径为半径画圆。如果设备较大,则应从设备表面向外量取暴露半径,暴露区域加上评价单元的面积才是实际暴露区域的面积。在实际情况中,暴露区域的中心常常是泄漏点,经常发生泄漏的点是排气口、膨胀节和装卸料连接处等部位,它们均可作为暴露区域的圆心。

3. 暴露区域

暴露半径决定了暴露区域的大小。按下式计算暴露区域:

$$暴露区域面积 = \pi R^2 (m^2)$$

(11-6)

暴露区域意味着其内的设备将会暴露在本单元发生的火灾或爆炸环境中。为了评价这些设备在火灾、爆炸中遭受的损坏，要考虑实际影响的体积。该体积是一个围绕着工艺单元的圆柱体的体积，其面积是暴露区域，高度相当于暴露半径。有时用球体的体积来表示也是合理的。该体积表征了发生火灾、爆炸事故时生产单元所承受风险的大小。图 11-9 为一示例，单元是立式储罐，图中显示了暴露半径、暴露区域及影响体积。

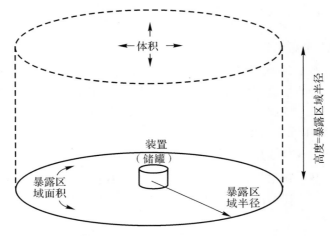

图 11-9 立式储罐的暴露区域

实际上，火灾、爆炸的蔓延并不是一个理想的圆，故不会在所有各个方向造成同等的破坏。实际破坏情况受设备位置、风向及排放装置情况的影响，这些都是影响损失预防设计的重要因素。不管如何，"圆"提供了赖以计算的基本依据。

火灾、爆炸指数为 100，暴露区域半径为 256 m，暴露区域面积为 2 060 m^2，圆柱体高度为 25.6 m。在早期的 F&EI 研究中，计算暴露半径时要考虑各种易燃物泄漏量达 8 cm 深时可能造成的后果，以及爆炸性气体混合物和火灾的影响，同时还要考虑两种不同的环境状况。

第一种，如果暴露区域内有建筑物，但该建筑物的墙耐火或防爆，或两者兼而有之，则该建筑物没有危险，因而不应计入暴露区域内；如果暴露区域内设有防火墙或防爆墙，则墙后的面积也不算作暴露面积。

第二种，如果物料储存在仓库或其他建筑物内，基于上述理由可以得到处于危险状态的仅是建筑物本身的容积，可能的危险是燃烧而不是爆炸，建筑物的墙和顶棚应不能传播火焰；假若这个建筑物不耐火或至少是由可燃物建造的，则影响区域就延伸到墙壁之外。

另外还要考虑的是：

(1)包含评价单元的单层建筑物的全部面积可以看作暴露区域，除非它用耐火墙分隔成几个独立的部分；如果有爆炸危险，即使各部分用防火墙隔开，整个建筑面积也都要看作暴露区域。

(2)多层建筑具有耐火楼板时，其暴露区域按楼层划分。

(3)如果火源在建筑物的外部，则防火墙具有良好的防止建筑物暴露于火灾危害中的作用；但若有爆炸危险，它就丧失了隔离功能。

(4)防爆可以看作暴露区域的界限。

下面列出单元 A 和单元 B 两个暴露区域：

　　　　单元 A　　　　　　　　单元 B

单元危险系数＝4.0　　　　单元危险系数＝4.0

物质系数＝16　　　　　　物质系数＝24

危害系数＝0.45　　　　　危害系数＝0.74

F&EI＝64　　　　　　　F&EI＝96

暴露半径＝16.4 m　　　　暴露半径＝24.6 m

暴露区域＝845 m²　　　　暴露区域＝1 901 m²

虽然上述两个单元的单元危险系数均为 4.0,但其最终的可能损失还必须考虑所处理物料的危险性。单元 A 的情况表明周围 845 m² 的区域将有 45％遭到破坏;而单元 B 的情况则表明周围 1 901 m² 的区域将有 74％遭受破坏。如果单元 B 的单元危险系数是 2.7 而不是 4.0,则它和单元 A 将有相同的 F&EI(64),可是单元 B 的危害系数将变为 0.64(根据物质系数 24 来确定),而单元 A 的危害系数为 0.45(根据物质系数 16 而确定)。

4.暴露区域内财产价值

暴露区域内财产价值可由区域内含有的财产(包括在存的物料)的更换价值来确定:

$$更换价值＝原来成本×0.82×增长系数 \tag{11-7}$$

式中:系数 0.82 是考虑到事故发生时有些成本不会遭受损失或无须更换,如场地平整、道路、地下管线和地基、工程费等,如能作更精确的计算,这个系数可以改变;增长系数由最新的公认的数据确定。

更换价值可按以下几种方法计算:

(1)采用暴露区域内设备的更换价值。现行价值可按式(11-7)确定。在理想情况下,会计的统计资料可提供这些信息。会计统计资料中可能有保险金额或实际的现金值,它们是从现行的更换价值算出的。当赔偿金额是按保险值来确定时,估计风险的最好办法是依据现行的更换价值。

(2)用现行的工程成本来估算暴露区域内所有财产的更换价值(地基和其他不会遭受损失的项目除外)。这几乎像估算一个新装置那样费时。为简化起见,可只用主要设备的成本来估算,然后用工程预算安装系数核定安装费用。工艺技术中心可以提供已有装置和新建装置的最新成本数据。

(3)从整个装置的更换价值推算每平方米的设备费,再用暴露区域的面积与之相乘就得到更换价值。这种方法的精确度可能最差,但对老厂最适用。

计算暴露区域内财产的更换价值时,必须采用在存物料的价值及设备价值。储罐的物料量可按其容量的 80％计算;塔器、泵、反应器等采用在存量或与之相连的物料储罐的物料量。不论其量是否偏小,亦可用 15 min 物流量或其有效容积。物料的价值要根据制造成本、可销售产品的销售价及废料的损失等来确定。暴露区域内所有的物料都要包括在内。当一个暴露区域包含另一个暴露区域的一部分时,不能重复计算。

5.危害系数的确定

危害系数是由单元危险系数(F_3)和物质系数(MF)按图 11-7 来确定的,它代表了单元中物料泄漏或反应能量释放所引起的火灾、爆炸事故的综合效应。确定危害系数时，如果 F_3 数值超过 8.0，也不能按图 11 - 7 外推，按 $F_3 = 8.0$ 来确定危害系数。随着物质系数（MF）和单元危险系数（F_3）的增加，危害系数从 0.01 增至 1.00。

例如，有两个单元 A 和 B，它们的单元危险系数（F_3）均为 4.00，单元 A 的物质系数为 16，而单元 B 的物质系数为 24，根据图 11 - 7 可以得到单元 A 的危害系数为 0.45，单元 B 的危害系数为 0.74。

6. 基本最大可能财产损失（基本 MPPD）

确定了暴露区域、暴露区域内财产和危害系数之后，有必要计算按理论推断的暴露面积（实质上是暴露体积）内有关设备价值的数据。暴露面积代表了基本最大可能财产损失的计算范围。

基本最大可能财产损失是根据许多年来开展损失预防积累的数据而确定的。基本最大可能财产损失填入工艺单元危险分析汇总表（见表 11 - 3）中第 6 行和生产单元危险分析汇总表（见表 11 - 4）中。基本最大可能财产损失是假定没有任何一种安全措施来降低损失。

7. 安全措施补偿系数

安全措施补偿系数 $C_1 \sim C_3$。安全措施补偿系数也填入工艺单元危险分析汇总表（见表 11 - 3）相应的栏目中。安全措施补偿系数是若干项目的乘积。

8. 实际最大可能财产损失（实际 MPPD）

基本最大可能财产损失与安全措施补偿系数的乘积，就是实际最大可能财产损失。它表示在采取适当的（但不完全理想）防护措施后事故造成的财产损失。如果这些防护装置出现故障，其损失值应接近于基本最大可能财产损失。

9. 最大可能停工天数（MPDO）

估算最大可能停工天数是评价停产损失（BI）必须经过的一个步骤。停产损失常常等于或超过财产损失，这取决于物料储量和产品的需求状况。一些不同的情况可以导致最大可能停工天数与财产损失的关系发生变化。例如：

（1）修理电缆支架上损坏的电缆所花费的时间，与修理或更换小电动机、泵及仪表的时间差不多，但其财产损失要小得多；

（2）关键原料供应管的故障（如盐水管、碳氢化合物输送管等）的财产损失小，但最大可能工作日损失大；

（3）需要换部件或是单机系统难以买到，对停工天数有影响，会拖延修复日期；

（4）需要从遥远的生产厂家购置损失的产品；

（5）工厂之间的依赖关系，由于原材料生产厂的问题而导致原材料供应难，使收益和连续成本受到损失。

为了求得 MPDO，必须首先确定 MPPD，然后按图 11 - 10 查取 MPDO。图 11 - 10 表明了 MPDO 与实际 MPPD 之间的关系。根据以往的火灾、爆炸事故得到的数据，也为确定危害系数提供了基础。由于对数据做了大量的推演，MPDO 与 MPPD 之间的关系是不够精确的。在许多情况下，人们可直接从中间那条线读出 MPDO 的值。值得注意的是，确定 MPDO 时要做恰当的判断，如果不能做出精确的判断，MPDO 的值也可远远偏离 70%。如果根据供应时间和工程进度较精确地确定停产日期,就可采用它而不用按图 11 - 10 来加以确定。

　　在有些情况下,MPDO 值可能与通常的情况不尽符合。如压缩机的关键部件可能有备品,备用泵和整流器也有储备。在这种情况下,利用图 11 - 10 中 70％ 可能范围最下面的线来查取 MPDO 是合理的。反之,部件采购困难或单机系统时,一般就要利用图中上面的线来确定 MPDO。换言之,专门的火灾、爆炸后果分析可用来代替图 11 - 10,以确定 MPDO。图中列出的实际 MPPD 是按 1986 年的美元数给出的,因涨价因素应将其转换为现今的价格。

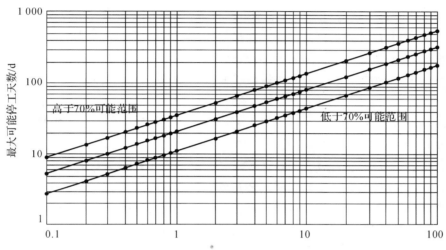

图 11 - 10　最大可能停工天数(MPDO)计算图

　　化学工程装置价格指数的相对值见表 11 - 14。

表 11 - 14　化学工程装置价格指数的相对值

年　份	1986	1987	198	1989	1990	1991	199	1993	1994	1995
指　数	318.4	323.8	342.	355.4	357.6	361.3	358.2	359.9[①]	368.4[②]	378.3[②]

注:①为 1993 年 8 月的指数。②为最好的估计。

　　由表 11 - 14 可见,由于价格上扬,1986—1994 年的增长系数为 368.4/318.4＝1.157。

　　上述数值需要进一步调整,以便尽可能精确地估计实际的最大可能财产损失。图 11 - 10 对应的方程式(上限 70％ 的斜线、正常值的斜线、下限 70％ 的斜线)为

$$\left. \begin{array}{l} \lg Y = 1.550\ 233 + 0.598\ 416(\lg X) \\ \lg Y = 1.325\ 132 + 0.592\ 471(\lg X) \\ \lg Y = 1.045\ 515 + 0.614\ 042\ 6(\lg X) \end{array} \right\} \qquad (11 - 8)$$

　　10. 停产损失(BI)

　　以美元计,BI 按下式计算:

$$BI = (MPDO/30) \times VPM \times 0.7 \qquad (11 - 9)$$

式中:VPM——每月产值;0.7 代表固定成本和利润。

(二)工厂平面布置和最大可能财产损失

可以接受的最大可能财产损失和停产损失的风险值为多大？这是一个不容易回答的问题，它取决于不同的工厂类型。例如，烃类加工厂的潜在损失总是要超过泡沫聚苯乙烯工厂。最好的办法是与技术领域类似的工厂进行比较。一个新装置的损失风险预测值不应超过具有同样技术的类似的工厂。另一个确定可以接受的最大可能财产损失的办法，是采用生产单元（工厂）更换价值的10%。

另外一个问题是市场情况及一旦一个生产厂停产，其产品的供应情况如何。如许多厂生产同一种产品，则其停产损失可能最小。如果损坏的工厂是某种产品的唯一生产厂家，因而市场供应很脆弱，这时遭受的潜在损失就很大。

如果发生重大的财产损失事故，关键的单元操作（如废水处理、热氧化等）也对停产损失有较大影响。

如果最大可能损失是不可接受的，重要的是应该或可能采取哪些措施来降低它。

1. 风险分析应在重大新建项目的设计阶段进行

这样可以提供一个采取措施减少 MPPD 的好机会。达到上述目的的最有效的方法是改变平面布置、增大间距以及减少暴露区域的总投资。在一些情况下，物料在存量是影响 F&EI 的主要因素，这时减少物料在存量可能是最容易而又有效的。针对具体情况，还可以找到其他一些行之有效的措施。显而易见，采取消除或减少危险的预防措施，比增加更多的安全措施对最大可能财产损失有更大的影响。对现有生产装置进行检查时，改变平面布置或物料在存量在经济上是很难接受的，明显减少 MPPD 有一定的限度，这时重点就应该放在增加安全措施上。

2. 平面布置

F&EI 评价在规划新厂的平面布置或在现有生产装置增加设备和构筑物时是非常有用的。F&EI 分析能确保工艺单元和重要建筑物、设备之间有合适的间距。F&EI 数值越大，装置之间的间距就越大。

另外，可将 F&EI 分析反复应用于初步方案设计阶段，以评价相邻建筑物和设备之间火灾、爆炸的潜在影响。假若分析结果表明风险不能接受，则应增大间距或采取更为先进的工程措施，并估算其后果。评价 F&EI 并在平面布置上采取措施，应兼顾设备与建筑物的安全、易于维修、方便操作和成本效益。

3. 生产单元危险分析汇总

生产单元危险分析汇总表（见表11-4）记录了评价单元的基本的和实际的最大可能财产损失以及停产损失。汇总表的第一栏填单元名称，名称之下填主要物质名称，由此可确定物质系数。例如，胶乳生产装置，该栏填"反应单元/丁二烯"。表中其他数据根据火灾爆炸危险指数计算表（见表11-1）和工艺单元危险分析汇总表（见表11-3）填写。这些数据包括 F&EI、暴露面积、基本 MPPD、实际 MPPD、MPDO 以及 BI。

所有有关的工艺单元都要单独列出火灾爆炸危险指数计算表（见表11-1）、安全措施补偿系数表（见表11-2）及工艺单元危险分析汇总表（见表11-3）。生产单元危险分析汇总表（见表11-4）则集中了这些表格中的关键信息。

第四节　基本预防和安全措施

不管操作类型如何,也不管火灾、爆炸指数的大小,在一般的石油化工装置中,均应考虑下面的 24 项基本安全措施。如果不满足下列要求,则其实际的危险性要比 F&EI 显示的结果高得多。除下面所列基本安全措施外,在某些特殊的场合,还要求采取一些其他的安全措施。

(1)充足的消防水。消防水量的确定方法是单位时间所需水量与可能需要的最长持续时间的乘积。消防水的供应量要求,依不同的管理部门而有所不同。消防水供水时间为 2～8 h。

(2)容器的结构设计、管路、钢质结构等,应满足有关的安全规范的要求。

(3)超压泄放装置。

(4)耐腐蚀性及腐蚀裕量。

(5)工艺设备和管道中活性化学物质的隔离。

(6)电气设备接地。

(7)辅助电气设施的安全配置(变压器、断路器等)。

(8)公用设施故障的正常预防(备用供电设备、备用仪表压缩空气机)。

(9)符合有关规定(国家机械工程标准、材料试验标准、建筑规范、防火规范等)。

(10)故障保护装置。

(11)应急车辆进出区域的通道、人员疏散通道。

(12)排放装置,包括安全地处理可能发生的泄漏并能容纳喷洒设备、消防喷嘴喷出的消防水或其他化学灭火物质。

(13)隔离炽热表面,使区域任一可燃物的温度在其自燃温度的 80% 以下。

(14)遵守国家电气规程。除非不符合之处已提出申请并得到批准,否则要执行规程要求。

(15)除非绝对需要,应尽可能在可燃性或危险性物质的设施上限制使用玻璃装置和膨胀节。使用这类装置时必须要登记,得到有关主管部门的批准,并按照有关标准和要求进行配置。

(16)构筑物和设备的平面布置。应当了解高危险区域的间距对财产损失和停产损失多有很大影响,储罐间距至少要符合 NFPA30(国消防协会规范)的要求。

(17)管架、仪表电缆架及它们的支撑应考虑防火。

(18)配备易操作的电磁限位截止阀。

(19)冷却塔故障的预防及防护。

(20)偶然的爆炸及引起火灾时明火设备的保护。

(21)电气设备分类:二类电气设备用于室外处理易燃液体的场合,在那里气体不易积聚,自然通风良好;一类电气设备只用于处理特殊化品的过程或特殊建筑或通风不良。

(22)工艺控制室应用防火墙(耐火 1 h),与工艺控制试验室、电气开关装置及变压器隔开。

(23)工艺过程复查应确定需要做哪些活性化学物质试验。

(24)建议在高危险单元进行危险与可操作性分析(HAZOP)。

第五节　安全措施检查表

工程实际应用中的安全检查表,应满足预防损失所必需的主要工程项目。对于石油化学工业,一般包括总图布置、构筑物、消防电器、排水道、储存、惰性气体保护、物料处理、机械、工艺、控制计算机和通用安全设备等项目。安全检查表可作为评价火灾危险和检查化工厂损失预防要求的指南。安全检查表在规划新装置时也是特别有用的。安全检查表不可能完全满足各类具体情况的需要,因此在使用时应结合实际的应用情况,指定满足工程项目本身的需要,确保不遗漏其他合适的措施能够列入检查表中。

一、总图布置

总图布置安全检查表需要考虑的主要内容有:
(1)平面布置、危险单元的间距;
(2)操作、维修方面;
(3)交通——车辆和人;
(4)停车区——进、出口,排水,照明,围栏;
(5)间隙——铁路运输构筑物与运输机车之间;
(6)排水、蓄水池面积;
(7)道路布置、路标;
(8)进口和出口——行人、车辆和铁路;
(9)火源——窑炉布置、火炬烟囱、锅炉和燃烧器的管理;
(10)主导风向;
(11)地下公用设施管道:
(12)洪水的控制与预防;
(13)装、卸料设备,避免在主要交通区进行该项操作。

二、构筑物

构筑物安全检查表需要考虑的主要内容有:
(1)基本防火结构;
(2)风压、雪载荷、屋顶载荷及抗地震设计;
(3)屋顶材料及其固定;
(4)顶部排风、排水及排烟;
(5)楼梯间、楼梯转弯及采光;
(6)电梯及升降机;
(7)防火墙、通道及防火门;
(8)泄压和抗爆设计;
(9)出口——应急疏散通道、标志及安全楼梯;
(10)资料库;
(11)通风——风扇、鼓风机、空气调节、毒性气体的洗涤、气体进出口的配置、排烟和散热的调节装置以及防火幕；

(12)防雷设施、接地保护的结构及装置；

(13)采暖与通风；

(14)可存放工作与常用衣服单锁衣柜的更衣室及通风；

(15)室内外排水及适当的收集；

(16)钢结构及设备的防火；

(17)登房顶及其他部位用的梯子、应急疏散的梯子；

(18)地基的承载能力；

(19)热和烟的检测；

(20)标高——洪水泛滥时的保卫；

(21)天车轮子的负荷。

三、防火系统

防火系统安全检查表需要考虑的主要内容有：

(1)防火给水，包括补充供水、水泵、储水池及水槽；

(2)干管——适当的环形管供水、阴极保护、必要的涂层和管外包覆、分段阀；

(3)消防栓——配置、间距及监视装置；

(4)自动喷水消防系统——作业场所分类、湿系统、干系统和集水系统；

(5)稳定供水塔和水槽；

(6)灭火器的类型、规格、位置及数目；

(7)固定式自动灭火系统，如二氧化碳、泡沫和干粉等灭火器；

(8)特殊消防系统——温度报警、带报警的喷水系统、光电式烟和火焰报警、蒸汽灭火；

(9)管道系统——结构及材料，可能发生爆炸的场所不能使用铸铁管。

四、电气

电气安全检查表需要考虑的主要内容有：

(1)电器危险区域分类、本质安全设备；

(2)重要的断路继电器和开关的操作、维护要方便；

(3)输出线的极性和接地；

(4)关键设备、机械的开关和断电器；

(5)照明——区域分类、亮度、设备的认可及应急灯

(6)电话系统和对讲装置——1区、2区或标准区域；

(7)配电系统的类型——电压、接地与否、架空、地下；

(8)电缆管道——密闭性、耐腐蚀性；

(9)马达和线路的保护；

(10)变压器的配置和类型；

(11)自动启动设施的失效保护装置；

(12)关键负荷线路的备件；

(13)安全和专用程序的连锁、双电源；

(14)防雷电设施;

(15)电缆支架在火灾中暴露的危险;

(16)不间断电源(UPS)和应急动力系统;

(17)对接地方法、设备及检测周期的要求。

五、排污

排污安全检查表需要考虑的主要内容有:

(1)化学物质的排污——收集、方便的清理口、通风、分布状况、处理、爆炸的可能性、收集槽、强制排风、可燃气体的检测与报警、冻结及由此引起的堵塞;

(2)卫生排污系统——处理、收集、存水弯管、堵塞的可能性、方便的清理口及通风;

(3)暴雨的排放;

(4)废水处理、蒸气污染的可能以及溢流至小溪或湖泊中引起火灾的危险;

(5)排污沟——敞开式或闭式、易清理性、需要的调节装置、在工艺中的暴露情况;

(6)防止地下水污染、保护空气和地表水、适当收集废水;

(7)排污沟与工艺排放系统的连接。

六、仓库

仓库安全检查表需要考虑的主要内容有:

(1)一般要求——易管理性(进口、出口、大小),喷洒水装置,通道,楼板负荷,货架和间距,垛高,顶部通风,物料漏出造成的污染正、负压操作的储槽的通风。

(2)易燃液体、气体、粉体和气溶胶——密闭系统,全系统的安全环境气氛,喷洒水设备及喷水设施所能保护的面积,应急通风、灭火器、卸压阀、带有闪光标志的安全通道,各楼层的排放与化学物质排污总管相连以便收集,通风(压力调节及设备),储罐、料仓、地下仓储,安全间距、防火支撑和局部喷水装置、围堤和排液设施、惰性气体保护、地下储罐(不推荐采用),特殊灭火系统和抑爆(泡沫、化学干粉、二氧化碳灭火器),用于重要化学物质的单独的冷冻系统,泵、压缩机等的布置,要远离泄漏源。

同时要符合美国石油学会(API)"储罐"要求的易断型屋顶接缝结构,仓库储罐和生产储罐之间放空管的交叉等。

(3)原材料——物质的危险分类,进料与储料装置,原料鉴定和杂质分析,防止物料装错罐或防止物料自罐内滋出等的规定。

(4)成品——成品检验和标签,符合货运规范的要求,危险物质的隔离,避免玷污(特别是油罐车加料时),货运设备的标志,危险货物运输路线,为顾客提供"物质安全数据卡(MSDS)"等安全信息资料,有关国标的危险分类,温度检测,其他包括生产区内运输设备和它们的位置、易燃液体的储存(油漆、油品、溶剂)、反应性或爆炸性物品的储存(数量、间距、特别通道)、废水处理(焚化炉、防止水和空气被污染)、防止泄漏,安全运输受槽等。

七、所有易燃性物品用惰性气体保护层保护

所有易燃性物品用惰性气体保护层保护安全检查表需要考虑的主要内容有:

(1)原料、中间产品和成品;

（2）储存、物料处理及工艺。

八、物料处理

物料处理安全检查表需要考虑的主要内容有：
（1）货运汽车的装、卸料装置；
（2）火车的装、卸料装置；
（3）生产用汽车和拖运设备——汽油发动机、柴油机、以液化石油气和蓄电池为动力的运输工具；
（4）铁路和汽车槽车的装、卸料站台以及运输易燃液体的载重拖车的接地系统；
（5）起重机——可移动性、额定载荷、过载保护、限位开关、检查程序；
（6）库区——楼板负荷和布局、水喷设备、垛高、通风、烟及温度检测；
（7）生产区内运输设备和它们的位置；
（8）易燃液体的储存——油漆、油品及溶剂；
（9）活性化学物质及爆炸性物品的储存——储量、间距、特殊通道；
（10）废水处理焚化炉，防止空气和地下水的污染；
（11）泄漏控制；
（12）机械与设备；
（13）易于操作和维修；
（14）遥控的紧急切断开关；
（15）振动的检测或紧急停车装置；
（16）润滑情况的检测；
（17）过速保护；
（18）噪声评价；
（19）处理危险性物料和承载设备（泵轴承座）时不得使用铸铁和其他脆性材料。

九、工艺

工艺安全检查表需要考虑的主要内容有：
（1）化学物质——火灾危险及健康危害性（经皮肤或吸入）、仪表检测、操作规程、维修保管、配伍性能、稳定性、管道及设备的标志等；
（2）重要的压力、温度参数；
（3）标准化的容器、结构和材料要合理；
（4）管路要符合规范和有关要求，选材和结构要合理；
（5）控制失控反应的措施；
（6）固定式灭火系统——二氧化碳、泡沫、水喷装置；
（7）容器要适当通风，处于安全位置，泵空载时的保护；
（8）常设的真空清洗系统；
（9）防爆墙和隔爆；
（10）惰性气体保护系统——需惰性气体保护的设备一览表；
（11）紧急切断和开关——离关键区域的位置、响应时间、紧急切断阀：

(12)钢结构框架的防火(或水喷洒);

(13)热交换设备的安全装置——通风、阀门及排液设施;

(14)蒸汽管线的膨胀节;

(15)不到别无选择的话不要用膨胀节——登记、保养;

(16)不使用玻璃视镜,如确实必须,要做好登记和保养;

(17)蒸汽和电力系统的故障探测——加热管道热膨胀的对策;

(18)人与过热环境的隔离——加热工艺、正确管线及故障探测、预防物料过热;

(19)容器和管道的静电接地和防护装置;

(20)容器和储罐的清理与维护——合适的人孔、操作平台、梯子、清理通道及安全进入容器的批准手续;

(21)腐蚀的检测与控制;

(22)管线的检查和鉴定;

(23)射线防护(包括消防人员防护)同位素、X射线等的工艺及测量仪器;

(24)带有报警、失效保护功能仪表的冗余技术;

(25)重要仪表的设计和保养;

(26)固定式可燃气体检测和报警系统。

十、过程控制计算机

过程控制计算机安全检查表需要考虑的内容主要有:

(1)控制室——空气质量(温度、湿度、粉尘、正压等),位置(优先考虑一楼、不燃结构),地面处理(采用乙烯或层压塑料以防止静电),要有易于操作和维修的充分空间,室内不要存放纸张及其他可燃物,照明和电源插座,防火(使用二氧化碳、烟探测器、温度探测器),保持控制室的清洁。

(2)供电电缆及接地——单独的配电盘供电,双电源,计算机控制系统在电源端(降压变压器端)接地,控制室接线盒与建筑物地基相连。

(3)信号传输线——与控制接线盒或其他接口装置相连的现场接线;由电缆架、金属导线和电缆管保护的传输线或在楼板下敷设的线路;扁形电缆或其他易损坏电缆敷设在单独的导管中,以便与现场信号传输线区别。

(4)控制系统——常规的失效保护,参数变化以及手动控制输入或输出参数的策略,控制方案改变时的对策及备用的控制方案,文件资料输入和输出数据、操作规程及控制逻辑图,公用工程发生故障时的停车程序,培训,报警系统,定期检查,控制室的完善程度及位置,工艺控制系统的电源和备用控制系统。

十一、安全设施的一般要求

安全设施的一般要求安全检查表需要考虑的主要内容有:

(1)医疗机构及设备;

(2)救护车;

(3)消防车;

(4)应急报警系统(信号、气体泄放、撤离等);

(5)火灾报警——区域内外及范围；

(6)铲除积雪和冰的设施；

(7)安全淋浴和眼冲洗设施(生产用报警器、标志)；

(8)安全用梯和升降装置；

(9)应急设备的配置(面罩、防护服、内部消防水软管、担架、阻燃服、自供氧式呼吸器等)；

(10)实验室安全防护；

(11)检测仪表(连续式、袖珍式可燃气体、氧气、毒性气体检测等)；

(12)通信(应急电话、无线电联络、有线广播、呼吸系统、通信中心的位置及日常人员的配备)；

(13)转动设备的防护；

(14)窑炉的安全管理；

(15)燃料气体的切断阀；

(16)泄漏或蒸气释放的报警；

(17)酸管道法兰的保护。

思　考　题

1.道化学公司火灾爆炸危险指数评价法开展系统安全评价的目的是什么？

2.该评价方法有无适用范围？如有,具体是什么？

3.请绘制道化学公司火灾爆炸危险指数评价法的分析程序。

4.分析确定工艺单元重要物质的方法。

5.请列举一般工艺危险系数的组成部分和特殊工艺危险系数的组成部分。

6.安全补偿系数由哪几部分组成？分别是什么？

本章课程思政要点

1.从美国道化学公司火灾危险爆炸指数评价法,谈加快我国安全科学研究步伐的极端重要性。

目前世界上在化工行业比较常用的安全指数评价方法是道化学公司火灾爆炸指数评价法和蒙德火灾毒性爆炸指数评价法,均来自西方国家。

当今时代,以美国为首的西方国家,为了迟滞我国经济发展,在诸多领域对我国实施封锁,实施所谓"卡脖子"工程。这一卑劣行径非但没有打垮中国人民,反而激励了中国科技工作者的斗志,全体科技工作者以前所未有的工作热情,投身自主研发、自主创新,为早日摆脱以美国为首的西方国家的科技阻挠日夜奋斗。

作为军校大学生,我们要充分认清国际形势,响应习总书记的号召,做有志气、有骨气、有底气的新时代中国青年,刻苦学习专业知识,努力增强自身本领,为早日开发出属于我国的危险化学品火灾爆炸指数评价方法而努力。

2. 从系统安全评价,谈法律意识及遵守社会规范的培养。安全评价的基本原则之一是合法性,评价工作是国家以法规形式颁布的一种制度,评价机构和人员要具有相应的资质,评价依据主要有法律法规、标准规程等,同时需要接受安检部门的指导。可以通过安全评价中的违法案例警醒学生,可举例某评价机构安全现状评价报告中所做出的安全评价结论与企业现场实际不符,在"成品库与值班室安全距离"不符合规范要求的情况下,出具了"产品生产条件符合安全要求"的结论,隐瞒了不符合安全条件的问题,提供了虚假报告。

处理结果为:撤销该公司评价机构资质,对相关责任人做出行政处罚,对 1 名评价师采取刑事措施。由此培养学生的法律意识,教育学生在今后的工作中不能弄虚作假,要以诚信为本,敬畏法律,遵纪守法。事件树分析法是从初始事件出发,按时间进程分析事故的形成过程。

在我国的城市交通事故中,40%～55%的交通事故是由于行人违规过马路引起的。可用事件树分析法对行人过马路交通事故进行分析。引导学生遵守交通法规及社会行为规范。

第十二章　蒙德火灾爆炸毒性危险指数评价法

　　道化学评价法推出以后,各国竞相研究,推动了这项技术的发展,在它的基础上提出了一些不同的评价方法,其中以英国 ICI 公司蒙德分部最具特色。第六版的道化学公司方法的评价结果是以火灾、爆炸指数来表示的。英国 ICI 公司蒙德分部则根据化学工业的特点,扩充了毒性指标(因此又称为蒙德火灾爆炸毒性危险指数评价法,简称蒙德法),并对所采取的安全措施引进了补偿系数的概念,把这种方法向前推进了一大步。

第一节　蒙德法评价程序

　　蒙德法评价程序如图 12-1 所示。

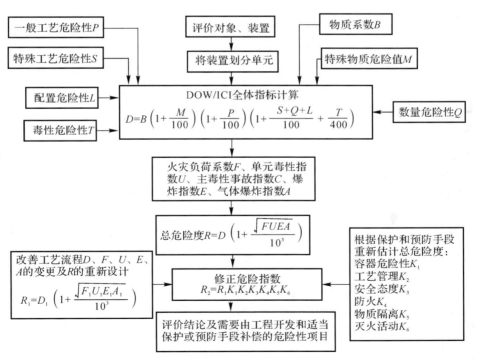

图 12-1　蒙德法评价程序

第二节 蒙德法的初期单元评价

一、蒙德法单元危险度初期评价计算表

蒙德法单元危险度初期评价计算见表 12-1,在表中单元危险度评价从物质系数、特殊物质系数(10 项)、一般工艺过程危险性(6 项)、特殊工艺过程危险性(14 项)、量的系数、配置危险性(5 项)、毒性危险性(5 项)等七个方面进行计算评价。

表 12-1 蒙德法单元危险度初期评价计算

场所			工艺温度(K)		
装置			(5)腐蚀与侵蚀	0~150	
单元			(6)接头与垫圈泄漏	0~60	
物质			(7)振动负荷、循环等	0~50	
反应			(8)难控制的工程或反应	20~30	
1.物质系数			(9)在爆炸范围或其附近条件下操作	0~150	
燃烧热					
物质系数(B)			(10)平均爆炸危险以上	40~100	
2.特殊物质系数	建议系数	采用系数	(11)粉尘或烟雾的危险性	30~70	
(1)氧化性物质	0~20		(12)强氧化剂	0~300	
(2)与水反应产生可燃气	0~30		(13)工程着火敏感度	0~75	
(3)混合及扩散特性	-60~60		(14)静电危险性	0~200	
(4)自我发热性	30~250		特殊工艺过程危险性合计(S)		
(5)自然聚合性	25~75		5.量的系数	建议系数	采用系数
(6)火敏感性	-75~150		物质合计		
(7)爆炸折分解性	125		(密度=)		
(8)气体的爆炸性	150		量系数(Q)	1~100	
(9)凝缩层爆炸性	200~1500		6.配置危险性	建议系数	采用系数
(10)其他性质	0~150		单元详细配置:		
特殊物质危险性合计(M)			高度(H)		
3.一般工艺过程危险性	建议系数	采用系数	通常作业区		
(1)使用与仅物理变化	10~15		(1)构造设计	0~200	
(2)单一连续反应	25~50		(2)多米诺效应	0~250	
(3)单一间断反应	10~60		(3)地下	0~150	
(4)同一装置内的重复反应	0~75		(4)地表排水沟	0~100	
(5)物质移动	0~75		(5)其他	0~250	
(6)可能输送的容器	10~10		配置危险性合计		

续表

一般工艺过程危险性合计 P			7.毒性危险性	建议系数	采用系数
4.特殊工艺过程危险性	建议系数	采用系数	(1)TLV	0～300	
(1)低压(＜15 lb/in① 绝对压力)	0～100		(2)物质类型	25～200	
(2)高压(p)	0～150		(3)短期暴露危险	100～150	
(3)低温:a.(－10～ 10℃碳钢)	15		(4)皮肤吸收	0～300	
b.(－10℃以下碳钢)	30～100		(5)物理因素	0～50	
c.其他物质	0～100		毒性合计(T)		
(4)高温:a.引火性	0～40				
b.构造物质	0～25				

注:① 1 lb/in² = 6.895×10³ Pa。

二、蒙德法评价的特殊说明

(一)装置单元的划分

对于特定的单元划分,其判断标准可以从设备与相邻设备之间设置的隔离屏障(墙、地板或空间)来确定。这种隔离屏障能够把装置分隔为相当多的单元,这样做就可以把各工程、储存和输送操作与其他操作分别开来进行评价。因此,在不增加危险性潜能的情况下,常把具有类似危险性潜能的单元也可归并为一个比较大的单元。

(二)单元内的重要物质的性质

重要物质危险性潜能和该物质在大气中混合扩散的状态有关,氢气泄漏时在很多情况下只有很小的危险性。这是由于氢气相当轻、容易扩散的缘故,具有可燃性且黏度高的物质,比很多可燃性气体及蒸气的危险性小。因此,关于混合及扩散特性的系数,可以用来补偿氢气及其他几种燃料的过高评分。

引起火灾及其他事故的重要物质的着火特性,可由危险区域的电气设备分类中给出的系数加以改善。最后为了更明确爆炸分解及气体爆炸的定义,对凝缩性爆炸性物质加了附加系数。

(三)一般工艺危险性

在这部分作了两点改进:一是根据单元内反应的类型,分别考虑使用装卸配管时及液体敞开输送的危险性;二是考虑使用输送用的容器、车辆等有关的危险性,在调查火灾爆炸事故时得知,多数与单元的输送液体、气体充填和卸载作业有关,说明单元中的装卸操作危险性较高。

(四)特殊工艺的危险性

(1)高压操作。它提出了标准设计之外压力以上的装置设计应增加危险性。

(2)高温操作。对物质的可燃性的特性作了扩充,增加了对结构(管子、容器)高温影响危险性系数的评价。

(3)腐蚀及侵蚀效果。特别考虑到了小腐蚀速度、中等腐蚀速度和高速的腐蚀,加上应力腐蚀裂纹以及塑料膨润等关键因素造成的腐蚀及侵蚀影响。

(4)接头及填料泄漏。配管的接头和泵、压缩机、阀门的底座常常成为系统潜在的泄漏源,减少接头和填料密封部位可使危险性降至最小限度,凡是在有可能泄漏的地方,应加上系数。

(5)振动或支持物的摇动。在管接头处由于热变形诱发的问题,振动或反复的负荷循环会使容器系统产生疲劳破损。

(6)强氧化剂的使用。在道化学方法中没有考虑到使用强氧化剂的问题,实际工艺生产中使用强氧化剂的地方很多,因此应作为特殊的工艺危险性加以考虑。

(7)着火灵敏度。在特殊物质系数中对着火灵敏度的处理与泄漏物质着火发生火灾的问题有关。由于工艺中用了强氧化剂,对于工艺装置内着火的潜在性大大增加,考虑系数时,应增加考虑。

(8)静电的危险性。由于处理粉尘、粒状物质、液体及气体时有产生着火的可能性,增加了危险,系数要考虑。

(五)数量的危险性

蒙德法的数量系数和数量的关系,在 200 t 的范围内与道化学公司方法是相同的,根据经验把系数扩大到 5 000 t 也是有必要的;数量在 500 t 以上范围,比道化学公司有了很大的变化。

(六)布置上的考虑

装置在布置时,如果考虑不周,往往会带来危险性(破损和多米诺效应等),计算中也要考虑布置上的系数。设计时如果一些储罐的出口和排水沟设计不好,可能会使有毒有害气体积聚,增加危险性。

(七)毒性的考虑

这是蒙德法对道化学方法的最大改进。

蒙德法指标的计算和分析如下。

(1)火灾负荷。单元内的基本物质系数和物质的数量结合起来能得出火灾的尺度,固体可燃物及其各种类型的建筑物的火灾负荷通常归为一类,划入一定的范围。根据防火隔离和消防活动提出的不同要求,火灾负荷公式是以涉及火灾单元内可燃性物质的 10% 和计算区域的详细资料为依据推导的。

(2)装置内部爆炸的危险性。将火灾潜在危险性从 DOW/ICI 的总指标中分离出来对爆炸危险性潜能作单独的考虑,内部爆炸指标与火灾负荷一起,可以对高 DOW/ICI 总指标的单元进行重要的区域的分析。

(3)气体爆炸的危险性。石油化工生产中,蒸气云爆炸的危险性常常会发生,因此为了在蒙德法的评价中能够得到反映,增加了气体爆炸指标,依据的是物质泄漏造成的气体爆炸或单纯火灾有关的成分系数进行计算。

第三节　蒙德法评价的技术准则

一、评价单元的确定

评价单元就是在危险、有害因素识别与分析的基础上,根据评价目标和评价方法的需要,将系统分成有限的、确定范围的评价单元。

单元是装置的一个独立部分,一是指在布置上的相对独立性,即与装置的其他部分之间有一定的安全距离,或由防火墙、防火堤等屏障相隔开;二是指工艺上的不同性,即一个单元一般情况下是一种工艺。装置中有代表性的工艺单元的类型如下:

(1)原料储存区域;

(2)反应区域;

(3)产品蒸馏区域;

(4)吸收或洗涤区域;

(5)中间产品储存区域;

(6)产品储存区域;

(7)运输装卸区域

(8)催化剂处理区域;

(9)副产品处理区域:

(10)废液处理区域;

(11)主要配管桥区。

除了上述之外,还有过滤、干燥、固体处理、气体压缩等,也常常作为单元处理。布置的独立性和工艺上的不同性,是将装置分割成评价单元的两个基本原则。

将装置划分为不同类型的单元,就能对装置的不同单元的不同危险性特点分别进行评价。根据评价结果,可以有针对性地采取不同的安全对策措施,否则,整个装置或装置的大部分就会带有装置中最危险单元的特征。为了降低它们的危险性,就必须增加安全设施,其结果是投资增大。当然,在不增加单元危险性潜能的情况下,也可将具有类似危险潜能的单元合并为一个比较大的单元。

二、单元内的重要物质及其物质系数

(一)单元内的重要物质

单元内往往有原料、中间产品、产品、副产品、催化剂、溶剂等多种物质存在,这些物质的危险评价,其评价结果是不同的。因此,应选择单元中以较多数量存在的、危险性潜能较大的物质作为单元内的重要物质对单元进行评价。

如果单元中存在着1种以上的重要物质,必须对各重要物质分别进行评价,而作为该单元危险性的代表,应选用最危险的1种物质作为最终评价的依据。假如单元中有组成保持一定的混合物,并且混合物具有主要的火灾、爆炸、反应或毒性的潜在危险性时,也可以用该混合物作为单元中的重要物质。

(二)重要物质的物质系数

物质系数是用来表明重要物质在标准状态(25℃,0.1 MPa)下的火灾、爆炸或放出能量的危险性潜能大小的尺度。物质系数用 B 表示,其数值按下列方法确定。

(1)一般可燃性物质。一般可燃性物质的物质系数是该物质在标准状态下(25℃,0.1 MPa),由在空气中燃烧的燃烧热决定:

$$B = \Delta H_c \times 1.8/1\,000 \tag{12-1}$$

式中:ΔH_c——重要物质的燃烧热,kcal/mol(1 cal=4.18 J)。

(2)边缘可燃性物质。边缘可燃性重要物质(如三氯乙烯、1,1,1-三氯乙烷、过氯乙烯、氯仿、二氯甲烷等)或在输送条件下不燃烧的重要物质的物质系数,不能算作零,由下式计算:

$$B = \Delta H_c \times 1.8/M \tag{12-2}$$

式中:ΔH_c——重要物质燃烧的计算值(由重要物质的生成热和气相的燃烧生成物的生成热的差来计算),kcal/mol;

M——重要物质的相对分子质量。

(3)确实不燃烧的物质。这类物质是与氧气不会发生放热反应的物质,如水、砂、氮气、氦、四氯化碳、二氧化碳、六氯乙烷等。为了维持这种方法的有效性,它们的物质系数不为零,而给定 $B=0.1$。

(4)可燃性固体和粉尘。使用蒙德火灾、爆炸、毒性指标法时,多数固体物质求不出燃烧热。固体可燃性物质的危险性与存在状态有关,如大块的木材和大体积的金属固体,危险性要比微粒状小得多,这时就给定 $B=0.1$。当以危险性很大的粉状存在时,可以用它的燃烧热来计算它的物质系数。

(5)加入不燃性稀释剂的可燃性物质混合物。对于可燃性混合物,可以用最有可燃性或最有爆炸性成分的物质系数。当加不燃性稀释剂时,可用不燃性稀释剂的 $B=0.1$ 以及组合中的成分比求出混合物的物质系数。当用边缘可燃性物质作稀释剂时,其物质系数要用比 0.1 高的适当值。

(6)物质的混合危险。当大量的氧化剂和还原性物质在装置内混合,放出的反应热比可燃性物质的燃烧热大时,如铝热反应、金属粉末和卤化碳反应、硝化反应、磺化反应等,不再用可燃性物质的燃烧热来计算物质系数,而是用反应热按下式来计算物质系数:

$$B = \Delta H'_R \times 1.8/M' \tag{12-3}$$

式中:$\Delta H'_R$——某一成分 1 mol 的反应热,kcal/mol;

M'——计算 $\Delta H'_R$ 所用成分的相对分子质量和与其反应的其他成分的相对分子质量的和。

以铝和氧化铁的放热反应为例:

$$2Al + Fe_2O_3 = 2Fe + Al_2O_3 + 246.09 \text{ kcal}$$

$$B = \Delta H'_R \times 1.8/M' = 246.09 \times 1.8/(53.96 + 159.69) = 2.07$$

(7)具有潜在的凝缩相爆炸或分解的潜在危险性物质。这类物质有硝基甲烷、二硝基苯、乙炔、硝化丙烷、浓过氧化氢、有机过氧化物、四氟乙烯等。当大量使用这类物质时,首先需要弄清楚燃烧热是否比爆炸热或分解热大,用其中大的数值计算物质系数。

(8)组成不明物质。燃料气、特殊用途的物质、医药品等混合粉末、面粉及煤等各种粉尘类物质,要经实验测定其燃烧值。在某些情况下,若能得到该物质在密封容器中的爆炸压力数

据,可按下式计算物质系数:

$$B = (p \times T \times 6.89 \times 10^{-3})/(288 \times 6.2) \qquad (12-4)$$

式中:p——在常压下爆炸时的最大爆炸压力,MPa;

　　　T——初始温度,K。

三、特殊物质的危险性

(一)氧化剂

当单元中使用氧化剂时,在火灾条件下会放出氧气。在各种运输规则中列为氧化剂的物质,使用系数在 0～20,与氧化剂的数量及其氧化能力有关。属于这类的物质有液氧、氯酸盐、硝酸盐、过氯酸盐、过氧化物等。

决定物质系数时,当氧化剂作为特殊反应性组合的一部分时,不能使用该氧化剂的系数。控制氧化剂或氯化剂的供给量,即使在火灾条件下也不会大量放出氧气,在这样的条件下进行氧化反应或氯化反应时,不能使用氧化剂的系数。

(二)与水反应产生可燃性气体物质

在普通状态或火灾高温条件下,与水反应会放出可燃性气体的物质。当存在的反应性物质数量少,只产生小火焰,几乎不会助长火灾强度时,系数最大可定到 5。反应性物质本身有可燃性时不需要物质系数,当物质与水反应对火灾危险性影响大时,选择系数最大可至 30。这类物质有电石、钠、镁、碱金属铵盐、氢化物等。

(三)混合及扩散特性

排出物及泄漏物的混合及扩散的危险系数按下述方法选择。

(1)低密度的可燃性气体。此类物质由于浮力关系容易扩散,其火灾、爆炸危险性比与空气密度相等的气体小。氢气的系数用-60,甲烷和氨的系数用-20。对于其他物质的混合物,采用上述数值为基础的比例系数,与空气密度相等的气体的系数为零。

(2)液化可燃性气体。液化可燃性气体指临界温度在-10℃以上、沸点在 30℃以下的可燃性物质,系数定为 30。

(3)低温储存的可燃性液体。低温储存物质是指在常压下、温度在-73℃以下储存的液体,如有可燃性的液氢系数用 60。

(4)黏性物质。单元所处的温度下,重要物质黏性高时,系数用-20,如焦油、石油、沥青、重质润滑油、重沥青、能变性(摇溶性)物质等。

(四)自燃发热性

储存或使用中发热的物质,系数为 30,如某些有机过氧化物、煤、木炭、干草、牧草等有机物的地窖储存、硝酸铵等。

硫化铁、反应性金属、磷等自燃着火性固体,系数为 50～250。所用的系数值同自燃着火性固体粒子的细度有关,而且也应该同惰性杂质能否抑制自燃着火性有关。自燃着火性的液体,使用的系数为 100。

(五)自燃聚合性

在普通的储存条件下,由于火灾而过热,或者混入杂质而开始自燃聚合发热的物质,系数为 75。这些物质在工艺中或储存中加入了足量的阻聚剂或稳定剂时,系数为 25。若阻聚剂或稳定剂的量不足,或者在长期储存中及在火灾条件下效果不好时,系数为 50。这类聚合性物质有环氧乙烷、苯乙烯、丁二烯、氰氢酸、甲基丙烯酸甲酯单体等。

(六)着火灵敏度

本项是空气作为氧化剂引起重要物质的着火灵敏度。关于自燃着火性已经提过,这里不再考虑。

电气装置和设备可根据可燃性物质提出适当安全水平的装置设计的要求,可分为几个级或组。用蒙德火灾、爆炸、毒性指标法进行评价时,在危险性研究方面是有意义的,而且在电气设计方面只要有稍微一点变化,就能从危险性水准的差别表示出来,为了做到这一点,要求将物质分为很多类。根据各个国家的电气装置分类规则确定的着火灵敏度危险性系数见表 12 - 2。

表 12 - 2　同着火灵敏度有关的电气装置分类规则

物　质	着火灵敏度危险系数
氨	−25
二氯甲烷	−50
三氯乙烯及同等低危险性临界着火性物质	−75
纯甲烷和氯甲烷	−5
内烷类物质(除上面所述物质)	0
乙烯类物质(包括丙烯腈、丁二烯、硫化氢、二甲基醚、二乙基醚、环氧乙烷等)	25
氢类物质(包括含氢气 30% 以上的合成气)	50
乙炔类物质(二硫化碳除外)	75
二硫化碳	100
对绝热压缩引起发热着火敏感的物质(异内基硝酸及正丙基硝酸)	35
黑色火药、柯达火药及具有凝缩系爆炸燃烧性的混合物	100
雷酸汞、叠氮化铅、硝化甘油、高浓度过氧化氢、三氯化氮及其具有高着火灵敏度和凝缩爆炸性的液体	150
铝及镁的粉尘和有同样着火灵敏度的有机粉尘	35
锆及钍之类高灵敏的金属粉尘	50
最小着火能 0.1 mJ 以下的有机粉尘	25
最小着火能 0.1~2.5 mJ 的有机粉尘	0
最小着火能 2.5~100 mJ 的有机粉尘	−25
最小着火能 100 mJ 以上的有机粉尘	−50

(七)发生爆炸分解的物质

爆炸分解是指反应时有高速放出的大量高温气体,观察者明显地认为这种反应是高速反应或爆炸反应,其速度是很快的。

高压乙烯、汽化的高浓度过氧化物、环氧乙烷蒸气、分压为 20 psi(1 psi=6 894.76 Pa)以下的乙烯、硝化丙烷气等,系数为 125。这个系数也可用于非活性多孔吸附剂和装有乙炔的乙炔气瓶。

上述的系数不适用于气体爆轰性的物质和凝缩相爆炸性的物质。

(八)气体爆轰性的物质

某种物质,在下列条件下可发生气体爆轰:

(1)通常的工程条件下;

(2)包含特殊装置时;

(3)需要使用设备防止爆轰,使物质处于某个温度范围和压力范围之外。

这些物质的系数为 150,如分压在 20 psi 以上的乙炔、加压四氟乙烯、浓过氧化氢等。该系数不适用于与空气及其他助燃物质混合时会发生爆轰的燃料。

(九)具有凝缩相爆炸性的物质

这类物质包括凝缩相发射药及爆轰性物质。物质具有爆燃性或推进作用时,系数为 200～400;物质有爆轰性时,用较高的系数 500～1 000;物质在气体或蒸气相爆炸会引起凝缩相爆炸时,系数要再加 500。

(十)具有其他异常性质的物质

有些能够自燃直到发生爆炸的特别危险的物质,如含有 20% 以上烷基铝的烷,接触空气就会自燃,使用系数为 0～150。

四、一般工艺过程危险性

这类危险性与单元内进行的工艺及其操作的基本类型有关。

(一)只使用单纯物理变化

有完备的堤坝和与装卸作业隔离的可燃性物质的储存,给定的系数为 10。储存地点温度高,具有水或用蒸汽加热储存容器时,系数以 50 为宜。只使用单纯物理变化,在永久性封闭体系中进行的工艺操作(蒸馏、吸收、气化等),系数为 10。离心分离、间歇混合、过滤等工艺,系数定为 30。

(二)单一连续反应

吸热反应,以及反应在稀溶液中进行,由于溶剂吸收热而不至于发生危险的放热反应,系数定为 25,如裂解反应、异构化反应、含水 90% 以上的氯乙醇制造的反应系统。其他的放热反应,如氧化、聚合、氯化等,系数定为 50。同固体物质有关的工艺,如粉碎、混合、压缩气输送、装卸、粉尘过滤、固体干燥等,系数定为 50。

(三)单一间歇反应

由于考虑了操作人员失误因素,所用的系数是在前条类型——单一连续反应的评分基础上加 10～60。间歇反应速度较快(1 h 以内)或比较慢(1 d 以上)时,则选择的系数应较大,反应速度中等时可用较低的系数。

(四)反应的多重性或在同一装置里进行不同的工艺操作

由一个反应过渡到另一个反应时,由于有污染的危险性或固体堵塞,所以应追加系数,可以选用上述(一)(二)(三)条中最大的系数。

反应或操作相互有明显的区别,而且当产品受反应器的污染影响很大时,要使用污染系数。根据污染程度的不同,使用的系数最高可达50。在多重反应情况下,当反应物的加入顺序和时间变化会发生不能估计的反应时,系数最大可用到75。假如反应及操作有多重性,副反应的生成物使反应和操作受到干扰,系数为25。

(五)物质输送

与充填、排空或输送转移物质的特定工艺有关的附加危险性,使用系数如下:

(1)使用永久性完全封闭的配管时,系数为0;

(2)使用可弯曲的配管或操作中须安装、拆卸管路时,系数用25;

(3)从上盖或底部出口进行充填或排空操作时(间歇式反应器、混合器、离心分离器、过滤器等),使用的系数为50;

(4)使用可拆卸或可弯曲管路进行输送转移操作,同时为了换气或用惰性气体置换,需要连接管路时,附加系数为50。

(六)可搬动的容器

桶类、可卸型储罐和槽车(铁路及公路),除了装卸时间外,其效果同密封的一样,造成碰撞、外部火灾及其他事故的后果比固定装置大,原因是没有放出孔。这里考虑了这样的危险性,也考虑了桶类及其他容器进入空气的情况,系数决定如下:

(1)未装在运输车上充填满的桶,系数为25;

(2)装在运输车上充填满的桶,系数为40;

(3)不管是否装在运输车上的空桶,系数为10;

(4)公路槽车或用汽车装载可卸槽车时,系数为100;

(5)铁路槽车或铁道可卸槽车,系数为75。

五、特殊工艺过程危险性

特殊工艺过程危险性是在重要物质或基本工艺和操作性质所评价的评分基础上,会使总体危险性增加的工艺操作、储存、输送等特性。

(一)低压

低于大气压或减压下进行的工艺,空气及污染物有可能漏入工艺系统。如果空气或水蒸气混入后没有危险性,则不必用系数,如含氟利昂或氯氟甲烷冷冻剂的单元、氯气压缩单元、水冷凝系统等。但是,如果空气或其他混入物与系统内存在的物质反应,可能产生危险条件,则用系数50。例如,在处理二烯烃时,会产生过氧化物,进而有发生催化聚合的危险,在使用自燃性物质时,就需要作类似的处理。

在大气压状态附近(±3.447 kPa)或负压下(真空度在7.98 kPa以下)操作的可燃性物质的工艺中,空气一旦漏入系统,就会加大爆炸的危险性,这种情况系数为100,如氢气回收系统、可燃性液体减压蒸馏等。

高真空(真空度在7.98 kPa以上)操作可燃性物质的工艺中,危险性比上述情况小,因此使用的系数为 75。

(二)高压

装置、单元在大于常压的压力下操作时,有必要对火灾及内部爆炸性的增大给予修正。随着单元内压力增加,火灾危险性就增加,内部爆炸使单元内某部分受到超压的危险加大。高压危险性系数可从图 12-2 求出。压力为 0～900 psi(G)(0～6.21 MPa 表压)范围时使用主曲线,压力在 1 000～10 000 psi(G)(6.89～68.9 MPa 表压)范围时,使用图 12-2 上面的第二曲线。压力在 10 000 psi(G)(68.9 MPa 表压)以上时,每增加 2 500 psi(G)(17.24 MPa 表压),系数 P 增加 10。

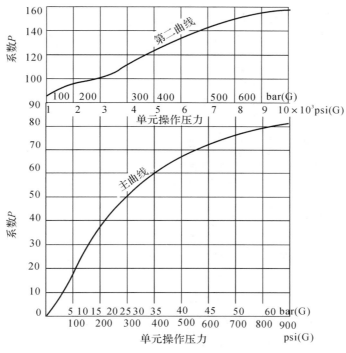

图 12-2 压力系数(P)

(三)低温

装置的材质为普通碳钢,一般使用温度为 -10～10℃ 时,系数为 15;一般使用温度为 -25～-10℃,而不低于 25℃ 时,系数为 30;使用普通碳钢,一般使用温度在 -25℃ 以下,或在一般使用条件下有可能在 -25℃ 以下时,系数为 100。

碳钢在转变温度或在转变温度以下使用时,可能发生脆性问题,但是经过实际试验,如果所用碳钢的转变温度在一般使用温度以下时,系数可以为零。

使用低温用钢材、其他合金钢或耐腐蚀钢时,一般工作温度在 10℃ 以下,但比转变温度高时,系数为 0～30,有时根据情况系数最高可为 100。

通常将碳钢的转变温度定为 0℃。关于合金钢等的转变温度及多层结构材料的性能,要由金属专家及压力容器设计专家指导。

(四)高温

操作温度高,对装置、单元设备的危险性产生两个问题:一是在高温下处理可燃性物质危险性增大,二是装置的强度下降。

高温对存在的主要物质的危险性影响以主要物质是易燃性液体时为最大。当主要物质是可燃性气体或蒸气时,对危险性的影响也相当大。

单元内含有液体或固体的主要物质时,对高温下的易燃性作以下评价取值,见表12-3。

表 12-3 高温危险系数表

主要物质及温度条件	危险性系数	备 注
可燃性液体或固体的温度比闭杯闪点高	20	
液体或固体比开杯闪点高	25	
液体,温度比常压时的沸点高	25	对单元内液化处理的液化可燃性气体也适用
在常温下是固体,在单元内以液体使用	10	
所有可燃性物质(气、液、固体),在标准自燃着火温度以上使用	35	
某些未列入上述温度判断条件,使用较大系数或将各个因素乘1.1		
装置内部结构使用的金属、塑料、铅等材料,在使用温度下发生蠕变或变形	25	使装置适应温度影响的附加系数
操作温度增高50℃,结构材料允许强度减少25%	10	

(五)腐蚀和侵蚀的危险性

腐蚀和侵蚀的危险性用表12-4进行评价。

应用上述系数时必须从内部腐蚀和外部腐蚀两个方面来评价。要注意的是,工艺中若使用液体,要考虑其中含少量杂质对腐蚀或侵蚀方面产生的影响——涂层剥落引起的外部腐蚀,以及混入绝热材料后蒸发浓缩的液体造成的外部腐蚀。装置使用塑料、砖、橡胶、金属包层等保护衬里时,也要考虑气孔、水泥接头、玷污的焊接部位等对被覆物的破坏作用。当所希望的反应发生偏离或变化时,所生成的副产物的腐蚀作用也必须给予重新评价。

表 12-4 腐蚀和侵蚀的危险性系数

腐蚀、侵蚀情况	危险系数	备 注
腐蚀速度在0.1 mm/a以下	0	
腐蚀速度在0.5 mm/a以下,可能出现蚀凹或局部侵蚀	10	
不管有无侵蚀,腐蚀速度在1 mm/a左右	20	要加强对管子质量的管理
无侵蚀,腐蚀速度在1 mm/a以上	50	
有侵蚀,腐蚀速度在1 mm/a以上	100	
发生应力腐蚀裂纹危险性大时	150	
使用螺旋焊管代冷拉管或纵向焊管	100	

（六）接头和填料的危险性

工艺过程单元中总会有必要的接头和轴密封，它们很容易发生问题，尤其在热和压力循环发生作用时。对此，选用的设计及对应的系数如下：

（1）对大部分接头焊接结构，已知没有问题的十字法兰盘接头、泵及伸缩管或带双重机械密封的密封性良好的阀门填料盖，系数为 0；

（2）有微量泄漏的法兰接头，系数为 30；

（3）可能有微量泄漏的泵及填料密封，系数为 20；

（4）渗透性工艺中使用的流体、有磨损性的淤浆等，会给密封性带来很大的问题，系数为 60。

（七）振动及循环负荷疲劳危险性以及基础或支持吊架的破损

在压缩机等装置操作时，会使相连的装置和管路产生振动，而且温度和压力在一定的周期内变动时，也会引起较长周期的振动。在这样的条件下，因装置的疲劳增大了单元的危险性，此时依据危险性程度，系数最大可为 50。通过对装置进行适当的安全设计，可降低该系数的值。

汽车槽车或火车槽车在装料作业或在构筑物上进行起吊等操作时，由于腐蚀、磨耗、基座设计不良、不适当的支柱交叉而造成基础及配管桥固定结构的支柱变弱时，就会存在危险性。如果它构成了潜在的单元危险性，就应根据破坏后引起的危险结果，使用最高可为 30 的系数。

容器装在支架上或类似的装置上，由于横向振动造成容器不稳定，系数为 50。

（八）难控制的工艺反应

当在放热反应中需要避免放热的副反应时，反应不能控制的可能性大（如硝化反应、某些聚合反应等）。在一般的操作规模和装置材料的情况下，安全温度界限在 20℃ 以下的常温工艺的操作中，系数为 100。

对于其他控制困难的反应，使用的系数范围为 200～300。系数的大小根据杂质和催化剂量对发生急剧反应的影响能力及灵敏度来决定。

评价使用系数时，需要考虑单元内物质变化的惯性作用。在液液及气液反应中，一种物质比例的变化会起到衰减剂的作用，并产生缓冲量，这种状态要考虑 20～75 的系数。气相或蒸气相的物质，在反应过程中一般停留时间较短，此时应根据估计控制困难的程度，选用系数 100～300。

（九）在燃烧、爆炸极限附近的操作

（1）用无排气孔密闭容器储存可燃性液体时，上部空间由于液体挥发可能会偶然达到爆炸极限，此时系数为 2。例如，用氮气密封的甲醇储罐，当氮气漏掉时，上部空间就会进入爆炸极限之内。

（2）装有可燃性物质的空罐及其他容器，未进行彻底清洗或置换时，系数为 150。

（3）上部空间在通常或平衡条件下，虽然在爆炸极限以外，但充填或放空时，或者虽不频繁，但在通常的状态下有可能进入爆炸极限的条件下储存可燃性液体时，使用的系数为 50。例如，汽油及原油的储存等，在急速放空时形成可燃性条件，以及燃料供多于需时形成可燃性条件。

（4）在闪点（闭杯）以下温度储存的可燃性液体由于高温流体的注入产生喷溅和雾滴，成为可燃性蒸气空间,此时进行喷射加料操作时,系数为 50。

(5)在爆炸极限附近进行工艺反应和其他操作,只能靠装置保持爆炸极限以外的可靠性,系数为 100。

(十)比平均爆炸危险性大的情况

(1)从装置排出后急速汽化,能在建筑物周围大气的大部分地区形成爆炸性气体浓度,在该温度及压力下,使用可燃性液体和液化可燃性气体的工艺,可用系数为 40。

(2)会发生蒸气爆炸的工艺,可用系数为 60,如冷却水与融熔盐的线路连接使用时。

(3)混入物的积聚而容易引起爆炸的工艺,系数为 100,如空分装置、环氧乙烷储槽等。

(4)将已有操作条件按比例放大规模时,会影响反应性,并增大单元操作的危险性,此种工艺中系数至少用 60,如大量使用压缩乙烯、乙炔、环氧乙烷等敏感性物质,或从管式反应器变为用釜式反应器时。

(5)单元中产生副反应生成物、腐蚀物质或残渣时,对工艺中物质的稳定性产生影响直至发生分解时,使用的系数最小应为 50。

(6)储存液化的可燃性气体,使用冷冻机或低温储存可燃性液体和氧化剂时,系数为 80。

(十一)粉尘或雾滴爆炸的危险性

(1)在某些限定条件或变化的情况下,如已知工艺不会发生粉尘危险,则不需要系数,如按规定进行的聚乙烯颗粒的搬运及使用等。

(2)在装置内处理物质的工艺,由于操作失误和装置破裂会产生粉尘或雾滴的爆炸危险性,系数可用 30,如用高压的水压油、氧化苯醚、熔融硫黄、熔融萘等。这些物质由于控制失灵会形成粉尘或雾滴。

(3)某些工艺或操作中,在液体着火或爆炸的温度下,装置内部使用有可能生成雾滴的方法时,系数可用 50,如导热油传热系统水压油、矿物油、溶剂油的热油泵等;随时都可能生成粉尘、雾滴危险的工艺中,系数为 0~70,系数同粉尘和雾滴的危险性有关。

(十二)使用强气相氧化剂的工艺

使用氧气、氧气-空气混合物、氮氧化物及氯气的工艺,其潜在能量比在同温、同压下用空气进行氧化的工艺要大得多。对于这样的工艺,按表 12-5 取系数。

表 12-5　强气相氧化剂工艺危险性系数表

强气相氧化剂	危险性系数
氧气	30
富氧空气	按 $(x-21) \times \dfrac{300}{79}$ 计算,x 为高于空气中可利用氧气的体积分数(%)
浓氯气	125
以惰性气体稀释的氯气	按 $(y-39) \times \dfrac{125}{61}$ 计算,y 为氯气的体积分数(%)
使用未经稀释的 N_2O 或 NO_2	300
经稀释的 N_2O 或 NO_2	参照"富氧空气"栏
未经稀释的 NO	230

强气相氧化剂	危险性系数
经稀释的 NO	按 $(z-26) \times \dfrac{230}{74}$ 计算,z 为 NO 质量分数(%)
含有混合氧化剂	向有关专家咨询,即使将助燃剂稀释到比空气(相当量)还低,也应考虑到由于异常操作,空气有可能流入装置内部,故不能给予负系数

(十三)工艺过程着火灵敏度

对于有可能生成自燃着火性副产物及不稳定的过氧化物等时,它们都能起到点火源的作用。系数按以下原则选择:

(1)若高浓度的 O_2、N_2O 或 NO 成为氧化剂时,系数为 50;

(2)若高浓度的 Cl_2 及 NO_2 为氧化剂时,系数为 75;

(3)氧化剂的浓度低时,在 $21\%O_2$、$21\%N_2O$、$26\%NO$、$21\%NO_2$、$39\%Cl_2$ 时,系数为 0,由比例关系式计算出使用的系数;

(4)该工艺过程的气体空间可能生成少量点火的自燃着火物质,或能生成少量的不稳定物质(如过氧化物)时,系数为 25。

(十四)静电的危险性

粉尘及粒状流动物质,高电阻的纯液体,包含两相的液体和两相的气体放出,装置被绝缘或有绝缘层(如塑料或橡胶)时,会产生静电危险。

电阻大的粉尘和粒状物质(如由电绝缘物质形成的粉末及粒状物质)在流入装置、输送管道、储仓等内部时,都会产生静电。其危险性一般蕴藏于大量物质的体积内,只有粒子上的电荷向地下泄漏时,危险性才会增大;如装置本身在绝缘物上面时,危险性会更加增大。如有这种危险性,系数为 25~75。如装置由绝缘物构成覆盖绝缘膜(包括桶罐的可更换的聚乙烯罩膜)时,系数加 50。

凡是用泵高速输送高电阻有机液体,而且在容器内自由落在液面上,或是通过过滤器及类似设备,都会产生静电。相当纯的液体没有水及微粒状物质混入,在通常的液体流动操作中,发生静电的危险性同该液体的电阻有关。

纯液体的电阻率在 10^{11} $\Omega \cdot cm$ 以下,则使用该液体时静电的危险性小。该液体在使用时含有杂质,或在操作温度下,电阻率会升高时,危险性增大。因此认为电阻率在 10^{10} $\Omega \cdot cm$ 以下时危险性才会较小。

静电危险性的燃料有汽油、石脑油、苯甲苯、烷烃、二甲苯等醇类、酮类、醛类及酯类,从静电危险性看,电阻一般较小。水溶液的电阻率比 10^7 $\Omega \cdot cm$ 还要小,生成的电荷迅速漏入地面,因此一般电荷不会累积。高纯度烃本质上是非导电性的,有非常高的电阻。因此说,液体的电阻值是纯度及杂质性质的函数。

电阻值由液体在单元中的状态所决定。预计有静电危险的液体,系数为 10~100。存在微粒物质或不溶的第二种液体的两相体系时,以用更大的系数 50~200 为宜,这时最好与专家商讨。

某些气体在高速排放时可能产生静电,如二氧化碳、湿的水蒸气、微粒状固体等。这时系数可用 10～50,但与专家商讨为好。

六、数量的危险性

处理大量的可燃性、着火性和分解性物质时,要给以附加的危险性系数。

计算单元内物质总量,应考虑反应器、管道、供料槽、塔等设备内的全部物质的数量。它可以根据物质质量直接计算,也可以根据体积和密度计算。根据气体、固体、液体及其混合物的质量比较,可以进行危险性的比较。

根据单元物质的质量(以 t 为单位)可从图 12－3 中的三条曲线求出。这些曲线的最大范围为 100 000 t,可根据要求的准确度读出中间值,100 kg 以下系数为 1。

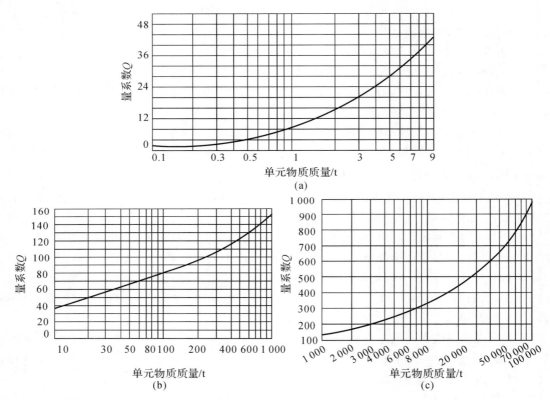

图 12－3 量的系数

(a)＜10 t;(b)10～1 000 t;(c)＞1 000 t

七、布置上的危险性

单元布置引起的危险性系数所考察的重要因素是大量可燃性物质在单元内存在的高度。

单元的高度,是指装置工艺单元和输送物质的配管顶部至地面的距离。排气管、桥式起重机的横梁等构造物不能用于决定高度。但是,一定要考虑蒸馏塔和反应塔的主配管位置、生成物塔顶冷凝器、上部供料容器等。在计算中,高度单位为 m,用符号 H 表示。

工艺单元的通常作业区域,是指和单元有关的构造物的计划区域。需要包括上述作业区域以外的泵、配管、装置等时可予以扩大。由周围单元的构造物以及有关的辅助设施,用最小限度长度的墙围起来的领域可视为作业区域,以 m^2 表示的通常作业区域,用符号 N 表示。

评价主管桥单元的通常作业区域系指管桥的最大宽度与支架或者架台中心的间隔相乘得到的区域面积。

评价带堤坝的储罐单元时,储罐自身的实际计划区域与单元内的泵,以及有关配管所占的区域是通常作业区域。堤坝内总的区域不能算作通常操作区域。

地下储罐的通常操作区由地下储罐所处的位置决定,在更深处的储藏洞的通常作业区是指地表面或者地下 10 m 以上的人孔以及配管连接部的区域。

(一)结构设计

装置、单元的布置,在初期的危险性评价虽不涉及容许程度,但也和许多因素有关,可根据表 12 - 6 决定结构设计的系数。

表 12 - 6　结构设计危险性系数

类　别	特　点	危险性系数
开放式工艺构筑物	无固定中间楼板或局部防护堤,基础承载在地下 7 m 以上容器中,装有 5 t 以上可燃性物质	50
	无固定中间楼板或局部防护堤,高 7 m 以上,装有可燃性物质 1~5 t,容器高 7 m 以上	30
	高 7 m 以上,每个防护堤设在高的容器下,装有 5 t 以上可燃性物质	15
	无固定中间楼板或局部防护堤,高度为 3~7 m,装有 5 t 以上可燃性物质的容器	25
	高度在 7 m 以下,装有 5 t 以下可燃性物质的开放式工艺构筑物	10
室内装置	通风换气率为 6 次/h,每一层有 5 t 以上着火物质	100
	通风换气率为 25 次/h 以上,有 5 t 以上可燃性物质	20
处理可燃性气体的压缩机室	墙壁和楼板连在一起时	200
	备有屋脊通风器的荷兰式小屋结构	40
含有对空气相对密度为 3 以上的可燃性物质蒸气单元	通风排气方向指向上方的建筑物或构筑物	100
	仅靠自然通风的单元	50
	在建筑物内或者构筑物内,可燃性物质有可能生成雾滴时,按相对密度为 3 以上的可燃性物质处理	—
	单元的下方有排气装置时,不用布置危险性系数	—

(二)多米诺效应

工艺单元或者建筑物互相接近布置时,一个单元发生事故,由于多米诺效应,相邻单元有可能卷入。考虑火灾、爆炸、基础破坏等会使构筑物强度减弱,原则上要确认下落物是否会落到相邻单元之上。进而还要考虑,由于燃烧液体或气体的流动或者燃烧过程中将邻近的单元卷入,以及出于其他原因,事故蔓延到相邻的单元。

为避免多米诺效应,有关部门和人员,如消防安全监察部门、保险公司、工厂安技保卫部门等应对装置、布置提出要求和建议，对火灾、爆炸的控制以及安全避难等问题的考虑应能使有关人员接受。

（三）地下设施

（1）装置、单元结构或者装置建筑物在地下室或者在单元通常操作区域内的地平面以下，有集水孔或者分离孔、泵及其所用的地坑时，系数为150。此系数对于储罐和球形储罐等周围有防护堤的区域，即使该处掘到地面以下，也不适用。另外，分离和废水处理单元，如果与工艺单元的排水计划区域分开个别评价，也不适用地下设施系数。

（2）地中埋设储罐时，系数为0～50。

（四）地表面排水沟

假如工艺单元包括溢出的污染区域，在这个区域内，流向其他的集水孔或者分离槽的排水，在工艺单元构筑物下方区域中央形成50 mm以上的引火性液体集中处的时候，系数为100。

（五）其他

（1）占地面积为400 m² 以上的工艺单元，周围至少三面有7 m以上宽的道路所包围，否则系数为75。

（2）工艺单元的一部分，备有12 h以上所使用的原料、中间体或者成品仓库时，系数依据储藏量决定。如备有 h 小时的这种料时，系数为 $2(h-12)$。

（3）所讨论的工艺单元距离主控制室、办公室、工场边界约为10 m以内的时候，系数为50。然而，工艺单元建筑在控制室、办公室上边或下边时，系数则为100。

非常高的工艺单元容易蒙受多米诺效应，特别是小面积上的高单元更容易受多米诺效应影响。此时，建议采用表12-7的附加系数。

表12-7　多米诺效应建议的附加系数

单元高度	具体尺寸	附加系数	备注
20 m 以上	20～30 m	20	储藏用单元例外
	30～40 m	40	
	40～60 m	150	
15 m 以上（高度为通常作业区域短边长的倍数）	3～5 倍	25	
	5～8 倍	50	
	8～12 倍	100	
	12 倍以上	>120	

八、毒性的危险性

蒙德火灾、爆炸、毒性指标是关于毒性危险性的相对评分及其对综合危险性评价的影响。下述的各种系数反映了毒性的影响。

（一）TLV（Threshold Limit Value）

单元中最危险的物质，是根据 TLV 最低或者毒性危险性（如皮肤吸收的情况）最大而又大量存在来确定的。这种物质,也许与单元中的重要物质不一样。

TLV 的系数按表 12-8 确定。

表 12-8 TLV 的系数

TLV/ (mg·m^{-3})	0.001 以下	0.001~ 0.01	0.01~ 0.1	0.1~1	1~10	10~100	100~ 1 000	1 000~ 10 000	10 000 以上
系 数	300	200	150	150	75	50	30	10	0

(二)物质的类型

单元中最危险物质类型的系数如下,即使这种物质没有毒性也要进行评价。

(1)在工艺中正常操作条件下,以液体或液化气体存在时,系数为 50;

(2)在低温储藏条件下储藏时,系数为 75;

(3)在工艺内,以微粒子状固体存在或以粉尘存在时,系数为 200;

(4)这种物质对空气的密度为 1.3 以上,并以气相状态储存时,系数为 25;

(5)没有臭味,在它的毒性浓度下看不见时,系数为 200;

(6)其他情况,系数为 0。

(三)短时间暴露

对时间负荷的 TLV,考虑相对 15 min 暴露的容许浓度,系数见表 12-9。

表 12-9 短期暴露系数

补正系数	1.25	1.25~2	2~5	5~15	15~100	100 以上
短期暴露 系数	150	100	50	20	0	-100

毒性危险性对长期健康有危险时,补正系数高,而短期致病或死亡时,补正系数低。

(四)皮肤吸收

毒性物质可被皮肤吸收时,则用附加系数。此时系数范围为 0~300,系数最小限度与 TLV 系数为同值。

(五)物理因素

放射能、高温、紫外线、高真空等物理因素会给身体以附加的威胁,增大了毒性暴露的影响。在 32℃以上的温度下连续作业及长时间过量工作(连续在 25℃以上的过量工作)时,系数增加 50。其他物理系数,根据不同的情况,系数为 0~50。

第四节 初期评价结果的计算

将以上各项所取的危险性系数汇总列入表 12-1 中,并计算出各项的合计。

一、DOW/ICI 总指标(D)

D 值用来表示火灾、爆炸危险性潜能的大小,按下式进行计算:

$$D = B(1 + M/100)(1 + P/100)[1 + (S + Q + L)/100 + T/400] \qquad (12-5)$$

式中:B——重要物质的物质系数;

M——特殊物质危险性系数合计;

P——一般工艺过程危险性系数合计;

S——特殊工艺过程危险性系数合计;

Q——量的危险性系数;

L——配置危险性系数合计;

T——毒性危险性系数合计。

根据计算结果,将 DOW/ICI 总指标划分为 9 个等级,见表 12-10。

表 12-10 DOW/ICI 总指标等级

DOW/ICI总指标(D)的范围	0～20	20～40	40～60	60～75	75～90	90～115	115～150	150～200	200 以上
等　级	缓和的	轻度的	中等的	稍重的	重的	极端	非常极端	潜在灾难性	高度灾难性

二、火灾负荷(F)

F 表示火灾的潜在危险性,是单位面积(ft^2,1 ft=0.304 8 m)内的燃烧热值(Btu,1 Btu=1 055 J)。其值的大小可以预测发生火灾时火灾的持续时间,因此是很有用的。火灾时,单元内全部可燃物料燃烧是罕见的,考虑有 10% 的物料燃烧是比较接近实际的,因此,火灾负荷(F)用下式进行计算:

$$F = B \times K/N \times 20\ 500 (Btu/ft^2) \qquad (12-6)$$

式中:B——重要物质的物质系数;

K——单元中可燃物料的总量,t;

N——单元的通常作业区域,m^2。

根据计算结果,将火灾负荷(F)分为 8 个等级,见表 12-11。

表 12-11 火灾负荷等级

火灾负荷(F)/(Btu·ft^{-2})	等　级	预计火灾继续时间/h	备　注
0～50 000	轻	1/4～1/2	
50 000～100 000	低	1/2～1	住宅
100 000～200 000	中等	1～2	工厂
200 000～400 000	高	2～4	工厂
40 0000～1 000 000	非常高	4～10	对使用建筑物最大
1 000 000～2 000 000	强的	10～20	橡胶仓库
2 000 000～5 000 000	极端的	20～50	
5 000 000～10 000 000	非常极端的	50～100	

三、装置内部爆炸指标(E)

装置内部爆炸的危险性与装置内物料的危险性和工艺条件有关,故指标(E)用下式计算求得:

$$E = 1 + (M + P + S)/100 \tag{12-7}$$

根据计算结果,将装置内部爆炸危险性分成5个等级,见表12-12。

四、环境气体爆炸指标(A)

环境气体爆炸指标(A)用下式进行计算:

$$A = B(1 + m/100)QHE(t/300)[(1 + P)/100] \tag{12-8}$$

式中:B——重要物质的物质系数;

m——重要物质的混合与扩散特性系数;

Q——当量系数;

H——单元高度;

E——装置内部爆炸指标;

t——工程温度(热力学温度 K);

P——高压危险性系数。

将计算结果按表12-12分成5个等级。

表 12-12 装置内部和环境气体爆炸危险性等级

装置内部爆炸指标(E)		环境气体爆炸指标(A)	
E	等级	A	等级
0~1	轻微	0~10	轻
1~2.5	低	10~30	低
2.5~4	中等	30~100	中等
4~6	高	100~500	高
6 以上	非常高	500 以上	非常高

五、单元毒性指标(U)

单元毒性指标(U)按下式进行计算:

$$U = TE/100 \tag{12-9}$$

式中:T——毒性危险性系数合计;

E——装置内部爆炸指标。

将计算结果按表12-13分成5个等级。

六、主毒性事故指标(C)

将单元毒性指标(U)和量系数(Q)结合起来,即可得出主毒性事故指标(C),按下式进行计算:

$$C = QU \tag{12-10}$$

将计算结果分成5个等级,见表12-13。

表 12 - 13 单元毒性和主毒性事故指标等级

表 12 - 13 单元毒性和主毒性事故指标等级

单元毒性指标(U)		主毒性事故指标(C)	
U	等级	C	等级
0~1	轻	0~20	轻
1~3	低	20~50	低
3~5	中等	50~200	中等
5~10	高	200~500	高
10 以上	非常高	500 以上	非常高

七、全体危险性评分(R)

全体危险性评分(R)是以 DOW/ICI 总指标(D)为主,并考虑到火灾负荷(F)、单元毒性指标(U)、装置内部爆炸指标(E)和环境气体爆炸指标(A)的强烈影响而提出的,用下式进行计算:

$$R = D(1 + \sqrt{FUEA}/1\,000) \tag{12-11}$$

式中:F、U、E、A——最小值为1。

将计算结果按表 12 - 14 分成 8 个等级。

表 12 - 14 全体危险性评分等级

全体危险性评分	0~20	20~100	100~50	500~1 100	1 100~2 500	2 500~12 500	12 500~65 000	65 000 以上
全体危险性等级	缓和	低	中等	高(1 类)	高(2 类)	非常高	极端	非常极端

初期评价的结果没有考虑安全措施情况下单元所固有的危险性。可以接受的危险性程度很难有一个统一的标准,往往与所使用的物质类型(如毒性、腐蚀性等)和工厂周围的环境(如距居民区、学校、医院的距离等)有关。通常情况下,全体危险性评分在 100 以下(缓和、低)是能够接受的,而 R 在 100~1 100 之间[中等和高(1 类)两级]视为有条件地可以接受。对于全体危险性评分 R 在 1 100 以上[高(2 类)等级以上]的单元,必须考虑采取安全对策措施,并进一步做安全对策措施的补偿计算。

第五节 单元的补偿评价

在实际生产过程中,采取了各种安全对策措施和预防手段。这些措施和手段从两个方面来降低危险性:一是降低事故的频率,即预防事故的发生;二是减小事故的规模,即事故发生后,将其影响控制在最小限度。对主要的安全措施,逐项给定一个小于1的补偿系数。

一、容器系统

改进容器系统最好的方法是采用比通常设计规定高的标准,采用更先进的生产、检查技术。

(一)压力容器

压力容器进行标准设计时,不宜进行补偿。所说的英国标准是 BS5550《非直接火焰加热焊接压力容器》中压力容器结构规范的第 3 类。容器如果与 BS5500 压力容器结构规范的第 2 类一致,补偿系数以 0.9 为宜。容器如果与 BS5500 压力容器结构规范的第 1 类相一致,则补偿系数取 0.8 为宜。

按照其他国家的标准制造时,设计及结构的标准应与 BS5500 压力容器结构规范的第 1、2、3 类进行比较,选取适当的补偿系数。如有必要,在确定补偿系数时,可以向压力容器设计及结构材料的专家请教。

(二)非压力立式储罐

非压力立式储罐用于从内部真空 600 Pa 到最大内部蒸气压力为 14 kPa(另加内容物料本身质量)的液体和液化气体的储存。它们按 BS2654 或适用于低温的 BS4741 来进行设计。这些标准或与其等价的标准,为了检查焊接的基本质量,常常只要求做一些非破坏性的检查。为了具有腐蚀余量,非压力式储罐须增加其强度,增加的量,大直径储罐比小直径储罐小,这和压力容器相同。

基于这个理由,大直径立式储罐可以认为与 BS5500 第 3 类压力容器构造物等同。因此。设计规范中规定了少量的非破坏检查。这样,补偿系数取 0.9。而直径小于 10 m 的小立式非压力储罐系数取 0.8 是比较合适的。

(三)输送配管

在装置内输送大量危险物的管线,要按较严格的标准设计。使用这些输送管线时,管线留有相当数量的物质,因此各处泄漏的潜在可能性较高。

美国国家标准对于气体输送,分配配管系统的铜管有 4 种结构形式。很明显,为了达到高设计标准,使全体危险性程度减少,可以取消有限的法兰和接头。必须用法兰接头时,要使用最佳的法兰或接头设计。

工艺过程中使用的全部配管在制作之后,都要进行水压试验;在组装后,还要进一步进行适当的试验。

对照 ANSI(美国国家标准研究所)B31.8(1975)而设计的液体输送配管的补偿系数评价如下:

(1)条款 841、151,按照等级 1、2、3、4 的位置进行配管设计、架设时,补偿系数为 0.90;

(2)设计及架设的形式比已决定的形式仅高 1 类时,补偿系数为 0.80;

(3)设计及架设的形式比已决定的形式高 2 类时,补偿系数为 0.70;

(4)设计及架设的形式比已决定的形式高 3 类时,补偿系数为 0.60。

对于比标准设计配管荷载大的设计及架设,要加补偿系数。对接头、阀门和泵等存在泄漏的有关项目,应附加泄漏系数。泄漏系数评价如下:

(1)除必需的阀门区域外,没有法兰的全焊接,经 100% 射线检查的配管,系数为 0.90;

(2)在所有的法兰位置上,代替活动法兰而采用焊接短管(neck)法兰时,系数为 0.95;

(3)在整个法兰位置上采用凸面与控制接头时,系数为 0.95;

(4)采用密封式转子设计、活接头密封阀及其他特殊密封装置时,系数为 0.95。

容许使用多个系数相乘。在最佳条件下,输送配管补偿系数可使输送配管单元的全体补偿系数最低降至0.50。

(四)附加容器、套管和防护堤

为提高储存或者工艺用的压力容器、非压力容器和主输送配管的标准所采用的技术,根据情况可以用第2层或第3层外板及防护壁避免内容物料排向大气。

同样,防护堤也是改善容器标准的方法之一,能够预防容器发生的初期事故,防止溢出物向广大区域扩散,使这些物料限制在局部范围内,有助于灭火、中和及回收等作业。

(1)内容物为可燃性液体、有毒液体、冷冻条件下的液化气等的储存容器带有第2层容器壁且高与容器高相同时,在容器壁发生最初破坏之后,第2层容器壁能容纳泄出来的全部内容物时,补偿系数为0.45。压力容器在隔热层的外侧带有第2覆盖层,能耐内容物压力时,系数为0.50。

(2)第2层壁或者外板装配在最低150 mm厚的保温材料的外侧,这类壁或外板能有效地密封,保持与3.0 mm厚的软钢同等强度时,系数为0.75。

(3)在装有易燃液体、有毒液体和液化气等可搬动容器中,具有与12 mm厚的软钢同等的冲击端屏蔽的场合,系数为0.80。这也可以附加地适用于上述规定的第2层外板系数。

(4)输送配管用与6 mm厚的软钢同等的第2层屏蔽做外部套管时,系数为0.6。

(5)备有第3层外板或器壁的时候,可用第2层和第3层外板或器壁的系数之积。

(6)在储罐区,按照易燃性液体要求的标准设有防护堤时,系数为0.95。防护堤壁高为最高储罐高度的一半,或是防护堤容量能满足最大泄漏量时,系数为0.75。防护堤垂直或向内部倾斜时,用附加的系数0.85。

(7)防护堤的基础与泄漏物质接触的最低表面用混凝土铺成或做成平滑的情况,用附加系数0.90。

(8)特别是对于研究装置或者中间试验装置,能够耐容器设计条件可预测的内部爆炸条件的时候,系数为0.40。

(五)泄漏检测系统与响应

在单元中所有需要的地方,都设置永久性的气体或蒸气泄漏检测仪系统时,容器系统的安全性增大。这些泄漏检测系统可在控制室中显示和操作。此时补偿系数可按以下各项进行评价:

(1)通过检测能在停止动作前进行调整的泄漏检测系统,系数为0.95;

(2)泄漏检测系统能使控制室的操作人员迅速确认需要隔离及泄压的系统部分时,补偿系数为0.90;

(3)能迅速确认的泄漏检测,控制室操作人员能使装置停车时,系数为0.85;

(4)根据泄漏检测,控制室的操作人员能进行如下操作(即可以对2~4 in直径的阀以10~20 s、9~18 in直径的阀以20~60 s,通过相应的远距离操作阀进行隔离和有效的泄压)时,系数为0.80;

(5)所有区域阀门,可以由常有人在的控制室进行远距离操作的输送配管时,系数为0.90。

在等于爆炸下限的25%浓度下,泄漏检测单元工作时,以上系数可以适用。在爆炸下限的 10% 以下工作时,适用附加系数 0.90。

(六)放出、排出或者废料的舍弃

从容器系统必须放出的物质,只要注意避免环境污染,危险性一般很小。因此,适合采用下述容器改良补偿系数。

(1)全部安全阀、紧急排放阀及其他气体、蒸气物质排放装置,与火炬或者密闭排放接收器连有配管时,补偿系数为 0.90。

(2)液体或系统内的其他物料,通过配管能送到离单元 15 m 远的流水槽或集水槽中,并按照其危险性进一步冷却、中和后进入舍弃系统时,采用系数为 0.90~0.95。

二、工艺管理

在采用自动控制工艺管理,设置可靠的安全警报和停车装置时,需要足够的电力保障。在这些项目中,根据所设计的系统固有的可靠程度,采用适当的补偿系数。

(一)警报系统

(1)装置、单元安全操作最简单的助手是配备警报系统,用其显示操作中引起的种种失误。为防止潜在的危险情况发展为事故,该系统在要求操作人员决定和修正动作或者停止动作时,补偿系数采用 0.95 是适当的。

(2)警报系统的指示即是危险指示,而与其他警报指示有区别时,异常条件就是危险状况,则补偿系数以 0.90 为宜。

(二)紧急用电的供给

重要控制仪表、反应器的搅拌器、泵、鼓风机等重要的公用工程,配备紧急电力供给设备,由正常供电转向紧急用电的自动切换,这是减少危险性的一项重要手段。具有自动切换装置的紧急供电装置的设置概念,通常是在设计的初期阶段就能得到原则决定的。做出这个决定时,其补偿系数以用 0.90 为宜。

(三)过程冷却系统

装置、单元发生异常状态时,包括冷冻单元的过程,冷冻系统能够持续一定时间是一个重要问题。过程冷却系统在发生异常状况时,具有能使正常的过程冷却持续 10 min 的能力时,使用补偿系数为 0.95。如果冷却系统在 10 min 期间的冷却能力能够达到工艺要求量的 150%,则补偿系数可选择 0.90。

(四)惰性气体系统

设有在必要时能使全单元排空的惰性气体系统时,其补偿系数为 0.95。

在含有易燃性液体的装置中,以燃料为基数使氧浓度保持在 1%(体积分数)以下,经常加入惰性气体的情况下,其补偿系数为 0.90。

(五)危险性研究活动

无论什么样的安全停车系统,都要确认单元发展到危险的条件,因此要进行彻底的危险性研究。全体危险性评分的 R 初期值,是表示单元发生的潜在事故大小的一个值,并不是导致危险状态的条件。根据危险性研究的时间与职工的经验,可采用补偿系数的范围为 1.0~0.70。

(六)安全停车系统

安全停车系统的水准有 3 个,它们的补偿系数可按如下决定:

(1)使用高可靠性停车系统时,适当的补偿系数为 0.75;

(2)停车系统是中等程度的水准,其系数就用 0.85;

(3)对于由单一的失误函数与单一停车构成的最简单的安全停车系统,其适当的补偿系数为 0.95;

(4)运行中装置的管理及安全控制仪表应进行定期的试验,试验的次数如果与危险性研究及可靠性解析相适应,则用附加的系数 0.80;

(5)压缩机、鼓风机、透平机等重要回转设备形成单元的一部分,在装有振动检测装置时,如只发出警报,系数选择为 0.90;如能使单元停车,选择系数为 0.80。

(七)计算机管理

装置用计算机管理操作,并有独立的停车功能时,其补偿系数为 0.85。如果计算机能自动调整工艺条件,使装置能在最佳工艺条件下工作,并能排除异常情况及自身的故障时,系数可以取得更低些。

在计算机只起协助操作人员的作用,不真正参与重要操作的管理,或者是装置、单元没有计算机的帮助而能操作时,补偿系数以 0.96 为适宜。

(八)预防爆炸和不正常的反应

装置、单元设有依靠阻止不正常的物流,以避免不希望发生的反应的连锁装置系统时,补偿系数为 0.95。在储藏或者工艺单元装有控制爆炸装置时,系数为 0.80。

根据能够预见的异常条件,为了保护装置装有充分的过压释放装置,或者当内部爆炸时装有爆炸释放装置时,补偿系数为 0.85~0.95。这个值的大小,要根据气体、蒸汽、雾滴的爆炸或者过压释放装置的推定效率来决定。粉尘爆炸时,系数范围为 0.70~0.90。大量粉尘激烈爆炸时,选用接近 0.90 的系数。

处理粉尘及类似粉尘的建筑物,根据美国国家防火协会(NEPA)或类似法规而设计的建筑物爆炸释放装置,补偿系数为 0.85。

(九)操作指南

操作指南除包括通常一般的操作外,还应包括如下内容:

(1)开车;

(2)一般停车;

(3)紧急停车;

(4)停车后短时间内再开车;

(5)批准手续、系统清洗、消除污染等的保养维修程序;

(6)维修之后的装置再开车,为了维修要用氮气、空气进行吹扫置换;

(7)可能预见的异常失误状况;

(8)变更装置设备或配管管理顺序,变更后需要对危险性研究重新再探讨。

如果对操作指南进行充分危险性的研究,则上述条件的大部分内容可以考虑在内。为评价操作指南的补偿系数,除上述各项外,还应增加以下几项:

(9)通常操作条件;

(10)低负荷操作条件,超负荷操作条件,装置、单元的待机运转条件。

在操作指南中能有效地包括上述 10 个条件中的若干条,例如包括的条件为 X,适用补偿系数为 $1.0-X/100$。根据操作指南中给定处理程度,补偿系数范围为 0.87～0.97。

(十)装置的监督

对装置日夜 24 h 进行定期巡回检查,重要部位能用闭路电视仔细地监视时,补偿系数为 0.95。全体操作人员在单元的所有部分能用无线电或者类似的设备同控制室保持联系时,用附加性系数 0.97。

三、安全态度

即使装置设计合理、建筑适当、有操作指南,如果不重视安全,也会影响安全目标的实现。

(一)管理者参与安全的管理

全体管理者对于高标准的安全能坚决参加并给予支持,当生产与安全之间发生矛盾时,仍能采取这种态度时,补偿系数为 0.90～0.95。

(二)安全训练

对所有人员,包括在装置以外的操作人员、管理人员、辅助工人及外包人员,都进行有计划的定期安全训练时,可根据安全训练的程度,相应地采用 0.85～0.95 的系数。

(三)保养维修和安全秩序

在设备维修或更换时,能严格执行申请、批准手续,给定补偿系数为 0.90～0.98。装置按计划定期维修时,用追加系数 0.97。

根据装置定期安全检查及整顿检查的效率,特别对有易燃性物质和可燃性物质时,应检查爆破片、毒物、易燃物质和公用工程液体的泄漏程度,使用系数范围为 0.90～0.97。

对事故、异常工艺条件及其他操作失误能及时报告,并找出原因、总结经验时,系数为 0.95。

处理易燃性、可燃性及毒性粉尘时,工艺装置的外侧设有能防止粉尘积蓄的固定真空扫除机并定期使用时,系数为 0.80。

四、防火

(一)结构物防火

支持单元装置的结构高度达到单元总高的 1/3(最低 6 m),火灾时如果能够支持 3 h,其补偿系数为 0.98。如果达到单元总高的 2/3,其补偿系数为 0.95。全部结构物为防火结构,并达到单元总高度时,系数为 0.90。

关于附加的防火系数,所有的耐荷重项目应能耐 3 h 的火灾。在防火要求严格的项目中,所采用耐久时间为 5 h。此时,高度达到 1/3(最低 6 m)的防火高度,系数为 0.95;高度达到 2/3 时,系数为 0.90;全部结构与单元等高时,系数为 0.80。

(二)防火墙、防火屏和类似装置

单元与单元之间设置防火墙,单元与防火墙高度不同,防火有效程度也不一样。防火墙能耐火 4 h,根据其防止火灾扩大的程度,选择补偿系数为 0.80～0.95。能耐火 2 h,防火墙的补偿系数范围为 0.87~0.97。应注意,除了与防火墙具有同等防火性能的自动闭锁门以外,防火墙不得有其他的门。

高度在 6 m 以上的工艺建筑物,具有 6 m 以下间隔的整个地板,这种地板无负荷时,能耐火 2 h,有负荷时,能耐火 3 h,使用系数为 0.90。这是因为与开放网状地板或者格栅式地板或者没有地板相比,整个地板可以防止火灾向上、下方向扩大。

为把有相当危险的装置、单元与邻近的其他单元隔离开来,采用水蒸气幕或者水幕。这种水幕在完全包围单元,可以处理在该单元高度的 1/3 位置的泄漏时,才能有等效。如果这种情况可能达到时,补偿系数为 0.90。水幕的密度为 0.9 $m^3/(h \cdot m^2)$(水幕面积)。

(三)装置防火

单元的所有容器,如无外部钢板保护,而进行外部防火隔热时,系数为 0.97。容器外部用钢板保护时,系数提高到 0.93。

固定水浸渍或者喷雾装置,如果容器表面喷淋密度达到 0.6 $m^3/(h \cdot m^2)$,在容器没有带钢板保护的隔热材料时,系数为 0.95。使用带钢板保护隔热材料时,系数为 0.50。

为保护单元的运行性能,全部仪表电缆、通信线路及电力电缆具有 3 h 的防火性能时,系数为 0.85。在能够避开腐蚀性物质和泄漏的液体时,系数不是 0.85,而是 0.75。

使火灾局限在隔断的小房间中,将单元置于防火墙的里面时,补偿系数为 0.80。隔断的小房间设有抗爆炸冲击、防止飞散物损害其他单元或职工的结构时,系数为 0.85。单元设在既抗爆又耐火的隔断小房间时,上述两个系数都适用。

设备之间设置阻火器且设计正确,就能防止事故向其他单元扩大,这种场合的补偿系数为 0.85。

五、物质隔离

(一)阀门系统

单元中设置有远距离操作的隔离阀,阀及控制线路或者电缆是防火型的,储罐、工艺容器及主输送配管部分在紧急情况下能迅速隔离的,适用的补偿系数为 0.8。

单元中带有紧急工艺抽出储罐,这种排放储罐位于单元计划区域外时,补偿系数为 0.9;同样,设有紧急压力放出系统时,补偿系数为 0.85;在工艺单元或储存设备处有地面排水沟、防护堤、集液坑,火灾时不致从下面加热装置时,补偿系数为 0.85,此时,排水沟所要求的最小坡度是 1/50(2%)。工艺单元或储藏设备备有能够积存单元内容物的 35% 的集水坑,这种集水坑的位置远离单元区域时,补偿系数改为 0.65。

在输送系统单元有过量或逆流开关自动泵,操作流量是正常最大流量的 200% 以下时,补偿系数为 0.80。

(二)通风

物质泄漏时,为了使危险最小,单元的通风装置能远距离操作时,系数为 0.90。

六、灭火活动

很明显,最重要的危险补偿是尽快地将火警上报有关部门、训练有素的消防队员的迅速响应及装置单元的手动灭火器、固定灭火装置等消防设备。

(一)火灾警报

最初的补偿,是对包括整个单元的固定火灾报警器。设置这种装置,能立刻呼叫工厂或市消防队时,可选择系数为 0.95。

(二)手动灭火器

装置、单元必须备有与火灾危险性类别相应的手动灭火器,此时的系数为 0.95。

属于金属火灾的特殊场合,要求使用手动灭火器。设置适量的这类灭火器的场合,其系数为 0.85。备有大型手推式灭火器时,还要再附加系数 0.90。

(三)水的供给

为了尽快灭火,装置附近备有充分的灭火用水是必要的。应能迅速有效地供水,水压需 0.78 MPa(表压),至少能供水 4 h。压力为 0.7 MPa(表压),放水速度为 2 730 m^3/h 以下时,用补偿系数 0.85。压力为 0.8 MPa(表压),放水速度达到 4 090 m^3/h 时,系数为 0.75。

(四)设置喷水设备、洒水机及水枪系统

在建筑物中,设置可包括建筑物整个地板的标准喷水设备保护系统时,用补偿系数 0.90。为了保护暴露在火焰下的建筑物装有外部喷水设备时,补偿系数为 0.95。根据 NFPA15,备有孔径为 1/4 in(6.35 mm)以上各层能够放水 0.6 m^3/(m^2 · h)时,补偿系数为 0.90。孔径为 3/8 in(9.525 mm)以上,放水速度为 1.2 m^3/(m^2 · h)时,系数为 0.70。

设置能够控制指向和远距离操作的喷水装置或水枪时,补偿系数为 0.90。当这种装置需要用手控制方向时,补偿系数为 0.95。

(五)发泡及惰性化设备

装置、单元中有固定发泡设备时,系数为 0.90。在装置处备有可供 4 h 灭火活动发生泡沫的化合物时,附加的系数为 0.90。

对有固定惰性气体 CO_2 系统的单元,系数为 0.75。有固定卤代烃惰性系统时,比 CO_2 系统有效,故系数为 0.70。对特别的易燃危险性场所,必须有特定的有效系统,因此评价所有类型固定设备的补偿系数时,应听取专家的意见。

(六)消防队

工厂地区,有消防汽车 1 辆并有训练有素的工厂消防队时,系数为 0.95。消防汽车每增加 1 辆,直到 5 辆时,系数减 0.05。有 2 辆设备的地区消防队,10 min 内能够到达出事地点时,附加的系数为 0.90;地区消防队能够于 15 min 内到达,并具有特殊塔形消防机械,且作为最初灭火的一部分时,补偿系数改为 0.70。

(七)消防活动的地区协作

在现场经常有可能利用的大量特殊灭火剂如果在上述特殊手提灭火器或者发泡设备条款中没有考虑补偿,则补偿系数为 0.85。

通过定期对操作人员进行消防训练,使得其会使用手提灭火器和固定灭火装置,并能和工厂消防队及地区消防队协力作战时,补偿系数为 0.90。

(八)排烟通风

在储藏、包装及其他工艺建筑物的房顶上备有排烟通风装置,为保护其他建筑,而在高出屋顶处有烟分离器时,系数用 0.9。

七、单元补偿评价的计算

将上述各项所取的补偿系数汇总列入表 12-15 中,并算出各项补偿系数之积,即 $K_1 \sim K_6$,然后按下式求出补偿之后的评价结果,它表示实际生产过程中的危险性程度。

表 12-15　单元安全措施补偿系数

1. 容器系数	
项　目	用的系数
(1)压力容器	
(2)非压力立式储罐	
(3)输送配管:a)设计应变	
b)接头及垫圈	
(4)附加的容器及防护堤	
(5)泄漏检测及响应	
(6)排放物质的废弃	
容器系统补偿系数之积 $K_1=$	
2. 工艺管理	
(1)警报系统	
(2)紧急用电力供应	
(3)工程冷却系统	
(4)惰性气体系统	
(5)危险性研究活动	
(6)安全停车系统	
(7)计算机管理	
(8)爆炸及不正常反应的预防	
(9)操作指南	
(10)装置监督	
工艺管理补偿系数之积 $K_2=$	
3. 安全态度	
(1)管理者参加	
(2)安全训练	
(3)维修及安全程序	
安全态度补偿系数之积 $K_3=$	
4. 防火	
(1)结构物的防火	
(2)防火墙、障壁等	
(3)装置火灾的预防	

防火补偿系数之积 $K_4 =$	
5.物质隔离	
(1)阀门系统	
(2)通风	
物质隔离补偿系数之积 $K_5 =$	
6.灭火活动	
(1)火灾报警	
(2)手动灭火器	
(3)防火用水	
(4)洒水器及水枪系统	
(5)泡沫及惰性化设备	
(6)消防队	
(7)灭火活动的地区协作	
(8)排烟通风装置	
灭火活动补偿系数之积 $K_6 =$	

补偿火灾负荷(F_2)：

$$F_2 = FK_1 K_4 K_5 \qquad (12-12)$$

补偿装置内部爆炸指标(E_2)：

$$E_2 = EK_2 K_3 \qquad (12-13)$$

补偿环境气体爆炸指标(A_2)：

$$A_2 = AK_1 K_5 K_6 \qquad (12-14)$$

补偿全体危险性评分(R_2)：

$$R_2 = RK_1 K_2 K_3 K_4 K_5 K_6 \qquad (12-15)$$

补偿评价的结果如能使各评价单元的危险性程度降低到可以接受的程度,评价工作即可继续下去。否则,就要更改设计或增加补充安全对策措施,然后重新进行评价计算。

第六节　安全对策措施和评价结论

一、安全对策措施

实际生产过程中的危险性程度比装置固有的危险性小,基于有效的安全对策措施,即安全对策措施的全面、可靠是安全生产的重要保证,也是评价委托单位最关心的部分。

安全措施中,首先应包括补偿评价中已给予补偿系数的各项措施。对于预评价报告中的安全对策措施,仅有这些是不够的,还应包括为降低其他危害、有害因素的危害而必需的安全对策措施,没有进行评价的其他单元所必需的安全对策措施,管理方面的安全措施,以及保证安全生产的必需的其他安全对策措施。

二、评价结论

在对评价结果进行分析的基础上,提出科学的评价结论,供决策部门作为决策参考。

第七节　蒙德法应用实例

在火箭燃料偏二甲肼的储存、运输及使用过程中,存在着着火、爆炸及人员中毒的危险,一旦发生火灾、爆炸和毒性事故,往往会带来巨大的财产损失和作业人员伤亡。因此,有必要综合评定装置的危险程度,并计算危险等级较大单元的火灾、爆炸和毒性危险性指数,确定其危险范畴,针对其危险水平探讨可接受程度。

项目采用实际调研和 ICI-MOND 方法对储库推进剂安全性进行评估。英国帝国化学公司(ICI)蒙德(Mond)火灾、爆炸、毒性指数评价法是由道化学火灾、爆炸指数评价法发展而来的,其评价更为全面、系统、深入,被公认为一种特别适合化工装置火灾、爆炸、毒性危险程度的评价方法。蒙德法的评价过程可以分为三步:①评价单元的划分;②各单元危险性的初期评价;③各单元危险性的最终评价。

在Ⅱ类情况下,假设在罐体中部某处形成了长方形的裂纹,在某个特定时段泄漏的偏二甲肼量可以使用伯努利方程计算。液体泄漏速率可以采用流体力学伯努利方程计算:

$$Q_L = \rho_1 A_0 \delta_1 \sqrt{\frac{2(P - P_0)}{\rho} + 2gh_1}$$

式中:Q_L——液体泄漏速率(kg/s);

δ_1——无量纲泄漏系数;

ρ_1——液体密度(kg/m^3);

P——液罐压力(Pa);

P_0——大气压力(Pa);

g——重力加速度(9.8 m/s^2);

h_1——液位高度(m);

A_0——泄漏孔面积(m^2)。

当发生泄漏设备的裂口是规则的,且裂口尺寸及泄漏物质的有关热力学、物理化学性质及参数已知时,可根据流体力学中的有关方程计算泄漏量。当裂口不规则时,可采取等效尺寸代替。液体泄漏系数可以从标准化学工程手册中查到,表 12-16 中列举出常用的液体泄漏系数数据。

表 12-16　液体泄漏系数 δ_1

雷诺数(Re)	裂口形状		
	圆形(多边形)	三角形	长方形
>100	0.65	0.60	0.55
≤100	0.50	0.45	0.40

一、评价单元状态参数确定

偏二甲肼储库属于相对独立空间:一是在布置上具有相对独立性,与其他部分有一定的安全距离并有墙体隔离;二是储存的介质具有特殊性,因此可以按 ICI 蒙德评价规则划分为一个评价单元。

针对偏二甲肼开展蒙德法评价,储存单元内设置了两个体积为 45 000 L、高度约 5 m 的不锈钢储罐,两罐内储存有总量为 20 t 的偏二甲肼,罐内保护氮气的压力为 0.025 MPa,库内温度为 293 K,该评价单元的主要状态参数见表 12 - 17。

表 12 - 17　偏二甲肼储库评价单元主要状态参数表

介　质	容器高度/m	温度/K	压力/MPa	可燃物质量/t	作业区/m²
偏二甲肼	5	293	0.025	20	50

物质系数是指重要物质在标准状态(25℃,0.1 MPa)下的火灾、爆炸或放出能量的危险性潜能的尺度。对于一般可燃性物质,其物质系数由空气中的燃烧热决定;对于偏二甲肼储库,选择偏二甲肼作为该单元内的重要物质。

偏二甲肼物质系数的计算:一般可燃物质的物质系数是由该物质在标准状态下的燃烧热决定的。可以按照公式 $MF = \Delta H_c \times 1.8/1\,000$ 进行计算,式中 ΔH_c 为重要物质的燃烧热,单位为 kcal/kg。经查在标准状态下,偏二甲肼的燃烧热为 7 900 kcal/kg,按上述公式计算,偏二甲肼的物质系数为 14.22。

二、单元危险性初期评价

(一)特殊物质危险系数 M 的确定

特殊物质危险系数 M 是由物质本身特有的性质所决定的,根据 ICI 蒙德法从物质的氧化性、与水反应产生可燃气、混合及扩散特性、自我发热性、自燃聚合性、着火敏感性、爆炸分解性、气体的爆炸性、凝缩相爆炸性以及其他异常特性等 10 个方面来确定偏二甲肼在各个操作单元的特殊物质危险系数。偏二甲肼在评价单元中特殊物质危险系数见表 12 - 18。

表 12 - 18　评价单元特殊物质危险系数表

影响因素	指标取值
氧化剂	0
与水反应产生可燃气	0
混合及扩散特性	0
自燃发热性	0
自燃聚合性	0
着火敏感性	25
爆炸分解性	0
气体的爆轰性	0
凝缩相爆炸性	0
其他异常特性	0
合计	25

(二)一般工艺流程危险性 P 的确定

这类危险性与单元内进行的工艺及其操作的基本类型有关,一般从单纯物理变化、单一连续反应、单一间断反应、同一装置内的重复反应、物质输送以及可能输送的容器等方面来确定。评价单元一般工艺流程危险性 P 的确定见表 12-19。

表 12-19　评价单元一般工艺流程危险性系数表

影响因素	指标取值
单纯物理变化	10
单一连续反应	0
单一间断反应	0
同一装置内的重复反应	0
物质输送	50
可能输送的容器	0
合计	60

(三)特殊工艺危险性 S 的确定

这类危险性与使总体危险性增加的工艺操作、储存、输送等特性有关,一般由低/高压、低/高温、腐蚀危险性、接头和填料危险性、振动和循环负荷、难控制的过程、爆炸极限范围的操作、比平均爆炸危险性大的情况、粉尘或雾滴爆炸危险性、强气相氧化剂、工艺过程着火灵敏度以及静电危险性等方面来确定。偏二甲肼储存单元特殊工艺危险性 S 的确定见表 12-20。

表 12-20　评价单元特殊工艺危险性系数表

影响因素	指标取值
低/高压	0
低/高温	0
腐蚀危险性	0
接头和填料危险性	0
振动和循环负荷	0
难控制的过程	0
爆炸极限范围的操作	100
比平均爆炸危险性大的情况	60
粉尘或雾滴爆炸危险性	0
强气相氧化剂	0
工艺过程着火灵敏度	0
静电危险性	30
合计	190

(四)数量危险性 Q 的确定

处理大量的可燃性、着火性和分解性物质时,要给予附加的危险性系数。Q 可由 ICI 蒙德法给定的曲线确定,如图 12-4 所示。查阅图 12-4,获取数量危险性 Q 的取值 71。

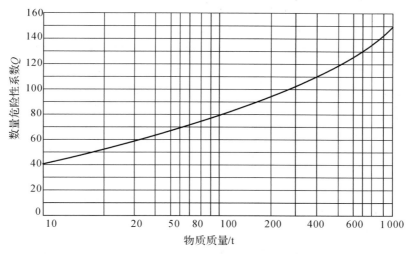

图 12-4　物质量系数图

(五)布置危险性 L 的确定

这类危险性与单元设备的构成和布局有关。一般由结构设计、多米诺效应、地下设施、表面排水、安全距离等因素确定。评价单元的 L 值见表 12-21。

表 12-21　评价单元配置危险性系数表

影响因素	指标取值
结构设计	50
多米诺效应	0
地下设施	150
表面排水	0
合计	200

(六)毒性危险性的确定

这类危险是与物质本身具有的毒性紧密相关的,一般由物质的阈限值 TLV、物质类型、短期暴露容许浓度、皮肤吸收和其他物理因素等方面来确定。TLV 系数表见表 12-22。有毒物质短时间暴露系数表见表 12-23。偏二甲肼储库评价单元毒性危险性系数表见表 12-24。

表 12-22　TLV 系数表

TLV/10^{-6}	0.001 以下	0.001~0.01	0.01~0.1	0.1~1	1~10	10~100	100~1 000	1 000~10 000	10 000 以上
系　数	300	200	150	100	75	50	30	10	0

表 12-23 有毒物质短时间暴露系数表

修正系数	1.25	1.25~2	2~5	5~15	15~100	100 以上
短期暴露系数	150	100	50	20	0	-100

表 12-24 评价单元毒性危险性系数表

影响因素	指标取值
TLV 系数	75
物质类型	50
短时间暴露系数	0
皮肤吸收系数	100
物理因素系数	0
合计	225

偏二甲肼的 TLV 为 1.2 mg/m³,因此查 TLV 系数表可得其偏二甲肼的 TLV 系数为75;由于偏二甲肼在正常的操作条件下,以液体状态存在,所以其物质系数被确定为50;偏二甲肼 10 min 的容许暴露浓度为 240 mg/m³,其 15 min 的容许暴露浓度为 180 mg/m³,因此查表可得偏二甲肼的短时间暴露系数为 0。

综上所述,偏二甲肼储库评价单元的主要系数汇总于表 12-25。

表 12-25 偏二甲肼储库评价单元主要系数

B	M	P	S	Q	L	T
14.22	25	60	190	71	200	225

三、初期评价结果的计算

(一)DOW/ICI 总指标 D

D 用来表示火灾、爆炸危险性潜能的大小,按下式进行计算:

$$D = B\left(1+\frac{M}{100}\right)\left(1+\frac{P}{100}\right)\left(1+\frac{S+Q+L}{100}+\frac{T}{400}\right) \qquad (12-16)$$

式中:B——重要物质的物质系数;

M——特殊物质危险性系数合计;

P——一般工艺过程危险性系数合计;

S——特殊工艺过程危险性系数合计;

Q——量的危险性系数;

L——配置危险性系数合计;

T——毒性危险性系数合计。

经计算,可得本评价单元的 D 为 175.5,按照 DOW/ICI 总指标等级划分,该评价单元的危险性属于具有潜在灾难性的。

(二)火灾负荷 F

火灾负荷 F 表示潜在火灾危险性,是单位面积内的燃烧热值。其值的大小可以预测发生火灾时火灾的持续时间,因此是很有价值的。偏二甲肼储库本单元的火灾负荷可按下式进行计算:

$$F = B \frac{K}{N} \times 20\ 500 \qquad (12-17)$$

式中:B——重要物质的物质系数;

　　　K——单元中可燃物料的总量,t;

　　　N——单元的通常作业区域,m^2。

一般情况下,每个偏二甲肼储罐按存量 20 t 计算,研究表明,当火灾发生时,单元内全部可燃物质燃烧是罕见的,因此在发生地震泄漏事故时最大可参与燃烧的推进剂按总量的 10% 计算是比较接近实际的;经计算可得本评价单元的 F 为 37 836 Btu/ft^2。按照火灾负荷等级分类,该单元具有较轻的火灾负荷。

(三)区域内部爆炸指标 E

作业区域内部爆炸指标可根据下式进行计算:

$$E = 1 + \frac{M + P + S}{100} \qquad (12-18)$$

式中:E——区域内部爆炸指标;

　　　M——特殊物质危险性系数合计;

　　　P——一般工艺过程危险性系数合计;

　　　S——特殊工艺过程危险性系数合计。

经计算本评价单元的 E 为 3.75。按照装置内部爆炸危险等级分类,此单元装置内部爆炸的危险性为中等。

(四)环境气体爆炸指标 A

环境气体爆炸指标计算公式为

$$A = B(1 + M/100)QHE(T/300)(1 + P)/1\ 000 \qquad (12-19)$$

式中:B——重要物质的物质系数;

　　　M——重要物质的混合与扩散系数;

　　　Q——量系数;

　　　H——单元高度;

　　　E——装置内部爆炸系数;

　　　T——工程温度;

　　　P——高压危险系数。

经计算,可得本评价单元的 A 为 29.48。按照环境气体爆炸指标分级,此评价单元具有中等爆炸危险性。

(五)单元毒性指标 U

单元毒性指标计算公式为

$$U = \frac{TE}{100}$$

经计算,可得本评价单元的 U 为 8.44,具有较高的单元毒性危险性。

(六)毒性事故指标 C

毒性事故指标公式为

$$C = QU$$

经计算,可得评价单元的 C 为 599.2,具有非常高的毒性事故危险性。

(七)总危险系数 R

总危险性评分 R 是以 DOW/ICI 总指标 D 为主,并考虑到火灾负荷、单元毒性危险性、装置内部爆炸和环境气体爆炸的强烈影响而提出的,具有一定的综合指标意义。根据总危险系数计算公式: $R = D(1 + \sqrt{FUEA}\,/1\,000)$,经计算,可得本评价单元的 R 为 1 217.97。按照全体危险性评分等级,偏二甲肼推进剂储库经初步评价,具有高(2 类)危险等级。

四、单元危险性补偿系数

单元初期评价是在未考虑安全措施的情况下分析单元的固有危险性,而在实际工况中,由于系统设计时采取了相应的对策措施和预防手段,降低了单元的危险性,所以应对评价单元的危险性进行补偿评价。主要是通过容器系统、工艺管理、安全态度、防火装置、物质隔离、应急反应等 6 个方面进行补偿。

(一)容器系统补偿系数 K_1

容器系统补偿系数 K_1 由压力容器类别,非压力立式储罐,输送管路,附加容器、套管和防护堤,泄漏检测系统与响应以及排空或废料舍弃方式等 6 个方面确定。评价单元容器系统补偿系数 K_1 见表 12 - 26。

表 12 - 26　评价单元容器系统补偿系数

影响因素	指标值
压力容器	1
非压力立式储罐	1
输送管路	1
附加容器、套管和防护堤	0.95
泄漏检测系统与响应	0.90
排空或废料舍弃方式	0.90
合计	0.77

(二)工艺管理补偿系数 K_2

工艺管理补偿系数 K_2 由警报装置、紧急供电、过程冷却系统、惰性气体系统、危险性研究活动、安全停车系统、计算机管理、预防爆炸和不正常反应、操作指南的有效性以及对单元的监督能力等 10 个方面确定。评价单元工艺管理补偿系数 K_2 见表 12 - 27。

表 12 – 27　评价单元工艺管理补偿系数

影响因素	指标值
警报装置	0.95
紧急供电	1
过程冷却系统	1
惰性气体系统	1
危险性研究活动	0.85
安全停车系统	1
计算机管理	1
预防爆炸和不正常反应	0.90
操作指南的有效性	0.85
对单元的监督能力	0.90
合计	0.56

(三)安全态度补偿系数 K_3

安全态度补偿系数 K_3 由管理者对安全的重视程度、操作人员的安全训练水平以及设备维护保养水平和安全秩序等 3 个方面确定。评价单元安全态度补偿系数 K_3 见表 12 – 28。

表 12 – 28　评价单元安全态度补偿系数

影响因素	指标值
管理者对安全的重视程度	0.90
操作人员的安全训练水平	0.85
设备维护保养水平和安全秩序	0.87
合计	0.67

(四)防火设计补偿系数 K_4

防火设计补偿系数 K_4 由单元结构物防火程度、是否设置防火墙及类似装置以及单元设备的防火能力等 3 个方面确定。评价单元防火设计补偿系数 K_4 见表 12 – 29。

表 12 – 29　评价单元防火设计补偿系数

影响因素	指标值
单元结构物防火程度	0.80
是否设置防火墙及类似装置	1
单元设备的防火能力	0.97
合计	0.78

(五)物质隔离补偿系数 K_5

物质隔离补偿系数 K_5 由系统内部采取的隔离阀门和强制通风系统 2 个方面确定。评价单元物质隔离补偿系数 K_5 见表 12-30。

表 12-30　评价单元物质隔离补偿系数

影响因素	指标值
系统内部隔离阀门	0.85
强制通风系统	1
合计	0.85

(六)灭火活动补偿系数 K_6

灭火活动补偿系数 K_6 由报警、灭火器、水的供给、喷淋设施、惰性化设备、应急队伍配备、外部协作和排烟通风等 8 个方面确定。评价单元 K_6 见表 12-31。

表 12-31　评价单元灭火活动补偿系数

影响因素	指标值
报警	0.95
灭火器	0.95
水的供给	0.85
喷淋设施	0.95
惰性化设备	1
应急队伍配备	0.90
外部协作	0.85
排烟通风	0.90
合计	0.50

五、单元危险性补偿评价

(一)火灾负荷 F_2

由公式可知 $F_2 = FK_1K_4K_5$，经计算，可得本评价单元的 F_2 为 12 381.83 Btu·ft^{-2}。

(二)内部装置爆炸指标 E_2

由公式可知 $E_2 = EK_2K_3$，经计算，可得本评价单元的 E_2 为 1.4。

(三)环境气体爆炸指标 A_2

由公式可知 $A_2 = AK_1K_5K_6$，经计算，可得本评价单元的 A_2 为 9.65。

(四)总危险系数 R_2

由公式可知 $R_2 = RK_1K_2K_3K_4K_5K_6$，故可得本评价单元的 R_2 为 116.65。

(五)危险等级判定及评价结果

根据以上计算结果和参照文献的危险等级评判标准,可得偏二甲肼储库主要评价单元评价结果(见表 12 - 32)。

表 12 - 32　ICI 蒙德法评价偏二甲肼储库单元危险性结果表

指标	DOW/ICI	火灾负荷	内部爆炸	环境气体爆炸	单元毒性	毒性事故	总危险系数
	D	F	E	A	U	C	R
初评	175.5 潜在灾难性的	37 836 轻	3.75 中等	29.48 低	8.44 高	599.2 非常高	1 217.97 高(2 类)
补偿	— —	13 381.83 轻	1.4 低	9.65 轻	—	—	116.65 中等

从危险性评价结果表中可以看出,经过评价单元的初期评价,DOW/ICI 总指数计算结果表明储库具有潜在灾难性危险;单元毒性事故评分指标显示储库具有较高的危险性;火灾负荷、装置内部爆炸及环境气体爆炸评价指标显示储库具有中等以下危险性;但代表总危险性的总危险系数评分显示储库补偿计算后仍为高危险等级。

为提高推进剂储库安全水平,我们采取了多种安全对策措施和预防手段,这些措施不但降低了事故发生的概率,而且能减小事故规模,将影响降低到最小限度。推进剂储库补偿评价结果显示,火灾负荷、装置内部爆炸、环境气体爆炸、单元毒性及单元毒性事故处于较低的危险性层次,而单元总体危险等级为中等,储库危险性处于"可以有条件的接受水平"。

思　考　题

1.熟悉并掌握蒙德火灾爆炸毒性指数评价法的评价程序体系。

2.正确理解并会使用单元危险性初期评价表。

3.蒙德法评价的特殊说明包括哪些方法?

4.如何确定评价单元?

5.在蒙德法评价中,装置中有代表性的工艺单元有哪些类型?

6.特殊物质的危险性如何确定?

7.特殊物质的危险性有哪 10 种类型?

8.一般工艺危险过程危险性有哪 6 种类型?

9.特殊工艺过程危险性有哪 14 种类型?

10.毒性的危险性是如何表达的?

11.初期评价结果有哪 7 项结果?

12.如何理解单元的补偿评价?

13.熟练掌握单元安全措施补偿系数。

14.安全对策措施的作用是什么?

本章课程思政要点

1. 从重大事故后果模拟软件开发现状,谈激发学生自强不息精神。重大事故后果模拟分析中要用到一些软件,例如 MATLAB、FLUENT、FDS 等均是由美国公司开发的。经过多年的发展,我国软件行业虽然取得了一些成绩,但同国外先进产业技术相比仍然存在一些不足。2020 年 6 月,美国对我国两所高校断供 MATLAB 被推上了热搜。以此让学生体会到只有自强自立,才能让我们国家和民族屹立于世界民族之林。

2. 从安全评价的职业规范和社会责任感,谈引导学生独立思考、严格执法、诚实守信。安全评价工作主要是作为第三方,对涉及单元进行安全评价,评价结果事关人民生命财产安全、主体企业单位的资金投入等,必须严谨细致、不偏不倚。因此,这项工作要求从业人员必须具有扎实的专业知识技能、严格的法律意识、独立思考与判断的能力和诚实守信的职业品德,这些素养都需要在学之初进行培养,确保学员在踏上工作岗位的时候,就已经具备了合格的专业技能和优秀的职业品德。

第十三章　系统安全综合评价

第一节　系统安全评价指标的选取

一、指标与指标体系

(一)指标

指标是反映一个复杂系统特性、内部状态或显示发生任何事件的信息,是从数量方面说明一定现象的某种属性或特征。指标可以简化复杂现象的信息,并尽可能量化,以便更容易沟通和比对。一个指标可以是一个变量或一个变量的函数。指标可以是定性变量、序列变量,当然也可以是定量变量。尽管定量指标很重要,但当研究的目标物很难定量化,或当使用定量指标所花费的代价较高时,定性指标也可以作为评价的依据。

推进剂储库安全评价的选用指标应体现以下功能:

(1)反映功能:它是指标的最基本功能,反映储库系统的基本状况。

(2)监测功能:监测功能是指标反映功能的延伸。监测功能可分为两类:一是储库系统自身运行情况的监测;二是储库管理计划情况的监测。前者是对自然状态的监测,后者是对有组织、有目的的目标的监测。

(3)比较功能。当指标被用来衡量两个或两个以上的认识对象的时候,它就具备了比较功能。比较功能可分为两类:一是横向比较,即在同一时间序列上对不同认识对象进行比较;二是纵向比较,即可对同一对象在不同时期发展状况的比较。

(二)指标体系

指标体系指为完成一定研究目的而由若干个相互联系的指标组成的指标集合。建立指标体系重要的是要明确指标结构,即体系由哪些指标组成,指标间的相互关联关系。实际上,指标体系是一个信息系统,该系统主要包括系统元素和元素间的配置关系。系统的元素就是指标,系统结构即指标间的相互关系。

建立的评价指标体系具有重要作用,可以帮助决策者从众多影响因素中提炼、总结关键信息,建立关联信息系列,提高透明度和综合性;还可以在缺乏足够信息的情况下确立重要问题。指标体系还可以帮助确立问题的重点。

指标体系构成一个庞大的、严密的定量式大纲,依据各指标的作用、贡献、表现和位置,既可以分析、比较、判别评价系统的状态和总体趋势,又可以复制、还原、模拟系统的未来。指标体系是一个相关方人士评价问题的基本工具。具体到安全评价,其指标体系应把握以下几点。

(1)指标应具备"尺度"和"标准"的功能,一个指标反映安全系统的一种属性。指标体系应该帮助评价者和被评价对象明确关键问题,并描述总系统的变化趋势。

(2)指标体系应具备全面性和整体性,能够描述系统在任意时刻的安全状态、各方面的变化趋势和发展状态。

(3)指标体系应具备一定的结构性。结构性的指标体系有助于应对多层次、多变化的评价体系,而不单是一个指标的独立出现。

二、安全评价指标的选取原则

安全原理指出,在某种情况下事故是否发生以及可能造成的后果具有极大的偶然性,但都有其深刻的原因,包括直接原因和间接原因。综合论事故模式基本观点认为,事故是社会因素、管理因素和过程中的危险因素被偶然事件触发所造成的后果。基于这种观点,这些物质的、管理的、环境的以及人为的原因(国外称 4M 因素,即 Machine,Management,Media,Man)就构成了安全评价中的危险因素。因此,评价指标的选取是一个重要、复杂的问题。根据液体推进剂储库的特殊性,结合同行专家的研究,确定推进剂储库安全评价指标的选取原则如下。

(1)目的性原则。建立推进剂储库安全评价指标体系的目的就是为了对储库进行综合评价,以便于分析储库安全风险的整体特征,找出制约推进剂储库安全管理的关键性问题,确定安全风险控制的重点。每一个指标的选取都应该反映推进剂储库的某一个属性,且指标功能及指标之间应该服从推进剂储库综合评价的整体目标和功能。只有在实现整体目标的前提下,指标的选取才是正确和完善的。在初步选定指标后,应对指标体系进行优化和控制,以便更好地实现综合评价的整体目标。

(2)科学性原则。指标体系结构的拟定、指标的选择必须以推进剂储库安全生产系统的特性、安全评价理论为依据,这样选定的指标才会具有可靠性和客观性,得到的评价结果才具有可信性。科学性原则要求评价指标的选择、评价信息的收集以及信息涵盖范围都必须有相应的科学依据。

(3)系统性原则。推进剂储库安全评价的目的要求每个指标的选取都必须服从整体系统目标。因此在初步选取评价指标时,应以系统理论为基础,遵循系统性原则,尽可能多地选取可以概括反映推进剂储库安全属性特征的评价指标,便于最终进行筛选。指标体系不能是众多指标的简单集合,而应是具有系统性、层次结构性、相关性和适用性的有机系统。各指标之间的关系应清晰、明了、准确。

(4)可操作性原则。综合以往研究经验,初步建立的指标体系在理论上能很好地反映推进剂储库的属性,但往往操作性不强。因此,课题在选择、设计评价指标时,不仅应追求概念明确、定义清楚,具有代表性,方便收集,还应考虑现有的技术和研究能力。只有坚持可操作性原则,安全评价工作才能顺利进行,否则建立的指标体系只能是理论性的成果,不可实用。

(5)独立性原则。所选择的每一个指标应能反映推进剂储库某一个方面的属性和特征,指标之间尽可能地保持独立,尽量避免指标间相互联系和交叉,这样会影响评价结果的准确性。选择的推进剂储库评价指标既可自成一体,又可从不同角度反映推进剂储库的安全问题。

(6)突出性原则。指标的选择要全面,但应区别主次,要体现直接引发事故的人、机、环等指标,更要重视决定三者安全状态的管理指标。切忌事无巨细、无重点地确定指标。

(7)可比性原则。为今后推广研究形成的评价方法,选取评价指标要注意指标的范围和计算方法的可比性。对于选取的定性指标,应能进行相应的量化处理,便于比较。

第二节　安全评价指标的筛选方法

推进剂储库安全评价中,并非评价指标越多越好,关键是评价指标在评价中所起作用的大小。指标筛选就是按照某种原则筛选出初步建立的指标集合中的"次要"指标,分清主次,合理组成评价指标集。指标的筛选方法有定性分析法和定量分析法,或者两种方法综合运用。常用的方法主要有以下几种。

一、专家调查法(Delphi 法)

专家调查法属于定性分析法,主要指通过一定方式的广泛征询专家意见的方法。设计者可根据评价的目的及评价对象的特征,设计专门的征求意见表,其中列出一定的评价指标,分别征询专家的意见,然后进行统计处理。设 j 个专家对 m 个指标给出的权重系数值为 $\{w_{1j}, w_{2j}, \cdots, w_{mj}\}$,将 n 个专家给出的权重系数列入统计表中,见表 13-1。

表 13-1　Delphi 法因素权重系数表

指标	专家						平均值
	1	2	...	j	...	n	
w_1	w_{11}	w_{12}	...	w_{1j}	...	w_{1n}	$\frac{1}{n}\sum_{j=1}^{n} w_{1j}$
w_2	w_{21}	w_{22}	...	w_{2j}	...	w_{2n}	$\frac{1}{n}\sum_{j=1}^{n} w_{2j}$
...	...	...	...	...	...	...	...
w_i	w_{i1}	w_{i2}	...	w_{ij}	...	w_{in}	$\frac{1}{n}\sum_{j=1}^{n} w_{ij}$
...	...	...	...	...	...	...	...
w_m	w_{m1}	w_{m2}	...	w_{mj}	...	w_{mn}	$\frac{1}{n}\sum_{j=1}^{n} w_{mj}$

若其二次方和的误差在允许的范围内,则有

$$\max\left[\sum_{i=1}^{m}\left(w_{ij} - \frac{1}{n}\sum_{i=1}^{n} w_{ij}\right)^2\right] \leqslant \varepsilon \tag{13-1}$$

则满意的权重系数集为

$$w = \left\{\frac{1}{n}\sum_{j=1}^{n} w_{1j}, \frac{1}{n}\sum_{j=1}^{n} w_{2j}, \cdots, \frac{1}{n}\sum_{j=1}^{n} w_{ij}, \cdots, \frac{1}{n}\sum_{j=1}^{n} w_{mj}\right\} \tag{13-2}$$

否则,应对一些偏差较大的权重系数再次征询意见,让专家们继续分析、思考,直到这些权重系数的偏差达到要求为止。

二、层次分析法

层次分析法（AHP）是建立在系统理论基础上的一种解决实际问题的方法，把分析的问题层次化，根据问题的性质和要达到的总目标，将问题分解为不同的组成因素，并按照因素间的相互关联影响以及隶属关系将因素按照不同层次聚集组合，形成一个多层次的分析结构模型，并最终归结为最底层相对于最高层的相对重要性权值的确定或优劣次序的排序问题。层次分析法大致分为以下五个步骤。

（1）建立层次结构模型。深入分析所面临的问题，将问题中的因素划分为不同层次，如目标层、准则层、指标层、措施层等，用框图形式说明层次的递阶结构与因素的从属关系。

（2）构造判断矩阵。判断矩阵元素的值反映了人们对各因素相对重要性（或者强度、优劣）的认识，通过引入合适的标度用数值表示出来，通常应用 1～9 标度方法来确定影响因素的相对重要性，1～9 标度方法及其含义见表 13-2。当相互比较元素的重要性能够用具有实际意义的比值说明时，相应元素的值可以取这个比值。

表 13-2　1～9 标度方法

标　　度	含　　义
1	表示两个因素相比，具有同样的重要性
3	表示两个因素相比，一个比另一个稍微重要
5	表示两个因素相比，一个比另一个明显重要
7	表示两个因素相比，一个比另一个强烈重要
9	表示两个因素相比，一个比另一个极端重要
2,4,6,8	表示上述两个相邻判断的中值
1～9 的倒数	因素 i 与 j 比较得到判断 b_{ij}，则 j 与 i 比较得到判断 $b_{ji}=1/b_{ij}$

比较因素的相对重要性用下表的形式表示（见表 13-3），据此可得到判断矩阵 A：

$$A=(a_{ij})_{n\times n} \tag{13-3}$$

式中：$a_{ij}>0$；$a_{ii}=1$；$a_{ji}=1/a_{ij}$。

表 13-3　因素的相对重要性比较

	A_1	A_2	⋯	A_n
A_1	a_{11}	a_{12}	⋯	a_{1m}
A_2	a_{21}	a_{22}	⋯	a_{2m}
⋮	⋮	⋮	⋮	⋮
A_n	a_{n1}	a_{n2}	⋯	a_{nn}

（3）层次单排序及其一致性检验。判断矩阵 A 的特征根问题 $AW=\lambda_{\max}W$ 的解 W，经归一化后即为同一层次相应因素对于上一层次某一因素的相对重要性排序权值，称为层次单排序。通常应用和积法和方根法求算判断矩阵的特征向量。由于客观事物本身的复杂性以及人的认知的局限性，通过两两比较得到的判断矩阵不一定满足一致性的条件，只有当判断矩阵具有满

意的一致性时,基于层次分析法得出的结论才是合理的,否则特征向量不能真实反映各因素的权重,需要对判断矩阵进行调整。令

$$CI = \frac{\lambda_{max} - n}{n-1}, CR = \frac{CI}{RI} \tag{13-4}$$

式中:λ_{max} 为判断矩阵的最大特征根;n 为因素个数;RI 为判断矩阵平均一致性指标;若 CR$<$0.1,则认为该判断矩阵具有满意的一致性。1~9 标度方法的判断矩阵的 RI 取值见表 13-4。其中 1、2 阶判断矩阵总具有完全一致性,RI 只是形式上的。

表 13-4　平均随机一致性指标 RI

n	1	2	3	4	5	6	7	8	9
RI	0	0	0.58	0.90	1.12	1.24	1.32	1.41	1.45

(4) 层次总排序。计算同一层次所有元素对于最高层(总目标)相对重要性的排序权值。这一过程从最高层次到最低层次逐层进行。若上一层次 A 包含 m 个因素 $A_1, A_2, \cdots, A_m$,其层次总排序权值分别为 $a_1, a_2, \cdots, a_m$,下一层次 B 包含 n 个因素 $B_1, B_2, \cdots, B_n$,它们对于因素 A_i 的层次的排序权值分别为 $b_{1j}, b_{2j}, \cdots, b_{nj}$(当 B_k 与 A_i 无联系时,$b_{kj}=0$),此时 B 层次总排序权值由表 13-5 给出。

表 13-5　B 层次总排序权值

层次 B	层次 A				B 层次总排序权值
	A_1	A_2	$\cdots$	A_m	
	a_1	a_2	$\cdots$	a_m	
B_1	b_{11}	b_{12}	$\cdots$	b_{1m}	$\sum\limits_{j=1}^{m} a_j b_{1j}$
B_2	b_{21}	b_{22}	$\cdots$	b_{2m}	$\sum\limits_{j=1}^{m} a_j b_{2j}$
$\vdots$	$\vdots$	$\vdots$	$\vdots$	$\vdots$	$\vdots$
B_n	b_{n1}	b_{n2}	$\cdots$	b_{nm}	$\sum\limits_{j=1}^{m} a_j b_{nj}$

(5)层次总排序的一致性检验。一致性检验的程序也是从高到低逐层进行的。如果 B 层次某些因素对于 A_i 单排序的一致性指标为 CI,相应的平均一致性指标为 RI,则 B 层次总排序即一致性比率为

$$CR = \frac{\sum\limits_{j=1}^{m} a_j CI_j}{\sum\limits_{j=1}^{m} a_j RI_j} \tag{13-5}$$

同样,若 CR$<$0.1,则认为该判断矩阵具有满意的一致性,否则所获得的结论是不可信的,需要调整判断矩阵的元素取值。

第三节　模糊综合评价方法

通常我们对很多事物的描述都具有一定的模糊性,模糊性是指事物或者概念在质上没有确切的含义,在量上没有明确的界限。比如液体推进剂储存的安全问题,对于泄漏、着火等事件的概率信息往往知之甚少,不能确定哪个环节是安全的、哪个环节是不安全的,并且液体推进剂的储存过程都是一个系统工程,系统结构复杂,引起事故的各种事件(因素)发生的概率具有很大的不确定性,因此在实际应用中很难处理。随着模糊数学理论应用的拓展,这些障碍得到了一定程度的克服。模糊数学中的模糊概率理论、模糊综合评价方法以及可拓性评价方法的开发应用,为安全评价的发展开辟了新的途径。因此,在研究液体推进剂储库安全时可引入模糊数学的思想,应用模糊综合评价方法来判断安全状况。

一、模糊综合评价方法介绍

综合评价就是对受多种因素影响的事物或者现象,做出总的评价。一个系统工程,它必然要牵扯到系统的各个环节,比如液体推进剂储存的安全管理,包括安全方面的法律法规教育,安全理论知识、常识教育,液体推进剂物理化学性质、防护措施的学习,安全方面的制度等内容,这些都不是常规方法所能涉及和表达清楚的,模糊综合评价方法在处理这些问题上的优越性便凸现出来。模糊综合评价方法通过专家评分和模糊统计得到因素权重系数和模糊评判矩阵,考虑到相关的各种因素,通过多层次模糊综合评价得到评价结果,避免了只考虑单方面因素所造成的片面性,因此在很多领域被广泛应用。

模糊综合评价方法在前面所述的安全评价方法基础之上,根据模糊变换原理将模糊信息定量化,对多因素问题进行定量评价与决策。在对液体推进剂储库安全性进行评价之前,需要做以下几个假设。

(1)独立性假设。假设引起事故的各影响因素是相互独立的,总的风险是各独立因素的风险之和。尽管在实际情况下,各因素之间存在一定的联系或者是因果关系,但是从建模分析来看,这样的假设是可行的。

(2)忽略主观性误差假设。在进行安全评价时采用了专家打分的方法,这些数据源于专家在推进剂储存及其他操作中的经验总结,这样不免存在主观性误差,误差的大小取决于专家在此问题上的学识和经验积累。我们尽可能请多名专家来打分,在评价中忽略这种误差。

二、模糊综合评价原理

(一)模糊隶属函数

隶属函数在模糊数学中占有十分重要的地位,它是将模糊性在形式上转化为确定性的桥梁,隶属函数在数量上表示元素属于一个集合的程度。隶属函数及隶属度的确定多带有浓重的主观色彩,这是因为要将客观规律反映到函数式中必须经过人们主观意识的综合、整理、加工、改造。隶属函数的确定不是唯一的,确定隶属函数的方法通常可归纳为以下三类。

(1)模糊统计试验法。模糊统计试验法通过统计试验方法确定某一元素属于某一模糊集的程度。

(2)主观经验法。根据个人经验或者主观认识,给出隶属度的具体数值。这时候的论域元素多半是离散的,如对"大""中""小"等的定义。

(3)指派法。指派法是根据问题的性质,选用典型函数作为隶属函数。常用的隶属函数的分布形式有三角形分布、梯形分布、抛物线分布、正态分布、岭形分布等。

(二)模糊关系的合成运算

模糊关系的合成运算有多种法则,常用的模糊运算模型(也称为模糊算子)有以下几种,实际应用中根据具体情况选择。

(1)主因素模型:M($\vee$,$\wedge$)。即取大和取小运算,这个模型为主因素决定的综合评判,其评判结果只取决于在总评价中起主要作用的那个因素,其余因素均不影响结果。其计算结果为

$$a \vee b = \max(a,b) , a \wedge b = \min(a,b)$$

式中:$\vee$,$\wedge$——分别为取最大和最小运算;

a,b——普通实数。

(2)主因素模型的改进型。这两个模型与模型(1)比较接近,但这两个模型中的运算比模型(1)要精细,它们不但突出了主要因素,也兼顾了其他因素。其运算方法为

$$a \cdot b = ab , a \oplus b = \min(1, a + b)$$

(3)加权平均型:M($\cdot$,$\oplus$)和M($\cdot$,$+$)。这两个模型可依据权重的大小对所有的因素均衡兼顾。其中"$+$"为普通的实数加法。通常在模糊矩阵的合成运算时采用M($\cdot$,$+$)算法。

(三)模糊综合评价方法的步骤

模糊综合评价方法考虑与被评价事物相关的各个因素,根据给出的评价标准和实测值,经过模糊变换后对事物做出评价。液体推进剂储存安全的评价是一个多目标多级模糊综合评价过程。模糊综合评价方法可分为以下几个步骤。

(1)建立因素集。因素集是由影响评价对象的各种因素所组成的集合,记为 $U=\{u_1, u_2, \cdots, u_n\}$。其中:$n$ 为影响因素的个数;$u_i(i=1,2,\cdots,n)$ 为影响因素,或者称为评价指标,这些影响因素通常具有不同程度的模糊性,不能用确切的量来说明其影响程度。

(2)建立备择集。备择集又称为评价集,评价集是评价者对评价对象可能做出的评价结果的集合。一般以程度语言或评定取值区间作为评价目标评价集,通常可以表示为 $V=\{v_1, v_2, \cdots, v_k\}$。其中:$v$ 为评价结果所属等级,一般用模糊语言"大、较大、中、较小、小"或者"好、较好、一般、较差、差"来表示;k 为等级数。

(3)建立权重矩阵。因素集中各因素的重要程度不同,因此需对各因素赋予相应的权数以反映其重要程度。由这些权数组成的集合称为因素权重集,反映了各因素对评价对象的严重程度。将由各因素权重组成的矩阵记为 $\boldsymbol{A}=[a_1 a_2 \cdots a_n]$,各因素权重应满足归一化条件和非负性条件:

$$\sum_{i=1}^{n} a_i = 1 , a_i \geqslant 0 \qquad (13-6)$$

(4)建立影响因素的等级评价矩阵。每一个影响因素都有 k 个评价等级和 n 个评价指标,而每一个因素的各个等级对于评价指标都有影响,其影响程度可用隶属度函数来表示。第 i 个因素的等级评价矩阵 $\boldsymbol{R}_i$ 为

$$R_i = \begin{bmatrix} r_{i11} & r_{i12} & \cdots & r_{i1k} \\ r_{i21} & r_{i22} & \cdots & r_{i2k} \\ \vdots & \vdots & & \vdots \\ r_{in1} & r_{in2} & \cdots & r_{ink} \end{bmatrix} \tag{13-7}$$

（5）一级模糊综合评价。一级模糊综合评价考虑因素集的各个评价等级对评价对象的贡献。作为单因素评价，第 i 个因素的一级模糊评判集为

$$B_i = A_i \circ R_i = [a_{i1} a_{i2} \cdots a_{in}] \circ \begin{bmatrix} r_{i11} & r_{i12} & \cdots & r_{i1k} \\ r_{i21} & r_{i22} & \cdots & r_{i2k} \\ \vdots & \vdots & & \vdots \\ r_{in1} & r_{in2} & \cdots & r_{ink} \end{bmatrix} = [b_{i1} b_{i2} \cdots b_{in}] \tag{13-8}$$

式中：$\circ$——模糊矩阵的合成运算，采用 M(·,+) 算法，其表达式为 $b_{ik} = \sum a_{ij} r_{ijk}$。

（6）二级模糊综合评价。一级模糊综合评价反映单因素不同评价等级对评价对象的影响。二级模糊综合评价是根据模糊变换原理，综合考虑各因素对评价结果的影响，得到的多因素模糊综合评价集：

$$C = A \circ B = [a_1 a_2 \cdots a_n] \circ \begin{bmatrix} b_{11} & b_{12} & \cdots & b_{1k} \\ b_{21} & b_{22} & \cdots & b_{2k} \\ \vdots & \vdots & & \vdots \\ b_{n1} & b_{n2} & \cdots & b_{nk} \end{bmatrix} = [c_1 c_2 \cdots c_n] \tag{13-9}$$

（四）模糊识别

（1）最大隶属度法。根据最大隶属度原则，对于多级模糊综合评价的结果，取最大隶属度 $c_k = \max\{c_i\}$（$1 \leqslant i, k \leqslant n$），对应于评价集的评价指标 v_k，即为最终的评价结果。

（2）加权平均法。加权平均法以多级综合评价集中的元素 c_i（$1 \leqslant i \leqslant n$）作为权数，对评价集中的备择元素 v_i（$1 \leqslant i \leqslant k$）进行加权处理，其结果作为评判结果：

$$V = \frac{\sum_{i=1}^{k} c_i v_i}{\sum_{i=1}^{k} c_i} \tag{13-10}$$

第四节　液体推进剂储库安全评价指标体系的建立

一、影响储库安全的因素分析

影响液体推进剂储存安全的因素较多，通常在分析时将重点放在推进剂储罐及其附件的安全状况上。但是，在进行安全评价时仅仅分析这些因素还不能够得到可信的结论。推进剂储库事故系统的运行特性与状态直接影响推进剂储库安全状态。液体推进剂储库安全状态与储库各系统运行状态及其变化密切相关，是整个推进剂储库系统的子系统，并同其他子系统共同存在并发展变化。本文采用人-机-环系统分析法进行推进剂储库作业系统的安全分析，对液体推进剂储存管理、储存设备、环境等进行调查，总结液体推进剂储存中发生事故情况，进行

液体推进剂储存中的危险源辨识。从 4M（Machine，Management，Media，Man）分析液体推进剂储存中事故的影响因素。

（1）安全管理。主要是指安全方面的法律、法规、安全制度、安全管理机构和人员配备、安全知识教育、推进剂相关作业培训、在安全方面的投入、安全设备的更新补充、防护措施的改善，以及这些安全活动的组织和检查。在液体推进剂储存中，导致发生泄漏事故的因素很多，从类似行业如油库、化学品罐区等发生事故的统计结果以及液体推进剂的安全分析来看，安全管理是一个重要因素。存在的突出问题是规章制度不严格、不能落实，安全组织不健全、不能发挥积极有效作用。

（2）作业人员的状况。在当今技术上、硬件上已能够提供必要的安全保障措施，各种安全条例已基本完善的前提下，由于操作人员违反规定不按程序操作，或者对系统、设备、安全措施不熟悉、不掌握，检查不认真，凭侥幸而操作失误，是造成泄漏的又一重要原因。因此，作业人员状况是重要的影响因素，应包括对推进剂知识的掌握程度、从事液体推进剂操作的专业技能、应对特殊情况的心理素质、日常的安全意识、职业道德、健康状况、应对突发性事件的能力，以及安全意识、安全态度、责任感等。

（3）环境状况。储存环境状况是指储库中的环境湿度、温度、储库通风情况、防火防爆设施和安全保障设施等内容。其中，安全保障设施包括储库紧急用电供给、危险气体警报、火灾警报、修建防火墙、障壁及类似装置、消防装置（供水、水幕、消防器具）等必须考虑的安全因素。

（4）设备安全状况。设备是发生事故的直接对象，因此在以往的研究中给予了很多关注。在推进剂的储存过程中，漏气、漏液是推进剂储罐，特别是强腐蚀性四氧化二氮储罐的"多发病"，出于未能按时对设备进行检验或者设备自身存在缺陷等原因，在储存中容易发生事故。常见的泄漏部位有 4 处：法兰连接处、焊缝、管接头处、罐体。在法兰连接部位和管接头处泄漏的原因可能有：连接螺母没有拧紧或四周螺母没有均匀拧紧，密封圈的变形、损坏、划痕、裂纹、有异物、与推进剂不能长期相容，法兰的金属密封面裂纹等；罐体泄漏的原因有：焊缝处被腐蚀以及有气孔、裂纹等缺陷，偶然碰撞产生的穿孔等以及液罐存在材料、焊接、组装成型缺陷，阀门密封面腐蚀、划痕、材料不良，连接胶管与推进剂不相容、老化变形，安全阀门不动作等。

通常在推进剂储存过程中，由于推进剂、操作人员、储存运输设备、储存环境条件等诸多因素的变化，导致各种因素组合恶化。如果这些情况持续发生就可能导致事故的发生。因此，事故的发生一般都是由上述各种因素中的其中一个或某一些因素相互作用引起的。

二、储库安全评价指标体系结构

在建立指标体系时必须分清主次，突出重点，合理取舍影响推进剂储库安全作业的所有因素，才能够建造出一个层析清晰、结构合理的指标体系。建立储库安全评价指标体系应依照事故的产生原因，符合安全评价的基本原理，所选取的评价指标应能够反映推进剂储存过程的特性、状态或事故的信息。在指标体系的建立过程中，通过事故树分析，归纳推进剂储库事故发生的危险因素，结合专家的意见，确定了 4 类 33 个主要影响因素。采用层次分析法，将影响因素划分为三个层次，即目标层、中间层和因素层，采用可量化的指标来描述这 4 类 33 个主要影响因素，从而建立起推进剂储库安全评价指标体系结构。建立液体推进剂储存评价中间层因素集为 $U=\{U_1,U_2,U_3,U_4\}$，如图 13-1 所示。

图 13-2～图 13-5 表明了液体推进剂储存安全评价指标体系的层次划分以及各因素集

和评价指标的含义。

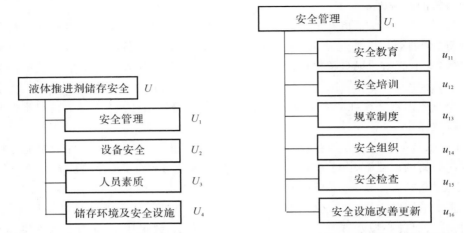

图 13-1　液体推进剂储存安全指标系统　　图 13-2　液体推进剂储存安全管理指标集

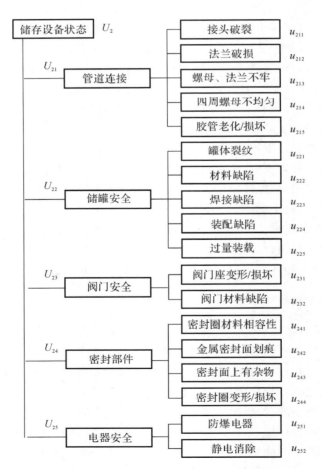

图 13-3　液体推进剂储存设备安全指标集

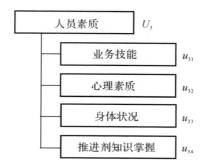

图 13 - 4　液体推进剂储存人员素质指标集

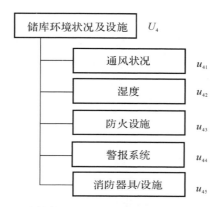

图 13 - 5　液体推进剂储存环境状况及安全设施指标集

其中:$U_1 = \{u_{11}, u_{12}, u_{13}, u_{14}, u_{15}, u_{16}\}$;

$\qquad U_2 = \{U_{21}, U_{22}, U_{23}, U_{24}, U_{25}\}$;

$\qquad U_{21} = \{u_{211}, u_{212}, u_{213}, u_{214}, u_{215}\}$;

$\qquad U_{22} = \{u_{221}, u_{222}, u_{223}, u_{224}, u_{225}\}$;

$\qquad U_{23} = \{u_{231}, u_{232}\}$;

$\qquad U_{24} = \{u_{241}, u_{242}, u_{243}, u_{244}\}$;

$\qquad U_{25} = \{u_{251}, u_{252}\}$;

$\qquad U_3 = \{u_{31}, u_{32}, u_{33}, u_{34}\}$;

$\qquad U_4 = \{u_{41}, u_{42}, u_{43}, u_{44}, u_{45}\}$。

上面通过分析推进剂、操作人员、储存设备、储存环境条件等因素,总结推进剂储库的安全影响因素,结合专家的意见,确定了 4 类 33 个主要影响因素,采用层次分析法,将影响因素划分为 3 个层次,即目标层、中间层和因素层,建立了具有层次划分的、指标内涵丰富、指标之间有机联系的、科学的、可操作性强的推进剂储库安全评价指标体系,该体系依照事故的产生原因,符合安全评价的基本原理,所选取的评价指标能够反映推进剂储存过程的特性、状态或事故的信息。

三、安全评价指标因素权重的确定

将液体推进剂储库安全评价指标体系作为层次分析模型,应用层次分析法确立指标层对目标层的权重,即各影响指标因素对推进剂储库安全的权重。

(一)构建判断矩阵

应用层次分析法中介绍的 $1 \sim 9$ 标度法,根据专家的打分,得到推进剂储库安全系统判断矩阵为

$$\boldsymbol{D} = (d_{ij})_{4 \times 4} = \begin{bmatrix} 1 & 1/5 & 3 & 1/3 \\ 5 & 1 & 5 & 3 \\ 1/3 & 1/5 & 1 & 1/3 \\ 3 & 1/3 & 3 & 1 \end{bmatrix} \qquad (i, j = 1, 2, 3, 4)$$

液体推进剂储库安全管理因素集 U_1 的判断矩阵为

$$\boldsymbol{D}_1 = (d_{1ij})_{6 \times 6} = \begin{bmatrix} 1 & 1/5 & 1/3 & 1/7 & 1/3 & 1/5 \\ 5 & 1 & 1/3 & 1/5 & 1/3 & 1/3 \\ 3 & 3 & 1 & 1 & 1 & 1 \\ 7 & 5 & 1 & 1 & 1 & 1/3 \\ 3 & 3 & 1 & 1 & 1 & 1 \\ 5 & 3 & 1 & 3 & 1 & 1 \end{bmatrix} \qquad (i, j = 1, 2, \cdots, 6)$$

推进剂储库设备安全因素集 U_2 的判断矩阵为

$$\boldsymbol{D}_2 = (d_{2ij})_{5 \times 5} = \begin{bmatrix} 1 & 3 & 5 & 7 & 5 \\ 1/3 & 1 & 3 & 3 & 3 \\ 1/5 & 1/3 & 1 & 1/5 & 1 \\ 1/7 & 1/3 & 5 & 1 & 3 \\ 1/5 & 1/3 & 1 & 1/3 & 1 \end{bmatrix} \qquad (i, j = 1, 2, \cdots, 5)$$

其中:

$$\boldsymbol{D}_{21} = (d_{21ij})_{5 \times 5} = \begin{bmatrix} 1 & 1/3 & 1/5 & 1 & 1/3 \\ 3 & 1 & 1/3 & 3 & 1/3 \\ 5 & 3 & 1 & 3 & 1 \\ 1 & 1/3 & 1/3 & 1 & 1/5 \\ 3 & 3 & 1 & 5 & 1 \end{bmatrix} \qquad (i, j = 1, 2, \cdots, 5)$$

$$\boldsymbol{D}_{22} = (d_{22ij})_{5 \times 5} = \begin{bmatrix} 1 & 2 & 3 & 1 & 3 \\ 1/2 & 1 & 3 & 2 & 3 \\ 1/3 & 1/3 & 1 & 1/5 & 1/3 \\ 1 & 1/2 & 5 & 1 & 1 \\ 1/3 & 1/3 & 3 & 1 & 1 \end{bmatrix} \qquad (i, j = 1, 2, \cdots, 5)$$

$$\boldsymbol{D}_{23} = (d_{23ij})_{2 \times 2} = \begin{bmatrix} 1 & 1/3 \\ 3 & 1 \end{bmatrix} \qquad (i, j = 1, 2)$$

$$\boldsymbol{D}_{24} = (d_{24ij})_{4 \times 4} = \begin{bmatrix} 1 & 5 & 3 & 5 \\ 1/5 & 1 & 1 & 1/3 \\ 1/3 & 1 & 1 & 1/2 \\ 1/5 & 3 & 2 & 1 \end{bmatrix} \qquad (i, j = 1, 2, 3, 4)$$

$$\boldsymbol{D}_{25} = (d_{25ij})_{2 \times 2} = \begin{bmatrix} 1 & 1/5 \\ 5 & 1 \end{bmatrix} \qquad (i, j = 1, 2)$$

推进剂储库人员素质因素集 U_3 的判断矩阵为

$$\boldsymbol{D}_3 = (d_{3ij})_{4\times4} = \begin{bmatrix} 1 & 3 & 3 & 7 \\ 1/3 & 1 & 1/3 & 3 \\ 1/3 & 3 & 1 & 2 \\ 1/7 & 1/3 & 1/2 & 1 \end{bmatrix} \qquad (i,j=1,2,3,4)$$

推进剂储库环境状况及安全设施因素集 U_4 的判断矩阵为

$$\boldsymbol{D}_4 = (d_{4ij})_{5\times5} = \begin{bmatrix} 1 & 2 & 5 & 3 & 7 \\ 1/2 & 1 & 3 & 2 & 3 \\ 1/5 & 1/3 & 1 & 1/3 & 3 \\ 1/3 & 1/2 & 3 & 1 & 5 \\ 1/7 & 1/3 & 1/3 & 1/5 & 1 \end{bmatrix} \qquad (i,j=1,2,\cdots,5)$$

（二）计算权重

通过判断矩阵计算权重的方法有和积法和方根法，以推进剂储库安全系统因素集为例，应用方根法计算权重，见表 13-6。其中： $i,j=1,2,\cdots,n$ ； n 为因素集中元素的个数，在此例计算中 $n=4$。

（1）方根法计算。

表 13-6　影响因素的权重计算

风险因素	判断矩阵每行元素乘积 $M_i = \prod\limits_{j=1}^{n} d_{ij}$	M_i 的 n 次方根 $W_i = \sqrt[n]{M_i}$	权值 $w_i = \dfrac{W_i}{\sum\limits_{j=1}^{n} W_j}$
安全管理	0.2	0.668 7	0.125 9
储库设备	75	2.942 8	0.553 8
人员素质	0.022 2	0.386 1	0.072 7
储存环境	3	1.316 1	0.247 7

（2）计算判断矩阵的最大特征值。方根法计算得到判断矩阵的特征向量 $\boldsymbol{W}=(w_1,w_2,\cdots,w_n)$，则判断矩阵的最大特征值为

$$\lambda_{\max} = \sum_{i=1}^{n} \frac{(\boldsymbol{DW})_i}{n w_i} \qquad (13-11)$$

式中： $(\boldsymbol{DW})_i$ 表示向量 $\boldsymbol{DW}$ 的第 i 个因素。

（3）判断矩阵的一致性检验。只有当判断矩阵具有满意的一致性时，基于层次分析法得出的结论才是合理的，特征向量才能反映各因素的权重，否则需要对判断矩阵进行调整。在推进剂安全系统因素集中，因素个数 $n=4$，故 RI$=0.90$，代入式（13-11）和式（13-4）得 $\lambda_{\max}=5.596\ 6$，CI$=0.065\ 8$，得到一致性比率为

$$CR = \frac{CI}{RI} = \frac{0.065\ 8}{0.90} = 0.073\ 1 < 0.1$$

从而接受判断矩阵的一致性。推进剂储库安全系统各因素的权重分配为

$$\boldsymbol{A}=\begin{bmatrix} a_1 & a_2 & a_3 & a_4 \end{bmatrix}=\begin{bmatrix} 0.125\,9 & 0.553\,8 & 0.072\,7 & 0.247\,7 \end{bmatrix}$$

如果计算得到的一致性比率大于 0.1,那么按照层次分析法得到的权重是不合理的,需要对判断矩阵进行修改,直到得到满意的一致性比率,所得到的权重才是可信的。

(4)计算各因素集的指标权重。按照同样方法和步骤计算出其他因素和评价指标的权重。其中因素集 U_{23} 和因素集 U_{25} 的判断矩阵是 2 阶的,具有完全一致性,所计算得到的特征向量就是因素集的权重集。

$$\boldsymbol{A}_1=\begin{bmatrix} a_{11} & a_{12} & a_{13} & a_{14} & a_{15} & a_{16} \end{bmatrix}=\begin{bmatrix} 0.051 & 0.091\,1 & 0.199\,7 & 0.207\,2 & 0.199\,7 \\ 0.251\,3 \end{bmatrix};$$

$$\boldsymbol{A}_2=\begin{bmatrix} a_{21} & a_{22} & a_{23} & a_{24} & a_{25} \end{bmatrix}=\begin{bmatrix} 0.509 & 0.225\,7 & 0.061\,3 & 0.136 & 0.067\,9 \end{bmatrix};$$

$$\boldsymbol{A}_{21}=\begin{bmatrix} a_{211} & a_{212} & a_{213} & a_{214} & a_{215} \end{bmatrix}=\begin{bmatrix} 0.075\,1 & 0.160\,9 & 0.344\,4 & 0.075\,1 & 0.344\,4 \end{bmatrix};$$

$$\boldsymbol{A}_{22}=\begin{bmatrix} a_{221} & a_{222} & a_{223} & a_{224} & a_{225} \end{bmatrix}=\begin{bmatrix} 0.312 & 0.271\,6 & 0.065\,6 & 0.210\,2 & 0.140\,5 \end{bmatrix};$$

$$\boldsymbol{A}_{23}=\begin{bmatrix} a_{231} & a_{232} \end{bmatrix}=\begin{bmatrix} 0.324\,7 & 0.675\,3 \end{bmatrix};$$

$$\boldsymbol{A}_{24}=\begin{bmatrix} a_{241} & a_{242} & a_{243} & a_{244} \end{bmatrix}=\begin{bmatrix} 0.572\,9 & 0.098\,9 & 0.124\,4 & 0.203\,8 \end{bmatrix};$$

$$\boldsymbol{A}_{25}=\begin{bmatrix} a_{251} & a_{252} \end{bmatrix}=\begin{bmatrix} 0.254\,8 & 0.745\,2 \end{bmatrix};$$

$$\boldsymbol{A}_3=\begin{bmatrix} a_{31} & a_{32} & a_{33} & a_{34} \end{bmatrix}=\begin{bmatrix} 0.546\,1 & 0.147\,3 & 0.230\,5 & 0.076\,1 \end{bmatrix};$$

$$\boldsymbol{A}_4=\begin{bmatrix} a_{41} & a_{42} & a_{43} & a_{44} & a_{45} \end{bmatrix}=\begin{bmatrix} 0.443\,8 & 0.236\,4 & 0.088\,6 & 0.183 & 0.048\,2 \end{bmatrix}。$$

第五节　液体推进剂储存安全的模糊综合评价

推进剂储库作业系统是由人-机-环有机组成的复杂系统,人是机的控制者和环境的影响者,同时也是机的不安全状态、环境的不安全条件及其自身不安全行为导致的事故的受害者,因而也是这个系统的核心。由于人-机-环的不和谐而造成事故,进而阻断了系统实现功能目标的有效途径,造成系统破坏、设备损坏、人员伤亡、着火爆炸等严重后果,可采用综合评价方法对液体推进剂储存安全进行评价。

结合推进剂储库安全评价模糊综合法研究结构,对液体阵地四氧化二氮储库进行安全检查,应用德尔菲法获得各个指标体系的权重值,在对储库安全影响因素分析的基础上,建立四氧化二氮的储存安全评价模型,评价该四氧化二氮储库的安全等级。

一、构建储库安全评价因素集

针对储库特点和储库管理措施,在安全评价时对指标因素进行调整。建立四氧化二氮储库安全评价模型的因素集为 $U=\{U_1,U_2,U_3,U_4,U_5\}=\{$安全管理因素,储存设备因素,储存环境因素,人为因素,偶然因素$\}$。对因素集的内容说明如下。

(1)安全管理方面。考虑 3 个风险因素:规章制度、安全组织和安全投入。

(2)储存设备因素。主要针对储存中可能发生泄漏事故建立指标体系。

(3)储存环境因素的分析。四氧化二氮长期储存中,产生质量变化的主要原因是储存系统密封性不良,储存系统中渗入空气,四氧化二氮不断吸收空气中的水分,增加了四氧化二氮中的水分而影响推进剂的质量,同时也加速了四氧化二氮对储存系统材料的腐蚀速度。造成储存场所内空气湿度大的原因有环境潮湿、除湿机损坏或效率不够。四氧化二氮沸点低,储存环境温度高会引起储存容器内压力升高,造成推进剂溢出或者引起储存容器压力变化而造成事故。空调机损坏或效率不够、储存场所附近有热源是造成储存温度高的原因。常温下四氧化二氮分解为二氧化氮,储存环境通风不良导致毒气集聚,容易造成人员中毒,通常通风状况不良的原因有换气装置损坏或者效率不够、排气通道堵塞。四氧化二氮是强氧化剂,它与易燃物作用会引起着火爆炸事故,要求储存场所内禁止存放易燃物品,该储库内没有存放易燃物。储存环境考虑 3 个风险因素:储存环境湿度控制、储存环境温度控制、通风状况。

(4)人为因素分析。在国内外石化行业泄漏事故和推进剂泄漏事故中,人为失误导致事故的概率超过 50%。四氧化二氮储存中需要定期检验质量变化情况,由于要打开容器取样,所以会不可避免地使空气、水分和杂质进入容器中,因此,尽管它对安全评价结果有一定影响,本章不对其进行分析。四氧化二氮引起的人身伤害中有人员灼伤和中毒,通常造成这种事故的原因是操作人员自身防护不够或者没有防护,在紧急状况下处置不当导致四氧化二氮喷溅到身体上或者大量吸入。导致事故的原因经常是储存管理人员的疏忽大意、心存侥幸、检查不认真、不按规程执行、没有及时更换受损零部件等,因此对于人为因素,应当分析人员对储存设备的了解状况(专业技能)、人员对规章制度的落实状况以及检查和维护设备的彻底程度(职业道德)、在储存管理中的安全防护意识(安全意识)、应对特殊情况的心理状态和处置能力(心理素质)。

(5)偶然因素分析。在日常的维护检验中发生碰撞造成罐体损伤等一些偶然的因素会引起事故。同时,液体推进剂的储存中与环境有关的因素不容忽视,如发生山体滑坡、泥石流等自然灾害会影响液体推进剂的储存安全。

二、确定综合安全评价指标体系

$U_1=\{u_{11},u_{12},u_{13}\}=\{$规章制度,安全组织,安全投入$\}$;

$U_2=\{u_{21},u_{22},u_{23}\}=\{$连接差,罐体泄漏,管道泄漏$\}$;

$U_3=\{u_{31},u_{32},u_{33}\}=\{$环境湿度控制,环境温度控制,通风状况$\}$;

$U_4=\{u_{41},u_{42},u_{43},u_{44}\}=\{$专业技能,职业道德,安全意识,心理素质$\}$;

$U_5=\{u_{51},u_{52}\}=\{$环境因素,偶然碰撞$\}$;

$U_{21}=\{u_{211},u_{212},u_{213}\}=\{$螺母、法兰不牢,密封圈变形损坏,法兰密封面损伤$\}$;

$U_{22}=\{u_{221},u_{222},u_{223},u_{224}\}=\{$未按时检验,罐体腐蚀,液罐焊接缺陷,液罐材料缺陷$\}$;

$U_{23}=\{u_{231},u_{232}\}=\{$管接头破损,阀门失效$\}$;

$U_{31}=\{u_{311},u_{312}\}=\{$环境潮湿,除湿机损坏或效率不够$\}$;

$U_{32}=\{u_{321},u_{322},u_{323}\}=\{$无避光措施,空调机损坏或效率不够,附近有热源$\}$;

$U_{33}=\{u_{331},u_{332}\}=\{$换气装置损坏或者效率不够,排气通道堵塞$\}$。

分析四氧化二氮储存中各风险因素导致发生事故的可能性大小,以及发生泄漏事故可能带来的危害后果,将事故风险划分为 5 个等级:$V=\{$大,较大,中,较小,小$\}$,专家对不同因素的评价按照指标的状况打分,最终评价结果相应的分为 5 个等级。

三、安全评价指标的权重计算

权重是子因素(指标)对主因素的重要程度,反映了指标对评价对象的影响程度或者隶属程度,在模糊数学中通常用隶属函数来刻画隶属度,根据分析该因素及指标的状况,以及该指标因素在储存中出现的可能性大小和造成事故的大小的经验总结,通过专家打分判断各因素对其目标因素（评价对象）的相对重要性，得到各指标因素集的判断矩阵。5 个方面风险因素指标集即 1 级指标集的判断矩阵见表 13-7。

表 13-7　风险因素的判断矩阵

T	U_1	U_2	U_3	U_4	U_5
安全管理因素 U_1	1	2	2	3	5
储存设备因素 U_2	1/2	1	1/3	1/3	3
储存环境 U_3	1/2	3	1	2	5
人为因素 U_4	1/3	3	1/2	1	5
偶然因素 U_5	1/5	1/3	1/5	1/5	1

应用方根法权重计算方法和层次分析的一致性检验方法，得到一致性检验结果 CI = 0.062 9 < 0.1，认为该判断矩阵的一致性可以接受，计算出各因素的权重分配为

$$\boldsymbol{A} = [a_1 \quad a_2 \quad a_3 \quad a_4 \quad a_5] = [0.366\ 3 \quad 0.112\ 9 \quad 0.277\ 6 \quad 0.194\ 0 \quad 0.049\ 4]$$

按照同样的方法和步骤计算出各个因素以及子因素的权重分配为

$$\boldsymbol{A}_1 = [a_{11} \quad a_{12} \quad a_{13}] = [0.258\ 3 \quad 0.637\ 0 \quad 0.104\ 7]$$

$$\boldsymbol{A}_2 = [a_{21} \quad a_{22} \quad a_{23}] = [0.673\ 8 \quad 0.100\ 7 \quad 0.225\ 5]$$

$$\boldsymbol{A}_3 = [a_{31} \quad a_{32} \quad a_{33}] = [0.279\ 0 \quad 0.071\ 9 \quad 0.649\ 1]$$

$$\boldsymbol{A}_4 = [a_{41} \quad a_{42} \quad a_{43} \quad a_{44}] = [0.069\ 9 \quad 0.569\ 5 \quad 0.266\ 0 \quad 0.094\ 6]$$

$$\boldsymbol{A}_5 = [a_{51} \quad a_{52}] = [0.3 \quad 0.7]$$

$$\boldsymbol{A}_{21} = [a_{211} \quad a_{212} \quad a_{213}] = [0.493\ 4 \quad 0.195\ 8 \quad 0.310\ 8]$$

$$\boldsymbol{A}_{22} = [a_{221} \quad a_{222} \quad a_{223} \quad a_{224}] = [0.180\ 2 \quad 0.053\ 9 \quad 0.254\ 8 \quad 0.511\ 1]$$

$$\boldsymbol{A}_{23} = [a_{231} \quad a_{232}] = [0.6 \quad 0.4]$$

$$\boldsymbol{A}_{31} = [a_{311} \quad a_{312}] = [0.5 \quad 0.5]$$

$$\boldsymbol{A}_{32} = [a_{321} \quad a_{322} \quad a_{323}] = [0.188\ 4 \quad 0.730\ 6 \quad 0.081\ 0]$$

$$\boldsymbol{A}_{33} = [a_{331} \quad a_{332}] = [0.5 \quad 0.5]$$

四、因素等级安全评价矩阵

根据专家打分得出各个因素的模糊隶属度矩阵：

$$\boldsymbol{R}_1 = \begin{bmatrix} 0.3 & 0.3 & 0.1 & 0.2 & 0.1 \\ 0.1 & 0.4 & 0.3 & 0.2 & 0 \\ 0.5 & 0.3 & 0 & 0.1 & 0.1 \end{bmatrix}, \boldsymbol{R}_4 = \begin{bmatrix} 0.1 & 0.3 & 0.4 & 0.1 & 0.1 \\ 0.5 & 0.1 & 0.2 & 0.1 & 0.1 \\ 0.4 & 0.2 & 0.1 & 0.2 & 0.1 \\ 0.2 & 0.3 & 0.2 & 0.1 & 0.2 \end{bmatrix}$$

$$\boldsymbol{R}_5 = \begin{bmatrix} 0.3 & 0.3 & 0.2 & 0.1 & 0.1 \\ 0.1 & 0.5 & 0.1 & 0.2 & 0.1 \end{bmatrix}, \boldsymbol{R}_{21} = \begin{bmatrix} 0.5 & 0.1 & 0.2 & 0.2 & 0 \\ 0.3 & 0.3 & 0.4 & 0 & 0 \\ 0.3 & 0.4 & 0.2 & 0.1 & 0 \end{bmatrix}$$

$$\boldsymbol{R}_{23} = \begin{bmatrix} 0.2 & 0.5 & 0.3 & 0 & 0 \\ 0.1 & 0.4 & 0.3 & 0.1 & 0.1 \end{bmatrix}, \boldsymbol{R}_{22} = \begin{bmatrix} 0.4 & 0.3 & 0.1 & 0.2 & 0 \\ 0.4 & 0 & 0.4 & 0.2 & 0 \\ 0.5 & 0.3 & 0.2 & 0 & 0 \\ 0.5 & 0.4 & 0.1 & 0 & 0 \end{bmatrix}$$

$$\boldsymbol{R}_{31} = \begin{bmatrix} 0.1 & 0.5 & 0.2 & 0.1 & 0.1 \\ 0.4 & 0.3 & 0.2 & 0.1 & 0 \end{bmatrix}, \boldsymbol{R}_{32} = \begin{bmatrix} 0.1 & 0.4 & 0.2 & 0.1 & 0.2 \\ 0.3 & 0.5 & 0.1 & 0.1 & 0 \\ 0.2 & 0.2 & 0.1 & 0.2 & 0.3 \end{bmatrix}$$

$$\boldsymbol{R}_{33} = \begin{bmatrix} 0.1 & 0.5 & 0.2 & 0.1 & 0.1 \\ 0.3 & 0.4 & 0.2 & 0.1 & 0 \end{bmatrix}$$

计算出因素 U_{21}, U_{22}, U_{23} 的模糊隶属度,得到因素集 U_2 的模糊隶属度矩阵。计算出 U_{31}, U_{32}, U_{33} 的模糊隶属度,得到因素集 U_3 的模糊隶属度矩阵:

$$\boldsymbol{R}_2 = \begin{bmatrix} 0.398\,7 & 0.232\,4 & 0.239\,2 & 0.129\,8 & 0 \\ 0.476\,6 & 0.335\,0 & 0.141\,6 & 0.046\,8 & 0 \\ 0.16 & 0.46 & 0.30 & 0.04 & 0.04 \end{bmatrix}$$

$$\boldsymbol{R}_3 = \begin{bmatrix} 0.25 & 0.40 & 0.20 & 0.10 & 0.05 \\ 0.254\,2 & 0.456\,9 & 0.118\,8 & 0.108\,1 & 0.062\,0 \\ 0.22 & 0.44 & 0.20 & 0.10 & 0.04 \end{bmatrix}$$

五、储库安全的模糊综合评价

(1)一级模糊综合评价。将各因素集的权重分配和等级评价矩阵代入公式 $\boldsymbol{B}_i = \boldsymbol{A}_i \circ \boldsymbol{R}_i$,得到各因素集的一级模糊综合评价为

$$\boldsymbol{B} = \begin{bmatrix} \boldsymbol{B}_1 \\ \boldsymbol{B}_2 \\ \boldsymbol{B}_3 \\ \boldsymbol{B}_4 \\ \boldsymbol{B}_5 \end{bmatrix} = \begin{bmatrix} \boldsymbol{A}_1 \circ \boldsymbol{R}_1 \\ \boldsymbol{A}_2 \circ \boldsymbol{R}_2 \\ \boldsymbol{A}_3 \circ \boldsymbol{R}_3 \\ \boldsymbol{A}_4 \circ \boldsymbol{R}_4 \\ \boldsymbol{A}_5 \circ \boldsymbol{R}_5 \end{bmatrix} = \begin{bmatrix} 0.193\,5 & 0.363\,7 & 0.216\,9 & 0.189\,6 & 0.036\,3 \\ 0.352\,7 & 0.294\,1 & 0.243\,1 & 0.101\,2 & 0.009\,0 \\ 0.230\,8 & 0.430\,1 & 0.194\,2 & 0.100\,6 & 0.044\,4 \\ 0.417\,1 & 0.159\,5 & 0.187\,4 & 0.126\,6 & 0.109\,5 \\ 0.16 & 0.44 & 0.13 & 0.17 & 0.10 \end{bmatrix}$$

(2)二级模糊综合评价。由上面计算出来的一级模糊综合评价矩阵和各方面因素的权重分配,得到二级模糊综合评价为

$$\boldsymbol{C} = \boldsymbol{A} \circ \boldsymbol{B} = \begin{bmatrix} 0.263\,5 & 0.338\,4 & 0.203\,5 & 0.141\,7 & 0.052\,8 \end{bmatrix}$$

根据最大隶属度原则 $C_m = 0.338\,4$,判定四氧化二氮在储存中发生泄漏事故的风险为第 2 等级,即风险处于"较大"级别。液体推进剂在储存中经常发生跑、冒、滴、漏情况,评价结果能够反应出液体推进剂在储存中所存在的泄漏风险。

应用模糊综合评价所得到的评价结果表明,液体推进剂储存安全管理权重最大,因此首先要完善安全方面的规章制度和组织,并严格落实。在储存设备安全方面,管道连接包括法兰连接、螺母连接和密封圈的变形损坏成为安全检查的重点,其次是管道接头和阀门、罐体缺陷。

安全评价的结果还显示出储存环境条件在液体推进剂安全储存中的作用,因此在选择储存场所,布置储存布局,加强储存场所的温度、湿度控制,改善通风条件是储存中必须高度重视的问题。另外,储存管理人员的责任心和工作态度在评价中对储存安全至关重要,由于细微的疏忽、不在意所导致的事故可能是灾难性的,因此相关单位在人员配备和教育上应保有重视。

评价结果能够综合反应液体推进剂储存的安全性,对液体推进剂储存安全建设具有指导意义。评价结果说明四氧化二氮在储存中发生泄漏事故的风险较大,这是由于液体推进剂四氧化二氮自身的理化性质引起的,它对储存条件的苛刻要求具体体现了这一点,因此在安全的现状下,应经常性地检查设备状况,改善储存环境,有条件的单位在模糊指标的基础上应制定

出安全评价的评分细则,在安全评价中采取主动,使评价结果更可信。

六、评价结果判定及分析

综合因素评价结果表明了此次运输的安全状况按 5 个等级所得结果的分布,按照模糊综合评价结果的评定方法,分别应用最大隶属度原则和加权平均法来评定。

(1)按照最大隶属度原则评定结果。根据最大隶属度原则,对于多级模糊综合评价的结果,取最大隶属度,即

$$c_1 = \max\{c_i\} = 0.338\ 4\ (1 \leqslant i, k \leqslant 5)$$

对应于评价集的评价指标集中的 v_2,最终的评价结果为较安全(较好),即该单位能够较安全地完成偏二甲肼运输任务。

(2)按加权平均法计算评价结果。如果对各种安全级别按百分制给分(见表 13-8),可使用加权平均法求出这次任务的总评分,并按照所取得分数划定安全级别。按照加权平均法,评判结果为 $V = 73.293\ 5$,属于第 3 个级别,即该单位完成此次偏二甲肼运输任务的安全性一般。

表 13-8　安全级别百分制表

安全级别	安全 (好)v_1	较安全 (较好)v_2	安全性一般 (一般)v_3	较危险 (不好)v_4	很危险 (差)v_5
百分制给分 v_i	95	80	65	45	30
安全等级评定 V	>90	75~89	60~74	40~59	<40

从最终评价结果来看,该次任务能够较安全地完成,但是最大隶属度原则评价结果和加权平均法评价结果相差一个安全等级(结果见表 13-8),相比之下,使用加权平均法得到的结果保守一点。如果采取谨慎的安全态度,选择接受加权平均法的结果;如果评价的是任务执行中的风险大小,考虑风险最大,要选择接受最大隶属度原则评价结果。需要说明的一点是,并不是任何加权评价的结果都比最大隶属原则结果保守,在实际应用时随问题的变化而决定选择。

相对于使用事故树等传统方法,这次任务的安全评价使用模糊综合评价法考虑到了任务相关的所有因素,每个因素由于其作用大小以及它所带来的危害程度大小给予了一定的量化,因此结果相对科学,更能够接受。专家打分方法在很大程度上依赖专家在液体推进剂储存安全方面的研究和经验,在一定程度上受主观因素的影响,但选择有代表性的且尽可能多的专家能够得到较好的评价结果。

思　考　题

1.如何理解系统安全评价的指标及指标体系?

2.安全评价指标的选择原则有哪些?

3.层次分析法的步骤是什么?

4.模糊综合评价法的评价步骤及内容是什么?

本章课程思政要点

　　法律意识及遵守社会规范的培养。安全评价的基本原则之一是合法性,安全评价工作是国家以法规形式颁发的一种制度,评价机构和人员要具有相应的资质,评价依据主要有法律法规、标准规程等,同时需要接受安监部门的指导。可以通过安全评价中的违法案例警醒学生,在安全评价工作中不能弄虚作假,要诚信为本,敬畏法律,遵纪守法。

第四篇　系统安全预测与决策

第十四章 系统安全预测

系统安全预测就是要预测造成事故后果的许多前级事件,包括起因事件、过程事件和状态变化。随着生产的发展以及新工艺、新技术的应用,预测系统将产生什么样的新危险、新的不安全因素是安全生产必须关注的问题。通过对系统的安全预测,为安全生产提供安全对策支撑。本章将就常用的德尔菲预测法、时间序列预测法、回归分析法、马尔可夫链预测法、灰色预测法等进行讨论。

第一节 概 述

一、系统安全预测的定义

一切事物都是不断发展、变化的。在安全生产中,不仅要了解事物的过去、现在,而且更要认识事物的过去、现在和将来之间的联系、发展和变化,这样才能对事物未来可能出现的时间和问题做出科学的估量和表述,这就是预测。预测是人们对客观事物发展变化的一种认识和估计,是以反映客观实际的大量资料为依据,并且是在事物的有机联系中运用恰当的预测方法来进行具体测算的。

系统安全预测是在分析、研究系统过去和现在安全生产资料的基础上,利用各种知识和科学方法,对系统未来的安全状况进行预测,预测系统的危险种类及危险程度,以便对事故进行预报和预防。通过安全预测可以掌握一个单位安全生产的发展趋势,为制定安全目标、安全管理措施和技术措施提供科学依据。因此,安全预测是现代安全管理的一项重要内容。

二、系统安全预测的分类

(一)按预测对象的范围

(1)宏观预测:对整个生产行业、一个地区、一个集团公司的安全状况的预测。

(2)微观预测:对一个生产单位的生产系统或对其子系统的安全状况的预测。

(二)按预测时间

(1)长(远)期预测:对五年以上的安全状况的预测。它为安全管理方面的重大决策提供科学依据。

(2)中期预测:对一年以上五年以下的安全生产状态的预测。它是制定五年计划和任务的依据。

(3)短期预测:对一年以内的安全状态的预测。它是制定年度计划、季度计划以及规定短期发展任务的依据。

(三)按所预测应用的原理

(1)白色理论预测:用于预测的问题与所受影响因素已十分清楚的情况。

(2)灰色理论预测:也称为灰色系统预测。灰色系统是既含有已知信息又含有未知信息的系统。安全生产活动本身就是个灰色系统。

(3)黑色理论预测:也称为黑箱系统或黑色系统预测。这种系统中所含的信息多为非确定的。

常用的安全预测方法有德尔菲预测法、回归分析法、马尔可夫链预测法、灰色系统预测法。

三、系统安全预测的步骤

预测是对客观事物发展前景的一种探索性研究工作,它有一套科学的程序。预测对象不同,预测程序也不一样。一般来说,预测可分为 4 个阶段 10 个步骤,如图 14-1 所示。

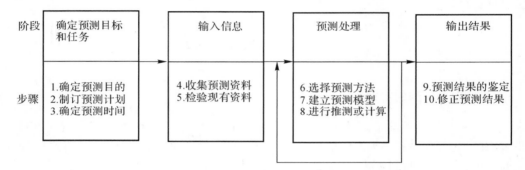

图 14-1 预测程序图

(一)第一阶段——确定预测目标和任务阶段

预测总是为一定的目标和任务服务,管理的目标和任务决定决策的目标和任务。目标清楚,任务明确,才能进行有效的预测。

(1)确定预测目的。只有首先明确要解决什么问题而预测,才能确定收集什么资料,采取什么预测方法,应取得何种预测结果以及预测的终点在哪里等。

(2)制订预测计划。预测计划是预测目的的具体化,主要是规划预测的具体工作,包括选择和安排预测人员、预测期限、预测经费、预测方法、情报获取的途径等。

(3)确定预测时间。不仅要明确预测的初始时间,更重要的是,根据预测的目的和预测对象的不同特点,明确预测本身是短期预测、中期预测还是长期预测。

(二)第二阶段——输入信息阶段

(1)收集预测资料。预测资料包括系统的内部资料和外部资料,如现场调查的资料、国外的情报资料等。

(2)检验现有资料。对收集的资料要进行周密的分析检查,要检查资料的可靠性、去粗取精、去伪存真。

(三)第三阶段——预测处理阶段

预测处理阶段是预测程序的核心。根据收集的资料,应用一定的科学方法和逻辑推理,对事物未来的发展趋势进行预测。

(1)选择预测方法。选择预测方法应该根据预测目的、预测对象的特点、收集资料的情况、预测费用以及预测方法的应用范围等条件决定。有时还可以把集中预测方法结合起来,以提高预测的质量。

(2)建立预测模型。通过分析资料和推理判断,揭示所预测对象的结构和变化规律,做出各种假设,最后制定并识别所预测对象的结构和变化模型,这是预测的关键。

(3)进行推理和计算。根据预测模型进行推理或具体计算,求出初步结果,并考虑到模型中所没有包括的因素,对初步结果进行必要的调整。

(四)第四阶段——输出结果阶段

(1)预测结果的鉴定。预测毕竟是对未来事件的设想和推测,人们认识的局限性、预测方法的不成熟、预测资料的不全面、预测人员的水平低等,都会降低预测结果的准确性,使预测结果往往与实际有出入,从而产生预测误差。因此,必须对预测结果进行鉴定,找出预测与实际之间误差的大小。

(2)修正预测结果。分析预测误差的目的在于观察预测结果与实际情况的偏离程度,并分析研究产生偏差的原因。如果是由于预测方法和预测模型的不完善造成的偏差,就需要修改方法,改进模型,重新计算。如果是由于不确定因素的影响,则应在修正预测结果的同时,估计不确定因素的影响程度。

第二节　德尔菲预测法

德尔菲预测法是美国兰德公司于20世纪40年代发明并首先用于技术预测的。它是一种直观预测法,既可用于科技预测,也可用于社会、经济预测;既可用于短期预测,也可用于长期预测。有的学者认为,德尔菲预测法是最可靠的技术预测方法。

德尔菲预测法在系统安全分析中得到了广泛应用。它能对大量非技术性的、无法定量分析的因素做出概率估算,并将概率估算结果告诉专家,充分发挥信息反馈和信息控制的作用,使分散的评估意见逐次收敛,最后集中在协调一致的评估结果上。

一、德尔菲预测法的基本程序

德尔菲预测法的实质是利用专家知识、经验、智慧等无法数量化而带来很大模糊性的信息,通过信息沟通与循环反馈,使预测意见趋于一致,逼近实际值,达到预测的目的。

德尔菲预测法的基本步骤如下。

(1)建立预测工作小组。预测工作小组人数从两人至十几人不等,随工作量大小而定。其任务是对利用德尔菲法进行预测的工作过程进行设计,提出可供选择的专家名单,做好专家征询和信息反馈工作,整理预测结果和写出预测报告书。小组人员应该对德尔菲法的实质和过程有正确的理解,了解专家们的情况,具备必要的专业知识和统计学、数据处理等方面的知识。

(2)选择专家。按照预测所需要的知识范围,确定专家。对选择专家的主要要求有:

1)要求专家总体的权威程度较高。

2)专家的代表面应广泛,通常应包括技术专家、管理专家、情报专家和高层决策人员。

3)专家的推荐和审定程序应严格。审定的主要内容是了解专家对预测目标的熟悉程度和是否有时间参加预测等。

4)专家人数要适当。人数过多,数据收集和处理工作量大,预测周期长,对结果准确度提高并不多,一般以 20~50 人为宜。大型预测可达到 100 人左右。

(3)设计专家调查表。向所有专家提出所要预测的问题及有关要求,并附上有关这个问题的所有背景材料,同时请专家提出还需要什么材料。然后,由专家做书面答复。德尔菲法的专家调查表没有统一的规定,但要求符合如下原则。

1)表格的每一栏目要紧扣预测目标。力求达到预测事件和专家所关心的问题的一致性。

2)表格简明扼要。设计得很好的表格通常是使专家思考决断的时间长,应答填表时间短。填表时间一般为 2~4 h 为宜。

3)填表方式简单。对不同类型事件(如方针政策,技术途径,费用分析,关键技术的重要性、迫切性和可能性等)进行评估时,尽可能用数字和英文字母表示专家的评估结果。

(4)各个专家根据他们所收到的材料,提出自己的预测意见,并说明自己是怎样利用这些材料并提出预测值的。

(5)将各位专家第一次判断意见汇总,列成图表,进行对比,再分发给各位专家,让专家比较自己同他人的不同意见,修改自己的意见和判断。也可以把各位专家的意见加以整理,或请身份更高的其他专家加以评论,然后把这些意见再分送给各位专家,以便他们参考后修改自己的意见。

(6)将所有专家的修改意见收集起来,汇总,再次分发给各位专家,以便做第二次修改。逐轮收集意见并为专家反馈信息是德尔菲法的主要环节。收集意见和信息反馈一般要经过三四轮。在向专家进行反馈的时候,只给出各种意见,但并不说明发表各种意见的专家的具体姓名。这一过程重复进行,直到每一个专家不再改变自己的意见为止。

(7)对专家的意见进行综合处理。

德尔菲预测法的程序如图 14-2 所示。

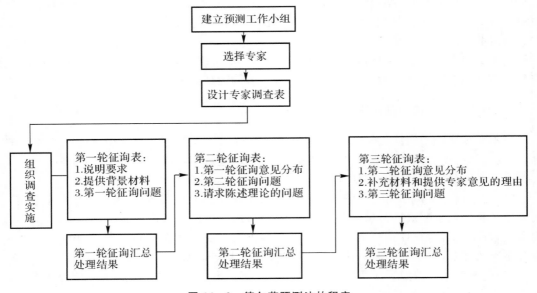

图 14-2 德尔菲预测法的程序

二、德尔菲预测法的特点

德尔菲预测法是一个可控制的组织集体思想交流的过程,使得由各个方面的专家组成的集体能作为一个整体来解答某个复杂问题。它有如下特点。

(一)匿名性

德尔菲法采用匿名函询的方式征求意见。应邀参加预测的专家互不相见,消除了心理因素的影响。专家可以参考前一轮的预测结果以修改自己的意见。由于匿名而无须担心会有损于自己的威望。

(二)反馈性

德尔菲法在预测过程中,要进行 3～4 轮征询专家意见。预测机构对每一轮的预测结果做出统计、汇总,提供有关专家的论证依据和资料作为反馈材料发给每一位专家,供下一轮预测时参考。由于每一轮之间的反馈和信息沟通可进行比较分析,因而能达到相互启发、提高预测准确度的目的。

(三)预测结果的统计特征

为了科学地综合专家们的预测意见和定量表示预测的结果,德尔菲法采用了统计方法对专家意见进行处理。

三、专家意见的统计处理

(一)数据和时间答案的处理

当预测结果需要用数据或时间表示时,专家们的回答将是一系列可比较大小的数据或有前后顺序排列的时间。常用中位数和上、下四分位点的方法处理专家们的答案,求出预测的预期值和时间。

首先,把专家们的回答按从小到大的顺序排列。例如:当有 n 个专家时,共有 n 个回答(包括重复的),排列如下:

$$x_1 \leqslant x_2 \leqslant \cdots \leqslant x_{n-1} \leqslant x_n$$

其中,中位数按下式进行计算:

$$\bar{x} = \begin{cases} x_{k+1} & , \quad n = 2k+1\,(\text{奇数}) \\ \dfrac{x_k + x_{k+1}}{2} & , \quad n = 2k\,(\text{偶数}) \end{cases} \tag{14-1}$$

式中:$\bar{x}$——中位数;

$\quad x_k$——第 k 个数据;

$\quad x_{k+1}$——第 $k+1$ 个数据;

$\quad k$——正整数。

上四分位点记为 $x_{上}$，其计算公式为

$$x_{上}=\begin{cases} x_{\frac{3}{2}k+\frac{3}{2}} & ,x=2k+1,k\text{ 为奇数} \\ (x_{\frac{3}{2}k+1}+x_{\frac{3}{2}k+2})/2 & ,x=2k+1,k\text{ 为偶数} \\ x_{\frac{3}{2}k+\frac{1}{2}} & ,x=2k,k\text{ 为奇数} \\ (x_{\frac{3}{2}k}+x_{\frac{3}{2}k+1})/2 & ,x=2k,k\text{ 为偶数} \end{cases} \quad (14-2)$$

下四分位点记为 $x_{下}$，其计算公式为

$$x_{下}=\begin{cases} x_{\frac{k+1}{2}} & ,x=2k+1,k\text{ 为奇数} \\ (x_{\frac{k}{2}}+x_{\frac{k}{2}+1})/2 & ,x=2k+1,k\text{ 为偶数} \\ x_{\frac{k+1}{2}} & ,x=2k,k\text{ 为奇数} \\ (x_{\frac{k}{2}}+x_{\frac{k}{2}+1})/2 & ,x=2k,k\text{ 为偶数} \end{cases} \quad (14-3)$$

(二)等级比较答案的处理

在邀请专家进行安全预测时，常有对某些项目的重要性进行排序的要求。例如为控制某种危险源，防止形成事故，可采用五种措施；或在分析某一事故原因时，提出五种原因。请专家从中选三种最有效的措施或最主要的原因，并对其排序。

对这种形式的问题，可采取评分法对应答问题进行处理。当要求对 n 项排序时，首先请各位专家对项目按其重要性排序，被评为第一位的给 n 分；第二位的给 $(n-1)$ 分；最后一位即第 n 位者给 1 分，然后按下面两式计算各目标的重要程度：

$$s_j=\sum_{i=1}^{n}B_iN_i,j=1,2,\cdots,m \quad (14-4)$$

$$k_j=\frac{s_j}{M\sum_{j=1}^{n}i},j=1,2,\cdots,m \quad (14-5)$$

式中：s_j——第 j 个目标的总得分；

n——要求排序的项目个数；

B_i——排在第 i 位的项目的得分；

N_i——赞同将某项目排在 i 位的人数；

m——参加比较的目标个数；

k_j——第 j 个目标的得分比例，$\sum_{j=1}^{n}k_j=1$；

M——对问题做出回答的专家人数。

四、应用实例

【例 14-1】某单位邀请 16 位专家对该单位某事件发生概率进行预测，得到 16 个数据，即 $n=16,n=2k,k=8$ 为偶数。由小到大将所得数据排列(见表 14-1)。

表 14 - 1　事件概率专家预测值

n	1	2	3	4	5	6	7	8
事件发生概率 p	1.35×10^{-3}	1.38×10^{-3}	1.40×10^{-3}	1.40×10^{-3}	1.40×10^{-3}	1.45×10^{-3}	1.47×10^{-3}	1.50×10^{-3}

n	9	10	11	12	13	14	15	16
事件发生概率 p	1.50×10^{-3}	1.50×10^{-3}	1.50×10^{-3}	1.53×10^{-3}	1.55×10^{-3}	1.60×10^{-3}	1.60×10^{-3}	1.65×10^{-3}

解：$k=8$ 为正整数，$n=2k$ 为偶数，则中位数 $\bar{x}$ 为

$$\bar{x}=\frac{1}{2}(x_8+x_{8+1})=\frac{1}{2}\times(1.5+1.5)=1.5$$

由于 $k=8$ 是偶数，由式（14-2）中第 4 式，得 $\frac{3}{2}k=12$，$\frac{3}{2}k+1=13$，则上四分位点 $x_上$ 是第 12 个数与第 13 个数的平均值，即

$$x_{上4}=\frac{1}{2}(x_{12}+x_{13})=\frac{1}{2}\times(1.53+1.55)=1.54$$

由式（14-3）中的第 4 式，可得 $\frac{1}{2}k=4$，$\frac{1}{2}k+1=5$，可知下四分位点是第 4 个数与第 5 个数的平均值，即

$$x_{下4}=\frac{1}{2}(x_4+x_5)=\frac{1}{2}\times(1.40+1.40)=1.40$$

处理结果：该事件发生概率期望值为

$$\hat{p}=\bar{x}\times10^{-3}=1.5\times10^{-3}$$

预测区间：上限为 $p_上=1.54\times10^{-3}$；下限为 $p_下=1.40\times10^{-3}$。

【例 14-2】某煤矿井下发生了火灾，大量煤炭正在燃烧，不仅造成大量经济损失，而且对矿井安全生产也构成了威胁。为消灭火灾，共提出了 6 种方案，见表 14-2。现请 93 位专家从中选出 3 种方案并对其排序。

表 14 - 2　灭火方案

方　案	内　容	方　案	内　容
a	密闭火区，利用风压平衡法控制漏风	d	密闭火区，向火区内注氮气
b	密闭火区，向火区内注水	e	密闭火区，向火区内注凝胶
c	密闭火区，向火区内注泥浆	f	密闭火区，利用风压平衡法控制漏风并向火区注浆

解：将 a 项排在第一、二、三位的专家分别为 71、15、2 人，即 $N_1=71$，$N_2=15$，$N_3=2$。要求从提出的方案中选 3 项，即 $n=3$，因此被排在第一、二、三位项目的得分应为 $B_1=3$，$B_2=2$，$B_3=1$。于是得

$$s_a=\sum_1^3 B_iN_i=3\times71+2\times15+1\times2=245$$

$$k_a = \frac{s_a}{M\sum_{i=1}^{n} i} = \frac{245}{93 \times (1+2+3)} = 0.44$$

用同样的方法处理其他项目,所得结果见表 14 - 3。

表 14 - 3　项目处理结果

s_j 项目得分	$s_a = 245$	$s_b = 36$	$s_c = 65$	$s_d = 5$	$s_e = 31$	$s_f = 168$
k_j 项得分比例	$k_a = 0.44$	$k_b = 0.07$	$k_c = 0.12$	$k_d = 0.01$	$k_e = 0.06$	$k_f = 0.30$
项目得分比例排序	I	IV	III	IV	V	II

通过比较各项目得分比例 k_j,认为应采取的措施及其顺序为 a、f、c,即都需要密闭火区,综合采取风压平衡法控制漏风并向火区注泥浆。

第三节　时间序列预测法

时间序列预测法是指利用观察或记录到的一组按时间顺序排列起来的数字序列,分析其变化方向和程度,从而对下一时间或以后若干时期可能达到的水平进行预测。时间序列预测法的基本思想是把时间序列作为随机应变量序列的一个样本,用概率统计方法尽可能减少偶然因素的影响,或消除季节性、周期性变动的影响,通过分析时间序列的趋势进行预测。

一、滑动平均法

一般情况下,可以认为未来的状况与较近时期的状况有关。根据这一假设,可采用与预测期相邻的几个数据的平均值,随着预测期向前滑动,相邻的几个数据的平均值也向前滑动作为滑动预测值。

假定未来的状况与过去 3 个月的状况关系大,而与更早的情况联系较少,因此可用过去 3 个月的平均值作为下个月的预测值。经过平均后,可以减少偶然因素的影响。平均值可用下式进行计算:

$$\overline{x_{t+1}} = \frac{x_t + x_{t-1} + x_{t-2}}{3} \tag{14 - 6}$$

作为 x_{t+1} 的预测值,不仅可用 3 个月的滑动平均值来预测,也可用更多月份的滑动平均值来预测,计算公式为

$$\overline{x_{t+1}} = \frac{x_t + x_{t-1} + \cdots + x_{t-(t-1)}}{t} \tag{14 - 7}$$

式中:$\overline{x_{t+1}}$ —— 预测值;

t —— 时间单位数;

x —— 实际数据。

也可以用连加符号把上面的公式归纳为

$$\overline{x_{t+1}} = \frac{1}{t} \sum_{t=0}^{t-1} x_{t-i} \tag{14 - 8}$$

在该方法中,对各项不同时期的实际数据是同等看待的,但实际上距离预测期较近的数据

与较远的数据,它们的作用是不等的,尤其在数据变化较快的情况下更应该考虑到这一点。

为了克服上述缺点,可采用加权滑动平均法来缩小预测偏差。加权滑动平均法根据距离预测期远近、预测对象的不同情况,给各期的数据以不同的权数,把求得的加权平均数作为预测值。例如,在计算 3 个月的加权滑动平均值时,分别以权数 3、2、1 计算预测值:

$$\overline{x_{t+1}} = \frac{3x_t + 2x_{t-1} + x_{t-2}}{6} \tag{14-9}$$

用任意几个月给予其他权数来计算加权滑动平均值,其公式为

$$\overline{x_{t+1}} = \frac{c_t x_t + c_{t-1} x_{t-1} + \cdots + c_{t-(t-1)} x_{t-(t-1)}}{c_t + c_{t-1} + \cdots + c_{t-(t-1)}} \tag{14-10}$$

式中:c_t——各期的权数;

x_t——各期的实际数据。

由式(14-8)和式(14-10)可得

$$\overline{x_{t+1}} = \frac{\sum\limits_{i=0}^{t-1} c_{t-i} x_{t-i}}{\sum\limits_{i=0}^{t-1} c_{t-i}} \tag{14-11}$$

二、指数滑动平均法

指数滑动平均法是滑动平均法的改进,它既有滑动平均法的优点,又减少了数据的存储量,应用方便。指数滑动平均法的基本思想是把时间序列看作一个无穷的序列(即 $x_t, x_{t-1}, \cdots, x_{t-i}$),把 $\overline{x_{t+1}}$ 看作这个无穷序列的一个函数,即

$$\overline{x_{t+1}} = a_0 x_t + a_1 x_{t-1} + \cdots + a_i x_{t-i}$$

为了在计算中使用单一的权数,并且使权数之和等于 1,即

$$\sum_{i=0}^{+\infty} a_i = 1$$

令 $a_0 = a$,$a_k = a(1-a)^k$,$k = 1, 2, \cdots, n$。当 $0 < a < 1$ 时,则有

$$\sum_{i=0}^{+\infty} a_i = a + a(1-a) + a(1-a)^2 + \cdots + (1-a)^i = a \times \frac{1}{a} = 1$$

这样,应用指数滑动平均法得到的预测值 $\overline{x_{t+1}}$ 为

$$\begin{aligned}
\overline{x_{t+1}} &= ax_t + a(1-a)x_{t-1} + a(1-a)^2 x_{t-2} + \cdots + a(1-a)^i x_{t-i} = \\
&\quad ax_t + (1-a)\left[ax_{t-1} + a(1-a)x_{t-2} + \cdots + a(1-a)x_{t-i} \right] = \\
&\quad ax_t + (1-a)\bar{x_t}
\end{aligned} \tag{14-12}$$

即

$$\text{预测值} = \text{平滑系数} \times \text{前期实际值} + (1-\text{平滑系数}) \times \text{前期预测值}$$

式(14-12)并项后可得

$$\overline{x_{t+1}} = \bar{x_t} + a(x_t - \bar{x_t}) \tag{14-13}$$

即

$$\text{预测值} = \text{前期预测值} + \text{平滑系数}(\text{前期实际值} - \text{前期预测值})$$

由此可见,指数滑动平均法得到的预测值 $\overline{x_{t+1}}$ 是由上一时间的实际值 x_t 和预测值 $\bar{x_t}$ 的

加权平均而得,或者是由上一时期的预测值 $\overline{x}_t$ 加上实际与预测值的偏差的修正而得。

指数滑动平均法初始值的确定:从事件序列的项数考虑,当时间序列的观察期 $n>15$ 时,初始值对预测结果的影响很小,可以方便地以第一期观测值作为初始值;当观察期 $n<15$ 时,初始值对观测结果影响较大,通常取前 3 个观测值的平均值作为初始值。

平滑系数 a 的选择:

(1) 当时间序列呈稳定的水平趋势时,a 应取较小值,如 $0.1\sim0.3$;

(2) 当时间序列波动较大,长期趋势变化的幅度较大时,a 应取中间值,如 $0.3\sim0.5$;

(3) 当时间序列具有明显的上升或下降趋势时,a 应取较大值,如 $0.6\sim0.8$。

在实际应用中,可取若干个 a 值进行试算比较,选择预测误差最小的 a 值。

三、应用实例

【例 14-3】某企业 2003—2011 年销售额见表 14-4,试用指数滑动平均法预测 2012 年销售额(a 分别为 0.1、0.6、0.9)。

表 14-4 某企业 2003—2011 年销售额

年 份	2003	2004	2005	2006	2007	2008	2009	2010	2011
销售额/万元	4 000	4 700	5 000	4 900	5 200	6 600	6 200	5 800	6 000

解:(1)确定初始值。

因为 $n=9<15$,取时间序列的前三项数据的平均值作为初始值,即

$$\overline{x}=\frac{x_1+x_2+x_3}{3}=\frac{4\,000+4\,700+5\,000}{3}=4\,566.67(万元)$$

(2)选择平滑素数 a。

计算各年预测值。这里分别取 $a=0.1$,$a=0.6$,$a=0.9$,根据式(14-13),计算 2003—2011 年企业销售额的预测值,结果列入表 14-5 的第 3、4、5 行。

表 14-5 某企业年销售额预测值　　　　　　单位:万元

年 份		2003	2004	2005	2006	2007	2008	2009	2010	2011	平均误差
销售额/万元		4 000	4 700	5 000	4 900	5 200	6 600	6 200	5 800	6 000	—
预测值/万元	$a=0.1$	4 510.00	4 529.00	4 576.10	4 608.49	4 667.64	4 860.88	4 994.79	5 075.31	5 167.78	—
	$a=0.6$	4 226.67	4 510.67	4 804.27	4 861.71	5 064.68	5 985.87	6 114.35	5 925.74	5 970.30	—
	$a=0.9$	4 056.67	4 635.67	4 963.57	4 906.36	5 170.64	6 457.06	6 225.71	5 842.57	5 984.26	—
预测误差/万元	$a=0.1$	510.00	171.00	423.90	291.51	532.36	1 739.12	1 205.21	724.69	832.22	714.44
	$a=0.6$	226.67	189.33	195.73	38.29	135.32	614.13	85.65	125.74	29.70	182.29
	$a=0.9$	56.67	64.33	36.43	6.36	29.36	142.94	25.71	42.57	15.74	46.68

(3)对不同平滑系数下取得的预测值进行误差分析,确定 a 的取值。

不同平滑系数的预测值与实际值的绝对误差见表 14-5 的第 6、7、8 行,平均误差按下式

计算,其计算结果列入该表的第 6、7、8 行的最后一列。

$$\bar{\varepsilon} = \frac{\sum_{i=1}^{n}(\bar{x}_i - x_i)}{n}$$

通过比较,当 $a = 0.9$ 时,预测值的平均误差最小,故选择 $a = 0.9$ 作为平滑系数。

(4)预测 2012 年的销售额。

$$x_{2012} = ax_i + (1-a)\bar{x}_i = 0.9 \times 6\,000 + 0.1 \times 5\,842.57 = 5\,984.26\,(万元)$$

第四节 回归分析法

要准确地预测,就必须研究事物的因果关系。回归分析法就是一种从事物变化的因果关系出发的预测方法。它利用数理统计原理,在大量统计数据的基础上,通过寻求数据变化规律来推测、判断和描述事物未来的发展趋势。

事物变化的因果关系可用一组变量来描述,即自变量与因变量之间的关系,一般可以分为两大类。一类是确定关系,它的特点是:自变量为已知时就可以准确地求出因变量,变量之间的关系可用函数关系确切地表示出来;另一类是相关关系,或称为非确定关系,它的特点是:虽然自变量与因变量之间存在密切的关系,却不能由一个或几个自变量的数值准确地求出因变量,在变量之间往往没有准确的数学表达式,但可以通过观察,应用统计方法,大致地或平均地说明自变量与因变量之间的统计关系。回归分析法正是根据这种相互关系建立回归方程的。

一、一元线性回归法

(一)回归直线方程及其求法

比较典型的回归法是一元线性回归法,它是根据自变量 x 与因变量 y 的相互关系,用自变量的变动来推测因变量变动的方向和程度,其基本方程式为

$$y = a + bx \tag{14-14}$$

式中:y——因变量;

x——自变量;

a,b——回归系数。

进行一元线性回归,应首先收集事故数据,并在以时间为横坐标的坐标系中,画出各个相对应的点。根据图中各点的变化情况,就可以大致看出事故变化的某种趋势,然后进行计算,求出回归系数。

回归系数 a,b 是根据统计的事故数据通过下式来决定的:

$$\left.\begin{array}{l} \sum y = na + b\sum x \\ \sum xy = a\sum x + b\sum x^2 \end{array}\right\} \tag{14-15}$$

式中:x——自变量;

y——时间序号,因变量,为事故数据;

n——事故数据总数。

解上述方程组,得

$$\begin{cases} a = \dfrac{\sum x \sum xy - \sum x^2 \sum y}{\left(\sum x\right)^2 - n\sum x^2} \\[4mm] b = \dfrac{\sum x \sum y - n\sum xy}{\left(\sum x\right)^2 - n\sum x^2} \end{cases}$$

a 和 b 确定之后就可以在坐标系中画出回归直线。

(二)相关系数

在回归分析中,为了了解回归直线对实际数据变化趋势的符合程度的大小,也就是两个变量 x 和 y 的相关程度,应求出相关系数 r,其计算公式为

$$r = \frac{L_{xy}}{\sqrt{L_{xx}L_{yy}}} \qquad (14-16)$$

式中:

$$L_{xy} = \sum xy - \frac{1}{n}\sum x \sum y \,;\, L_{xx} = \sum x^2 - \frac{1}{n}\left(\sum x\right)^2 \,;\, L_{yy} = \sum y^2 - \frac{1}{n}\left(\sum y\right)^2$$

当相关系数 r 取不同的数值时,分别表示实际数值和回归直线之间的不同符合情况。

(1)当 $r=0$ 时,表示回归直线不符合实际数据的变化情况。

(2)当 $0<|r|<1$ 时,表示回归直线在一定程度上符合实际数据的变化趋势。$|r|$ 越大,说明回归直线与实际数据变化趋势的符合程度越大;$|r|$ 越小,则符合程度越小。

(3)当 $|r|=1$ 时,表示回归直线完全符合实际数据的变化情况。

(三)预测区间

在回归分析中,还应根据回归方程来预测 y 的取值范围,即预测区间。当 n 较大时,y 的剩余均方差为

$$S_y = \sqrt{\frac{\sum (y-\bar{y})^2}{n-2}} \qquad (14-17)$$

当 $x=x_0$ 时,相应的 y_0 服从正态分布,则 y_0 落在 $y_0 \pm 2S_{y_0}$ 区间上的概率为 0.682 7,落在 $y_0 \pm 2S_{y_0}$ 区间上的概率 0.954 5。因此,可得到 y 的预测区间为 $\left[y_0 - 2S_{y_0}, y_0 + 2S_{y_0}\right]$,也可求出 y 在某区间内取值,相应 x 在什么范围内。

在求出预测区间以后,可以做出预测带,如图 14-3 所示。

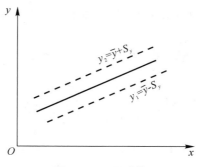

图 14-3 预测带

二、一元非线性回归法

在回归分析法中,除了一元线性回归法外,还有一元非线性回归分析法、多元线性回归分析法、多元非线性回归分析法等。

非线性回归的分析方法是通过一定的变换,将非线性问题转化为线性问题,然后利用线性回归方法进行回归分析。非线性回归的回归曲线有多种,选用哪一种曲线作为回归曲线,则要看实际数据在坐标系中的变化分布形状,也可以根据专业知识确定分析曲线。

常用的非线性回归曲线有以下几种。

(1)双曲线:$\frac{1}{y} = a + \frac{b}{x}$。令 $y' = \frac{1}{y}$,$x' = \frac{1}{x}$,则有 $y' = a' + bx'$。

(2)幂函数:$y = ax^b$。令 $y' = \ln y$,$a' = \ln a$,则有 $y' = a' + bx'$。

(3)指数函数:

1)$y = ae^{bx}$,令 $y' = \ln y$,$a' = \ln a$,则有 $y' = a' + bx$。

2)$y = ae^{b/x}$,令 $y' = \ln y$,$x' = \frac{1}{x}$,$a' = \ln a$,则有 $y' = a' + bx'$。

(4)对数函数:$y = a + b\lg x$,令 $x' = \lg x$,则有 $y = a + bx'$。

三、应用实例

【例 14-4】某企业近 10 年的事故伤亡人数见表 14-6,现用一元线性回归法预测事故的发展趋势。

表 14-6 某企业近 10 年来事故死亡人数统计

时间顺序 x	死亡人数 y	x^2	xy	y^2
1	28	1	28	784
2	22	4	44	484
3	18	9	54	324
4	10	16	40	100
5	16	25	80	256
6	15	36	90	225
7	17	49	119	289

$$L_{xy'} = \sum xy' - \frac{1}{n}\sum x \sum y' = 99.337 - \frac{1}{12} \times 78 \times 19.129 \approx -25$$

$$L_{xx} = \sum x^2 - \frac{1}{n}\left(\sum x\right)^2 = 649 - \frac{1}{12} \times 78^2 \approx 143$$

$$L_{y'y'} = \sum y'^2 - \frac{1}{n}\left(\sum y\right)^2 = 36.336 - \frac{1}{12} \times 19.129^2 \approx 5.84$$

$$r = \frac{L_{xy'}}{\sqrt{L_{xx}L_{y'y'}}} = \frac{-25}{\sqrt{143 \times 5.84}} = -0.87$$

$r = -0.87$,说明用指数曲线进行回归分析,在一定程度上反映了该企业工伤人数的趋势。

还可以进一步求出 y 的预测区间,计算方法与一元线性回归中的方法相同。

根据过去的事故变化情况和事故统计数据进行回归分析,应用得到的回归曲线方程,可以预测判断下一阶段的事故变化趋势,以指导下一步的安全工作。

第五节 马尔可夫链预测法

一、马尔可夫链概述

如果事物的发展过程及状态只与事物当时的状态有关,而与以前状态无关,则此事物的发展变化称为马尔可夫链。

如果系统的安全状况具有马尔可夫性质,且一种状态转变为另一种状态的规律又是可知的,那么可以利用马尔可夫链的概念进行计算和分析,以预测未来特定时刻的系统安全状态。

马尔可夫链是表征一个系统在变化过程中的特性状态,可用一组随时间进程而变化的变量来描述。如果系统在任何时刻上的状态是随机性的,则变化过程是一个随机过程,当时刻 t 变到时刻 $t+1$ 时,状态变量从某个取值变到另一个取值,系统就实现了状态转移。

二、状态转移概率矩阵及其性质

系统在状态转移过程中的可能性的大小,用转移概率来描述。

马尔可夫链计算所使用的基本公式如下:

已知的初始状态向量为

$$\boldsymbol{s}^0 = \begin{bmatrix} s_1^{(0)} & s_2^{(0)} & s_3^{(0)} & \cdots & s_n^{(0)} \end{bmatrix} \tag{14-18}$$

状态转移概率矩阵为

$$\boldsymbol{P} = \begin{bmatrix} P_{11} & P_{12} & \cdots & P_{1n} \\ P_{21} & P_{22} & \cdots & P_{2n} \\ \vdots & \vdots & & \vdots \\ P_{n1} & P_{n2} & \cdots & P_{nn} \end{bmatrix} \tag{14-19}$$

状态转移概率矩阵是一个 n 阶方阵,它满足概率矩阵的一般性质,即:

(1) $0 \leqslant P_{ij} \leqslant 1$;

(2) $\sum_{j=1}^{n} P_{ij} = 1$。

满足这两个性质的行向量称为概率向量。

状态转移概率矩阵的所有行向量都是概率向量;反之,所有行向量都是由概率向量组成的矩阵,即为概率矩阵。

三、安全预测

在已知初始状态向量和转移概率矩阵后,可对系统的安全状态进行预测。

系统一次转移向量 $\boldsymbol{s}^{(1)}$ 为

$$\boldsymbol{s}^{(1)} = \boldsymbol{s}^{(0)} \boldsymbol{P} \tag{14-20}$$

二次转移向量 $\boldsymbol{s}^{(2)}$ 为

$$\boldsymbol{s}^{(2)} = \boldsymbol{s}^{(1)} \boldsymbol{P} = \boldsymbol{s}^{(0)} \boldsymbol{P}^2 \tag{14-21}$$

类似地,有

$$s^{(k+1)} = s^{(0)} P^{(k+1)} \tag{14-22}$$

四、应用实例

【例 14-5】某单位对 1 000 名接触硅尘人员进行健康检查时,发现职工的健康状况分布见表 14-7。

表 14-7　接尘职工健康状况

健康状况	健康	疑似硅肺	硅肺
代表符号	$s_1^{(0)}$	$s_2^{(0)}$	$s_3^{(0)}$
人　数	800	150	50

根据统计资料,前年到去年接触硅尘人员的健康的变化情况如下:健康人员继续保持健康者剩 80%;有 15% 变为疑似硅肺,5% 的人被定为硅肺。按照这种规律,则有

$$P_{11} = 0.8, P_{12} = 0.15, P_{13} = 0.05$$

原有疑似硅肺者一般不可能恢复为健康者,仍保持原状者为 80%,有 20% 被正式定为硅肺,即

$$P_{21} = 0, P_{22} = 0.8, P_{23} = 0.2$$

硅肺患者一般不可能恢复为健康或返回疑似硅肺,即

$$P_{31} = 0, P_{32} = 0, P_{33} = 1$$

状态转移概率矩阵为

$$P = \begin{bmatrix} 0.8 & 0.15 & 0.05 \\ 0 & 0.8 & 0.2 \\ 0 & 0 & 1 \end{bmatrix}$$

试分析一年以后接触硅尘人员的健康状况。

解:一次转移向量为

$$s^{(1)} = s^{(0)} P = \begin{bmatrix} s_1^{(0)} & s_2^{(0)} & s_3^{(0)} \end{bmatrix} \begin{bmatrix} P_{11} & P_{12} & P_{13} \\ P_{21} & P_{22} & P_{23} \\ P_{31} & P_{32} & P_{33} \end{bmatrix} =$$

$$\begin{bmatrix} 1\,000 & 200 & 50 \end{bmatrix} \begin{bmatrix} 0.8 & 0.15 & 0.05 \\ 0 & 0.8 & 0.2 \\ 0 & 0 & 1 \end{bmatrix} =$$

$$\begin{bmatrix} 640 & 240 & 120 \end{bmatrix}$$

因此,一年后接尘人员的健康状况见表 14-8。

表 14-8　预测一年后接尘职工的健康状况

健康状况	健康	疑似硅肺	硅肺	合计
代表符号	$s_1^{(0)}$	$s_2^{(0)}$	$s_3^{(0)}$	$\sum s_1^{(0)}$
人　数	640	240	120	1 000

一年后,该单位接尘职工仍然健康者为 640 人,疑似硅肺者 240 人,被确定为硅肺者 120

人。预测表明,该单位硅肺发展速度很快,必须加强防尘工作和医疗卫生工作。

第六节 灰色系统预测法

灰色系统是邓聚龙教授提出的一种新的系统理论。灰色系统理论预测法的主要优点是通过一系列数据生成方法,如直接累加法、移动平均法、加权累加法、自适应性累加法等,将根本没有规律的、杂乱无章的或规律不强的一组原始数据变得具有明显的规律性,解决了数学界一致认为不能解决的微分方程建模问题。

灰色系统预测法是从灰色系统的建模、关联度及残差辨识的思想出发,所获得的关于预测的概念、观点与方法。将灰色系统理论用于厂矿企业事故预测,一般选用 GM(1,1)模型,它是一阶的一个变量的微分方程模型。

一、灰色系统预测法建模方法

设原始离散数据序列为 $x^0 = \{x_1^{(0)}, x_2^{(0)}, \cdots, x_n^{(0)}\}$,其中 n 为序列长度,对其进行一次累加生成处理后得

$$x_k^{(1)} = \sum_{j=1}^{k} x_j^{(0)}, k = 1, 2, \cdots, n \tag{14-23}$$

则以生成序列 $x^{(1)} = \{x_1^{(1)}, x_2^{(1)}, \cdots, x_n^{(1)}\}$ 为基础建立灰色的生成模型为

$$\frac{\mathrm{d}x^{(1)}}{\mathrm{d}t} + \alpha x^{(1)} = u \tag{14-24}$$

称为一阶灰色微分方程,记为 GM(1,1),式中 α 和 u 为待辨识参数。

设参数向量

$$\hat{\alpha} = [\alpha\ u]^{\mathrm{T}}, \boldsymbol{y}_N = [x_2^{(0)}\ x_3^{(0)}\ \cdots\ x_n^{(0)}]^{\mathrm{T}}, \boldsymbol{B} = \begin{bmatrix} -(x_2^{(1)} + x_2^{(1)})/2 & 1 \\ \vdots & \vdots \\ -(x_2^{(1)} + x_2^{(1)})/2 & 1 \end{bmatrix}$$

则由下式可求得方程的最小二乘解:

$$\boldsymbol{\alpha} = (\boldsymbol{B}^{\mathrm{T}}\boldsymbol{B})^{-1}\boldsymbol{B}^{\mathrm{T}}\boldsymbol{y}_n \tag{14-25}$$

时间响应方程[即式(14-24)的解]为

$$\hat{x}_t^{(1)} = (x_1^{(1)} - u/\alpha)\mathrm{e}^{-at} + u/\alpha \tag{14-26}$$

离散响应方程为

$$\hat{x}_{k+1}^{(1)} = (x_1^{(1)} - u/\alpha)\mathrm{e}^{-at} + u/\alpha \tag{14-27}$$

式中:

$$x_1^{(1)} = x_1^{(0)}$$

将 $\hat{x}_{k+1}^{(1)}$ 的值作为累减还原,即得到原始数据的估计值为

$$\hat{x}_{k+1}^{(0)} = \hat{x}_{k+1}^{(1)} - \hat{x}_k^{(1)} \tag{14-28}$$

GM(1,1)的拟合残差中往往还有一部分动态有效信息,可以通过建立残差 GM(1,1)模型对原模型进行修正。

记残差 $\varepsilon_k^{(1)} = x_k^{(1)} - \bar{x}_k^{(1)}$ 组成的序列为

$$\varepsilon^{(1)} = \{\varepsilon_1^{(1)}, \varepsilon_2^{(1)}, \cdots, \varepsilon_{n'}^{(1)}\}, 一般 n' \leqslant n$$

用上述方法建立累加残差生成模型为

$$\hat{\varepsilon}_{k+1}^{(1)} = (\varepsilon_1^{(1)} - u_1/\alpha_1) e^{-a_1 k} + u_1/\alpha_1 \qquad (14-29)$$

式中：α_1 和 u_1 为残差模型参数。

累减后得 $\varepsilon^{(1)}$ 的还原估计值为

$$\hat{\varepsilon}_{k+1}^{(1)} = (\varepsilon_1^{(1)} - u_1/\alpha_1)(e^{-a_1(k+1)} - e^{-a_1(k+1)}) + u_1/\alpha_1 \qquad (14-30)$$

若残差模型是对第 m 个残差开始进行拟合的，则修正后的生成模型为

$$\hat{x}_{k+1}^{(1)} = (x_1^{(0)} - u/\alpha) e^{-ak} + u/\alpha, k < m$$

$$\hat{x}_{k+1}^{(1)} = (x_1^{(0)} - u/\alpha) e^{-ak} + u/\alpha + \varepsilon_m^{(1)}, k = m$$

$$\hat{x}_{k+1}^{(1)} = (x_1^{(0)} - u/\alpha) e^{-ak} + u/\alpha + (\varepsilon_m^{(1)} - u_1/\alpha_1)(e^{-a_1(k-m+1)} - e^{-a_1(k-m)}), k > m$$

二、预测模型的后验差检验

可以用关联度及后验差对预测模型进行检验，下面介绍后验差检验。记 0 阶残差为

$$\varepsilon_i^{(0)} = x_i^{(0)} - \hat{x}_i^{(0)}, i = 1,2,\cdots,n \qquad (14-31)$$

式中：$\hat{x}_i^{(0)}$ 是通过预测模型得到的预测值。

残差均值为

$$\bar{\varepsilon}^{(0)} = \frac{1}{n} \sum_{i=1}^{n} \varepsilon_i^{(0)} \qquad (14-32)$$

残差方差为

$$s_1^2 = \frac{1}{n} \sum_{i=1}^{n} (\varepsilon_i^{(0)} - \bar{\varepsilon})^2 \qquad (14-33)$$

原始数据均值为

$$\bar{x} = \frac{1}{n} \sum_{i=1}^{n} x_i^{(0)} \qquad (14-34)$$

原始数据方差为

$$s_2^2 = \frac{1}{n} \sum_{i=1}^{n} (x_i^{(0)} - \bar{x})^2 \qquad (14-35)$$

为此可计算后验差检验指标，后验差比值 c 为

$$c = s_1/s_2 \qquad (14-36)$$

$$P = P\{|\varepsilon_i^{(0)} - \bar{\varepsilon}^{(0)}| < 0.674\,5s_2\} \qquad (14-37)$$

按照上述两指标，可从表 14-9 查出精度检验等级。

表 14-9　精度检验等级

预测精度等级	$4P$	c
好	>0.95	<0.35
合格	<0.80	<0.5
勉强	>0.70	<0.45
不合格	≤0.70	≥0.65

三、应用实例

【例 14-6】某单位近 9 年来千人负伤率见表 14-10，用灰色系统预测法 GM(1,1)预测该

单位未来两年的千人负伤率,并对拟合精度进行后验差检验。

表 14 - 10　某单位近 9 年千人负伤率

序　号	1	2	3	4	5	6	7	8	9
千人负伤率	56.165	55.65	49.525	34.585	14.405	9.525	8.97	6.475	4.11

解:由直接累加法可以得到

$$x^{(0)} = [56.165 \quad 55.650 \quad 49.525 \quad 34.585 \quad 14.405 \quad \cdots \quad 4.11]$$

$$x^{(1)} = [56.165 \quad 111.815 \quad 161.34 \quad 195.925 \quad 210.33 \quad \cdots \quad 239.41]$$

第一步,建立数据矩阵 B , y_n:

$$B = \begin{bmatrix} -83.99 & 1 \\ -136.575 & 1 \\ \vdots & \vdots \\ -237.355 & 1 \end{bmatrix}$$

$$y_n = [55.650 \quad 49.525 \quad 34.585 \quad 14.405 \quad 9.525 \quad \cdots \quad 4.11]^T$$

第二步,计算 $(B^T B)^{-1}$:

$$(B^T B) = \begin{bmatrix} 305\,661.7 & -1\,511.177\,5 \\ -1\,511.177\,5 & 8 \end{bmatrix}$$

$$(B^T B)^{-1} = \begin{bmatrix} 4.949\,4 \times 10^{-5} & 9.349\,3 \times 10^{-3} \\ 9.349\,3 \times 10^{-3} & 1.891\,047\,5 \end{bmatrix}$$

第三步,计算 $\hat{\alpha}$:

$$\hat{\alpha} = (B^T B)^{-1} B^T y_n$$

$$\hat{\alpha} = \begin{bmatrix} 4.949\,4 \times 10^{-5} & 9.349\,3 \times 10^{-3} \\ 9.349\,3 \times 10^{-3} & 1.891\,047\,5 \end{bmatrix} \begin{bmatrix} -27\,081.32 \\ 183.245 \end{bmatrix}$$

$$\hat{\alpha} = \begin{bmatrix} \alpha \\ u \end{bmatrix} = \begin{bmatrix} 0.372\,85 \\ 93.333\,6 \end{bmatrix}$$

因此,$\alpha = 0.372\,85 , u = 93.333\,6$。

第四步,进行灰色系统预测计算:

$$\hat{x}^{(1)}_{k+1} = 250.331 - 194.16 e^{-0.372\,85k}$$

$$\hat{x}^{(0)}_{k+1} = \hat{x}^{(1)}_{k+1} - \hat{x}^{(1)}_{k}$$

计算可以得到单位未来两年的千人负伤率分别为 3.06 和 2.11。其计算结果见表 14 - 11。

表 14 - 11　计算结果

序　号	$x^{(0)}$	$x^{(1)}$	灰色预测 $\hat{x}^{(1)}$	$\hat{x}^{(0)}$	$\hat{\varepsilon}^{(0)}$
1	56.165	56.165	56.165	56.165	0
2	55.65	111.815	116.594	60.429	-4.779
3	49.525	161.34	158.215	41.621	7.904
4	34.585	195.925	186.883	28.668	5.917

续表

序　号	$x^{\langle 0 \rangle}$	$x^{\langle 1 \rangle}$	灰色预测		
			灰色预测 $\hat{x}^{\langle 1 \rangle}$	$\hat{x}^{\langle 0 \rangle}$	$\hat{\varepsilon}^{\langle 0 \rangle}$
5	14.405	210.33	206.628	19.745	-5.34
6	9.525	219.855	220.228	13.60	-4.075
7	8.970	228.825	229.595	9.367	-0.397
8	6.475	235.30	260.047	6.452	0.023
9	4.110	239.41	240.491	4.444	-0.334
10	—	—	243.551	3.06	—
11	—	—	245.660	2.11	—

第五步,进行后验差检验:

$$\varepsilon_i^{\langle 0 \rangle} = x_i^{\langle 0 \rangle} - \hat{x_i^{\langle 0 \rangle}}, i = 1, 2, \cdots, n$$

$$\bar{\varepsilon}^{\langle 0 \rangle} = 0.440\ 8, s_1 = 4.158\ 9$$

$$\bar{x}^{\langle 0 \rangle} = 26.60, s_2 = 21.00$$

则

$$c = s_1/s_2 = 0.198 < 0.35$$

$$p = p\{|\varepsilon_i^{\langle 0 \rangle} - \bar{\varepsilon}^{\langle 0 \rangle}| < 0.674\ 5s_2\} = 1 > 0.95$$

对照表14-9,该灰色系统预测拟合精度为好,预测结果正确可靠。

思　考　题

1. 简述系统安全预测的定义。

2. 阐述系统安全预测的分类。

3. 请简要分析系统安全为什么可以进行预测。

4. 请阐述系统安全预测的步骤。

5. 请自设题目,制定一个通过德尔菲预测法开展系统安全预测的方案。

6. 某单位近10年的事故伤亡人数见表14-12,试用一元线性回归法预测事故的发展趋势。

表 14-12　某单位近 10 年来事故伤亡人数统计

年　份	2005	2006	2007	2008	2009	2010	2011	2012	2013	2014
伤亡人数	30	24	18	4	12	8	22	10	13	5

7. 某单位某年的事故受伤人数统计表见表14-13,使用指数函数 $y = ae^{bx}$ 进行回归分析。

表 14 - 13 某单位某年事故受伤人数统计

月　份	1	2	3	4	5	6	7	8	9	10	11	12
工伤人数	15	12	7	6	4	5	6	7	4	4	2	1

8.某企业近10年的事故伤亡人数见表 14 - 14,试用一元线性回归法预测事故的发展趋势。

表 14 - 14 某企业近 10 年来事故死亡人数统计

年　份	2005	2006	2007	2008	2009	2010	2011	2012	2013	2014
死亡人数	30	24	18	4	12	8	22	10	13	5

9.某矿某年的工伤人数的统计数据见表 14 - 15,试用指数函数 $y = a\mathrm{e}^{bx}$ 进行回归分析。

表 14 - 15 某矿某年工伤人数统计数据

月　份	1	2	3	4	5	6	7	8	9	10	11	12
工伤人数	15	12	7	6	4	5	6	7	4	4	2	1

10.某城市 2004—2014 年燃气事故统计数据见表 14 - 16,试用指数滑动平均法预测 2015—2020 年事故发生情况。

表 14 - 16 某城市 2004—2014 年燃气事故统计数据

年　份	2004	2005	2006	2007	2008	2009	2010	2011	2012	2013	2014
事故起数	320	432	632	704	875	760	583	345	648	297	98

11.某城市 2004—2014 年燃气事故统计数据见表 14 - 16,试采用一元线性回归法预测事故的发展趋势,并采用合理的函数进行回归分析。

12.某城市 2004—2014 年燃气事故统计数据见表 14 - 16,用灰色系统预测法 GM(1,1)预测该单位未来 5 年的事故发生情况,并对拟合精度进行后验差检验。

本章课程思政要点

激发学生自强不息和创新作为精神。基于数学理论开发的计算软件用于数据分析和预测,促进了科学研究的发展,如 Matlab、Maple、Spss、Mathematica 等。但是,这些软件均是由西方国家的公司开发的。经过多年的发展,我国软件行业虽然取得了一些成绩,但同国外先进产业技术相比仍然存在一些不足,在计算软件的使用上,仍然存在被西方国家"卡脖子"的问题,作为新时代的大学生,要深刻体会自强自立的时代精神,担当创新发展的重任,为我国的科学技术进步提供新鲜力量。

第十五章　安全决策方法

决策是人们进行选择或判断的一种思维活动,决策就是决定的策略和方法。决策在人们活动过程中随时都会遇到。安全决策方法源于人们对人类生存、生活空间的安全需要,源于人类对人类风险的正确分析。本章将就生产过程中的安全问题决策方法进行讨论。

第一节　概　述

一、安全决策

有人提出"决策就是做决定"或"管理就是决策"。这从不同的两个角度深刻地揭示了决策的基本内容。

决策就是做决定,也就是从可达到同样目标的许多可行方案中选定最优方案的过程。在这一过程中,要求人们的选择和判断应尽可能地符合客观实际,要做到这一点,决策者应最大可能了解问题的背景、环境和发展变化过程,拥有详细的信息资料并正确地使用决策方法。

管理就是决策,现代安全管理主要就是解决安全决策的问题。在现代安全管理中,面对许多安全生产问题,要求决策者能统观全局,立足改革,不失时机地做出可行和有效的决策,实现安全生产的目标。

安全决策就是针对生产活动中需要解决的特定安全问题,根据安全的法律法规、标准、规范等的要求,运用现代科学技术知识和安全科学的理论与方法,提出各种安全措施方案,经过分析、论证与评价,从中选择最优方案并予以实施的过程。

二、决策的类型

决策分类方法很多,一般决策问题根据决策系统的约束性与随机性原理可分为确定型决策和非确定型决策。

(一)确定型决策

确定型决策是一种在已知的、完全确定的自然状态下,选择满足目标要求的最优方案。

确定型决策问题应具备以下四个条件:

(1)存在一个希望达到的明确目标;

(2)仅存在一个确定的自然状态;

(3)存在着可供选择的两个或两个以上的抉择方案;

(4)不同的决策方案在确定的状态下的益损值(益或损失)可以计算出来。

(二)非确定型决策

当决策问题有两种以上自然状态时,哪种可能发生是不确定的,在此情况下的决策称为非确定型决策。

非确定型决策又可分为两类:决策问题自然状态的概率能确定,即在概率基础上做决策,但要冒一定的风险,这种决策称为风险型决策;如果自然状态的概率不能确定,即没有任何有关每一自然状态可能发生的信息,在此情况下的决策就称为完全不确定型决策。

风险型决策问题通常要具备如下五个条件:

(1)存在一个希望达到的明确目标;

(2)存在着无法控制的 2 种或 2 种以上的自然状态;

(3)存在着可供选择的 2 个或 2 个以上的抉择方案;

(4)不同的抉择方案在不同自然状态下的益损值可以计算出来;

(5)未来将出现哪种自然状态不能确定,但其出现的概率可以估算出来。

三、安全决策的分类

由于决策目标的性质、决策的层次和要求的差别,安全决策的分类很多。讨论决策,必须确定决策的层次,一定要划定决策者与被决策对象的范围以及它们相互作用构成的决策系统与外界的联系(外界有物质、能量和信息的交换)。几种常见的安全决策分类如下。

(1)系统安全管理决策:解决全局性重大问题的高层决策,主要解决安全方针、政策、规划、安全管理体制、法规、监督监察及推进安全事业发展等方面的决策。这类决策是基础性决策,涉及的范围广、影响时间长。

(2)工程项目建设的安全决策:为了保证新建、改建、扩建的工程项目能安全地投入生产,对工程项目设计进行安全论证、审核与安全评价方面的决策。涉及厂址选择、厂房布局、厂房结构、工艺过程、设备布置、物资储运、厂内交通、防火防爆等一系列问题,必须逐一做出决策。

(3)企业安全管理决策:为了健全、改善和加强企业的安全管理所进行的计划、组织、协调、控制以及预测和预防事故等方面进行的决策。

预测和预防事故是安全管理决策的主要内容之一。导致事故发生的直接原因是设备的不安全状态、人的不安全行为和作业环境不良。预防事故的对策是采取有效的技术措施,加强安全教育和加强安全管理。人、机、环境是分析的对象和决策的依据,技术、教育、管理是防止事故的保证,它们之间的因果关系如图 15-1 所示。

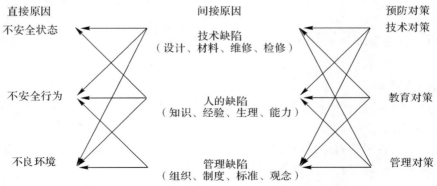

图 15-1　人、机、环境与技术、教育、管理对策的关系

(4)事故处理决策:主要是在事故发生后采取的调查、分析、处理及改善与改进的对策。当发生事故时,做出如何抢救现场人员的控制事故发展的决策。这种决策必须迅速、果断,虽不能万无一失,也要尽可能完善。因为稍有差错就可能使事故灾害扩大,造成更大的损失。

四、安全决策分析的任务与基本程序

(一)决策分析的任务

决策分析的任务就是在找到问题产生的根源的基础上,经过调查研究与分析,寻找解决问题的方法与对策。这是管理上最感困难而又最为繁重的工作。

对一个大的复杂问题,由于涉及面较广,因而需要慎重考虑、充分分析和认真比较。为此必须考虑和回答下列问题:

(1)制定对策、解决问题,希望达到哪些目标?

(2)希望达到的目标中,哪些是主要的(必须达到)? 哪些目标希望能达到?

(3)用于达到目标的可行性方案有哪些?

(4)哪些方案可能达到决策目标?

(5)哪些方案可能发生不良后果?

(二)决策要素

决策要素的组成如图 15-2 所示。

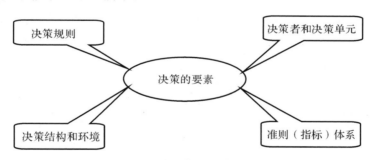

图 15-2　决策要素的组成

1. 决策者和决策单元

决策者是指对所研究问题有权利、有能力做出最终判断与选择的个人或集体。其责任在于提出问题、规定总任务和总需求、确定价值判断和决策规划、提供倾向性意见、抉择最终方案并组织实施。

决策单元是决策的主体,包括决策者及共同完成决策分析研究的决策分析者,以及用以进行信息处理的设备。其工作是接受任务、输入信息、生成信息和加工成智能信息,从而产生决策。

2. 准则(指标)体系

对待决策的问题,必须首先定义它的准则。在决策中,准则常具有层次结构,包含目标和属性两类,形成多层次的准则体系。

准则体系最上层的准则只有一个,一般比较宏观、笼统、抽象,不便于量化。一般要将总准

则分解为各级子准则,直到相当具体、直观,并可以直接或间接地选用具体的决策方案为止。

在层次结构中,下层的准则比上层的准则更加明确、具体并便于比较、判断和测算,它们可作为达到上层准则的某种手段。下层子准则的集合一定要保证上层准则的实现,子准则之间可能一致,亦可能相互矛盾,但要与总准则相互协调。

3.决策结构和环境

决策结构和环境属于决策的客观态势。为阐明决策态势,必须清楚决策问题(系统)的组成、结构和边界条件,以及所处的环境。它需要标明决策问题的输入类型、数量,决策变量(包括各种备选方案)以及测量类型,决策变量(方案)和属性、属性与准则之间的关系。

决策变量又称可控变量,它是决策的客观对象。在自然系统中,决策变量是表征系统主要特征的一组性能、参数,由决策变量可以组合出多个备选方案,其范围由一组约束条件所限制。决策变量又分为两种类型,即连续型和离散型。

决策的环境条件可以区分为确定性和非确定性两大类。确定性环境条件是指出现可能性很大的环境条件;非确定性环境条件是指出现可能性很小的环境条件。

4.决策规则

在做出最终抉择的过程中,要按照方案结果进行择优排序。这种促使方案完全序列化的规则,便称为决策规则。

然而在多准则决策问题中,各种方案是不完全有序的,准则之间往往存在矛盾,如各准则的量纲不统一等。因此,各个准则均为最优的方案通常是不存在的,决策者只能按独有的判断规则和以往的经验确定最终方案。

(三)安全决策分析的基本程序

决策是一个过程。要做出科学的、正确的决策,应遵循必要的程序和步骤。安全决策与一般的决策过程一样,其基本程序如图 15-3 所示。

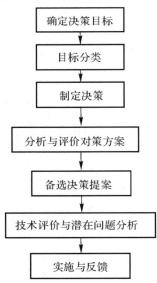

图 15-3 安全决策分析的基本程序

1.确定决策目标

决策过程首先需要明确目标,也就是要明确所需要解决的问题,正确确定目标是决策分析的关键。就安全而言,其目标就是从科学的安全发展观出发,保障人们的生产安全、生活安全、生存安全和健康。但是,这样的目标所涉及的范围和内容太广泛了,以致无法操作和决策,因此要进一步地界定、分解和量化。安全寓于生产过程之中,因此安全决策所涉及的主要问题就是保证安全生产。而安全生产这一总目标可以分解为防止事故发生、消除职业病和改善劳动条件3个基本目标。对已分解的目标,还应根据行业的不同、现实条件的不同(如经济水平、技术水平、管理水平等)、边界约束条件的不同,区分目标的实现层次及内涵。

2.目标分类

安全生产是一个总的目标,对于具体行业或具体单位来讲,安全生产问题是多方面的。决策目标在尽可能详尽地列出之后,应把所有目标划分为必须目标和期望目标。也就是说,哪些目标必须达到,哪些目标希望达到,应该分类明确。

在目标分类时,要把边界划清,即划定安全与危险的边界、可行与不可行的边界以及确定现实条件(经济保证、技术保证和管理保证);要把需要解决的问题的性质、种类、范围、时间、部位、约束条件等弄清楚,权衡整体的利弊得失,从而定出它们的先后顺序。

决策目标应有明确的指标要求,如事故发生概率、严重度、损失率以及时间指标、技术指标等,作为以后实施决策过程中的检验标准。对于难以量化的目标,也应尽可能加以具体说明。

3.制定对策

在目标确定之后应进行技术性论证,其目的是寻求对实施手段与途径的战术性的决策。在这个过程中,决策人员应用现代科学理论与技术对达到目标的手段进行调查研究、预测分析,进行详细的技术设计,拟出几个可供选择的方案。

4.分析与评价对策方案

各种对策方案制定出以后,应根据目标进行分析与评价。首先根据总目标和指标,将那些不能完成必须目标的方案舍弃掉,将那些能够完成必须目标的方案保留下来。然后用期望目标去衡量,考虑到每个方案达到每个期望目标的程度,可用加权法来划分,求出每个方案的期望值权重,期望值权重大者,应为最优先的备选方案。

5.备选决策提案

能够达到必须目标,并且对完成期望目标取得较大权重的对策方案,称为备选决策提案。备选决策提案不一定是最后决策方案,需要经过技术评价和潜在问题分析(主要是不良影响分析),做进一步的慎重研究。

6.技术评价与潜在问题分析

技术评价一般要考虑备选决策提案对自然和社会环境的各种影响所导致的安全对策问题,应侧重在安全评价、对系统中固有的或潜在的危险及其严重程度进行分析和评估。对备选决策提案要提出"假如采取,将会产生什么样的结果? 可能导致哪些不良和错误?"。对于安全决策提案要注意以下几个方面。

(1)人身安全方面。主要包括是否有造成工伤、中毒的危险,有无生命危险,有无生疾病的后遗症的危险,是否会加重人的疲劳,是否会带来精神紧张等。

（2）人的精神和思想方面。主要包括是否会造成人的思想观念的变化，是否会造成人的兴趣爱好和娱乐方式的变化，是否造成人的情绪和感情方面的变化，是否对个人生活和家庭生活产生影响导致不安全感和束缚感等。

（3）人的行动方面。主要包括能否造成生活方式的变化（多样化或单一化），能否影响生活的时间划分（劳动时间、休息时间、学习时间、家庭生活时间）等。

总之对备选决策方案，决策者要向自己多提问题，从一连串的提问中发现各种可行方案的不良后果，把它们——列出并进行比较，以决定取舍。一旦选定决策方案，就决策过程而言，分析问题决策过程完结，但是要把解决问题的决策付诸实施还没有完成。

7. 实施与反馈

决策是为了实施，为了使决策方案在实施中取得满意的效果，执行时要制定规划和进程计划，健全机构，组织力量，落实负责部门与人员，及时检查与反馈实施情况，使决策方案在实施中趋于完善并达到期望的效果。

五、潜在问题分析

潜在问题分析就是对所选择的方案和实施计划预测其未来可能发生的问题，同时找出发生问题的原因，制定预防措施、应变措施以及发生问题时及时补救措施。

（一）进行潜在问题分析应考虑的问题

（1）可能发生哪些问题将影响决策目标？
（2）发生这些问题的可能原因是什么？
（3）有哪些预防措施可以消除产生这些问题的原因？
（4）有哪些应变措施可以减少对决策目标的影响？
（5）需要哪些信息资料来决定应变措施的实施？
（6）如何反馈执行方案的进展情况？

（二）潜在问题分析的基本程序

潜在问题分析的基本程序如图 15 - 4 所示。

图 15 - 4 潜在问题分析的基本程序

（1）预测潜在问题。应用预测方法预测未来可能发生哪些问题。在制定计划时，对一些要素、单位、活动或步骤需要特别注意，以免出问题影响整个计划的进行。这些应该注意的地方，叫作关键区域，如某生产装置很复杂，以前没有先例，操作人员又没有经验，而且生产过程中很多因素是不能直接看见的，或者期限又非常紧迫，而且万一失败，其影响很大等。找出这些关键区域之后，对区域内的一切活动，必须——提出"哪些将会发生偏差"，并逐一做出确切的回答。根据这些答案，便可发现许多潜在问题。

（2）评价影响度。要评价每个潜在问题对整个计划的影响度，包括问题发生的可能性和影响的严重性。

（3）制定预防措施。在确认了对整个计划影响度比较大的潜在问题后，就要进行分析研究、采取措施。首先要找出发生的可能原因，再针对这些原因，进行重点分析研究，制定出相应的预防措施和应变措施。

（4）指导正确实施。决策目标具体、明确，完成目标的实施计划井然有序，潜在问题分析准确，应变措施周密、充足，决策者对解决问题心中有数，才能指导正确实施。对于复杂的重大问题，决策者并非都能亲临现场进行指导和实践，这就有一个信息交流问题。首先，决策者应向下级管理人员指出执行这一计划的关键区域和关键点。在执行计划到达关键点之前，要适时地将预防措施和应变措施方案提供给执行计划的管理人员，作为采取适当措施的依据。潜在问题分析可使用表 15-1 的格式进行。

表 15-1　潜在问题分析表

项　　目		内容记载
潜在问题		
可能性		
严重性		
责任		
潜在后果		
可能原因		
预防措施		
应变措施		
进度计划	需要采取的应变措施	
	计划执行关键	

第二节　安全决策的常用方法简介

安全决策是一门交叉学科，它既含有从运筹学、概率论、控制论、模糊数学等引入的数学方法，也含有从安全心理学、行为科学、计算机科学、信息科学引入的各种社会、技术科学。

根据决策环境，考虑属性量化程度，可以把多属性决策问题区分为确定性和非确定性两类，相应的决策方法就是确定性多属性决策方法、定性与定量相结合的决策方法和模糊多属性决策方法。在安全决策中，针对所决策问题的性质、条件、风险性大小的不同，可以综合运用多种方法。

一、多属性决策方法

多属性决策方法就是一个对属性及方案信息进行处理选择的过程。该过程所用的基础数据主要是决策矩阵 A、属性 $f_i(i \in M)$ 和（或）方案 $x_i(i \in N)$ 的偏好信息（倾向性）。决策矩阵 A 一般由决策分析人员给出，它提供了分析决策问题的基本信息。需要指出的是，A 的元素在形式上并非是定量化的，它们也可以是定性的，甚至是模糊的。但对于确定性多属性决策，矩阵 A 是定量化的，$f_i(i \in M)$ 和（或）$x_i(i \in N)$ 的倾向性信息的量化一般由决策者给出。根据决策者对决策问题提供信息的过程及充分程度的不同，可将确定多属性的决策方法归纳为无倾向性信息的决策方法、属性倾向性信息的决策方法和方案倾向性信息的决策方法三类。鉴于安全决策问题的复杂性，这里只介绍几种无倾向性信息的决策方法，即筛选方案的方法。

(一)优势法

优势法的操作过程是从备选方案集合 $R = \{x_1, x_2, \cdots, x_n\}$ 中任取两个方案(记为 $\bar{x}_1$ 和 $\bar{x}_2$),若决策者认为 $\bar{x}_1$ 劣于 $\bar{x}_2$,则剔去 $\bar{x}_1$,保留 $\bar{x}_2$;若无法区分两者的优劣,皆保留。将留下的方案与 R 中的第三个方案 $\bar{x}_3$ 做比较,如果它劣于 $\bar{x}_3$,则剔去前者;如此进行下去,经 $n-1$ 步后便确定了非劣方案的解集合 $R^{\#}$。

(二)连接法

连接法要求决策者对表征方案的每个属性提供一个可接受的最低值,称为切除值。只有当一个方案的每个属性值均不低于对应的切除值时,该方案才能保留。若方案 x 被接受,即

$$f_i(x) \geqslant f_i^0 \quad (i \in M, x \in R) \tag{15-1}$$

式中:f_i^0——i 个属性的切除值。

切除值的规定是该方法的关键所在,如果定得过高,将淘汰过多方案;定得太低,又会保留过多方案。可按下列方式来确定切除值:令 r 为被淘汰方案的比例,P 为任一随机选出的方案的概率。设两者的关系为 $r = 1 - P_e^m$,则有

$$P_e = (1-r)^{1/m} \tag{15-2}$$

【例 15-1】若 $m = 6$,$r = 0.75$,则 $P_e = (1-0.75)^{\frac{1}{6}} = 0.79$,即对每个属性所设定的切除值应保证有至少 79% 的方案数对应的属性值超过该切除值。

另外,也可以用迭代法由低到高逐步提高切除值,直到得到所希望保留的方案数为止。

(三)分离法

分离法用来在筛选方案时仍要对每个属性设定切除值。但和连接法不同的是,并不要求每个属性值都超过这个值,只要求方案中至少有一个属性值超过切除值就被保留。按此原则,方案 x 满足

$$f_i(x) \geqslant f_i^d (当 i = 1 或 i = 2 或 \cdots 或 i = m, x \in R) \tag{15-3}$$

式中:f_i^d——规定的切除值。

分离法保证了凡在某一属性上占优势的方案皆被保留,而连接法则保证了凡在某一属性上处于劣势的方案皆被淘汰。显然,它们不宜用于方案排序,但却可以保证经上述两种方法筛选后,方案集合 R 中所剩的方案已基本上是非劣方案。

【例 15-2】设某生产线,安全技术改造方案所涉及的各种因素的集合见表 15-2。

表 15-2 安全技术改造方案集合

备选方案 x_i	属性 f_i					
	最大生产量 f_1/t	多品种生产性 f_2	可靠性 f_3	自动化程度 f_4	安全技术改造费 $f_5/万元$	风险率 f_6
x_1	20	中	中等	中等	900	10^{-6}
x_2	25	低	低	低	1 200	10^{-3}
x_3	18	高	高	高	1 000	10^{-4}
x_4	22	中	中等	中等	950	10^{-4}

该安全技术改造问题决策矩阵为

$$\boldsymbol{A} = \begin{bmatrix} & f_1 & f_2 & f_3 & f_4 & f_5 & f_6 \\ x_1 & 20 & 中 & 中 & 中 & 900 & 10^{-6} \\ x_2 & 25 & 低 & 低 & 低 & 1\,200 & 10^{-3} \\ x_3 & 18 & 高 & 高 & 高 & 1\,000 & 10^{-4} \\ x_4 & 22 & 中 & 中 & 中 & 950 & 10^{-4} \end{bmatrix}$$

解：(1)用优势法。定义：在多准则决策问题中，设 $\bar{x} \in R$，若不存在 $x \in R$ 满足 $F(x) \geqslant F(\bar{x})$，则称 $\bar{x}$ 为多准则决策问题的非劣解（其中，R 为备选方案的集合）。

用此概念去考察这 4 个方案，并不存在 $F(x) \geqslant F(\bar{x})$ 的情况，因此 x_1, x_2, x_3, x_4 均为非劣解。

若假设 $f(x_1) = f(x_4)$，则可导出 $x_1 > x_4$，此时 x_4 是劣解，应予以剔除。

(2)用连接法。若设定切除值：

$$\boldsymbol{F}^c = \begin{bmatrix} f_1^c & f_2^c & \cdots & f_6^c \end{bmatrix}^T = \begin{bmatrix} 10 & 中 & 中 & 中 & 1\,000 & 低 \end{bmatrix}$$

则可接受的方案集合 c 为

$$R_c = \bigcap_{i=1}^{m} \{x \mid f_i(x) \geqslant f_i^c, x \in R\} = \{x_1, x_3\}$$

(3)采用分离法。设定 $\boldsymbol{F}^c = \begin{bmatrix} 20 & 中 & 中 & 中 & 1\,000 & 低 \end{bmatrix}^T$，则可接受方案的集合 R_d 为

$$R_d = \bigcup_{i=1}^{m} \{x \mid f_i(x) \geqslant f_i^d, x \in R\} = \{x_1, x_3, x_4\}$$

二、ABC 分析法

ABC 分析法又叫 ABC 管理法、主次图法、排列图、巴雷托图等。该法是由巴雷托法则转化而来的。借用德鲁克的话来讲，就是"在社会现象中，少数事物（10%～20%）对结果有 90% 的决定作用，而大部分事物只对结果有 10% 以下的决定作用。"这就是"关键的少数与次要的多数"原理。

ABC 分析方法运用在安全管理上，就是应用"许多事故原因中的少数原因带来较大的损失"的法则，根据统计分析资料，按照不同的指标和风险率进行分类与排列，找出其中主要危险或管理薄弱环节，针对不同的危险特性，实行不同的管理方法和控制方法，以便集中力量解决主要问题。

ABC 分析法可用图形（巴雷托图）表示。

化工企业因安全管理的缺陷造成的事故统计数据列入表 15-3。

表 15-3　化工企业因安全管理的缺陷造成的事故统计数据

事故类型	事故数	相对频率/(%)
违反操作规程	6 258	67.02
现场缺乏检查	1 050	11.24
不懂操作技术	735	7.87
违反劳动纪律	329	3.53

续表

事故类型	事故数	相对频率/(%)
劳动组织不合理	301	3.22
操作错误	272	2.91
指挥错误	143	1.53
规章制度不健全	137	1.47
没有安全规程	113	1.21
总计	9 338	100

根据表 15-3 画出安全管理项目的巴雷托分布图,如图 15-5 所示。该图是一个坐标曲线图,其横坐标为所要分析的对象,如某一系统中各组成部分的故障类型、某一失效部件的各种原因等(如表 15-3 中的事故类型),纵坐标即横坐标所标示的分析对象的量值,如失效系统中各组成部分事故相对频率、某一失效系统和部件的各种原因的时间或财产损失等。

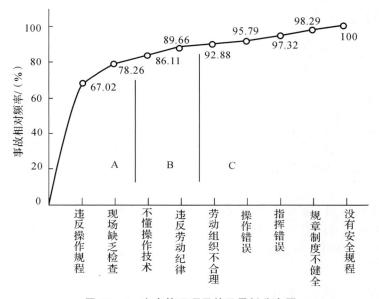

图 15-5　安全管理项目的巴雷托分布图

根据图 15-5 中的巴雷托曲线对应(纵坐标)的频率,就可查出关键因素和部件。通常将占累加百分数 0~90% 的部分或因素称为主要因素或主要部位,其余 10%(90%~100%)的部分称为次要因素或次要部位。0~80% 的部分或因素称为关键因素或关键部位,即 A 类(如图中违反操作规程和现场缺乏检查两项),80%~90% 的部分或因素划为 B 类(如图中不懂操作技术和违反劳动纪律两项),余下部分或因素划为 C 类。

在实际安全管理中,若不做分析图,也可用表 15-4 来划分 A、B、C 的类别。

表 15 - 4　A、B、C 类别划分的参考因素

因　素	A	B	C
事故严重程度	可造成人员死亡	可能造成人员严重伤害、重职业病	可能造成轻伤
对系统的影响程度	整个系统或两个以上的子系统损坏	某子系统损坏或功能丧失	对系统影响较少
财产损失	可能造成严重的损失	可能造成较大的损失	可能造成轻微的损失
事故概率	容易发生	可能发生	不大可能发生
对策的难度	很难防止或投资很大、费时很多	能够防止、投资中等、费时不很多	易于防止、投资不大、费时少

三、智力激励法

智力激励法也称为头脑风暴法或集思广益法，是一种运用集体智慧的方法。该方法为集中一批富有经验、个性的人在一起讨论，由于每人的知识和经验不同，掌握的材料不同，观察问题的角度和分析问题的方法不同，所以在拥有大范围的知识和经验基础上通过相互讨论与交流，就可以激出更多的想法与对策。

（一）专家评审法

专家评审法的关键就是邀集一批专家，针对所要决策的问题，敞开思想，各抒己见，畅所欲言，言无不尽。为了做到这点，应做到：

(1)与会者没有上、下级之分，要平等相待；

(2)允许胡思乱想；

(3)不回避矛盾；

(4)不允许否定和批评别人意见；

(5)可对别人的意见作补充和发表相同意见。

这种做法不仅适用于对重大问题的决策，也适用于对一个车间、一个班组的安全问题的决策。

（二）德尔菲法

德尔菲法也称专家预测法。组织者针对要决策的问题，首先编写出一个意见征询表，将问题及要求函寄给专家们，要求他们限期寄回书面回答；然后将所得看法或建议加以概括，整理成一份综合表，加上意见征询表再寄给各专家，征求第二次书面意见，使专家们在别人意见的启发下提出新的设想，或对自己的意见加以补充或修改。根据情况需要，经过几次反馈后，意见逐步集中和明确，从而可获得较好的预测或决策方案。

四、评分法

评分法根据预先规定标准用分值作为衡量抉择的优劣尺度，对抉择方案进行定量评价。如果有多个决策（评价）目标，则先分别对各个目标评分，再经处理求得方案的总分。

（一）评分标准

评分按 5 分制进行,见表 15-5。

表 15-5　方案的评分标准

方案状态	理想状态	正常状态	一般状态	较差状态	差的状态
得　分	5	4	3	2	1
评　述	优秀	良好	中等	及格	不及格

（二）评分方法

由专家根据评价目标对各个抉择方案评分,取平均值或除去最大、最小值后的平均值作为分值。

（三）评价目标体系

评价目标一般包括 3 个方面的内容,即技术目标、经济效益目标和社会效益目标。就安全管理决策来说,若有几个不同的抉择方案,则其评价目标体系的组成内容如下。

(1)技术方面:先进性、可靠性、安全性、维修性、操作性、可换性等。

(2)经济效益方面:成本、质量、原材料、时间等。

(3)社会效益方面:劳动条件、环境、习惯、生活方式等。

目标数不宜过多,否则难以突出主要因素,不易分清主次,同时还会给参加评价的人员造成很大的心理负担,评价结果反而不能反映实际情况。

（四）加权系数

各项评价目标其重要性程度是不一样的,必须给每个评价目标一个量化系数。加权系数大,意味着重要程度高。为了便于计算,一般取各评价目标加权系数之和为 1。

评价目标加权数（g_i）可用下式进行计算:

$$g_i = \frac{k_i}{\sum_{i=1}^{n} k_i} \tag{15-4}$$

式中:k_i——各评价目标的总分;

n——评价目标数。

加权系数可由经验确定或用判别表法列表计算等。判别表格式见表 15-6,将评价目标的重要性两两比较,同等重要的各给 2 分;某一项比另一项重要者则分别给 3 分和 1 分;某一项比另一项重要得多,则分别给 4 分和 0 分。将对比的给分填入表中。

表 15-6　加权系数判别计算表

比较者	被比者					
	A	B	C	D	k_i	$g_i = \frac{k_i}{\sum_{i=1}^{n} k_i}$
A	—	1	0	1	2	0.083
B	3	—	1	2	6	0.250

续表

比较者	被比者				k_i	$g_i = \dfrac{k_i}{\sum\limits_{i=1}^{n} k_i}$
	A	B	C	D		
C	4	3	—	3	10	0.417
D	3	2	1	—	6	0.250
重要度排序 $C>B,D>A$				$\sum\limits_{i=1}^{4} k_i = 24$		$\sum\limits_{i=1}^{4} g_i = 1.0$

当目标较多时,比较过程要冷静、细致,否则会引起混乱,陷入自相矛盾的境地。

另一种办法是对多个目标不是一对一地逐个对比,而是只依次对两个目标作一次比较,见表 15-7。

表 15-7 重要度比较表

目 标	暂定重要程度	修正重要程度	加权系数
A	2.0	1.0	0.235
B	0.5	0.75	0.176
C	1.5	1.5	0.353
D		1.0	0.235
重要度排序 $C>B,D>A$	$\sum\limits_{i=1}^{4} k_i = 4.25$		$\sum\limits_{i=1}^{4} g_i = 1.0$

按从上到下的顺序,对上、下两个相邻目标进行比较。先比较目标 A 和 B,认为 A 的重要性是 B 的 2 倍,而 B 的重要性是 C 的一半,这样一直进行到底。若把最后一项目标 D 的数值假定为 1.0,因为它上面的目标 C 是 D 的 1.5 倍,所以修正的重要程度即为原来的 1.5 倍($DC=1\times1.5=1.5$)。目标 C 上面的目标 B 是 C 的一半,故修正的重要程度为 0.75($CB=1.5\times0.5=0.75$)。目标 B 上面的目标 A 是 B 的 2 倍,故修正的重要程度为 1($BA=0.5\times2=1.0$)。由此看出,目标 C 最重要,其次是 A、D 同等重要,最不重要的是 B。

最后求出各修正程度系数之和,并以其和除以各修正重要程度系数即得到各目标的加权系数。该方法较上述方法可用较少的判断次数来确定重要程度,但主观因素也更强一些。

(五)定性目标的定量处理

有些目标,如美观、舒适等,很难定量表示,一般只能用很好、好、较好、一般、差或优、良、中、及格、不及格等定性语言来表示。这时可规定一个相应的数量等级,如很好或优给 5 分,好或良给 4 分,差或不及格给 1 分。

但应注意,诸如美观、舒适之类的指标,不同的人有不同的感受,如操作坐椅,对形体高大的人认为舒适,而对形体矮小的人感觉可能相反;对美观更是如此。因此,他们对同一事物可能给出不同的评分。这时可用概率决策方法来处理,求其期望价值 $E(V)$:

$$E(V) = \sum_{i=1}^{n} P_i V_i \qquad\qquad (15-5)$$

式中：V_i —— 目标 i 可能有的价值；

$\qquad P_i$ —— 特定价值发生的概率；

$\qquad n$ —— 目标数。

(六)计算总分

计算总分有多种方法，见表 15－8，可根据具体情况选用。总分或有效值高者为较佳方案。

表 15－8 总分计分方法

方　　法	公　　式	说　　明
分值相加法	$Q_1 = \sum_{i=1}^{n} k_i$	计算简单，直观
分值相乘法	$Q_2 = \prod_{i=1}^{n} k_i$	各方案总分相差大，便于比较
均值法	$Q_3 = \dfrac{1}{n} \sum_{i=1}^{n} k_i$	计算较简单，直观
相对值法	$Q_4 = \dfrac{\dfrac{1}{n} \sum\limits_{i=1}^{n} k_i}{n Q_0}$	$Q_4 \leqslant 4$，能看出与理想方案的差距
有效值法（加权计分法）	$N = \sum_{i=1}^{n} k_i g_i$	总分中考虑各评价目标的重要度

注：Q —— 方案总分值；N —— 有效值；n —— 评价目标数；k_i —— 各评价目标的评分值；g_i —— 各评价目标的加权系数；Q_0 —— 理想方案总分值。

五、重要度系统评分法

重要度系统评分法适于评价多层次的复杂系统，以图 15－6 为例。

首先对图 15－6 中的同一指标体系的底层对象评分，有几个不同指标的底层对象就对图中虚线方框内的元素（F_{11}，F_{12}，F_{13}）（F_{21}，F_{22}）（F_{31}，F_{32}，F_{33}，F_{34}）评几次分；然后再对中间层（子系统）（F_1，F_2，F_3）评分。每次评分中的指标对象都有同一目的，因为都是从上一层的一个直接的指标对象分出，所以可比性强。另外，又由于每次评分时组内的对象个数少，通常可采用直接评分法，这样可使评分者易于准确地表达自己的意见，因而比较简单明了。评分结果注于相应的对象之后，用 f_i 及 f_{ij} 来表示。

下面分别介绍各对象的最终评分值的计算方法。

把每一个虚线方框内的得分归一化，其计算如下：

$$\bar{f}_1 = \frac{f_1}{f_1 + f_2 + f_3}, \quad \bar{f}_2 = \frac{f_2}{f_1 + f_2 + f_3}, \quad \bar{f}_3 = \frac{f_3}{f_1 + f_2 + f_3}$$

$$\bar{f}_{11} = \frac{f_{11}}{f_{11} + f_{12} + f_{13}}, \quad \bar{f}_{12} = \frac{f_{12}}{f_{11} + f_{12} + f_{13}}, \quad \bar{f}_{13} = \frac{f_{13}}{f_{11} + f_{12} + f_{13}}$$

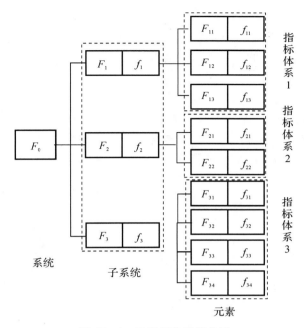

图 15 - 6　重要度体系评分图

其他计算以此类推，$\bar{f}_i$、$\bar{f}_{ij}$ 分别表示各对应对象的归一化。

计算各对象的最终得分，可用下式进行计算：

$$f'_{ij} = \bar{f}_i \bar{f}_{ij} \qquad\qquad (15-6)$$

式中：f'_{ij}——各相应对象的最终得分。

【例 15-3】下面根据图 15-6，计算几个对象的得分。设 F_1 得 6 分，F_2 得 9 分，F_3 得 11 分。首先归一化得

$$\bar{f}_1 = \frac{f_1}{f_1 + f_2 + f_3} = \frac{6}{6+9+11} = 0.23$$

$$\bar{f}_2 = \frac{f_2}{f_1 + f_2 + f_3} = \frac{6}{6+9+11} = 0.35$$

$$\bar{f}_3 = \frac{f_3}{f_1 + f_2 + f_3} = \frac{6}{6+9+11} = 0.42$$

这里仅以 F_1 下层对象得分的计算为例。应该注意，下层对象的得分之和，应等于上层对象的得分。这样 F_{11} 得 2 分，F_{12} 得 3 分，F_{13} 得 1 分，然后归一化得

$$\bar{f}_{11} = \frac{f_{11}}{f_{11} + f_{12} + f_{13}} = \frac{2}{2+3+1} = 0.33$$

$$\bar{f}_{12} = \frac{f_{12}}{f_{11} + f_{12} + f_{13}} = \frac{2}{2+3+1} = 0.5$$

$$\bar{f}_{13} = \frac{f_{13}}{f_{11} + f_{12} + f_{13}} = \frac{2}{2+3+1} = 0.17$$

然后根据式(15-6)计算各对象的最终得分为

$$F_{11}: f'_{11} = \bar{f}_1 \bar{f}_{11} = 0.23 \times 0.33 = 0.076$$

$$F_{12}:f'_{12}=\overline{f}_1\overline{f}_{12}=0.23\times0.5=0.12$$

$$F_{13}:f'_{13}=\overline{f}_1\overline{f}_{13}=0.23\times0.17=0.039$$

同理可以算出 F_2 和 F_3 的下层各对象的得分。

六、决策树法

决策树是决策过程中一种有序的概率图解表达。决策树分析决策方法又称概率分析决策方法,是风险型决策中的基本方法之一。决策树法是一种演绎性方法,它将决策对象按其因果关系分解成连续的层次与单元,以图的形式进行决策分析。

(一)决策树的结构

决策树的结构如图 15-7 所示。

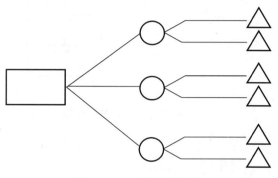

图 15-7　决策树的结构

图 15-7 中符号意义如下:

(1)□表示决策点,从它引出的分枝叫方案分枝,分枝数即为可能的行动方案数;

(2)○表示方案节点,也称自然状态点,从它引出的分枝叫概率分枝,每条分枝的上面注明了自然状态(客观条件)及其概率值,分枝数即为可能出现的自然状态数;

(3)△表示结果节点,也称"末梢",它旁边的数值是每一方案在相应状态下的收益值。

(二)决策步骤

首先根据问题绘制决策树,然后由左向右逐一进行分析,根据概率分枝的概率值和相应结果节点的收益值,计算各概率点的收益期望值,并分别标在各概率点上,再根据概率点期望值的大小,找出最优方案。

(三)决策树分析法的特点

(1)决策树能显示出决策过程,不但能统观决策过程的全局,而且能在此基础上系统地对决策过程进行合理分析,集思广益,便于做出正确决策。

(2)决策树将一系列具有风险性的决策环节联系成一个统一的整体,有利于在决策过程中周密思考,能看出未来发展的趋势,易于比较各种方案的优劣。

(3)决策树法既可进行定性分析,也可进行定量分析。

【例 15-4】某厂因生产上的需要,考虑自行研制一个新的安全装置。首先,这个研制项目是否要向上级公司申报,如果准备申报,则需要申报的费用为 5 000 元;不准备申报,则可省去这笔费用。这一事件决策者完全可以自身决定,是一个主观抉择环节。如果决定向上申报,上级公司批准的概率为 0.8,而不批准的概率为 0.2,这种不能由决策者自身抉择的环节称为客观随机抉择环节。接下来是采取"本厂独立完成"形式还是由"外厂协作完成"形式来研制这一安全装置,这也是主观抉择环节。每种形式都有失败可能,如果研制成功(无论哪一种形式),能有 6 万元的效益;若采用"本厂独立完成"形式,则研制费用为 2.5 万元,成功概率为 0.7,失败概率为 0.3;若采用"外厂协作完成"形式,支付研制费用为 4 万元,成功概率为 0.9,失败概率为 0.1。

解:第一步,做出决策树,如图 15－8 所示。

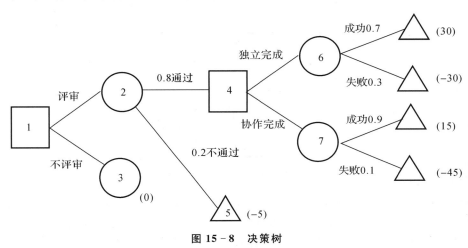

图 15－8　决策树

第二步,根据已知条件计算各结果点的收益值(收益效益－费用),并标注在"△"符号旁。

独立研制成功的收益:$60-5-25=30$(千元)

独立研制失败的收益:$0-5-25=-30$(千元)

协作研制成功的收益:$60-5-40=15$(千元)

协作研制失败的收益:$0-5-40=-45$(千元)

根据期望值公式计算独立研制成功的期望值和协作研制成功的期望值。

独立研制成功的期望值为

$$E(V_6)=\sum_{i=1}^{n}P_iV_i=0.7\times30+0.3\times(-30)=12$$

协作研制成功的期望值为

$$E(V_7)=\sum_{i=1}^{n}P_iV_i=0.9\times15+0.1\times(-45)=9$$

根据期望值决策准则,决策目标是收益最大,则采用期望值最大的行为方案;如果决策目标是使损失最小,则选定期望值最小的行动方案。

本例选用期望值大者,即选用独立研制形式。

申报环节的期望值为

$$E(V_2)=\sum_{i=1}^{n}P_iV_i=0.8\times12+0.2\times(-5)=8.6$$

七、技术经济评价法

技术经济评价法的特点是对抉择方案进行技术经济综合评价时,不但考虑各评价目标的加权系数,而且所取的技术价和经济价都是相对于理想状态的相对值,这样更便于决策时判断和选择,也利于方案的改进。

(一)技术评价

技术评价的步骤如图 15-9 所示。

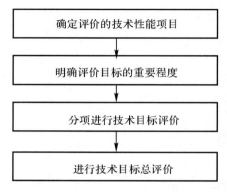

图 15-9　技术评价的步骤

在明确评价目标的重要程度的众多技术目标中,要明确哪些是必须满足的,低于或高于该目标(指标)就不合格,即所谓固定要求;哪些是可以给出一个允许范围的,也即有一个最低要求;哪些只是一种尽可能考虑的愿望,即使达不到,也不影响根本性质,即希望的要求。明确了各项技术具体指标就为确定评价目标的重要程度创造了有利条件。

分项进行技术目标评价采用评分法进行。

技术目标总评价是在分项评分的基础上进行总的评价,即各技术目标的评分值与加权系数乘积之和与最高分(理想方案)的比值:

$$W_t = \frac{\sum\limits_{i=1}^{n} \dfrac{V_i g_i}{n}}{V_{max} \sum\limits_{i=1}^{n} g_i} = \frac{\sum\limits_{i=1}^{n} V_i g_i}{n V_{max}} \tag{15-7}$$

式中:W_t—— 技术价;

　　V_i—— 各技术评价目标(指标)的评分值;

　　g_i—— 各技术价目标的加权系数,取 $\sum\limits_{i=1}^{n} g_i = 1$;

　　V_{max}—— 最高分(理想方案,5 分制的 5 分);

　　n—— 技术评价目标数。

技术价 W_t 越高,方案的技术性能越好。理想方案的技术价为 1,$W_t < 0.6$ 表示方案不可取。

(二)经济评价

1. 按成本分析的方法求出各方案的制造费用 C_i

确定该方案理想制造费用 C_1。一般理想的制造费用是允许制造费用 C 的 0.7 倍:

$$C = \frac{C_{M \cdot min}}{\beta} \quad \left(\beta = \frac{C_s}{C_i}\right) \qquad (15-8)$$

式中：$C_{M \cdot min}$——合适的市场价格；

　　C_s——标准价格，包括研制费用、制造费用、行政管理费用、销售费用、盈利和税金的总和。

2.确定经济价

$$W_w = \frac{C_1}{C_i} = \frac{0.7C}{C_i} \qquad (15-9)$$

经济价 W_w 越大，方案的经济效果越好。理想方案的经济价为 1，表示实际生产成本等于理想成本。W_w 的许用值为 0.7，表示实际生产成本等于允许生产成本。

（三）技术经济综合评价

可以用计算或图法处理技术价和经济价，进行技术、经济的综合评价。

1.相对价

$$W = \sqrt{W_t + W_w} \qquad (15-10)$$

2.均值法

$$W = \frac{1}{2}(W_t + W_w)$$

3.双曲线法

相对价 W 大，方案的技术经济综合性能好，一般应取 $W > 0.65$。当 W_t、W_w 两项中有一项数值较小时，用双曲线法能使 W 明显变小，更便于对方案的决策。

4.优度图

优度图如图 15-10 所示。图中横坐标为技术价 W_t，纵坐标为经济价 W_w。每个方案的 W_{ti}、W_{wi} 构成点 S_i，S_i 的位置反映此方案的优度。当 W_t、W_w 均等于 1 时的交点 S_1 是理想优度，表示技术经济综合指标的理想值。$0-S_1$ 连线称为"开发线"，线上各点 $W_t = W_w$ 点离 S_1 点越近，表示技术经济指标高，离开发线越近，说明技术、经济综合性能好。

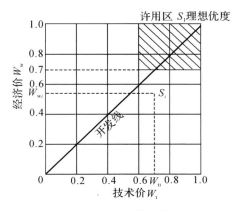

图 15-10　优度图

八、稀少事件的风险评估

(一)稀少事件

稀少事件是指发生的概率非常小的事件,如百年不遇的事件。对它们很难用直接观测的方法进行研究。

在稀少事件中有两类不同的风险估计。一类是被称为"零至无穷大"的风险,指那些发生的可能性很少(几乎为零)而后果却十分严重(几乎是无穷大)的事故,如核电站的重大事故。另一类是发生概率很小,但涉及的面或人数却很广,而它们的后果却不像前一类明显,并且被一些偶然的因素、另外一些风险、与它们的作用相同或相反的种种其他作用因素所掩盖,如水质污染与癌症发病率的关系。在水质污染不是特别严重的情况下,很难确定与癌症发病率之间的关系。前一类情况主要涉及明显事故的风险评价,后一类情况则主要是对潜在危险进行测量和评估。

对稀少事件很难给出一个严格定义,就第一类事故情况来说,一般采用 100 年才可能发生一次的事故称为稀少事件:

$$nP < 0.01/a \qquad (15-11)$$

式中:n ——试验次数;

P ——事故发生的概率。

(二)稀少事件的风险度

稀少事件一般服从二项式分布,它们相互独立,发生的概率为 P,在 n 次试验中,有 m 次成功的概率 $P(m)$:

$$P(m) = C_n^m P^m (1-P)^{n-m} \quad (m=0,1,\cdots,n) \qquad (15-12)$$

其均值(期望值)为

$$E(X) = nP \qquad (15-13)$$

方差 $D(X)$ 为

$$D(X) = nP(1-P) \qquad (15-14)$$

风险度 R 为

$$R = \frac{D(X)}{E(X)} = \frac{\sqrt{nP(1-P)}}{nP} \qquad (15-15)$$

对于稀少事件,$P \ll 1$,故有

$$\left. \begin{array}{l} D(X) \approx nP \\ R = \dfrac{1}{\sqrt{nP}} \end{array} \right\} \qquad (15-16)$$

(三)绝对风险与对比风险

概率估计只有当概率不太大和不太小时才比较准确,因而以期望值(均值)为基础的统计数据对稀少事件分析已失去效用,需要引入对比风险的概念。

(1)绝对风险——对某一可能发生事件的概率及其后果的估计,也就是通常所讨论的风险概念。

(2)对比风险——可分为两种情况,一种是对于发生概率相似的事件,比较其发生的后果;

另一种是对于两种后果及大小相似的事件,比较其发生的概率。

图 15-11 为绝对风险与对比风险的适用区域示意图。

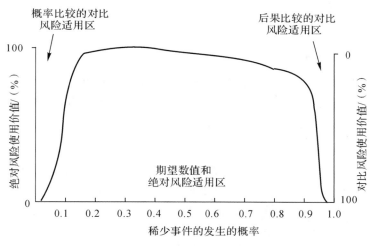

图 15-11　绝对风险与对比风险的适用区域示意图

(四)稀少事件风险估计的应用

当决策者要在多种抉择方案中做决策时,首先会遇到某种稀少现象(事件)是否值得考虑或者在用智力激励法进行风险辨识时,人们提出的许多应考虑的因素是否都要认真考虑和估计等问题。

例如,某企业存在一种有害物质,拟有两种存放方案,一种是简单地浅埋,另一种是放在专门建造的地窖中。浅埋比较经济,但在发生水灾时会大量溢散。水灾的发生是稀少事件。现在需要决定是否需要考虑浅埋溢散的影响。

设有害物质的保护期 100 年。当发生水灾时,浅埋方案会造成 100% 的有害物质溢散,而专建地窖方案有 10% 的溢散。专建的地窖是按要求建造的,溢散 10% 是可以接受的。

假定一个对风险持中性态度的人,等价水平 $P=0.01/100$ a(100 年中发生溢散的概率为 0.01,与埋在专建地窖中等价),决策者为更保险,将此又降低两个数量级,即认为等价水平是 $P=10^{-6}/a$,然后就要对水灾发生的概率进行估计。如果概率小于 $P=10^{-6}/a$,可以采用浅埋方案,否则用专建地窖方案。

九、模糊综合决策法

在安全管理与决策过程中,常常会因数据的贫乏,很难用定量的办法来描述事件,只能用定性的语言叙述,如预测事故发生,常用可能性很大、可能性不大或很少可能;预测事故后果时,也常用灾难性的、非常严重的、严重的、一般的等词句来加以描述,尤其是对人在安全生产过程中的生理状态和心理状态更是如此,没法用数量来表达,只能用定性的概念来评价,也就是用"模糊概念"来评价。

模糊综合决策就是利用模糊数学将模糊信息定量化,对多因素进行定量评价与决策。

(一)模糊综合决策的相关数学知识

1. 二值逻辑与经典集合论

(1)逻辑。研究思维形式与规律的学科称为逻辑学。二值逻辑是以真、假为元素的数理逻辑。由于它的简单明了,在任何命题判断中都可以得到明确的结论,在整个科学的发展中显示了强大的生命力。

(2)经典集合。经典集合的定义是具有某种特定属性的对象的全体。在经典集合中,元素要么属于这个集合,要么就不属于这个集合,二者必居其一,可以用来明确区分不同类的事物。其表示方法有列举法、定义法、特征函数法、扎德表示法等。

2. 推理与蕴涵

(1)推理。推理是由一个或几个已知判断(前提)推出未知判断(结论)的思维形式。推理是客观事物的联系在人们意识中的反映。要使推理成立,即推理得到的间接知识真实,推理必须遵守 2 个条件:前提的真实与推理形式的正确。

(2)蕴含。蕴含是数理逻辑中的一种命题连接词。

3. 从经典集合到模糊集合

(1)经典集合的困惑。研究表明,经典集合并不能描述所有的事物,特别是涉及与人的认识有关的概念和现象。例如,"舒服的温度"与相邻的"冷"和"热"、"红色"与相邻的"橙色"、"胖子"与相邻的"匀称"怎么划分呢?经典集合陷入困惑。这是因为"舒服的温度""红色""胖子"等根据常识的描述,不但实际上都是一个没有明确界限的范围,而且与其相邻的描述状态事实上又是交叉的,因而界限是模糊的,当然无法用经典集合来描述和划分。

(2)人类思维与概念的模糊性。在日常生活中,人们经常会遇到大量的模糊概念和现象,这些模糊概念都无法用传统的数学方法来度量,但是大家仍能心领神会。相反,如果给出精确的描述,得到的结果可能是模糊的。例如,"太少""较大""小了一些""很高"等都是模糊的概念。根据模糊概念进行控制,却可得到精确的结果。这种人的思维方式与传统数学精确表达方式不一样。又例如,很难根据精确的方程来学习骑自行车,但是如果遵循"自行车哪边倒,车把就往哪边拐,倒得越多拐得越大"这样简单的模糊规则,很快就能保持自行车的平衡。

4. 未确知信息与未知数学

(1)未确知信息。未确知信息就是由于决策者的客观条件限制,所掌握的信息不足以确知事物的真实状态和数量关系而带来的纯主观认识上的不确定性。这种主观上认识的不确定性,称为未确知性。它既不同于只是针对未来将要发生的事物的随机性,也有别于由于不可能给某些事物以明确的定义和评定目标而形成的某特性上的模糊性,也不同于灰性。

(2)未确知信息与未知数学之间的关系。

1)未确知信息与随机信息的关系。

未确知信息和随机信息是两种不同的信息,表示它们的定义为:设 x 为对象,S 是非空集合,U 为"x 在 S 中",A 为"x 在 S 中"且 x 是 $e \in S$ 的可能性为 a_e,$0 < a_e < 1$,显然由 A 可得知 U,因此 A 是信息。

若 $\sum a_e = 1$,则称 A 为随机信息;若 $\sum a_e = a \leqslant 1$,则称 A 为未确知信息。

随机信息是未确知信息的特例,随机信息是以随机试验为背景的信息,通常是客观地描述未来事物的。总可信度为 1，表明一切试验结果都是已知的。如果试验结果不完全已知，则试验不是随机试验，以此为试验的信息不再是随机信息，而是未确知信息。未确知信息是以盲动试验为背景的，盲动试验与随机试验的差别在于它的一切试验结果不全是已知的，不管客观事物是确定的还是不确定的，是已发生的还是未发生的，只要决策者不能完全把握它的真实状态或数量关系，那么，它在决策者心目中就是不确定的，称这种主观认识上的不确定性为未确知性。对于真正的未确知信息，总可信度应小于 1，即 $\sum a_e \leqslant 1$。这是未确知信息与随机信息在数学上本质的区别。

2）未确知信息与模糊信息的关系。

对于模糊信息一般这样定义：设 x 为对象，S 是非空集合，U 为"x 在 S 中"，A 为"x 在 S 中"且 x 是 $e \in S$ 的从属度为 a_e，$0 \leqslant a_e \leqslant 1$，显然有 $A \subset U$，因此 A 是信息，称 A 为模糊信息。

随机信息和未确知信息中欲知元"x 是 $e \in S$ 的可能性为 a_e"与模糊信息中的欲知元"x 是 $e \in S$ 的从属度为 a_e"在意义上是不同的。模糊信息中的从属度 a_e 是指 e 实实在在有（整体的）a，部分属于，且不受条件 $\sum a_e \leqslant 1$ 的限制，允许大于 1；而 x 是 $e \in S$ 的可能性为，仅指可能而已，并非指 e 必定有 a_e，部分属于 x。如一次试验，x 出现的可能性为 0.99，但并不说明这次试验必定发生，并且此处 a_e 严格满足条件 $\sum a_e \leqslant 1$。

（二）模糊综合决策的过程

模糊综合决策主要分为两步进行，第一步按每个因素单独评判，第二步再按所有因素综合评判。

1. 建立因素集

因素集是指所决策系统中影响评判的各种因素为元素所组成的集合，通常用 U 表示：
$$U = \{u_1, u_2, \cdots, u_m\} \tag{15-17}$$
元素 $u_i(i=1,2,\cdots,m)$ 代表各影响因素。这些因素通常都具有不同程度的模糊性。

例如，评判作业人员的安全生产素质时，可能影响作业人员安全生产素质的因素有 u_1（安全责任心）、u_2（所受的安全教育程度）、u_3（文化程度）、u_4（作业纠错技能）、u_5（监测故障的技能）、u_6（一般故障排除技能）、u_7（事故临界状态的辨识及应急操作技能）。这些因素都是模糊的，它们组成的集合就是评判操作人员的安全生产技能的因素集。

2. 建立权重集

在因素集 U 中，因素对安全系统的影响程度是不一样的。对重要的因素应特别注重；对不太重要的因素可以灵活考虑。为了反映各因素的重要程度，对各个因素应赋予相应的权数 a。由各权数所组成的集合称为因素权重集，简称权重集，用 $\tilde{A}$ 表示：
$$\tilde{A} = \{a_1, a_2, \cdots, a_m\} \tag{15-18}$$
各权数 a_i 应满足归一性和非负性条件：
$$\sum_{i=1}^{n} a_i = 1 \quad (a_i \geqslant 0) \tag{15-19}$$
它们可视为各因素 u_i 对"重要"的隶属度。因此，权重集是因素集上的模糊子集。

3. 建立评判集

评判集是评判者对评判对象可能做出的各种总的评判结果所组成的集合，通常用 V 表示：

$$V = \{v_1, v_2, \cdots, v_n\} \qquad (15-20)$$

各元素 v_i 代表各种可能的总评判结果。模糊综合评判的目的就是在综合考虑所有影响因素的基础上,从评判集中得出一最佳的评判结果。

4. 单因素模糊评判

单独从一个因素进行评判,以确定评判对象对评判集元素的隶属度,称为单因素模糊评判。

设对因素集 U 中第 i 个因素 u_i 进行评判,对评判集 V 中第 j 个元素 v_j 的隶属程度为 r_{ij},则按第 i 个因素 u_i 评判的结果,可用模糊集合表示为

$$R_i = \{r_{i1}, r_{i2}, \cdots, r_{in}\}$$

同理,可得到相应于每个因素的单因素评判集如下:

$$R_1 = \{r_{11}, r_{12}, \cdots, r_{1n}\}$$
$$R_2 = \{r_{21}, r_{22}, \cdots, r_{2n}\}$$
$$\vdots$$
$$R_m = \{r_{m1}, r_{m2}, \cdots, r_{mn}\}$$

将各单因素评判集的隶属度行组成矩阵,又称为评判矩阵,即

$$R = \begin{bmatrix} r_{11} & \cdots & r_{1n} \\ \vdots & & \vdots \\ r_{m1} & \cdots & r_{mn} \end{bmatrix}$$

5. 模糊综合评判

单因素模糊评判,仅反映了一个因素对评判对象的影响。要综合考虑所有因素的影响,得出正确的评判结果,这便是模糊综合评判。

如果已给出评判矩阵 R,再考虑各因素的重要程度,即给定隶属函数值或权重集 A,则模糊综合评判模型为

$$B = A \circ R \qquad (15-21)$$

评判集 V 上的模糊子集,表示系统评判集诸因素的相对重要程度。注意式(15-21)是模糊矩阵的"合成",其定义为

$$A \circ R = B = (b_{ij}), \quad b_{ij} = \bigvee_{k=1}^{n} (a_{ik} \wedge r_{kj})$$

式中:i——$1, 2, \cdots, m$;

j——$1, 2, \cdots, p$;

k——$1, 2, \cdots, n$,k 既表示 A 的列数也表示 R 的行数。

两个模糊子集的合成与矩阵的乘法类似,但需要把计算式中的普通乘法换为取最小值运算($\wedge$),把普通加法换为取最大值运算($\vee$)。

6. 模糊综合评判举例

设评判某类事故的危险性,一般可考虑事故发生的可能性、事故后的严重程度、对社会造成的影响程度以及防止事故的难易程度。这4个因素就可构成危险性的因素集:

$$U = \{u_1, u_2, u_3, u_4\}$$

式中:u_1——事故发生的可能性;

u_2——事故后果的严重程度；

u_3——对社会造成的影响程度；

u_4——防止事故的难易程度。

因素集中各因素对安全系统影响程度是不一样的，因此有重要度的问题，即要进行权重分配。若评判人确定的权重系数用矩阵表示，即权重集为

$$\boldsymbol{A} = [0.5 \quad 0.2 \quad 0.2 \quad 0.1]$$

建立评判集。若评判人对评判对象可能做出各种总的评语为

$$V = \{v_1, v_2, v_3, v_4\}$$

式中：v_1——表示很大；

v_2——表示较大；

v_3——表示一般；

v_4——表示小。

对因素集中的各个因素的评判，可以专家座谈的形式来评定。具体做法是，任意固定一个因素，进行单因素评判，联合所有单因素评判，得到单因素评判矩阵 $\boldsymbol{R}$。

例如，对事故发生的可能性（u_1）这个因素评判，若有 40% 的人认为很大，50% 的人认为较大，10% 的人认为一般，则评判集为

$$(0.4, 0.5, 0.1, 0)$$

同理，可得到其他 3 个因素的评判集，即事故后的严重程度的评判集为

$$(0.5, 0.4, 0.1, 0)$$

对社会造成影响程度的评判集为

$$(0.1, 0.3, 0.5, 0.1)$$

防止事故的难易程度的评判集为

$$(0, 0.3, 0.5, 0.2)$$

将各单因素评判集的隶属度分别为行组成评判矩阵：

$$\begin{bmatrix} 0.4 & 0.5 & 0.1 & 0 \\ 0.5 & 0.4 & 0.1 & 0 \\ 0.1 & 0.3 & 0.5 & 0.1 \\ 0 & 0.3 & 0.5 & 0.2 \end{bmatrix}$$

则这类事故综合评判的模糊评判模型为

$$\boldsymbol{B} = \boldsymbol{A} \circ \boldsymbol{R}$$

将上列矩阵代入，计算后得

$$\tilde{\boldsymbol{B}} = [0.5 \quad 0.2 \quad 0.2 \quad 0.1] \begin{bmatrix} 0.4 & 0.5 & 0.1 & 0 \\ 0.5 & 0.4 & 0.1 & 0 \\ 0.1 & 0.3 & 0.5 & 0.1 \\ 0 & 0.3 & 0.5 & 0.2 \end{bmatrix} =$$

$$\begin{bmatrix} (0.5 \wedge 0.4) \vee (0.2 \wedge 0.5) \vee (0.2 \wedge 0.1) \vee (0.1 \wedge 0) \\ (0.5 \wedge 0.5) \vee (0.2 \wedge 0.4) \vee (0.2 \wedge 0.3) \vee (0.1 \wedge 0.3) \\ (0.5 \wedge 0.1) \vee (0.2 \wedge 0.1) \vee (0.2 \wedge 0.5) \vee (0.1 \wedge 0.5) \\ (0.5 \wedge 0) \vee (0.2 \wedge 0) \vee (0.2 \wedge 0.1) \vee (0.1 \wedge 0.2) \end{bmatrix} =$$

$$\begin{bmatrix} (0.4) \vee (0.2) \vee (0.1) \vee (0) \\ (0.5) \vee (0.2) \vee (0.2) \vee (0.1) \\ (0.1) \vee (0.1) \vee (0.2) \vee (0.1) \\ (0) \vee (0) \vee (0.1) \vee (0.1) \end{bmatrix} =$$

$$\begin{bmatrix} 0.4 & 0.5 & 0.2 & 0.1 \end{bmatrix}$$

$\tilde{B}$ 就代表评判结果。但是因为 $0.4+0.5+0.2+0.1=1.2$ 不容易按百分数计算,为此,可进行归一化,即

$$\tilde{B} = \begin{bmatrix} \dfrac{0.4}{1.2} & \dfrac{0.5}{1.2} & \dfrac{0.2}{1.2} & \dfrac{0.1}{1.2} \end{bmatrix} = \begin{bmatrix} 0.33 & 0.42 & 0.17 & 0.08 \end{bmatrix}$$

也就是说,对这类事故就上述 4 个因素的综合决策为:有 33% 的评价人认为很严重,有 42% 的评价人认为较严重,有 17% 的评价人认为一般,有 8% 的评价人认为风险小。

第三节　安全决策方法的共性问题

以上介绍了 9 种安全决策方法,每种方法均有自己的选用条件和优点,基本涵盖了常用的安全决策状态。从这些决策方法中可看到以下几个值得注意的共性问题,在实际应用时要加以注意。

(1)决策中的主观因素。决策是由决策者做出的,决策者的主观因素必然影响决策过程。虽然决策方法提供了各种分析方法,但其中许多因素要由决策者做出判断和决定。例如,无论是 ABC 法中类别的划分,智力激励法的目标重要性次序的确定,还是评分法中按重要性决定各目标加权系数等,最终都是决策者主观确定的。决策者的主观估计要尽可能符合客观实际,决策者在做出决定时应尽可能少带主观随意性。具体地说,就是要设法能比较客观地决定各目标的相对重要程度,或者是加权系数的数值大小。

(2)决策结果不可能是最理想的答案。多目标决策,很难简单地满足一个要求,而不使别的方面要求受损失。因此,任何设计方案几乎总是包括妥协成分,不会是十全十美的。因为受到时间、投资和技术的限制,不可能提出客观存在的无穷个方案,再加上加权系数和诸多目标目的值本身就是一种妥协,所以多目标决策不能获得最优解,所获得的只可能是一种满意解。问题在于如何使所获得的答案能相对更为满意。

(3)决策的目的在于作方案比较。无论哪种决策方法,最终目的是为了在综合评价时方案的比较。希望在提出的各种方案之间,首先通过定性比较,分出相对的优劣,然后再进行定量的处理。因此,在工程上进行方案选择,大多采用加权处理,以便将诸目标值汇成总目标值,以利于比较。

思　考　题

1.阐述安全决策的概念。

2.阐述安全决策的分类及分析程序。

3.潜在问题分析应考虑的问题有哪些？

4.简述多属性的决策方法。

5.简述 ABC 分析方法的基本原理。

6.什么是稀少事件和稀少事件的风险度？

7.试阐述安全决策方法的共性问题。

本章课程思政要点

从安全决策 ABC 分析法，谈学员哲学理念的培养。安全评价的基本原理之一"量变到质变"，安全事故分级即是应用了该项原理。可以引导学生在学习和今后的工作中坚持进行量的积累，不能因量变的漫长和艰辛而放弃或失去信心，要树立质变是量变的必然结果的哲学思想，努力向上，以取得最后的胜利。安全决策 ABC 分析法是安全管理中常用的决策法。例如对化工系统安全管理不善出现事故类型统计，得到 A、B、C 三类事故类型。在事故预防中主要控制 A 类因素，其次是 B 类，最后是 C 类。该分析法本质是抓住主要矛盾，即哲学上信奉的"重点论"，引导学生处理事情时要重视和着重解决事物的主要矛盾和矛盾的主要方面。

参 考 文 献

[1] 国家自然科学基金委员会工程与材料科学部.安全科学与工程学科发展战略研究报告：
2015—2030[M].北京：科学出版社,2016.

[2] 罗云.安全学[M].北京：科学出版社,2015.

[3] 傅贵.安全管理学：事故预防的行为控制方法[M].北京：科学出版社,2013.

[4] 吴超.安全科学原理[M].北京：机械工业出版社,2018.

[5] 吴超,王秉.安全科学新分支[M].北京：科学出版社,2018.

[6] 金哲龙,杨继星.安全学原理[M].北京：冶金工业出版社,2010.

[7] 景国勋.安全学原理[M].北京：国防工业出版社,2014.

[8] 牟瑞芳.系统安全工程[M].成都：西南交通大学出版社,2014.

[9] 樊运晓,罗云.系统安全工程[M].北京：化学工业出版社,2009.

[10] 邵辉,毕海普,邵小晗.安全风险分析与模拟仿真技术[M].北京：科学出版社,2019.

[11] 邵辉.系统安全工程[M].2版.北京：石油工业出版社,2016.

[12] 顾祥柏.石油化工安全分析方法及应用[M].北京：化学工业出版社,2001.

[13] 陈宝智.安全原理[M].2版.北京：冶金工业出版社,2002.

[14] 沈斐敏.安全系统工程理论与应用[M].北京：煤炭工业出版社,2001.

[15] 张景林.安全系统工程[M].3版.北京：煤炭工业出版社,2019.

[16] 田宏,张福群.安全系统工程[M].北京：中国质检出版社,2014.

[17] 蒋军成,郭振龙.安全系统工程[M].北京：化学工业出版社,2004.

[18] 吕品,王洪德.安全系统工程[M].徐州：中国矿业大学出版社,2012.

[19] 刘辉.安全系统工程[M].北京：中国建筑工业出版社,2016.

[20] 王凯全,邵辉.危险化学品安全评价方法[M].北京：中国石化出版社,2005.

[21] 邵辉,王凯全.危险化学品生产安全[M].北京：中国石化出版社,2005.

[22] 罗云,裴晶晶.风险分析与安全评价[M].3版.北京：化学工业出版社,2016.

[23] 徐龙君,张巨伟.化工安全工程[M].北京：中国矿业大学出版社,2015.

[24] 廖学品.化工过程危险性分析[M].北京：化学工业出版社,2000.

[25] 王凯全,邵辉.事故理论与分析技术[M].北京：化学工业出版社,2004.

[26] 国家安全生产监督管理总局.安全评价[M].北京：煤炭工业出版社,2005.

[27] 中国安全生产科学研究院.安全生产管理[M].北京：应急管理出版社,2020.

[28] 中国安全生产科学研究院.安全生产技术基础[M].北京：应急管理出版社,2020.

[29] 中国安全生产科学研究院.安全生产法律法规[M].北京：应急管理出版社,2020.

[30] 中国安全生产科学研究院.安全生产专业实务化工安全[M].北京：应急管理出版社,
2020.

[31] 陈宝智.危险源辨识、控制和评价[M].成都：四川科学技术出版社,1996.

[32] 胡宝清.模糊理论基础[M].武汉：武汉大学出版社,2004.

[33] 陈喜山.系统安全工程[M].北京：中国建材工业出版社,2006.

[34] 王凯全,袁雄军.危险化学品安全评价方法[M].北京：中国石化出版社,2010.

［35］ 黄智勇,金国锋,王煊军.液体推进剂储库安全评价及事故后果研究方法［M］.西安:西北工业大学出版社,2015.

［36］ 黄智勇.液体推进剂安全工程基础［M］.西安:西北工业大学出版社,2016.

［37］ 许国根,贾瑛,黄智勇,等.预测理论与方法及其 MATLAB 实现［M］.北京:北京航空航天大学出版社,2020.

［38］ 郑小平,高金吉,刘梦婷.事故预测理论与方法［M］.北京:清华大学出版社,2009.

［39］ 李亚裕.液体推进剂［M］.北京:国防工业出版社,2011.